G. Rosemeier

Winddruck-probleme bei Bauwerken

Springer-Verlag
Berlin Heidelberg New York 1976

Dr.-Ing. GUSTAV-E. ROSEMEIER

Dozent an der Technischen Universität Hannover

Mit 171 Abbildungen

ISBN 978-3-540-07729-9   ISBN 978-3-642-50191-3 (eBook)
DOI 10.1007/978-3-642-50191-3

Library of Congress Cataloging in Publication Data
Rosemeier, Gustav-Erich, 1940-
    Winddruckprobleme bei Bauwerken.
    Includes bibliographies and index.
    1.   Wind-pressure.   I.   Title.
TA654.5.R67   624'.175   76-19103

Vorwort

Dieses Buch ist aus einer Vorlesung entstanden, die der Verfasser zurzeit an der
Technischen Universität Hannover hält. Es werden darin die Grundlagenerkennt-
nisse der Mechanik stationärer und instationärer Strömungen auf Anwendungsprobleme des Bauingenieurwesens übertragen, wobei auf die besondere Struktur des
"natürlichen" Windes bevorzugt eingegangen wird. Der erste Teil des Buches be-
faßt sich mit den klassischen Windkraftproblemen, die nicht nur statischer Art
sind, sondern wegen des instationären Charakters der Windbelastung auch einer
kinetischen Betrachtungsweise unterzogen werden müssen. Im zweiten Teil wird
auf Probleme der Aeroelastizität eingegangen, bei denen die nichtkonservative
Windlast als Ursache kinetischer Instabilitätserscheinungen anzusehen ist. Trotz
vielfältiger internationaler Forschungsarbeiten sind noch erhebliche Lücken vor
allem in den physikalischen Grundlagen vorhanden. Dieses Buch soll dazu beitragen, einige wichtige Grundprobleme zu klären und eine übergeordnete Systematik
erkennen lassen, obwohl manchmal nur die physikalische Problematik mangels
ausreichender theoretischer oder experimenteller Erkenntnisse aufgezeigt werden
kann. In erster Linie werden dem Konstrukteur die wesentlichen Regeln und Rechenverfahren nahegebracht, deren Einhaltung eine ausreichende aerodynamische
Stabilität der Bauwerke garantiert. Es ist nicht der Sinn einer solchen Schrift, ein
fertiges Handbuch von Windlastproblemen bei Bauwerken vorzulegen. Hauptsächlich sollen mögliche, baustatisch wichtige, physikalische Effekte und deren näherungsweise rechnerische Behandlung aufgezeigt werden. In jedem Fall soll zu erkennen sein, ob tiefergreifende Untersuchungen z.B. bei weitgespannten, dämpfungsschwachen Leichtkonstruktionen erforderlich sind, die ähnlich wie in der Bo-
denmechanik die Einschaltung von Sonderfachleuten erfordern.

Der Verfasser dankt Herrn Dipl.-Ing. Hans Hennlich für die Mithilfe bei der Aus-
arbeitung der Übungsbeispiele.

Hannover, im Herbst 1976   Gustav-Erich Rosemeier

Inhaltsverzeichnis

Wichtigste Bezeichnungen

<u>Schwingungsmechnik</u>

m	Schwingungsmasse pro Längeneinheit
θ	Massenträgheitsmoment pro Längeneinheit
c	Federsteifigkeit
δ	Lehrsches Dämpfungsmaß
ϑ	Logarithmisches Dämpfungsdekrement
ω_{Ej}, Φ_j	Eigenkreisfrequenz der j-ten Eigenform Φ_j
$\underline{v}$	Matrix der Schwingungsfreiheitsgrade (generalisierte Koordinaten)
EI	Biegesteifigkeit eines Stabes
GI_t	Torsionssteifigkeit eines Stabes
$\underline{M}$	generalisierte Masse (Massenmatrix)
$\underline{D}$	generalisierte Dämpfungsmatrix
$\underline{K}$	generalisierte Steifigkeitsmatrix
$\underline{P}$	generalisierte Matrix der äußeren Kräfte
T_E	Eigenschwingzeit
E_L	Energie (Anergie) der Luftkräfte als Funktion der Zeit t
E_D	Energie (Anergie) der Dämpfungskräfte als Funktion der Zeit t
H, D	Profilhöhe, Profildurchmesser
B	Profilbreite, e halbe Profilbreite
T	Kinetische Systemenergie des Gesamtsystems
U	Potentielle Systemenergie des Gesamtsystems
F, A	Angriffsfläche der Windbelastung
ω	Erregerkreisfrequenz einer äußeren Kraft

<u>Strömungsmechnik</u>

c	Schallgeschwindigkeit der ruhenden Luft
Ma	Machsche Zahl
U_∞	Windgeschwindigkeit, U_{kr} kritische Windgeschwindigkeit
$\underline{w}$	Strömungsgeschwindigkeit (Vektordarstellung)
u, v, w	Komponenten von $\underline{w}$ im x, y, z System
p	statischer Strömungsdruck
ρ	Luftdichte
μ	Zähigkeit der Luft

ν	kinematische Zähigkeit der Luft
Φ	Geschwindigkeitspotential des Strömungsfeldes
ψ	Stromfunktion des Strömungsfeldes
Γ	Zirkulation des Strömungsfeldes
A	Auftriebskraft eines Profils, c_a Auftriebsbeiwert
W	Widerstand eines Profils, c_w Widerstandsbeiwert
M	Nickmoment eines Profils, c_m Momentenbeiwert
Re	Reynoldszahl
δ	Grenzschichtdicke, δ^* Verdrängungsdicke
Tu	Turbulenzgrad, I_v Turbulenzintensität
R	universelle Gaskonstante
T	absolute Temperatur in Kelvin
S	Korrelationsfunktion (spektrale Dichte)
σ	Standardabweichung (Varianz)
α, φ	Anstellwinkel eines Profils zur Windrichtung
K	Profilrauhigkeit
A*	Ablösepunkt der Grenzschicht
$\overline{\varphi}$	Völligkeitsgrad eines Fachwerks
S	Strouhalsche Zahl
$\overline{S}$, K*	reduzierte Frequenz

1. Allgemeine Problemdarstellung

Das Problem der Windbelastung ist für das Bauwesen schon immer von entscheidender Bedeutung gewesen. Die jährlichen Sturmschäden betragen auf der Welt mehrere hundert Millionen Dollar, so daß es schon aus wirtschaftlichen Gründen lohnt, sich mit diesem Problemkreis intensiv auseinander zu setzen. Während die klassische Bauingenieurkunst den Wind als vorwiegend statisches Element betrachtet, zeigen durchaus nicht wenige Katastrophenfälle, daß der kinetische Charakter des natürlichen Windes zu berücksichtigen ist, und zwar aus zweierlei Gründen: einmal durch eingeprägt kinetische Belastungsfälle der Windbelastung aus dem Böeneffekt oder mehr oder weniger systematisch gebildeten Wirbelerscheinungen und zweitens durch den nichtkonservativen Charakter dieser Belastung als Ursache merkwürdiger kinetischer Instabilitätserscheinungen. Beide Effekte sind zu berücksichtigen, wobei die hier durchgeführten Untersuchungen die Erregermechanismen künstlich trennen, was mechanisch und ingenieurmäßig durchaus sinnvoll ist, wie sich zeigen wird, mit dem realen Schwingungsbild aber insofern nur als Näherung übereinstimmt, als in Wirklichkeit oft eine Vermischung beider Erregerarten stattfindet.

Die konstruktive Entwicklung der ingenieurmäßigen Baukonstruktionen kennzeichnet den Trend zu immer höheren, schlankeren, kurz kühneren Bauten. Hängebrücken mit einer Spannweite von fast dreitausend Metern, Stahlhochhäuser von fast vierhundert Metern Höhe, Kühltürme als dünne Schalen mit einhundert Metern Höhe, bei einem Durchmesser von fünfzig Metern sind eine technische Realität. Große Spannweiten sind mit immer leichteren Konstruktionen zu überbrücken, wobei die Werkstoffe nicht nur stetig schärfer ausgenutzt, sondern auch die klassischen Werkstoffe des Bauwesens, nämlich Stahl und Stahlbeton oder Spannbeton durch die leichteren Elemente Aluminium und Leichtbeton oder sogar Kunststoffe ersetzt werden, die sich nicht selten als dämpfungsschwach und verformungsweich erweisen. Stabile statische Biege- oder Drucksysteme werden vor allem bei großen Stützweiten zunehmend durch leichte weiche Zugsysteme ersetzt (Hängedächer von Sportstadien, Zeltdächer, kurz: leichte Flächentragwerke).

Das grundlegende Interesse des Konstrukteurs gilt dem Kampf gegen das Eigengewicht. Es ist zu erkennen, daß die immer schlankeren und wirtschaftlicheren Abmessungen nur durch sich stetig verfeinernde statische Berechnungen erreicht werden können. Die Theorie erster Ordnung wird schon oft und nicht nur bei Stabilitäts-

untersuchungen durch eine Theorie zweiter Ordnung ersetzt, das heißt, es wird
der Einfluß der Systemverformung auf die Ermittlung der Schnittkräfte berücksichtigt. Oft reicht auch bei kleinen Verformungen eine linearisierte Theorie nicht, um
wesentliche Systemzusammenhänge zu beschreiben. Bei sehr verformungsweichen
Konstruktionen versagen oft modernste elektronische Iterationsmethoden, so daß
Modellversuche nicht selten die klassischen, statischen Berechnungen ersetzen oder
überprüfen.

Die technische Erfahrung zeigt, daß eine solche stürmische Entwicklung im allgemeinen nicht ohne Rückschläge verläuft, da bisher gutartige Sekundäreffekte plötzlich zu Katastrophen führen. Einen Grund hierzu liefert der natürliche Wind, der
ohne vorher ersichtliche Ursache plötzlich Hängebrücken zu katastrophalen Schwingungen anregt, wie das in Abb.1.1 dargestellte Beispiel der bekannten Tacoma-
Brücke aus dem Jahre 1941 zeigt.

Abb.1.1. TACOMA-Brücke kurz vor dem Einsturz durch winderregte Torsionsschwingungen [2.1.10]

Noch im Jahre 1965 stürzten ohne vorher ersichtlichen Grund mehrere Kühlturmschalen des Kraftwerks Ferrybridge in England zusammen. Beispiele abgehobener
Wohnhausdächer und eingestürzter Mastkonstruktionen von Elektroleitungen dürften
kaum im einzelnen zu erfassen sein.

Das Problem der Windkraft hat seit längerem Wissenschaftler, vor allem der anglo-
amerikanischen und der japanischen Fachwelt, angeregt, die sich in einem etwa
zweijährigen Turnus in sogenannten "Symposiums" über ihre neuesten Erfahrungen

aussprechen. Dennoch scheinen bisher nicht zu übersehende Schwierigkeiten, vor allem bei der theoretischen Erfassung der Anregungsmechanismen, vorzuherrschen. Während sich die aerodynamischen Gesetze windschnittiger Flächenformen, die den Gesetzen der idealen Strömung weitgehend gehorchen, im allgemeinen exakt erfassen lassen, gelten für die Konstruktionen des Bauwesens meist andere stationäre und instationäre Totwassergesetze, die bisher wohl als Stiefkind der physikalischen Forschung anzusehen sind und zum Teil neu entwickelt werden müssen, da die bisherigen physikalischen und rechnerischen Methoden zur Lösung dieses Problemkreises den ingenieurmäßigen Praktiker zum größten Teil nicht befriedigen.

Diese Arbeit versucht, einige dieser Probleme zumindest in Näherung zu erfassen, was sich vor allem deshalb als schwierig erweist, weil aus einer Vielzahl von Anregungsmechanismen der eigentliche, systemgefährdende Effekt erkannt werden muß. Viele der theoretisch ermittelten Ergebnisse sind experimentell überprüft worden, aber der Weg zu umfangreichen Profilkatalogen ist aus Zeit- und Kostengründen noch recht weit. Nur ausführliche Meßreihen ermöglichen eine endgültige Aussage über die aerodynamische Stabilität eines beliebigen schwingungsfähigen Systems, da die üblichen linearisierten Stabilitätsuntersuchungen nur einen genäherten Überblick liefern. Bei großen Schwingungsausschlägen gelten andere instationäre aerodynamische Gesetzmäßigkeiten als bei kleinen, so daß bösartigen Nichtlinearitäten hier durchaus eine gesteigerte Bedeutung zukommt. Das gleiche gilt für die Ermittlung von Systemsteifigkeiten und Dämpfungen. Die Beschränkung der Systemverformung ist aus diesem Grunde konstruktiv lebenswichtig.

Glücklicherweise weist die bautechnische Physik im Gegensatz zum Flugzeugbau relativ kleine Windgeschwindigkeiten auf, so daß hier etwas gemilderte Genauigkeitsanforderungen bestehen. Es ist durchaus möglich, vereinfachte Abschätzverfahren zu entwickeln, die zur "sicheren Seite" tendieren, ohne die Wirtschaftlichkeit einer Konstruktion entschieden zu beeinflussen. Es ist nicht erforderlich, in möglichst "genauen" Rechnungen unter Einschluß aller möglichen Anregungsmechanismen eine kritische Windgeschwindigkeit als Stabilitätsgrenze zu ermitteln, oberhalb der eine Anfachung möglich ist. Viele theoretische Untersuchungen des Flugzeugbaus leiden ebenfalls an der manchmal nicht sonderlich guten Übereinstimmung von Theorie und Experiment. Im Bauwesen gelingt es, bei Kenntnis der Erregermechanismen, diese Grenze durch konstruktive Maßnahmen weit über den Bereich der natürlichen Windgeschwindigkeiten zu heben. Es ist daher - wie eigentlich immer im Ingenieurwesen - das Konstruieren wichtiger als das reine Rechnen. Im Rahmen der Aeroelastizität muß stets die Aerodynamik in Verbindung gesehen werden mit den Schwingungsmöglichkeiten der Konstruktion. Wesentlich ist das sichere Erkennen der Schwingungseigenformen und der zugehörigen Dämpfungswerte, so daß bei komplizierten architektonischen Strukturen nicht selten Modellversuche mit maschinell gezielter Erregung zu empfehlen sind. Im folgenden sollen nun die Grundlagen der Aeroelastizität unter besonderer Berücksichtigung von Problemen des Bauingenieurwesens entwickelt werden. Bei den wenigen Beispielrechnungen wird das alte und neue technische Maßsystem benutzt, das mit dem ab 31. Dezember 1977 in Deutschland neu gültigen internationalen Einheitssystem durch die Beziehung

$$1 \text{ kp} = 9{,}80665 \text{ N} \approx 10 \text{ N}; \quad 1 \text{ N} = 1 \text{ kg m/s}^2; \quad 1000 \text{ N} = 1 \text{ kN}$$

zusammenhängt. Es wird grundsätzlich angenommen, daß die Querschnittsformen konstant sind. Es wird als keine Änderung der Windangriffsfläche z.B. durch Schnee- oder Eisbildung betrachtet. Abschließend erfolgt eine kurze Literaturzusammenstellung, die nur zur Einarbeitung gedacht ist und keinen Anspruch auf Vollständigkeit erhebt. Dieses Buch beschränkt sich nur auf baustatische Effekte der Windströmungen. Auf die ebenfalls wichtigen Ausbreitungsvorgänge von Stoffen wird hier nicht eingegangen.

Literatur

1.1 Wind Effects on Buildings and Structures, London 1963, Ottawa (Canada) 1967, Tokyo 1971, London 1975 und weitere Seminarreihen, z.B. Loughborough 1968.

1.2 Zuranski, J.: Windbelastung von Bauwerken und Konstruktionen, Köln-Braunsfeld: Verlagsgesellschaft Rudolf Müller 1969.

1.3 Ghiocel, P.; Lungu, D.: Actiunea vintului, zapezii si variatiilor de temperatura in constructii, Bukarest.

1.4 Sachs, P.: Wind Forces in Engineering. Oxford, New York, Toronto, Sydney, Braunschweig: Pergamon Press 1972.

1.5 Försching, H.W.: Grundlagen der Aeroelastik, Berlin, Heidelberg, New York: Springer 1974.

1.6 Bisplinghoff, R.; Ashley, H.; Halfman, R.: Aeroelasticity. 2. Aufl. Reading Mass.: Addison Wesley Inc. 1957.

1.7 Naudascher, E. (Herausgeber): Flow Induced Vibrations. IUTAM/JAHR Symposium, Karlsruhe 1972. Berlin, Heidelberg, New York: Springer 1974.

1.8 Ackeret, J.: Anwendungen der Aerodynamik im Bauwesen, Zeitschr. f. Flugwiss. 13 (1965) 109.

2. Mechanische Grundlagen

2.1 Schwingungsproblem

Aus den einführenden Betrachtungen ist ersichtlich, daß hier zwei Aufgabengebiete
von großer Bedeutung sind, nämlich das Schwingungsproblem und das stationäre
oder instationäre aerodynamische Problem. Zunächst sollen die Grundlagen der
Schwingungsmechanik kurz zusammengefaßt werden, die dem Bauingenieur an sich
geläufig sind. [2.1.1-2.2.10]

Zur Veranschaulichung der möglichen Effekte dient das Beispiel des Einmassenschwingers (Einfreiheitsgradschwingers) mit der Masse m, der Federsteifigkeit c,
dem Lehrschen Dämpfungsmaß δ und der zeitlich veränderlichen, eingeprägt kinetischen Kraft P(t), Abb.2.1.1.

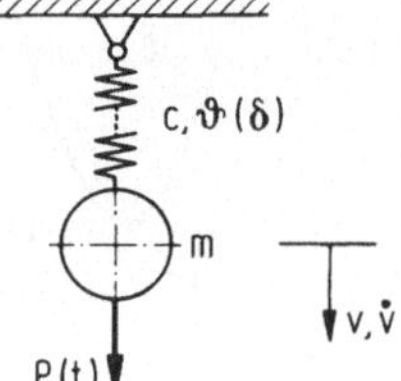

Abb.2.1.1. Einmassenschwinger unter zeitlich veränder-
licher Belastung

Die Bewegungsgleichungen lauten nach dem d'Alembertschen Prinzip mit der Schwingungsamplitude v

$$- m\ddot{v} - 2m\delta\dot{v} - cv + P(t) = 0. \tag{2.1.1}$$

Es sind auch allgemeinere Fälle denkbar, bei denen die Systemparameter a_i der
Beziehung

$$a_1(t)\ddot{v}(t) + a_2(t)\dot{v}(t) + a_3(t)v(t) + P(t) = 0 \tag{2.1.2}$$

gehorchen. Bewegungsgleichungen, bei denen die Zeit t explizit auftritt, werden
als heteronome Bewegungen bezeichnet im Gegensatz zu Bewegungsgleichungen, bei
denen die Zeit t nicht explizit auftritt, sondern nur implizit in den zeitlichen Ableitungen von v steckt: den autonomen Bewegungen. Letztere sind hier von besonderem Interesse, Abb.2.1.2. Das Nullsetzen der Kraft- und Dämpfungsglieder in
(2.1.1) ergibt die Gleichung der ungedämpften Eigenschwingung

$$- m\ddot{v} - cv = 0, \qquad\qquad (2.1.3)$$

deren Lösung durch den einfachen Exponentialansatz

$$v = v_0 e^{i\omega_E t}$$

$$\omega_E = 2\pi f_E = \frac{2\pi}{T_E} = \sqrt{\frac{c}{m}} \qquad\qquad (2.1.4)$$

zu finden ist, mit der Eigenfrequenz f_E in Hz, der Eigen(kreis)frequenz ω_E in 1/s
und der Schwingungszeit T_E. Die Eigenkreisfrequenz ω_E wird im folgenden meist als
"Eigenfrequenz" bezeichnet, da die ursprüngliche Eigenfrequenz f_E durch den unbe-
quemen Vorfaktor 2π kaum verwendet wird.

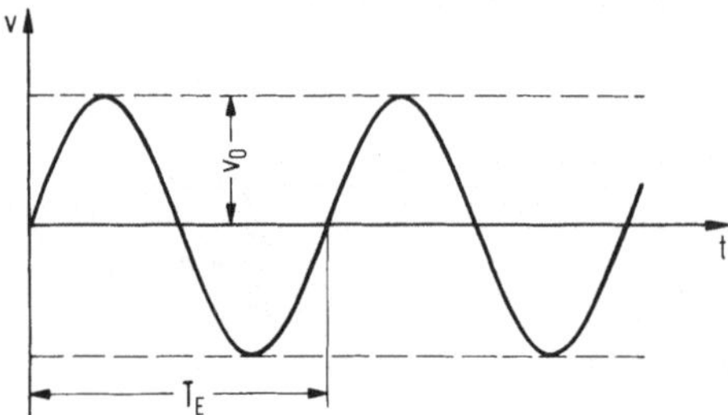

Abb.2.1.2. Schwingungsbild einer ungedämpften Eigenschwingung in der v, t
Darstellung

Die Berücksichtigung der Systemdämpfung zeigt nun erste Schwierigkeiten vor allem in der praktischen Anwendung auf. Während die Steifigkeitsgrößen nach Ansatz
(2.1.1) hier im wesentlichen durch bekannte Elastizitätsgesetze bestimmt werden,
kennzeichnet der Dämpfungsbegriff die Umwandlung von mechanischer Energie in
nicht mehr zu nutzende Verlustenergien (Wärmeenergie oder Turbulenz- und Wirbelenergien bei den Luftströmungen).

Der physikalischen Ursache nach können drei Arten von Dämpfungseinflüssen unterschieden werden: die innere Dämpfung aus der Materialhysterese, die sich versuchstechnisch verhältnismäßig genau erfassen läßt [2.1.7]. Hinzu kommt bei zusammengesetzten Konstruktionen die Dämpfung durch äußere Reibung (Lagerreibung, das Arbeiten von Nietverbindungen, vor allem bei zusammengesetzten Konstruktionen aus
verschiedenen Materialien wie Beton und Stahl oder Holz und Stahl), auch oft als Cou-
lombsche Dämpfung nach dem gleichnamigen Reibungsgesetz bezeichnet.

Eine Sonderstellung nimmt bei vielen Konstruktionen die Baugrunddämpfung ein, die
durch Abstrahlung von Schwingungsenergie in den Baugrund entsteht. Diese Dämpfungseigenschaften sind stark abhängig von den örtlichen Gegebenheiten und nicht

allgemein zu erfassen. Allgemein gehorchen sie keinen determinierten Gesetzen
und sind außerdem sehr oft stark abhängig von der Schwingungsgrenzamplitude, so
daß sie sich nur in einem oberen und unteren Grenzwert - der oberen und unteren
Grenzdämpfung - durch einen noch zu besprechenden jeweils örtlich anzuordnenden
Ausschwingversuch feststellen lassen. Auch eine auf Abb.2.1.6 beruhende und in
Abschn.11 beschriebene Resonanzmessung erscheint sinnvoll.

Der meist größte Dämpfungsanteil wird durch die Tragwerksaerodynamik erzeugt.
Nur muß hier streng zwischen der ruhenden und der strömenden Luft unterschieden
werden. Es ist infolgedessen schon in verschiedenen Fällen zu Dämpfungsmessun-
gen im Vakuum übergegangen worden, um die vorher erwähnten Dämpfungsanteile
sauber von den aerodynamischen Kraftgliedern zu trennen, da die Luftkraftglieder
hier bei strömender Luft stets in gesonderten Ansätzen erfaßt werden sollen. Allgemein sollten an die Dämpfungsgrößen keine übergroßen Genauigkeitsanforderungen
gestellt werden.

Im allgemeinen erweist sich unter den genannten Voraussetzungen die Annahme als
ausreichend, daß die Dämpfungskraft linearisiert proportional zur Auslenkungsge-
schwindigkeit anzusetzen ist, so daß sich (2.1.3) unter Mitnahme der Systemdämpfung mit dem Lehrschen Dämpfungsmaß δ erweitert zu

$$- m\ddot{v} - 2m\delta\dot{v} - cv = 0. \qquad (2.1.5)$$

Gleichung (2.1.5) beschreibt das Schwingungsverhalten einer gedämpften Eigenschwingung, Abb.2.1.3, unter Ausschluß der aerodynamischen Dämpfung. Der Exponentialansatz analog (2.1.4) liefert bei schwachgedämpften Bewegungen die Lösung

$$v = v_0 e^{-\delta t}(v_1 \cos \omega' t + v_2 \sin \omega' t). \qquad (2.1.6)$$

$$\omega' \approx \omega_E$$

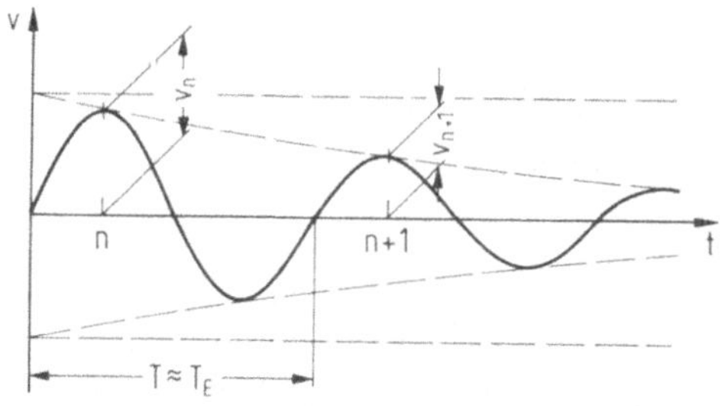

Abb.2.1.3. Schwingungsbild einer
schwachgedämpften Bewegung in der
v, t Darstellung

Das dimensionsbehaftete Lehrsche Dämpfungsmaß δ wird noch durch das dimen-
sionsunabhängige logarithmische Dämpfungsdekrement

$$\vartheta = \ln\left|\frac{v_n}{v_{n+1}}\right| \approx \frac{2\pi\delta}{\omega_E} \tag{2.1.7}$$

ersetzt, dessen Größe als Systemkonstante anzusehen ist, die aus dem Abklingverhalten der Maximalamplituden meßtechnisch ermittelbar ist (Ausschwingversuch). Nur der Ausschwingversuch oder der noch später zu besprechende Resonanzversuch dürfte eine einigermaßen genaue Aussage über die Dämpfungseigenschaft einer meist kompliziert zusammengesetzten bautechnischen Konstruktion ermöglichen. Als grundsätzliche Schwierigkeiten sind hierbei das Bewegen und Ausmessen großer Schwingungsmassen und das oft leider nicht mögliche Herauslösen der aerodynamischen Dämpfungsanteile hervorzuheben [2.1.10, 2.1.13, 2.1.15]. Außerdem bereitet die Darstellung entkoppelter Schwingungseigenformen, also einzelner Freiheitsgrade, große Schwierigkeiten, so daß durch die Überlagerung verschiedener Schwingungsfrequenzen oft ein verzerrtes Bild entsteht. Die praktischen Meßergebnisse zeigen infolgedessen eine starke Abhängigkeit der gemessenen ϑ-Werte von der Amplitudengröße v_0 und der Anzahl der Schwingungen n [2.1.13], Abb.2.1.4.

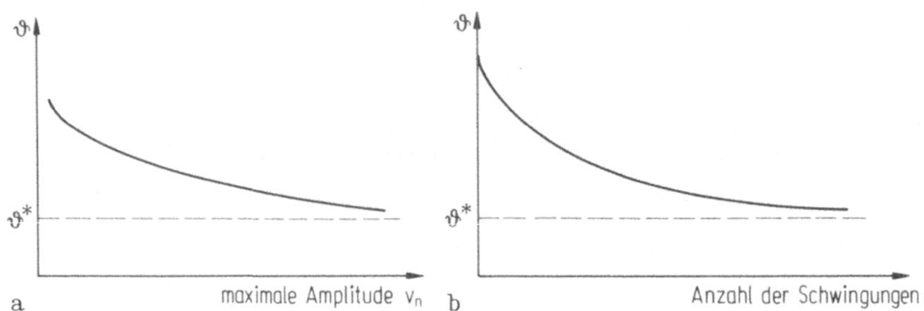

Abb.2.1.4. Gemessene logarithmische Dämpfungsdekremente
a) als Funktion der Schwingungsgrenzamplitude,
b) als Funktion der Schwingungszahl

Für bautechnische Überschlagsrechnungen seien einige Richtwerte, Tab.2.1.1, der oberen Grenzdämpfung ϑ^* empfohlen, die nur als Anhalt dienen und in den meisten Fällen für ingenieurmäßige Überschlagsrechnungen ausreichen. Falls die Dämpfungsgrößen genauer bestimmt werden müssen, so ist in jedem Fall der Ausschwingversuch oder Resonanzversuch am Originalmodell oder einem ähnlich konstruierten Vergleichsmodell zu empfehlen [2.1.11, 2.1.12, 2.1.14, 2.1.15].

Wenig gebräuchlich bisher aber sehr effektvoll erweist sich nach den Erfahrungen des Maschinenbaus die Anordnung kleiner Zusatzdämpfer, die die Dämpfungseigenschaften einer Konstruktion beträchtlich erhöhen können.

Tabelle 2.1.1. Werte der Grenzdämpfung ϑ^*
bei verschiedenen Werkstoffen
und Konstruktionen

Werkstoff	ϑ^* (Richtwerte)
Stahlbeton Zustand I	0,05
Stahlbeton Zustand II	0,10
Spannbeton	0,05
Stahl geschweißt	Rohre 0,006 bis 0,008 Profile 0,02
Stahl genietet geschraubt	0,02 bis 0,05

Die letzte große Gruppe der autonomen Bewegungen erfaßt die selbsterregten Schwingungen in der Form

$$- m\ddot{v} - 2m\delta\dot{v} - cv + P(v,\dot{v}) = 0, \qquad (2.1.8)$$

die sich hier von besonderer Bedeutung erweisen. Hier wird die anfachende oder bewegungsmindernde (Luft-)Kraft P aus der Bewegung selbst erzeugt, die gemäß (2.1.8) eine Veränderung der Systemsteifigkeit und der Systemdämpfung bewirkt. Notwendige Bedingung zur Bewegungsanfachung des Systems ist eine fortlaufende Energiezufuhr von außen.

Genauere mathematische Untersuchungen dieser Bewegungsform werden in Abschn. 8 aufgeführt, so daß am Anfang einige anschauliche Betrachtungen reichen. Aus (2.1.8) ist ersichtlich, daß die selbsterregte Bewegung bei kleinen Störamplituden den Charakter einer positiv oder negativ gedämpften Eigenschwingung besitzt, Abb.2.1.5.

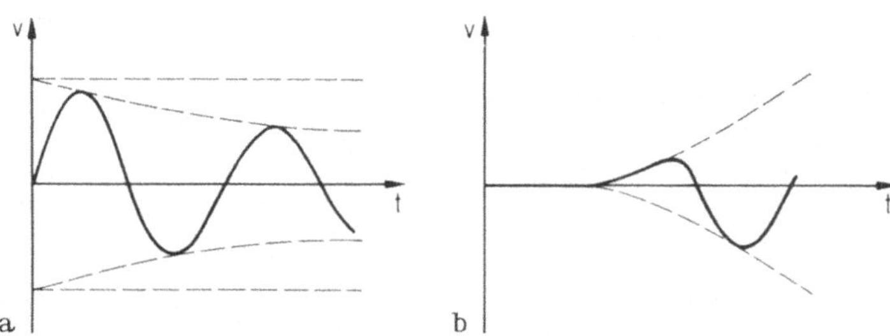

Abb.2.1.5. Bewegungsbild einer selbsterregten Schwingung
a) gedämpft, b) angefacht

Die notwendigen und hinreichenden Bedingungen für eine Dämpfung oder eine Anfachung werden noch ausführlich erläutert. Für weiterführende Untersuchungen seien dem interessierten Leser die Schriften [2.1.1, 2.1.3] empfohlen.

Die zweite große Gruppe, nämlich die heteronomen Bewegungen, unterscheidet die parametererregten und die fremderregten Schwingungen, wobei zuerst letztere behandelt werden, deren Schwingungsgleichung mit (2.1.1) angegeben ist. Die Erregerkraft wird oft als deterministische, harmonische Erregung in der Form

$$P = P_0 \cos \omega_z t \quad \text{oder} \quad P = \sum_{i=0}^{\infty} P_i \cos \omega_{z,i} t$$

angenommen, kann jedoch hier zum Beispiel bei der Böenbeanspruchung ein breites Frequenzband aufweisen, dessen Verteilung stochastischen Wahrscheinlichkeitsgesetzen gehorcht. Während der homogene Eigenschwingungsanteil aus (2.1.1) schnell gedämpft wird, ergibt die inhomogene Lösung von (2.1.1) bei determinierter harmonischer Erregung

$$v = C \cos(\omega_z t - \varphi_z) \quad \text{oder} \quad v = \sum_{i=0}^{\infty} C_i \cos(\omega_{z,i} t - \varphi_{z,i}),$$

$$\tan \varphi_z = \frac{\vartheta}{\pi} \frac{\omega_z}{\omega_E} \frac{1}{1 - \omega_z^2/\omega_E^2} \quad \text{oder} \quad \tan \varphi_{z,i} = \frac{\vartheta}{\pi} \frac{\omega_{z,i}}{\omega_E} \frac{1}{1 - \omega_{z,i}^2/\omega_E^2}, \tag{2.1.9}$$

$$C = \frac{P_0}{c} \frac{1}{\sqrt{\left(\frac{\vartheta}{\pi} \frac{\omega_z}{\omega_E}\right)^2 + \left(1 - \frac{\omega_z^2}{\omega_E^2}\right)^2}} \leq \frac{P_0}{c} \frac{\pi}{\vartheta} \quad \text{bei} \quad \omega = \omega_E$$

bzw.

$$C_i = \frac{P_i}{c} \frac{1}{\sqrt{\left(\frac{\vartheta}{\pi} \frac{\omega_{z,i}}{\omega_E}\right)^2 + \left(1 - \frac{\omega_{z,i}^2}{\omega_E^2}\right)^2}} \leq \frac{P_i}{c} \frac{\pi}{\vartheta} \quad \text{bei} \quad \omega_{z,i} = \omega_E.$$

Der Verlauf der Vergrößerungsfunktion (mechanische Admittanz) C, auch als Resonanzkurve bezeichnet, ist in Abb.2.1.6 dargestellt, die als dynamische Antwort (dynamic response) eines Systems auf die einfachste determiniert harmonische Erregung anzusehen ist. Der starke Vergrößerungsfaktor π/ϑ im Resonanzfall eignet

sich besonders gut zur experimentellen Bestimmung des logarithmischen Dämpfungsdekrements ϑ (Resonanzversuch).

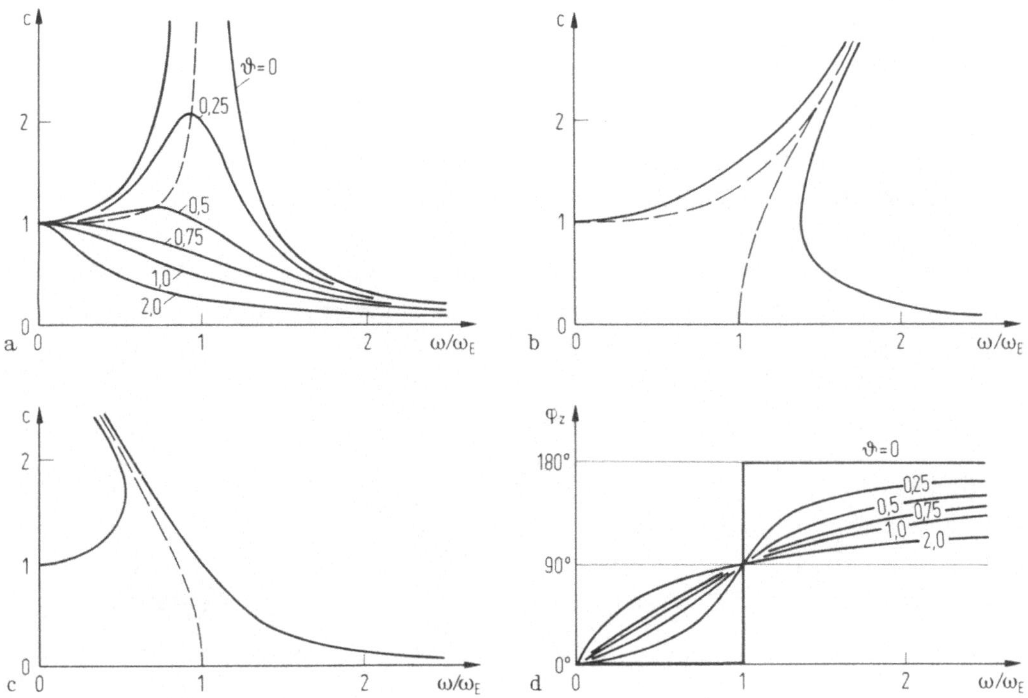

Abb.2.1.6. Vergrößerungsfunktion für verschiedene Dämpfungswerte
a) lineare Federkennlinie,   b) überlineare Kennlinie,
c) unterlineare Kennlinie,   d) Phasenverschiebung

Bekannt ist die ungewöhnlich starke Vergrößerung der Maximalamplituden im Resonanzpunkt $\omega = \omega_E$. Weniger geläufig ist das Umkippen bzw. Überkippen der Vergrößerungsfunktion bei einer nichtlinearen Federkonstanten c, wie in Abb.2.1.6
dargestellt ist. Hier sind vor allem bei einer unterlinearen Kennlinie auch Reso-
nanzfälle außerhalb der Resonanzbedingung möglich, sofern die Schwingungsamplitude ein bestimmtes Maß übersteigt. Stochastische bandartige Erregerprobleme
werden in Abschn.3 behandelt.

Die letzte große Gruppe der Bewegungen gehört zu den parametererregten Schwingungen, die aus (2.1.2) durch die Festsetzung

$$a_1(t)\ddot{v} + a_2(t)\dot{v} + a_3(t)v = 0 \qquad (2.1.10)$$

hervorgehen. Jetzt liegen keine Differentialgleichungen mit konstanten Koeffizienten wie bisher, sondern stark nichtlineare Differentialgleichungen vor. Die Lösung

dieser Gleichungen ist nur in Sonderfällen exakt möglich, und zwar bei periodischen
Koeffizienten $a_i(t)$, wo sie auf höhere mathematische Funktionen führen (Mathieu-
sche Gleichung, Meissnersche Gleichung). Im allgemeinen können nur numerische
Lösungen gefunden werden, deren Ergebnisse in Stabilitätskarten darstellbar sind,
die stabile und instabile Bereiche als Funktion der Systemparameter unterscheiden
[2.1.8, 2.1.9].

Die instabilen Bereiche, in denen angefachte resonanzartige Schwingungen möglich
sind, werden dabei meist schraffiert dargestellt.

Ein Beispiel hierzu ist der in Abb.2.1.7 dargestellte statisch und pulsierend kinetisch belastete Knickstab unter determinierter und stochastischer Erregung eines
Frequenzbandes.

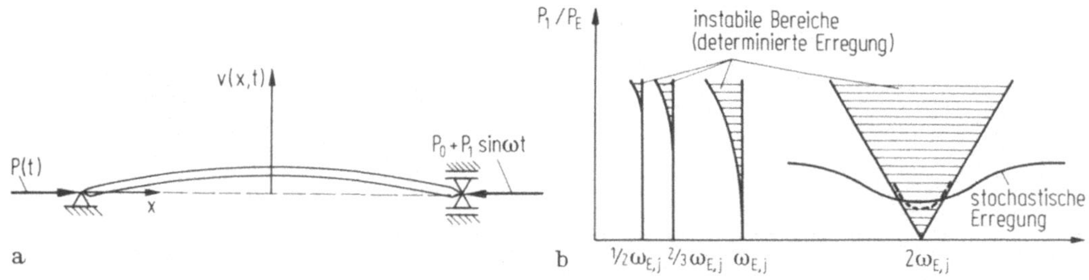

Abb.2.1.7. Statisch und pulsierend kinetisch belasteter Knickstab
a) System,   b) Stabilitätskarte mit determinierter und stochastischer Erregung.

Dabei bedeutet ω/ω_E das Verhältnis der determinierten Erregerfrequenz ω zur Systemeigenfrequenz ω_E unter der statischen Last P_0 und P_0/P_E das Verhältnis der
statischen Last P_0 zur Eulerschen Knicklast P_E des Stabes. Außerdem ist in Abb.
2.1.7 skizziert, wie die Stabilitätskarte bei einer bandartigen Erregung gegenüber
einer determinierten Erregung geändert wird [2.1.9]. Auch hier ist wieder die
große Bedeutung der Systemdämpfung bei der Stabilisierung dieser Schwingungserscheinungen hervorzuheben.

Damit sind alle Schwingungserscheinungen des Einmassenschwingers durchgesprochen, wobei hier auf ausgezeichnete Literatur verwiesen werden kann.

Von entscheidener Bedeutung ist nun die Übertragung der entwickelten Effekte auf
die Kontinuumsmechanik anzusehen. Wohl die meisten bautechnischen Konstruktionen, Abb.2.1.8, (Hochhäuser, Masten, Türme, Brücken) sind als balkenförmige
Linientragwerke zu idealisieren (beamology). Aber auch Flächentragwerke (Schalen,
leichte Flächentragwerke) reagieren oft recht empfindlich gegenüber Windschwingun-

gen. Besonders gefährlich erweisen sich entkoppelte Schwingungserscheinungen, bei denen einzelne Schwingungsfreiheitsgrade Instabilitätseffekte zeigen können, die nur durch eine ausreichende Systemdämpfung stabilisiert werden können. Bei den meist vorhandenen gekoppelten Schwingungen ist ein Zusammenwirken aller Systemfreiheitsgrade im Sinne einer Fourier-Analyse vorhanden. Von großer Bedeutung sind nun die in Abschn. 9 noch ausführlich zu besprechenden Strukturbegriffe Systemfreiheitsgrad, generalisierte Masse, generalisierte Dämpfung, Eigen(kreis)frequenz und generalisierte Kraft, die am Beispiel eines gelenkig gelagerten Balkens unter kinetischer Biegebelastung veranschaulicht werden sollen.

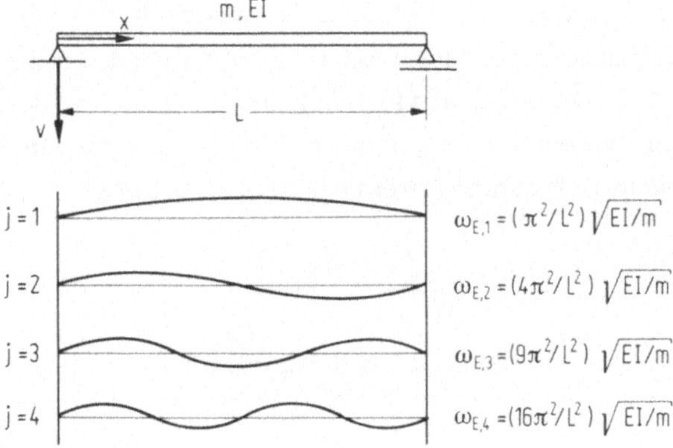

Abb. 2.1.8. Biegeeigenschwingungsformen eines Stabkontinuums

Dessen linearisierte Schwingungsgleichung lautet bei reiner Biegebelastung [2.1.1, 2.1.2]

$$EI \frac{\partial^4 v}{\partial x^4} + m \frac{\partial^2 v}{\partial t^2} = p(x,t) \qquad (2.1.11)$$

mit der zunächst konstant angenommenen Biegesteifigkeit EI und Schwingungsmasse m pro Längeneinheit. Schubmittelpunkt und Querschnittsschwerpunkt stimmen dabei überein. Die Transversalverschiebung v und die kinetische Belastung p ist nun eine Funktion der laufenden Ortskoordinate x und der Zeitkoordinate t, so daß jetzt eine partielle Differentialgleichung entstanden ist. Hierfür wird der Separationsansatz stehender Wellen

$$v(x,t) = \sum_{j=1}^{\infty} \Phi_j(x) v_j(t) \qquad (2.1.12)$$

gewählt, wobei die Eigenformen (Freiheitsgrade) $\Phi_i(x)$ alle Rand- und Übergangs-
bedingungen des statischen Systems gemäß Abb.2.1.8 erfüllen (Modalanalyse). Außerdem bilden sie ein vollständiges Orthogonalsystem durch die Bedingung

$$\int_0^L \Phi_j(x)\,m(x)\,\Phi_i(x)\,dx = \begin{cases} 0 & \text{für} \quad j \neq i \\ \int_0^L m\Phi_j^2\,dx & \text{für} \quad j = i. \end{cases} \qquad (2.1.12.1)$$

Falls Schubmittelpunkt und Schwerpunkt des Querschnitts übereinstimmen und die
Systemlasten außerdem im Schubmittelpunkt des Querschnitts angreifen, bleibt der
entkoppelte Diagonalcharakter der Matrizen auch bei Torsionsschwingungen bestehen.
Das Einsetzen von (2.1.12) in (2.1.11) führt unter Benutzung der Orthogonalität
(2.1.12.1) auf ein Matrizengleichungssystem für die generalisierten Koordinaten
$\underline{v}$ in der Lagrangeschen Betrachtungsweise [2.1.19, 2.1.20)

$$\underline{M}\,\underline{\ddot{v}} + 2\,\underline{M}\,\underline{\delta}\,\underline{\dot{v}} + \underline{M}\,\underline{\omega}^2\,\underline{v} = \underline{P} \qquad (2.1.13)$$

mit den Matrizen bei Beschränkung auf N Freiheitsgrade

$$\underline{M} = \int_0^L \Phi_j\,m\,\Phi_i\,dx, \quad i,j = 1 \ldots (N) \text{ generalisierte Masse,}$$

$$\underline{v} = v_j(t) \text{ Matrix der generalisierten Koordinaten,}$$

$$\underline{\delta} = \delta_j \text{ Dämpfungsmatrix, meist vereinfacht Diagonalmatrix,}$$

$$\underline{\omega}^2 = \omega_j^2 \text{ Matrix der Eigenfrequenzen, zur betreffenden Eigenform gehörig,}$$

$$\underline{P} = \int_0^L p(x,t)\,\Phi_j(x)\,dx \text{ generalisierte Kraft.}$$

Meist wird $2\underline{M}\,\underline{\delta}$ zu einer Dämpfungsmatrix $\underline{D}$ und $\underline{M}\,\underline{\omega}^2$ zu einer Steifigkeitsmatrix $\underline{K}$ zusammengefaßt, so daß (2.1.13) kürzer lautet [2.1.19, 2.1.20]

$$\underline{M}\,\underline{\ddot{v}} + \underline{D}\,\underline{\dot{v}} + \underline{K}\,\underline{v} = \underline{P} \qquad (2.1.14)$$

Die Steifigkeitsmatrix $\underline{K}$ ist wie bei (2.1.4) als Matrix der generalisierten Feder-
steifigkeiten c der jeweiligen Freiheitsgrade zu deuten und somit nach den bekannten
Regeln der Baustatik zu ermitteln (Weggrößenverfahren) [2.1.19]. Im statischen

Fall des in Abb.2.1.9 dargestellten Balkens würde sich ergeben

$$\underline{P} = \underline{K}\,\underline{v} \quad \text{mit} \quad \underline{P} = \begin{bmatrix} P_1 \\ \vdots \\ P_N \end{bmatrix}, \quad \underline{v} = \begin{bmatrix} v_1 \\ \vdots \\ v_N \end{bmatrix}, \quad \underline{K} = \begin{bmatrix} K_{11} & \cdots & K_{1N} \\ \vdots & & \vdots \\ K_{N1} & \cdots & K_{NN} \end{bmatrix}, \; K_{ji} = K_{ij}\,. \tag{2.1.15}$$

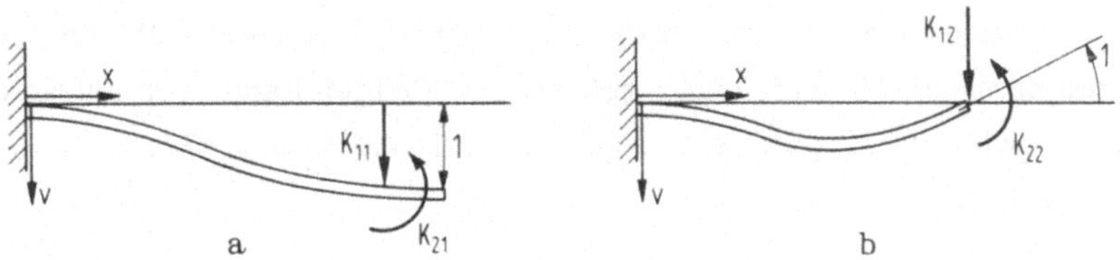

Abb.2.1.9. Steifigkeitswerte eines Stabkontinuums (Kragbalken)
a) Steifigkeitswerte unter einer Einheitsverschiebung,
b) Steifigkeitswerte unter einer Einheitsverdrehung

Die entsprechende Komponente der Steifigkeitsmatrix entspricht somit dem Kehrwert der Verschiebung unter der jeweiligen Last "eins". In einigen Fällen sind die Eigenschwingungsformen und Eigenfrequenzen eines Kontinuums exakt zu bestimmen, Tab.2.1.2.

Tabelle 2.1.2. Eigenschwingungsformen und Eigenkreisfrequenzen verschiedener statischer Systeme

statisches System	Frequenzgleichung	erste 6 Eigenwerte	Eigenkreisfrequenzen
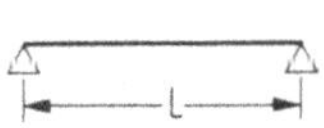	$\sin\lambda = 0$	$\lambda_j = j\pi$ $j = 1,2,3,\ldots$	Biegeschwingung $\omega_{E,j} = \frac{\lambda_j^2}{L^2}\sqrt{\frac{EI}{m}}$
	$\cos\lambda\cosh\lambda = 1$	$\lambda_j = 4{,}73;\ 7{,}85;\ 11{,}00;\ 14{,}14;\ 17{,}28;\ 20{,}42;$ $\lambda_{j+1} - \lambda_j \approx \pi$	gültig für alle dargestellten Systeme $j = 1,2,3,\ldots$
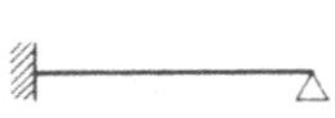	$\tan\lambda = \tanh\lambda$	$\lambda_j = 3{,}93;\ 7{,}07;\ 10{,}21;\ 13{,}35;\ 16{,}49;\ 19{,}63;$ $\lambda_{j+1} - \lambda_j \approx \pi$	
	$\cos\lambda\cosh\lambda = -1$	$\lambda_j = 1{,}88;\ 4{,}69;\ 7{,}86;\ 11{,}00;\ 14{,}14;\ 17{,}28;$ $\lambda_{j+1} - \lambda_j \approx \pi$	Torsionsschwingung $\omega_{E,j} = \frac{j\pi}{2L}\sqrt{\frac{GI_t}{\Theta}}$ $j = 1,3,5,\ldots$ (Kragsystem)

In den meisten praxisüblichen Fällen, vor allem bei Flächentragwerken veränderlichen Querschnitts, muß zu numerischen Verfahren übergangen werden. An die
Stelle der früher üblichen diskretisierten Einzelmassen (lumped-mass-system)
ist das Finite-Elemente-Verfahren getreten, dessen Kenntnis als bekannt vorausgesetzt werden darf [2.1.31]. Auch höhere Differenzenverfahren wie das Mehr-
stellenverfahren sind von Bedeutung.

Charakteristisch ist die Umstellung von der bisher angewendeten kinetischen Gleichgewichtsmethode des d'Alembertschen Prinzips zu nichtkonservativen Energiemethoden. Die klassische Mechanik kennt hier vor allem die Lagrange-Gleichungen als
exakte Lösungen des Hamiltonschen Prinzips bei einer endlichen Anzahl von bekannten Schwingungseigenformen und die Galerkinschen Gleichungen als Näherungslösungen. Die Schwingungseigenformen (Freiheitsgrade) werden dabei durch eine geeignete Diskretisierung der Finite-Elemente-Methoden ermittelt, wie am Beispiel des
in Abb.2.1.10 dargestellten Balkens hier kurz skizziert werden soll, da bei Flächentragwerken ähnliche Überlegungen gelten. Im übrigen kann hier auf ausgezeichnete Literatur verwiesen werden [2.1.19-2.1.21, 2.1.31, 2.1.47].

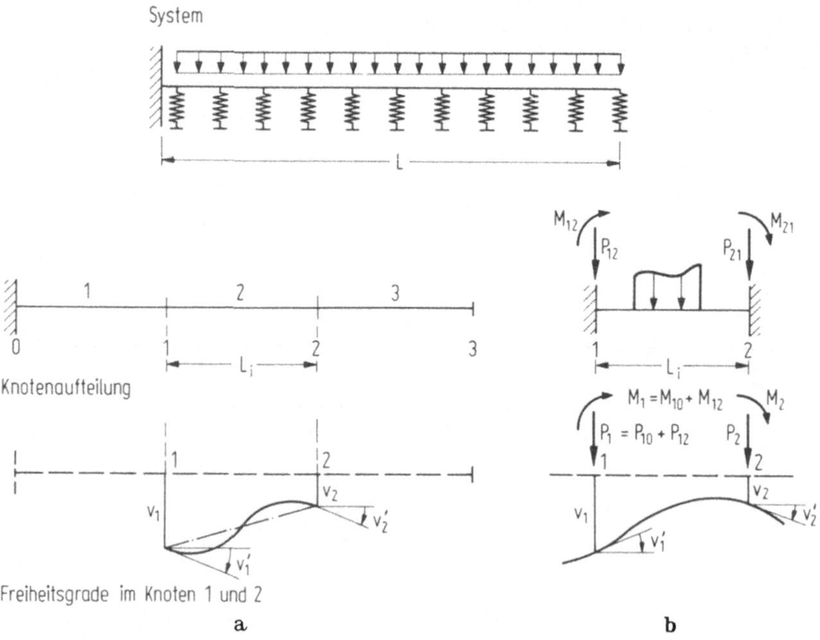

Abb.2.1.10. Diskretisierung eines Stabkontinuums durch die Finite-Elemente-Methode
a) Darstellung der Knotenaufteilung und der Systemfreiheitsgrade,
b) Knotenkräfte am Starrkörpersystem

Zunächst wird der rein statische Fall gemäß Abb.2.1.10 betrachtet. Das Stabkontinuum wird in einzelne durch Knoten diskretisierte Elemente zerlegt, an deren Begrenzungen die Knotendurchbiegungen und Tangentenneigung stetig ineinander übergehen sollen. An jedem Knoten müssen dabei genau soviel Knotenkräfte wie Systemfreiheitsgrade eingeführt werden. Die Knotenkräfte können dabei im Sinne des Weggrößenverfahrens am Starrsystem bei unverschieblichen Knoten ermittelt werden. Eine außerhalb der Knoten angreifende Kraftgröße soll die gleiche virtuelle Arbeit leisten wie die Knotenkräfte mit den Knotenverschiebungen. Im Gegensatz zum klassischen baustatischen Weggrößenverfahren, bei dem die Verschiebungsfreiheitsgrade die geometrischen Zwangsbedingungen in Ordnung gebracht werden müssen, stellt bei der Finite-Elemente-Methode die Formulierung der geometrischen Verträglichkeitsbedingungen bereits den ersten Rechenschritt des Zusammenbaus der Einzelstäbe zum Gesamtsystem dar. Im allgemeinen sollen an den Elementgrenzen die Verschiebungen und deren Ableitungen stetig ineinander übergehen.

Besonders einfach wird das in dem in Abb.2.1.10 dargestellten Fall. Bei komplizierteren Systemen müssen noch lokale Element- und globale Kontinuumskoordinaten eingeführt werden, die aufeinander durch geeignete Matrizenoperationen (Inzidenzmatrizen) transformiert werden müssen. Die Verschiebungen des Elementkontinuums werden nun mit den Knotenverschiebungen durch einen geeigneten algebraischen Ansatz in Beziehung gesetzt und müssen an den Elementgrenzen stetig ineinander übergehen. Bei Stabtragwerken haben sich dabei die Hermiteschen Interpolationspolynome besonders bewährt, während bei anderen Tragwerken ähnliche Ansätze auffindbar sind [2.1.21].

Dabei ist

$$\eta = \underline{H}\,\underline{v}, \quad \underline{H}^T = \begin{bmatrix} H_1(\xi) \\ H_2(\xi) \\ H_3(\xi) \\ H_4(\xi) \end{bmatrix} = \begin{bmatrix} 1 - 3\xi^2 + 2\xi^3 \\ \xi - 2\xi^2 + \xi^3 \\ 3\xi^2 - 2\xi^3 \\ -\xi^2 - \xi^3 \end{bmatrix},$$

$$\eta^i(\xi) = H_1(\xi)\eta_0 + H_2(\xi)\eta_0' + H_3(\xi)\eta_1 + H_4(\xi)\eta_1' \,.$$

Durch den Ansatz der Hermiteschen Interpolationspolynome wird an den Knotenpunkten des Balkens die geforderte Kontinuität gesichert.

Der erste Schritt der Finite-Elemente-Methode, des stetigen Übergangs der Knotenfreiheitsgrade an den Elementgrenzen, ist damit gelöst. Im nächsten Rechenschritt ist nun die Steifigkeitsmatrix $\underline{K}$ im Sinne des Weggrößenverfahrens (2.1.15) zu ermitteln, wobei einem bestimmten Wert der Matrix $\underline{K}$ ein bestimmter Wert der Ma-

trix der Knotenverschiebung $\underline{v}$ und der Lastmatrix $\underline{P}$ der Knoten bezüglich aller
Knotenfreiheitsgrade zuzuordnen ist. Dabei sind zunächst die Steifigkeitswerte elementweise zu ermitteln, die später zur endgültigen Gesamtsteifigkeitsmatrix, bezogen auf das globale Koordinatensystem, zusammenzufassen sind. Im Sinne des
Weggrößenverfahrens werden dabei die Verträglichkeitsbedingungen elementweise
streng und die Kräftegleichgewichtsbedingungen näherungsweise, z.B. durch das
Prinzip der virtuellen Arbeiten erfüllt, an dessen Stelle bei kinetischen Problemen
das d'Alembertsche Prinzip in der Lagrange-Fassung oder das Hamiltonsche Prinzip in Form der Lagrange-Gleichungen tritt.

Zunächst ist das Gesamtpotential des Kontinuums aufzustellen, für das sich nach
kurzer Zwischenrechnung [2.1.21] mit der zu $\underline{v}$ transponierten Matrix $\underline{v}^T$

$$\underline{v}^T \, \underline{K} \, \underline{v} - \underline{v}^T \, \underline{P} = \Pi \qquad\qquad (2.1.16)$$

ergibt. Die Steifigkeitsmatrix ergibt sich dabei durch die Integrationsvorschrift
(2.1.16) unter Berücksichtigung des Ansatzes gemäß Abb.2.1.11 oder eines ähnlich gewählten algebraischen Ansatzes, der den schon erwähnten Steifigkeitsforde-
rungen an den Knotenpunkten genügt. Das Potential Π muß im Gleichgewichtszustand des Systems stationär werden, so daß dort

$$\delta \Pi = 0$$

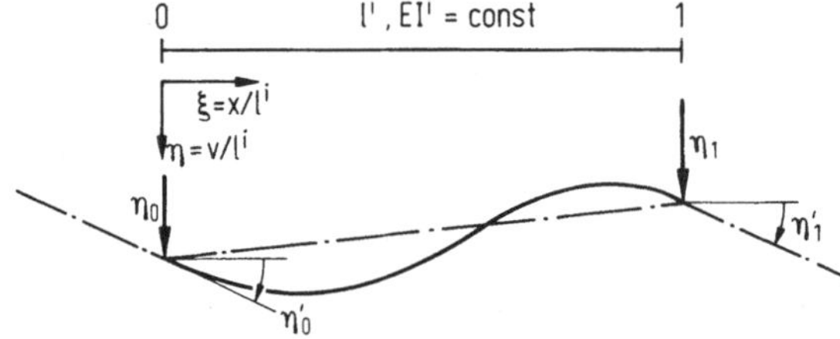

Abb.2.1.11 Biegeträger mit Hermiteschen Interpolationspolynomen als
bereichsweise Ansätze

ist. Daraus folgt sofort das bekannte Gleichgewichtskriterium des Weggrößenverfahrens (2.1.15)

$$\underline{K} \, \underline{v} = \underline{P} \, ,$$

so daß im Grunde lediglich die Steifigkeitsmatrix $\underline{K}$ nach einem besonderen Schema
im Sinne eines Näherungsverfahrens energetisch ermittelt worden ist, während die
Knotenkräfte im allgemeinen bekannt sind. Der Übergang zu kinetischen Problemen
ist nun relativ leicht, da die Elementaufteilung auch bei kinetischen Problemen be-

stehen bleibt und die jeweils eingeführten Knotenverschiebungen und Verdrehungen
jetzt als Schwingungsfreiheitsgrade zu deuten sind. Zunächst soll der einfache Fall
einer ungedämpften Eigenschwingung betrachtet werden. Als Ausgangsgleichungen
allgemeinster Art sind die Lagrange-Gleichungen für diskrete Systeme bei einer
endlichen Anzahl von Systemfreiheitsgraden $\underline{v}$

$$\frac{d}{dt}\left(\frac{\partial T}{\partial \dot{\underline{v}}}\right) + \frac{\partial U}{\partial \underline{v}} + \frac{\partial D}{\partial \dot{\underline{v}}} = \underline{P} \qquad\qquad (2.1.17)$$

zu wählen, wobei die einzelnen Größen

T	Kinetische Energie des Gesamtsystems
U	potentielle Energie des Gesamtsystems
D	dissipative Arbeit des Gesamtsystems
$\underline{P}$	eingeprägter Kraftvektor
$\underline{v}$	Verschiebungsvektor der Systemfreiheitsgrade

$$(\ldots)^{\cdot} \text{ zeitliche Ableitung} = \frac{\partial(\ldots)}{\partial t}$$

bedeuten. Diese Gleichung gilt für beliebige·nichtkonservative Probleme, worauf in
Abschn. 8 noch eingehend eingegangen wird. Das verkürzte konservative Problem der
ungedämpften Eigenschwingung ergibt daraus

$$\frac{d}{dt}\left(\frac{\partial T}{\partial \dot{\underline{v}}}\right) + \frac{\partial U}{\partial \underline{v}} = \underline{0}\,. \qquad\qquad (2.1.17.1)$$

Die potentielle Energie errechnet sich nach (2.1.16) zu

$$U = \frac{1}{2}\,\underline{v}^{t}\,\underline{K}\,\underline{v}\,, \qquad\qquad (2.1.17.2)$$

während für die kinetische Energie analog

$$T = \frac{1}{2}\,\dot{\underline{v}}^{t}\,\underline{M}\,\dot{\underline{v}} \qquad\qquad (2.1.17.3)$$

gilt. Die Massenmatrix läßt sich nur in Näherungsansätzen erfassen. Es besteht einmal die Möglichkeit, die Gesamtmasse in den Knotenpunkten des Systems zu konzen-
trieren (lumped-mass-system), so daß die Trägheitskräfte in den Angriffspunkten
der Knotenkräfte angreifen, was eine hinreichend feine Systemdiskretisierung erfordert. Es besteht jedoch auch die Möglichkeit zur Darstellung einer äquivalenten Massenmatrix. Hierbei werden die Trägheitskräfte innerhalb des Elementkontinuums noch
etwas besser berücksichtigt als bei der ohne weiteres möglichen Einzelmassendiskre-

tisierung, sofern die Systemdiskretisierung fein genug ist. Bei dem Einzelmassen-
system ist pro Element

$$\underline{M} = m_j = \mathrm{diag}\ m$$

$$m = 0,5\ \rho'\,Fl \qquad\qquad \rho'\quad \text{Dichte der Schwingungsmasse} \qquad (2.1.18)$$

eine reine Diagonalmatrix.

Ursprünglich ist die Massenmatrix gemäß (2.1.12.1) beim geschlossenen Kontinuum durch

$$\underline{M} = \int_0^L \Phi_i\, m\, \Phi_j\, dx$$

bei exakt bekannten Eigenschwingungsformen des geschlossenen Kontinuums definiert. Hierfür wird nun die Beziehung [2.1.20] bei der Definition der äquivalenten
Massenmatrix

$$\underline{M} = \int_0^L \underline{H}^T m\, \underline{H}\, dx, \quad \underline{v}_{\text{Element}} = \underline{H}\,\underline{v}_{\text{Knoten}} \qquad (2.1.19)$$

gesetzt, wobei H wieder die Interpolationspolynome von Abb.2.1.11 bedeuten. Durch
die Festsetzung wird erreicht, daß die kinetische Energie des Kontinuums wirklichkeitsnah auf die Knotenverschiebungen mit den dort konzentriert angenommenen
Schwingungsmassen bezogen werden kann. Bei der Massenmatrix ist wie bei der Steifigkeitsmatrix bei komplizierterem System wieder eine Umtransformation von lokalen
Elementkoordinaten auf globale Systemkoordinaten erforderlich. Auch kann es aus
Gründen der Rechenkapazität erforderlich sein, die Anzahl der Schwingungsfreiheitsgrade auf rechnerisch wesentliche Größen zu reduzieren [2.1.21, 2.1.38].

Aus (2.1.17) ergibt sich die Gleichung der ungedämpften Eigenschwingung zu

$$\underline{M}\,\ddot{\underline{v}} + \underline{K}\,\underline{v} = \underline{0}\ , \qquad\qquad (2.1.20)$$

die in bekannter Weise durch den Ansatz

$$\underline{v} = \underline{v}_0\, e^{i\omega t}$$

auf das Matrizeneigenwertproblem

$$\det\left|\underline{K} - \omega^2\underline{M}\right| = \underline{0} \qquad\qquad (2.1.21)$$

führt. Aus rechentechnischen Gründen wird hierfür meist das äquivalente Eigenwertproblem mit der Einheitsmatrix $\underline{E}$

$$\det\left|\underline{M}^{-1}\underline{K} - \omega^2\,\underline{E}\right| = \underline{0}$$

oder

$$\det\left|\frac{1}{\omega^2}\,\underline{E} - \underline{K}^{-1}\underline{M}\right| = \underline{0} \tag{2.1.22}$$

betrachtet. Leider ist dabei in der Matrix $\underline{M}^{-1}\underline{K}$ die ursprüngliche Symmetrie der
Massenmatrix $\underline{M}$ verlorengegangen. Um dies zu vermeiden, werden neue Veränder-
liche

$$\underline{y} = \underline{M}^{1/2}\,\underline{d}$$

eingeführt, so daß auf das spezielle Eigenwertproblem

$$\det\left|\underline{M}^{-1/2}\,\underline{K}\,\underline{M}^{1/2} - \omega^2\underline{E}\right| = \underline{0} \tag{2.1.23}$$

mit wieder symmetrischen Matrizen übergegangen werden kann [2.1.39]. Auch der
Weg über eine direkte Cholesky-Zerlegung führt auf ein ähnliches Ergebnis [2.1.38].
Das Eigenwertproblem kann in Form Jakobischer Matrizen formuliert werden. Über
das Vorliegen aller Eigenwerte wird an Hand von Sturmschen Ketten entschieden. Ansonsten steht eine Vielzahl von computerorientierten Verfahren zur Lösung des Eigenwertproblems zur Verfügung [2.1.38]. Als Ergebnis dieser Schwingungsberechnung ergeben sich die Eigenvektoren, die in unmittelbarer Analogie zu den Eigenschwingungsformen der Kontinua stehen und in einer Modalmatrix

$$\underline{v}_0 = (\underline{v}_{0,1}, \underline{v}_{0,2}, \ldots, \underline{v}_{0,N}) \tag{2.1.24}$$

zusammengefaßt werden, während die zu den einzelnen Eigenschwingungsformen
gehörenden Eigenkreisfrequenzen in einer diagonalen Frequenzmatrix

$$\underline{\omega} = \mathrm{diag}(\omega_{E,j}) \tag{2.1.25}$$

vereinigt sind.

Auch die Lösung der übrigen schwingungsmechanischen Probleme kann nun im Sinne
der Modalanalyse, d.h. in einer Entwicklung nach den Eigenschwingungsformen des
Kontinuums, zunächst weitergeführt werden und entspricht dem Verfahren der Kontinuumsmechanik, jetzt bezogen auf diskrtetisierte Systeme. Kinetische Kräfte und
Dämpfungskräfte können dabei direkt auf die Elementknoten oder bei speziellen be-

wegungsabhängigen Kräften wie bei der Ermittlung der Steifigkeitsmatrix und Massenmatrix energetisch im Sinne der Finite-Elemente-Methode ermittelt werden.
Hierauf wird noch eingehend in den nachfolgenden Abschnitten eingegangen.

So lautet die Gleichung der gedämpften fremderregten Schwingungen analog (2.1.14)

$$\underline{M}\,\ddot{\underline{v}} + \underline{D}\,\dot{\underline{v}} + \underline{K}\,\underline{v} = \underline{P}\,. \tag{2.1.26}$$

Das Auffinden der kinetischen Last P und die Ermittlung des daraus resultierenden
Schwingungsverhaltens der Konstruktion (dynamic response) ist die Hauptaufgabe
des vorliegenden Problemkreises. Die Lösung für nicht diskretisierte Systeme kann
direkt aus (2.1.14) hergeleitet werden mit den in (2.1.13) eingeführten Beziehungen.
Hierbei ist

$$\underline{M}\,\ddot{\underline{v}}(t) + \underline{D}\,\dot{\underline{v}}(t) + \underline{K}\,\underline{v}(t) = \underline{P}(t) \tag{2.1.14}$$

eine reine Zeitgleichung.

Die allgemeine Lösung von (2.1.14) überlagert die homogene Lösung und die Parti-
kularlösung unter Berücksichtigung der Systemrand- und Anfangsbedingungen. Beispiele hierzu sind am Schluß dieses Abschnitts in hinreichender Zahl aufgeführt.
Für interessierte Leser seien Problemdarstellungen des Flugzeugbaus (dynamic
response problems) empfohlen [2.1.7, 2.1.18], wo besondere Rechenverfahren
vor allem bei impulsartiger oder beliebiger Zeiterregung entwickelt worden sind.
Bei harmonischer Anregung ist die generalisierte Kraft $P_j(t)$ im Sinne der Modalanalyse in eine Fourierreihe von der Form

$$\underline{P} = \sum_{j=0}^{\infty} \underline{P}_j\, e^{i\omega_{E,j}t} \tag{2.1.27}$$

mit den Eigenkreisfrequenzen $\omega_{e,j}$ zu zerlegen, so daß ein Einsetzen von (2.1.27)
in (2.1.14) unter Berücksichtigung von (2.1.19) bei Existenz eines globalen Dämpfungsdekrements ϑ

$$\underline{v} = \frac{\pi}{\vartheta} \sum_{j=0}^{\infty} \frac{P_j}{K_j}\, \Phi_j(x)\, e^{i(\omega_{E,j}t-\pi/2)} = \frac{\pi}{\vartheta} \sum_{j=0}^{\infty} \frac{P_j}{M_j\omega_{E,j}^2}\, \Phi_j(x)\, e^{i\left(\omega_{E,j}t-\frac{\pi}{2}\right)} \tag{2.1.28}$$

ergibt. Die maximal mögliche Auslenkung des Systems beträgt demnach

$$\underline{v} \leqslant \frac{\pi}{\vartheta} \sum_{j=0}^{\infty} \frac{P_j}{K_j}\, \Phi_j(x) = \frac{\pi}{\vartheta} \sum_{j=0}^{\infty} \frac{P_j}{M_j\omega_{E,j}^2}\, \Phi_j(x)\,.$$

Auf eine beliebige periodische Erregung

$$\underline{P} = P_z\, e^{\,i\omega_z t}$$

würde sich die Frequenzantwort

$$\underline{v} = \sum_{j=0}^{\infty} \frac{P_z}{M_j} \; \frac{1}{\left(\omega_{E,j}^2 - \omega_z^2\right) + i\omega_z D_j} \; \Phi_j(x) \tag{2.1.29}$$

oder in reeller Schreibweise

$$\underline{v} \leqslant \sum_{j=0}^{\infty} \frac{P_z}{M_j\,\sqrt{\left(\omega_{E,j}^2 - \omega_z^2\right) + \left(\dfrac{\vartheta}{\pi}\,\omega_z\omega_{E,j}\right)^2}} \; \Phi_j(x) \tag{2.1.29}$$

des Systems ergeben.

Bei stochastischen Belastungen, die nur den Regeln der Wahrscheinlichkeit gehorchen und noch in Abschn. 3 ausführlich behandelt werden, tritt an die Stelle von (2.1.27) das Frequenzband

$$\int_0^{\infty} F(\omega)\,d\omega = \sigma^2$$

mit der mittleren quadratischen Abweichung σ^2 des Kraftsystems, wobei das Erregerfrequenzband ω kontinuierlich von Null bis unendlich durchläuft. Für die mittlere quadratische Auslenkung des Einmassenschwingers würde sich nach der Input-Output-Relation ergeben [2.1.14]

$$\bar{v}_s^2 = \int_0^{\infty} \frac{F(\omega)\,d\omega/K^2}{\left[1-(\omega/\omega_E)^2\right]^2 + (\vartheta/\pi \cdot \omega/\omega_E)^2} \approx \frac{\pi^2 F(\omega_E)\,\omega_E}{2\,\vartheta\,K^2} \tag{2.1.30}$$

bei schmalen Frequenzbändern. Dabei besteht keine Phasenverschiebung mehr zwischen Erregung und Antwort. Bei kontinuierlichen Systemen gilt diese Beziehung sinngemäß für jede Eigenschwingungsform, so daß die maximale mittlere Auslenkung entsprechend (2.1.29) zu

$$\bar{\underline{v}} = \sum_{j=0}^{\infty} \frac{P_j}{K_j} \; \sqrt{\frac{\pi^2 F(\omega_{E,j})\,\omega_{E,j}}{2\vartheta}} \; \Phi_j(x)$$

abgeschätzt werden kann. Auf diese Weise sind alle determinierten und zufallser-
regten (stochastische) Schwingungsprobleme im Sinne einer Modalanalyse (Entwicklung nach den Schwingungseigenformen) mit erträglichem Aufwand rechnerisch erfaßbar, sofern die Belastung einigermaßen stetig ist. Determinierte Belastungen bedürfen keiner weiteren Erläuterung. Stochastische Belastungen werden vor allem im
Abschn. 3 behandelt. Besondere Überlegungen gelten bei ausgesprochen kurzzeitigen,
impulsartigen Belastungen und bei der Berücksichtigung nichtlinearer Schwingungs-
eigenschaften, auf die vor allem im Abschn. 17 eingegangen wird, [2.1.39, 2.1.40].

Besonders bei kurzzeitigen, also impulsartigen Belastungen, kann eine schrittweise
Integration der Bewegungsgleichungen über die Zeit sinnvoll sein. Auch die Laplace-
Transformation wird hier oft angewendet. Dazu ist die Zeit in äquidistante Zeitab-
schnitte Δt einzuteilen und hierfür das Matrizengleichungssystem quasilinear zu lösen. Auch nichtlineare Effekte können mit Hilfe spezieller numerischer Werfahren
z. B. nach Runge-Kutta oder Newton-Raphson berücksichtigt werden. Die Kontinuität des Bewegungsablaufs wird dann durch Übergangsmatrizen wie im statischen Fall
hergestellt.

Bisher wenig gebräuchlich, aber recht fehlerunempfindlich ist das noch ausführlich
zu erläuternde energetische, thermodynamische Kriterium, daß im Gleichgewichtszustand die Änderung der freien Energie im zeitlichen Mittel verschwinden muß. Dabei ist die freie Energie hier bei isothermen Vorgängen als Differenz zwischen den
konservativen Energiegrößen und den nichtkonservativen Arbeiten zu deuten. Da im
Schwingungsgrenzfall die Änderung der konservativen Größen (Wechselspiel zwischen
der kinetischen und potentiellen Energie) im zeitlichen Mittel verschwindet, bedeutet
das erwähnte Stabilitätskriterium, daß bei den nichtkonservativen Arbeiten

$$\int_0^{T'} (E_L + E_D)\, dt = 0 \tag{2.1.31}$$

E_L dem System durch Luftkräfte zugeführte Energie
E_D in Wärme umgewandelte Energie (Anergie)
T' Schwingungszeit der harmonischen Schwingung

gilt. Gleichung (2.1.31) kann dann mit Hilfe des Galerkinschen Verfahrens gelöst
werden. Die Beschränkung auf das erste Reihenglied ergibt das Verfahren von Krylov
und Bogoljubov. Die über eine volle Schwingungsperiode dem System zugeführte Energie der Luftkräfte (schwingungserregende Kräfte) muß gleich der dem System entzo-
genen Wärmeenergie der Dämpfungskräfte sein. Zur Vermeidung komplizierter Rechnungen sind nun noch einige Näherungsformeln von besonderem Interesse. Sehr oft

ist die Erkenntnis der ersten Eigen(kreis)frequenz von besonderem Interesse, für
die gilt

$$\omega_{E,1}^2 = \frac{U_{max}}{\overline{E}} \quad \text{mit} \quad E_{max} = \omega^2 \overline{E} ,\qquad (2.1.32)$$

wobei U_{max} die maximale potentielle Energie und E_{max} die maximale kinetische
Energie der Schwingung bedeutet. Sehr anschaulich, vor allem bei Biegeschwingungen z.B. von Türmen und Hochhäusern, ist die Näherungsformel

$$\omega_{E,1}^2 = g\,\frac{\Sigma\,G_i v_i}{\Sigma\,G_i v_i^2}\qquad (2.1.33)$$

mit der Erdbeschleunigung g, der feldweise in Knotenpunkten i zusammengefaßten
Vertikallast G_i und der horizontalen Auslenkung des Knotenpunktes v_i unter den
rechnerisch horizontal wirkenden angenommenen Lasten G_i. Ebenso gebräuchlich
ist die Näherungsformel

$$\frac{\omega_{E,1}}{2\pi} = f_E = \frac{5}{\sqrt{v_{11}}} , \qquad \begin{array}{l} f_E \ \text{ in } \ 1/s \\[4pt] v_{11} \ \text{ in } \ cm \end{array} \qquad (2.1.34)$$

die dann einzusetzen ist, wenn sich die Schwingungsmasse auf eine Einzelmasse
reduziert und v_{11} die Durchbiegung des Biegeträgers an der dortigen Stelle unter
der Last "eins" angibt. Für mehrere Massen gilt die Dunkerleysche Überlagerungs-
formel

$$\frac{1}{\omega_K^2} = \sum_{i=1}^{\infty} \frac{1}{\omega_i^2} ,\qquad (2.1.35)$$

wobei ω_i mit (2.1.34) durch die betreffende Einzelmassenformel ermittelt wird.
Die Werte v_{11} liegen für verschiedene statische und Massensysteme tabuliert vor
[2.1.14, 2.1.41]. Für konstante Massen- und Steifigkeitsverhältnisse eines Balkens liegen bei beliebigen Auflagerrandbedingungen geschlossene Lösungen vor, die
in Tab.2.1.2 geschlossen dargestellt sind.

Bei weit auskragenden Konstruktionen wie Hochhäusern und Brückenstützen ist die
Formel

$$\omega_{E,1} = 3,52\,\sqrt{\frac{EI}{m\,L^4}}\qquad (2.1.36)$$

von besonderem Interesse. Hierbei ist starre Einspannung angenommen. Auch eine
elastische Bodeneinspannung kann leicht durch Diagramme, Abb.2.1.12, berücksichtigt werden und wird durch die Formel

$$\omega_{E,1} = A^2 \sqrt{\frac{EI}{m\,L^4}}$$

(2.1.37)

erfaßt.

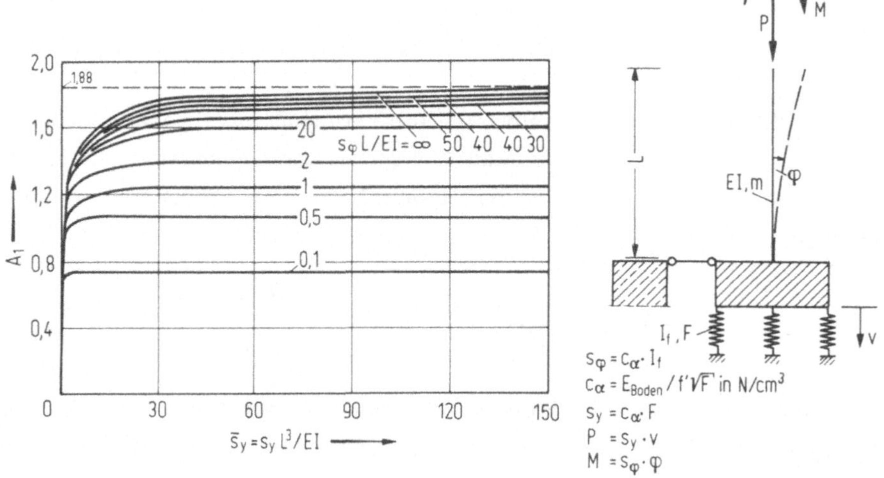

Abb.2.1.12 Beiwert A als Funktion des elastischen Einspanngrades einer Kragstütze

In Abschn.9 wird noch ausführlich erläutert, wie der Einfluß einer Knicklast die
Eigenfrequenz einer Konstruktion verändert. Wichtig ist die allgemein bekannte
Formel

$$\omega_{E,P} = \omega_E \sqrt{1 - P/P_E}\,,$$

(2.1.38)

die für konservative Stabilitätsprobleme gilt, wobei P/P_E das Verhältnis der Last
P zur Eulerschen Knicklast P_E angibt und $\omega_{E,P}$ die Eigenkreisfrequenz unter der
Last P angibt, während ω_E die bisher ermittelte "lastfreie" Eigenkreisfrequenz an-
gibt. Bei sehr verformungsweichen Konstruktionen wie Schornsteinen können auch
Effekte höherer Ordnung, wie zusätzliche Biegemomente aus dem Eigengewicht in-
folge der Schwingungsauslenkung von besonderer Bedeutung sein.

Die Bodenelastizität kann nach einem Vorschlag von Rausch [2.1.5] durch eine ideelle Bettungsziffer C_{dyn} und eine ideelle Gleitziffer für die Horizontalverschiebungen

$$C_{dyn} = \frac{E_{dyn}}{f\sqrt{F}} \quad , \quad G_{dyn} = \frac{1}{3} E_{dyn} \qquad (2.1.39)$$

oder eine ähnliche Näherungsannahme erfaßt werden [2.1.5]. Dabei bedeutet F die Fundamentalfläche und f einen Beiwert, der von der Fundamentgeometrie abhängt. Im allgemeinen liegt [2.1.5]

$$0,35 \leqslant f \leqslant 0,45$$

bei einem Seitenverhältnis

$$1:1,00 \leqslant d/b \leqslant 1:4,00 \ .$$

Die Elastizitätsmodula des Bodens betragen je nach der Lagerungsdichte etwa

Bodenart	E_s (statisch) in N/cm^2	E_{dyn} (dynamisch)
Nichtbindige Böden: in N/cm^2		
Sand locker	4000 bis 8000	15000 bis 30000
Sand mitteldicht	8000 bis 16000	20000 bis 50000
Kies	10000 bis 20000	30000 bis 80000
bindige Böden:		
Ton hart	800 bis 5000	10000 bis 50000
Ton halbfest	600 bis 2000	4000 bis 15000
Ton weich	400 bis 800	5000 bis 15000

Weitere Werte für Gründungselastizitäten sind aus [2.1.5] zu entnehmen. Bei Erdbebenbelastung wird noch versucht, auch den Einfluß der mitbewegten Bodenmassen zu berücksichtigen. Dieser Effekt ist hier zu vernachlässigen. Über Dämpfungseinflüsse der Bodenlagerungen liegen zur Zeit noch keine zuverlässigen Ergebnisse vor. Bei dichtgelagerten nichtbindigen Böden scheint die Dämpfungswirkung so groß zu sein, daß die Annahme einer festen Einspannung im Boden gute Näherungsergebnisse für die Schwingungsberechnung des Gesamtsystems liefert.

Beispiel 2.1.

a) Es sind die Eigenkreisfrequenz, Eigenschwingzeit und Eigenfrequenz eines 50 m hohen Stahlschornsteins zu bestimmen unter der Annahme, daß die anteilige Masse am Schornsteinkopf konzentriert und der Schaft massenlos ist. Die weiteren Kenndaten sind

$$E = 2,1 \cdot 10^{6} \ \mathrm{kp\,cm}^{-2} = 2,1 \cdot 10^{7} \ \mathrm{Mp\,m}^{-2}$$

$$\mu = 0,2 \ \mathrm{Mp\,s}^{2}\,\mathrm{m}^{-2} \ (\text{Masse pro lfdm})$$

$$I = 1,0 \cdot 10^{-1}\,\mathrm{m}^{4}$$

b) Es ist der Bewegungsablauf v(t) für 3 Perioden darzustellen, wenn angenommen wird, daß der Kopf des Schornsteins zur Zeit t = 0 bei einer statischen Durchbiegung von h/200 losgelassen wird und die Dämpfung 5 % der kritischen Dämpfung beträgt. Ferner ist das logarithmische Dämpfungsdekrement auszurechnen.

c) Um wieviel vergrößert sich die statische Auslenkung des Kopfes bei einer Profilhöhe von H = 1,5 m und einem Widerstandsbeiwert c_{w} = 0,7, wenn die anteilige Windkraft in Form einer Sinushalbwelle mit einer Impulszeit von 75 % der Eigenschwingzeit aufgebracht wird? Die Amplitude der Böengeschwindigkeit soll ΔU_{∞} = 25 m/s betragen und die Systemdämpfung vernachlässigt werden, Abb.2.1.13.

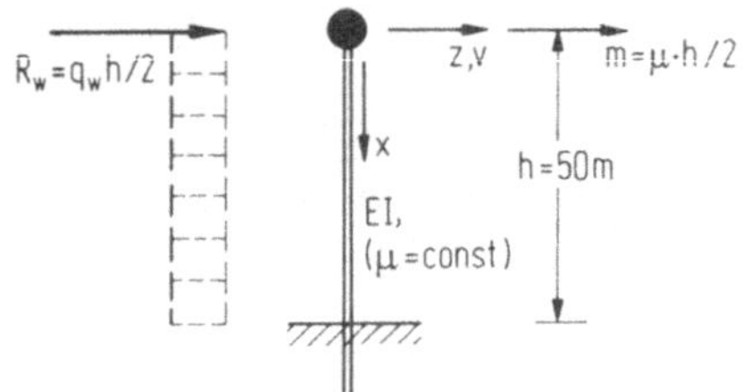

Abb.2.1.13. Idealisiertes statisches System eines Schornsteins mit Belastung

Lösung

a) Es gilt die Bewegungsdifferentialgleichung

$$m\ddot{v} + Kv = 0, \tag{2.1.40}$$

aus der sich die Eigenkreisfrequenz ω_{E} zu

$$\omega_E = \sqrt{\frac{K}{m}} \tag{2.1.41}$$

ergibt.

Für die Steifigkeitszahl K erhält man aus dem Einheitsverschiebungszustand $1/\delta_{11}$ zu

$$\omega_E = \sqrt{\frac{3 \cdot EI \cdot 2}{\mu h^4}} = \sqrt{\frac{6\,EI}{\mu h^4}} = \sqrt{\frac{6 \cdot 2,1 \cdot 10^7 \cdot 1,0}{0,2 \cdot 50^4}}$$

$$\omega_E = 3,17 \ s^{-1}$$

$$f_E = \frac{\omega_E}{2\pi} = 0,51 \ Hz$$

$$T_E = 1,97 \ s$$

b) Unter Berücksichtigung der Dämpfung gilt für die Bewegungsgleichung dieses Ein-massensystems

$$m\ddot{v} + c'\dot{v} + Kv = 0 \tag{2.1.42}$$

oder

$$\ddot{v} + \frac{c'}{m}\,\dot{v} + \omega_E^2 v = 0.$$

Der Ansatz $v = v_0 e^{\lambda t}$ führt auf die charakteristische Gleichung

$$\lambda^2 + \frac{c'}{m}\,\lambda + \omega_E^2 = 0$$

mit der Lösung

$$\lambda_{1,2} = -\frac{c'}{2m} \pm \sqrt{\left(\frac{c'}{2m}\right)^2 - \omega_E^2}\ . \tag{2.1.43}$$

Wenn der Radikand verschwindet, liegt der Fall der Grenzdämpfung (kritischen Dämpfung) vor (aperiodischer Grenzfall).

Mit $c_{kr} = 2m\omega_E$ und Einführung des dimensionslosen Dämpfungsmaßes $g = c/c_{kr}$ kann für Gleichung (2.1.43)

$$\lambda_{1,2} = \omega_E\left(-g \pm i\sqrt{1 - g^2}\right)$$

geschrieben werden.

Damit ergibt sich als allgemeine Lösung von (2.1.42) mit der Akürzung
$\omega_c = \omega_E \sqrt{1 - g^2}$ und den Anfangsbedingungen $v(0) = v_0$, $\dot{v}(0) = \dot{v}_0$

$$v(t) = e^{-g\omega_E t}\left(v_0 \cos \omega_c t + \frac{\dot{v}_0 + g\omega_c v_0}{\omega_c} \sin \omega_c t\right). \qquad (2.1.44)$$

Nach dem Einsetzen der Zahlenwerte

$$g = 0,05$$
$$v_0 = h/200 = 50/200 = 0,25 \text{ m}$$
$$\dot{v}_0 = 0$$
$$\omega_c = \omega_E \sqrt{1 - g^2} = \omega_E \sqrt{1 - (0,05)^2} \approx \omega_E = 3,17 \text{ s}^{-1}$$

errechnet sich $v(t)$ zu

$$v(t) = e^{-0,1585t}(0,25 \cos 3,17\,t + 0,0125 \sin 3,17\,t)$$

Das logarithmische Dämpfungsdekrement bestimmt sich aus dem Verhältnis zweier
aufeinanderfolgender Amplituden-Maxima

$$\frac{v_i}{v_{i+1}} = \frac{\exp(-g\omega_E t)}{\exp[-g\omega_E(t + 2\pi/\omega_c)]} = \exp\left(\frac{2\pi g}{\sqrt{1 - g^2}}\right),$$

oder

$$\ln \frac{v_i}{v_{i+1}} = \frac{2\pi g}{\sqrt{1 - g^2}} = \vartheta \quad \text{(logarithmisches Dämpfungsdekrement)}.$$

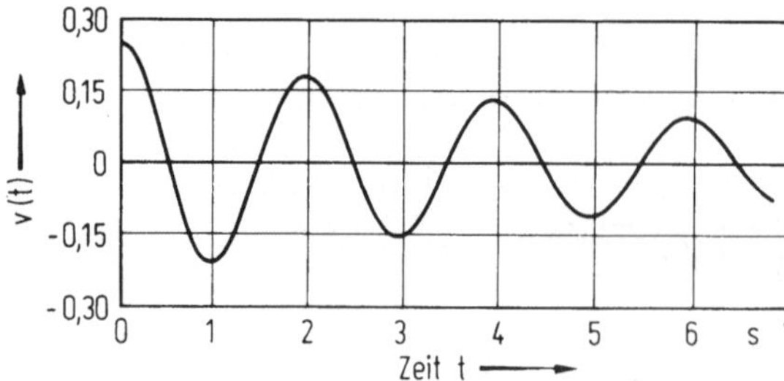

Abb.2.1.14.

Für sehr kleine Dämpfungskonstanten g kann näherungsweise

$$\vartheta \approx 2\pi g$$

$$\vartheta = 2\pi \cdot 0,05 = 0,3140$$

geschrieben werden.

c) Für eine Böengeschwindigkeit ΔU_{∞} beträgt die statische Windlast

$$q_w = \frac{\rho U_{\infty}^2}{2} \, H c_w$$

$$\rho = 0,125 \ 10^{-3} \ \text{Mps}^2 \ \text{m}^{-4} \ , \quad U_{\infty} = 25 \ \text{m/s},$$

$$H = 1,5 \ \text{m} \ , \qquad\qquad c_w = 0,7 \ .$$

Die resultierende Einzellast $R_w = q_w \, h/1$ errechnet eine maximale statische Auslenkung

$$v(0) = \frac{R_w}{m\omega_E^2} = \frac{q_w}{\mu\omega_E^2} = \frac{0,125 \cdot 10^{-3} \cdot 25^2 \cdot 1,5 \cdot 0,7}{2 \cdot 0,2 \cdot 3,17^2} = 0,204 \ \text{m}$$

Die dynamische Windlast wird als Zeitfunktion in Form einer Sinushalbwelle dargestellt, Abb.2.1.15.

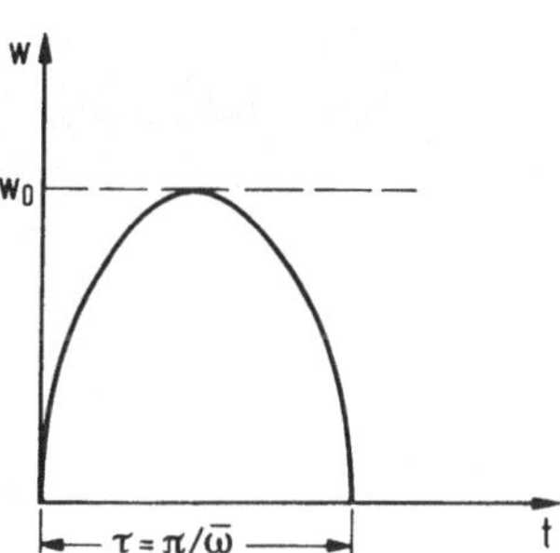

Abb.2.1.15. Idealisierte dynamische Windlast

Für $w(t)$ gilt nach Abb.2.1.15

$$w(t) = \begin{cases} w_0 \sin \bar\omega t & \text{für} \quad 0 \leqslant t \leqslant \pi/\bar\omega \\ 0 & \text{für} \quad t > \pi/\bar\omega \ . \end{cases}$$

Die Bewegungsgleichung lautet unter Vernachlässigung der Dämpfung

$$m\ddot{v} + Kv = p(t),$$

$$\ddot{v} + \omega_E^2 v = \frac{1}{m}\, p(t)\ .$$

Mit der homogenen Lösung

$$v_h(t) = A \sin \omega_E t + B \cos \omega_E t$$

und dem Ansatz für die spezielle Lösung

$$v_s = a_0 \sin \bar{\omega} t$$

errechnen sich die Verschiebungen des Systems bei der angenommenen instationären Windlast zu

$$v(t) = \frac{R_w}{m\left(\omega_E^2 - \bar{\omega}^2\right)}\left[\sin \bar{\omega} t - \frac{\bar{\omega}}{\omega_E}\sin \omega_E t\right]\quad \text{für}\quad 0 \leqslant t \leqslant \frac{\pi}{\bar{\omega}}\ ,$$

$$v(t) = \frac{R_w}{m\left(\bar{\omega}^2 - \omega_E^2\right)}\,\frac{2\bar{\omega}}{\omega_E}\cos \frac{\pi\omega_E}{2\bar{\omega}}\sin \omega_E\left(t - \frac{\pi}{2\bar{\omega}}\right)\quad \text{für}\quad t \geqslant \frac{\pi}{\bar{\omega}}\ . \tag{2.1.45}$$

Durch die Beziehungen $v_{stat} = \dfrac{R_w}{m\omega_E^2}$, die Eigenschwingzeit T_E und die Impulszeit $\tau = \pi/\bar{\omega}$ ergibt sich für das Verhältnis v/v_{stat} in den beiden Zeitbereichen

$$\frac{v(t)}{v_{stat}} = \frac{1}{1 - T_E^2/4\tau^2}\left[\sin \frac{\pi t}{\tau} - \frac{T_E}{2\tau}\sin \omega_E t\right],\quad 0 \leqslant t \leqslant \tau$$

$$= \frac{\dfrac{T_E}{\tau}\cos \dfrac{\pi\tau}{T_E}}{\dfrac{T_E^2}{4\tau^2} - 1}\ \sin \omega_E(t - \tau/2),\quad t \geqslant \tau$$

und mit den gegebenen Zahlenwerten

$$\frac{v(t)}{v_{stat}} = 1,796\,[\sin 2,12\,t - 0,665 \sin 3,17\,t],\quad 0 \leqslant t \leqslant \tau$$

$$\frac{v(t)}{v_{stat}} = 1,689 \sin 3,17(t - 0,74),\quad t > \tau.$$

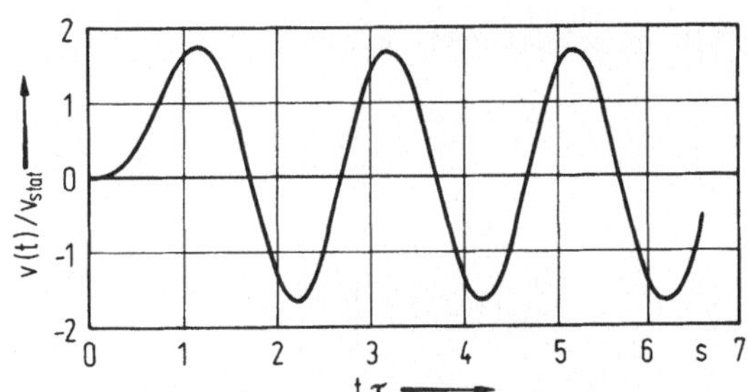

Abb.2.1.16.

Beispiel 2.2.

Für das Beispiel 2.1 soll näherungsweise die Eigenfrequenz mit Hilfe des Rayleigh-Quotienten ermittelt und mit der exakten Lösung (2.1.36) verglichen werden.

Lösung

Wenn für die erste Eigenform angenommen wird, daß sie affin zur Biegelinie unter konstanter Gleichlast $\bar{q} = 8EI/h^4$ ist, ergibt sich für $v(\xi)$ mit $x/h = \xi$

$$v(\xi) = \frac{1}{3}(3 - 4\xi + \xi^4) \quad \text{mit} \quad v(0) = 1 \text{ (Normierung)}.$$

und

$$\tilde{\omega}_E^2 = \frac{EI \int\limits_0^1 v''^2 h\,d\xi}{\mu \int\limits_0^1 v^2 h\,d\xi} \quad \text{bei} \quad EI, \ \mu = \text{const}, \qquad (2.1.46)$$

mit $v'' = \dfrac{4\xi^2}{h^2}$.

Die Integrale ergeben jeweils für sich

$$EI \int\limits_0^1 v''^2 h\,d\xi = EI\,\frac{16}{5h^3}$$

und

$$\mu \int\limits_0^1 \left(1 - \frac{4}{3}\xi + \frac{1}{3}\xi^4\right)^2 h\,d\xi = \mu\,\frac{94}{405}\,h\ .$$

Damit errechnet sich $\tilde{\omega}_E^2$ zu

$$\tilde{\omega}_E^2 = \frac{16 \cdot 405}{5 \cdot 94} \frac{EI}{\mu h^4} = 13,78 \frac{EI}{\mu h^4}$$

$$\tilde{\omega}_E = 3,71 \sqrt{\frac{EI}{\mu h^4}} \quad .$$

$$EI = 2,1 \cdot 10^6 \text{ Mp m}^2, \quad \mu = 0,2 \text{ Mp s}^2 \text{m}^{-2}, \quad h = 50 \text{ m}$$

$$\tilde{\omega}_E^2 = 13,78 \cdot 1,68 = 23,17 \text{ s}^{-2}$$

$$\tilde{\omega}_E = 4,81 \text{ s}^{-1}, \quad \tilde{f}_E = 0,766 \text{ s}^{-1}, \quad T_E = 1,30 \text{ s}.$$

Für die exakte Lösung ergibt nach (2.1.36)

$$\omega_E = 3,52 \sqrt{\frac{EI}{\mu h^4}} \quad ,$$

was einem Fehler von + 5,4 % entspricht.

Beispiel 2.3.

Für eine einfeldrige stählerne Hohlkastenbrücke mit der Stützweite l = 250 m sind
die ersten Eigenfrequenzen und Eigenformen zu berechnen.

$$\mu = 4 \text{ Mp s}^2 \text{ m}^{-2}$$

$$EI = 5 \cdot 10^8 \text{ Mp m}^2 \; .$$

Ferner ist die Bewegungsform der ersten generalisierten Koordinaten unter der
Belastung

$$P_{(x,t)} = p_0(x)\sin \bar{\omega} t \qquad\qquad p_0(x) = p_0 = 2,0 \text{ Mp/m,}$$

$$\bar{\omega} = 0,5\, \omega_1$$

anzugeben.

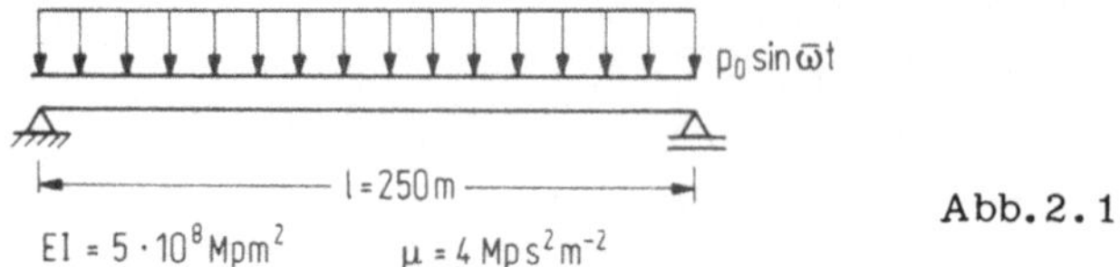

Abb. 2.1.17.

Lösung

Die Differentialgleichung

$$\mu\ddot{v} + EIv'''' = p(x,t)$$ (2.1.47)

beschreibt das Problem, mit den Randbedingungen

$$v(0,t) = 0, \qquad v(1,t) = 0$$
$$EIv''(0,t) = 0, \qquad EIv''(1,t) = 0$$

und den Anfangsbedingungen

$$v(x,0) = 0 \ , \qquad \dot{v}(x,0) = 0.$$

Die homogene Lösung führt auf die normale Lösung

$$v_h = \sin\frac{i\pi x}{l} \ \text{(normiert)}, \qquad \omega_E = \frac{i^2\mu^2}{l^2}\sqrt{\frac{EI}{\mu}} \ ,$$

$$\omega_1 = \frac{\pi^2}{250^2}\sqrt{\frac{5\cdot 10^8}{4}} = 1{,}76 \ s^{-1}, \qquad v_1 = \sin 0{,}0126x,$$

$$\omega_2 = \frac{4\pi^2}{250^2}\sqrt{\frac{5\cdot 10^8}{4}} = 7{,}06 \ s^{-1}, \qquad v_2 = \sin 0{,}0251x.$$

Der Ansatz

$$v(x,t) = \sum_{i=1}^{\infty} \Phi_i(x)\, q_i(t)$$

$\Phi_i(x)$ i – te   Normalkoordinate (Ortskoordinate)

$q_i(t)$ i – te   generalisierte Koordinate (Zeitkoordinate)

ergibt für (2.1.47)

$$\mu \sum_{i=1}^{\infty} \Phi_i \ddot{q}_i + EI \sum_{i=1}^{\infty} \Phi_i'''' q_i = p(x,t) \ .$$ (2.1.48)

Nach Multiplikation mit den orthogonalen Normalkoordinaten Φ_j und Integration über die Stablänge ergibt sich für (2.1.48)

$$\mu \sum_{i=1}^{\infty} \int_0^1 \Phi_i \Phi_j \ddot{q}_i \, dx + EI \sum_{i=1}^{\infty} \int_0^1 \Phi_i'''' \Phi_j q_i \, dx = \int_0^1 p(x,t) \Phi_j(x) \, dx \qquad i,j = 1,2,\ldots,\infty$$

und mit der bekannten Beziehung

$$EI \, \Phi_i'''' = \mu \omega_i^2 \Phi_i$$

erhält man

$$\mu \sum_{i=1}^{\infty} \int_0^1 \Phi_i \Phi_j \, dx \, \ddot{q}_i + \mu \sum_{i=0}^{\infty} \int_0^1 \Phi_i \Phi_j \, dx \omega_i^2 q_i = \int_0^1 p(x,t) \Phi_j \, dx \qquad i,j = 1,2,\ldots,\infty$$

$$\mu \int_0^1 \Phi_i \Phi_j \, dx = M_j \, \delta_{ij} \quad \text{generalisierte Masse} \qquad\qquad (2.1.49)$$

$$\int_0^1 p(x,t) \Phi_j \, dx = P_j \quad \text{generalisierte Kraft} \qquad\qquad (2.1.50)$$

Mit den Definitionen (2.1.49) und (2.1.50) erhält man entkoppelte Differentialgleichungen für die generalisierten Koordinaten

$$M_j \ddot{q}_j + M_j \omega_j^2 q_j = P_j, \qquad j = 1,2,\ldots,\infty$$

die in der gleichen Weise wie beim Einmassensystem (vgl. Beispiel 2.1) zu lösen sind.

Bei der speziellen Belastung

$$p(x,t) = p_0 \sin \bar{\omega} t$$

ergibt sich für die generalisierte Masse

$$M_j = \mu \int_0^1 \sin^2 \frac{j \pi x}{1} \, dx = \frac{\mu \cdot 1}{2}$$

und die generalisierte Kraft

$$P_j = p_0 \int_0^1 \sin \bar{\omega}t \, \sin \frac{j\pi x}{l} \, dx = \frac{2p_0 l}{j \cdot \pi} \sin \bar{\omega}t$$

als Bewegungsgleichungen

$$M_j \ddot{q}_j + M_j \omega_j^2 q_j = \frac{2p_0 l}{j\pi} \sin \bar{\omega}t$$

oder

$$\ddot{q}_j + \omega_j^2 q_j = \frac{4p_0}{\mu j \pi} \sin \bar{\omega}t \; .$$

Der Ansatz

$$q_{j,s} = a_0 \sin \bar{\omega}t$$

führt auf die spezielle Lösung

$$q_{j,s} = a_0 \sin \bar{\omega}t = \frac{4p_0}{\mu \pi j} \, \frac{1}{\omega_j^2 - \bar{\omega}^2} \sin \bar{\omega}t \; .$$

Durch Superposition und der homogenen Lösung ergibt sich als Gesamtlösung

$$q_j = A \sin \omega_j t + B \cos \omega_j t + \frac{4p_0}{\mu \pi j} \, \frac{1}{\omega_j^2 - \bar{\omega}^2} \sin \bar{\omega}t \; .$$

Das Einsetzen der Anfangs- und Randbedingungen ergibt schließlich

$$q_j = \frac{4p_0}{\mu \pi j \left(\omega_j^2 - \bar{\omega}^2 \right)} \left(\sin \bar{\omega}t - \frac{\bar{\omega}}{\omega_j} \sin \omega_j t \right) \; .$$

Damit lautet die Bewegungsgleichung für die erste Koordinate q_1 mit $\bar{\omega} = 0{,}5\,\omega_1$

$$q_1 = \frac{4p_0}{\mu \pi \left(\omega_1^2 - (0{,}5\omega_1)^2 \right)} \left(\sin 0{,}5\,\omega_1 t - \frac{0{,}5\omega_1}{\omega_1} \sin \omega_1 t \right)$$

oder mit den Zahlenwerten

$$q_1 = 0{,}271 \left(\sin 0{,}88t - 0{,}5 \sin 1{,}76t \right) .$$

Die Gesamtlösung errechnet sich dann zu

$$v(x,t) = \frac{4p_0}{\mu \pi} \sum_{i=1,3,5,\ldots}^{\infty} \frac{\sin i\pi x/l}{i} \, \frac{\sin \bar{\omega}t - \dfrac{\bar{\omega}}{\omega_i} \sin \omega_i t}{\omega_i^2 - \bar{\omega}^2} \; .$$

Die Ergebnisse für $x/l = 0,5$ sind in Abb.2.1.18 dargestellt.

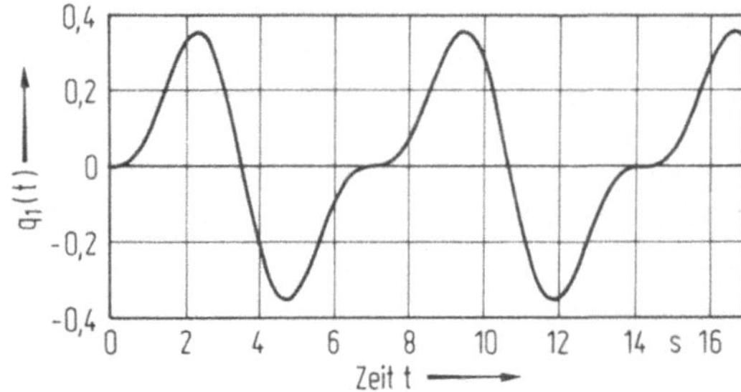

Abb.2.1.18.

Beispiel 2.4.

Für eine mehrfeldrige Balkenbrücke aus Stahl mit näherungsweise konstanter Mas-
senbelegung μ und Biegesteifigkeit EI ergibt sich im Bauzustand das in Abb.2.1.19
dargestellte statische System. Es ist der Bewegungsablauf für die Verschiebung am
Knoten 2 infolge einer idealisierten Böenbelastung anzugeben. (Dämpfung vernachlässigt)

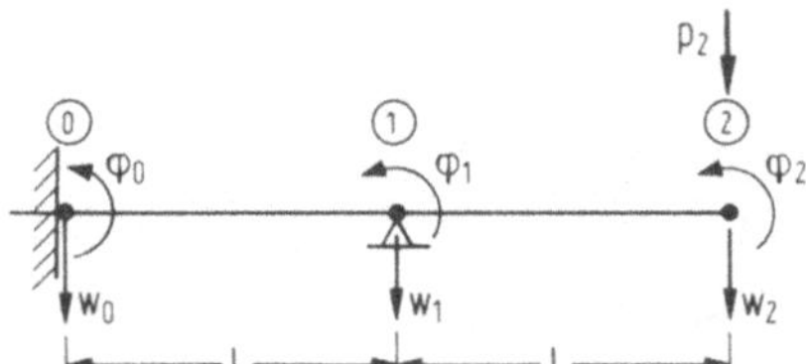

Abb.2.1.19.

Als einzelne Systemdaten werden

$$EI = 10^8 \text{ Mp m}^2 \quad , \quad \mu = 1,0 \text{ Mp s}^2 \text{m}^{-2},$$

$$l = 100 \text{ m} \quad , \quad P_0 = 50 \text{ Mp}$$

$$\bar{\omega} = 0,8\, \omega_E \quad , \quad P_2 = P_0 (1 - \cos \bar{\omega}t)$$

angenommen. Die Anfangsbedingungen lauten

$$\varphi_1 = \varphi_2 = w_2 = \dot{\varphi}_1 = \dot{\varphi}_2 = \dot{w}_2 = 0.$$

Da für durchlaufende Systeme eine allgemeine Lösung wie im Beispiel 2.3 kaum zu
finden ist, soll in diesem Beispiel ein Lösungsweg beschritten werden, der auch bei
größeren Systemen zum Erfolg führt.

Zunächst muß die Massen- und Steifigkeitsmatrix aufgestellt werden. Die Gesamt-steifigkeitsmatrix ergibt sich nach Superposition der beiden Einzelsteifigkeitsma-trixen $\underline{K}^e$ für die einzelnen Stäbe

$$\underline{K}^e = \frac{1}{l^3} \begin{bmatrix} 4EIl^2 & -6EIl & 2EIl^2 & 6EIl \\ -6EIl & 12EI & -6EIl & -12EI \\ 2EIl^2 & -6EIl & 4EIl^2 & 6EIl \\ 6EIl & -12EI & 6EIl & 12EI \end{bmatrix}$$

durch Inzidenzmatrixen unter Berücksichtigung der Randbedingungen

$$\varphi_0 = w_0 = w_1 = 0$$

$$\underline{K} = \begin{bmatrix} \dfrac{8EI}{l} & \dfrac{2EI}{l} & \dfrac{6EI}{l^2} \\[2mm] \dfrac{2EI}{l} & \dfrac{4EI}{l} & \dfrac{6EI}{l^2} \\[2mm] \dfrac{6EI}{l^2} & \dfrac{6EI}{l^2} & \dfrac{12EI}{l^3} \end{bmatrix} .$$

Die Massenmatrix enthält unter der Annahme, daß die Stabmasse in den Knoten kon-zentriert ist, unter Vernachlässigung der Rotationsträgheit

$$\underline{M} = \begin{bmatrix} 0 & 0 & 0 \\ 0 & 0 & 0 \\ 0 & 0 & m \end{bmatrix} \quad \text{mit} \quad m = \mu \cdot l/2 .$$

Für die Last gilt entsprechend dem Verschiebungsvektor $\underline{v}$

$$\underline{v} = \begin{bmatrix} \varphi_1 \\ \varphi_2 \\ w_2 \end{bmatrix} \qquad \underline{p} = \begin{bmatrix} M_1 \\ M_2 \\ P_2 \end{bmatrix} = \begin{bmatrix} 0 \\ 0 \\ P_0(1 - \cos \bar{\omega}t) \end{bmatrix} .$$

Nach dem d'Alembertschen Prinzip kann die Gleichgewichtsbedingung

$$\underline{M}\,\ddot{\underline{v}} + \underline{K}\,\underline{v} = \underline{p}(t) \tag{2.1.51}$$

formuliert werden.

Gleichung (2.1.51) angerechnet auf das Beispiel führt auf

$$\begin{bmatrix} \dfrac{8EI}{l} & \dfrac{2EI}{l} & \dfrac{6EI}{l^2} \\[2ex] \dfrac{2EI}{l} & \dfrac{4EI}{l} & \dfrac{6EI}{l^2} \\[2ex] \dfrac{6EI}{l^2} & \dfrac{6EI}{l^2} & \dfrac{12EI}{l^3} \end{bmatrix} \begin{bmatrix} \varphi_1 \\[2ex] \varphi_2 \\[2ex] w_2 \end{bmatrix} + \begin{bmatrix} 0 & 0 & 0 \\[2ex] 0 & 0 & 0 \\[2ex] 0 & 0 & m \end{bmatrix} \cdot \begin{bmatrix} \ddot{\varphi}_1 \\[2ex] \ddot{\varphi}_2 \\[2ex] \ddot{w}_2 \end{bmatrix} = \begin{bmatrix} 0 \\[2ex] 0 \\[2ex] p_0(1-\cos \bar{\omega}t) \end{bmatrix} .$$

Mit dem Ansatz $\underline{v} = v_0 \sin \omega_E t$ ergibt sich das allgemeine Eigenwertproblem zur Bestimmung der unbekannten Eigenfrequenz ω_E zu

$$\det \left| \underline{K} - \omega_E^2 \underline{M} \right| = 0$$

oder

$$\det \begin{bmatrix} \dfrac{8EI}{l} & \dfrac{2EI}{l} & \dfrac{6EI}{l^2} \\[2.5ex] \dfrac{2EI}{l} & \dfrac{4EI}{l} & \dfrac{6EI}{l^2} \\[2.5ex] \dfrac{6EI}{l^2} & \dfrac{6EI}{l^2} & \dfrac{12EI}{l^3} - \omega_E^2 m \end{bmatrix} = 0 .$$

Mit $\bar{\omega}_E^2 = \omega_E^2/EI$ ergibt sich aus dem charakteristischen Polynom

$$\left(\frac{12}{l^3} - \bar{\omega}_E^2 m \right) \frac{28}{l^2} = \frac{72}{7l^3}$$

die Eigenfrequenz

$$\bar{\omega}_E^2 = \frac{12}{7m l^3} , \qquad \omega_E^2 = \frac{12EI}{7m l^3} .$$

Mit $m = \mu \cdot l/2$ ergibt sich

$$\omega_E^2 = \frac{24EI}{7\mu l4} .$$

Mit den Zahlenwerten nach Abb.2.1.19 ergibt sich

$$\omega_E = 1,85 \ s^{-1}$$

$$f_E = 0,295 \ s^{-1}$$

$$T_E = 3,39 \ s.$$

Die Normalkoordinaten ergeben sich nach Lösung des Gleichungssystems und Wählen
einer Unbekannten.

Mit $w_2 = 1$ errechnet sich die zugehörige Eigenform zu

$$\underline{V} = \begin{bmatrix} -\dfrac{3}{71} \\[2mm] -\dfrac{9}{71} \\[2mm] 1 \end{bmatrix} = \begin{bmatrix} -4,285 \cdot 10^{-3} \\[2mm] -1,239 \cdot 10^{-2} \\[2mm] 1 \end{bmatrix} .$$

Lösung für die erzwungene Schwingung

Der Separationsansatz des Beispiels 2.3 wird nun analog für das diskrete System
angewendet. Mit $\underline{v} = \underline{\Phi}\,\underline{q}$, $\underline{\ddot{v}} = \underline{\Phi}\,\underline{\ddot{q}}$ und nach Linksmultiplikation mit $\underline{\Phi}^t$ ergibt sich

$$\underline{\Phi}^t \, \underline{M} \, \underline{\Phi} \, \underline{\ddot{q}} + \underline{\Phi}^t \, \underline{K} \, \underline{\Phi} \, \underline{q} = \underline{\Phi}^t \, \underline{p}^{(t)} \tag{2.1.52}$$

Durch die Orthogonalitätsbedingungen

$$\underline{\Phi}_i^t \, \underline{M} \, \underline{\Phi}_i = \overline{m} \;, \quad \underline{\Phi}_i^t \, \underline{K} \, \underline{\Phi}_i = \overline{m} \, \omega_i^2 \;, \quad p_{gi} = \underline{\Phi}_i^t \, \underline{p}(t)$$

erhält man die entkoppelten Gleichungen für den i-ten Freiheitsgrad

$$\overline{m} \, \ddot{q}_i + \overline{m} \, \omega_i^2 q_i = p_{gi} \;,$$

$$\ddot{q}_i + \omega_i^2 q_i = \frac{1}{\overline{m}} \, p_{gi} \;.$$

Mit $\underline{v} = \underline{\Phi}$, wie sich leicht durch Einsetzen verifizieren läßt, gilt in diesem Fall
für

$$p_{gi} = \frac{1}{\overline{m}} \, (-0,4285 \cdot 10^{-2} \quad -1,239 \cdot 10^{-2} \cdot 1) \begin{pmatrix} 0 \\ 0 \\ p_0 (1 - \cos \overline{\omega}t) \end{pmatrix}$$

$$= \frac{p_0}{\overline{m}} \, (1 - \cos \overline{\omega}t) \quad \text{mit} \quad \overline{m} = 50 \; \text{Mps}^2 \, \text{m}^{-1} .$$

Durch den Ansatz $v_s = a_0 + a_1 \cos \bar{\omega} t$ errechnet sich

$$q_i = \begin{cases} \dfrac{p_0}{2\left(1 - \omega_E^2/\bar{\omega}^2\right)\bar{m}} \left[1 - \dfrac{\omega_E^2}{\bar{\omega}^2}(1 - \cos \bar{\omega} t) - \cos \omega_E t \right] & \text{für} \quad 0 \leqslant t \leqslant \dfrac{2\pi}{\bar{\omega}}, \\[3ex] \dfrac{p_0}{\bar{m}} \dfrac{\sin \pi \frac{\omega_E}{\bar{\omega}}}{1 - \omega_E^2/\bar{\omega}^2} \sin \omega_E(t - \pi/\bar{\omega}) & \text{für} \quad t \geqslant \dfrac{2\pi}{\bar{\omega}}. \end{cases}$$

Unter Beachtung des Ansatzes (2.1.52) ergibt sich die Gesamtlösung

$$\begin{bmatrix} \varphi_1 \\ \varphi_2 \\ w_2 \end{bmatrix} = \begin{bmatrix} -4{,}285 \cdot 10^{-3} \\ -1{,}239 \cdot 10^{-2} \\ 1 \end{bmatrix} \begin{cases} -0{,}888(1-1{,}56(1-\cos 1{,}48t)-\cos 1{,}85t & \text{für } 0 \leqslant t \leqslant 4{,}24s \\[2ex] 1{,}257 \sin(1{,}85t-3{,}922) & \text{für } t > 4{,}24s \end{cases}$$

Für $t = 2{,}8s$ beträgt $q_{max} = 1{,}694$. Es ergibt sich also eine Vergrößerung der statischen Durchbiegung von 65 % .

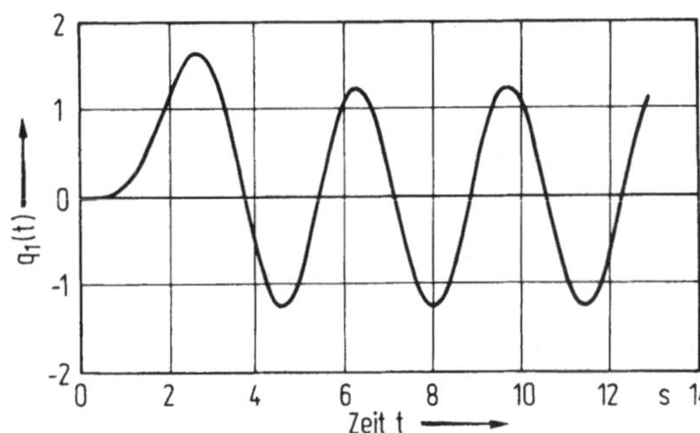

Abb.2.1.20.

Literatur

2.1.1   Magnus, K.: Schwingungen. Stuttgart: Teubner 1961.

2.1.2   Szabó, I.: Höhere Technische Mechanik. Berlin, Göttingen, Heidelberg: Springer 1960.

2.1.3   Klotter, K.: Technische Schwingungslehre. Berlin, Göttingen, Heidelberg: Springer, 2. Auflage, 1960, Band 1, 2.

2.1.4   Den Hartog, J.P.; Mesmer, G.: Mechanische Schwingungen. Berlin, Göttingen. Heidelberg: Springer, 2. Aufl., 1952.

2.1.5   Rausch, E.: Maschinenfundamente. Düsseldorf: VDJ-Verlag 1959.

2.1.6   Forbat, N.: Analytische Mechanik der Schwingungen. Berlin: VEB Deutscher
        Verlag der Wissenschaften 1966.

2.1.7   Försching, H.W.: Grundlagen der Aeroelastik. Berlin, Heidelberg, New
        York: Springer 1974.

2.1.8   Weidenhammer, F.: Das Stabilitätsverhalten der nichtlinearen Biegeschwin-
        gungen des axial pulsierend belasteten Stabes, Ing.-Arch. 24 (1956), 53.

2.1.9   Wedig, W.: Stabilitätsbedingungen für parametererregte Schwingungssysteme
        mit schmalbandigen Zufallserregungen, Zamm 52 (1972), 61.

2.1.10 Aerodynamic Stability of Suspension Bridges with Special Reference to the
        Tacoma-Narrows-Bridge. University of Washington Eng. Exp. Station, Bull.
        No. 116, Part I-V.

2.1.11 König, G.; Zilch, K.: Zur Windwirkung auf Gebäude. Beton- und Stahlbeton-
        bau 67 (1972), 32.

2.1.12 Code of Practice for Wind Loads for Danmark. Draft 1966. Danish Society of
        Chemical, Civil, Electrical and Mechanical Engineers.

2.1.13 Fischer, M.: Schwingungsuntersuchung am weit auskragenden Tribünendach
        des Stuttgarter Neckarstadions. Der Stahlbau 43 (1974), 304.

2.1.14 Sachs, P.: Wind Forces in Engineering. Oxford, New York, Braunschweig:
        Pergamon Press 1972.

2.1.15 Nikitin, M.: Dynamische Berechnung eines hohen Turmes. Stroitel'naja me-
        chanika i rascet sooruzenig 6 (1964), 37-42.

2.1.17 Nottrott, Th.: Schwingende Kamine und ihre Berechnung im Hinblick auf die
        Beanspruchung durch Karman-Wirbel. Die Bautechnik 40 (1963), 441.

2.1.18 Bisplinghoff, R.C.; Ashley, H.; Halfman, R.C.: Aeroelasticity. Reading
        Mass.: Addison Wesley, 1937.

2.1.19 Pestel, E.; Leckie, F.A.: Matrix Methods in Elastomechanics. New York,
        San Francisco, Toronto, London: MacGraw Hill 1963.

2.1.20 Przemieniecki, J.S.: Theory of Matrix Structural Analysis. New York,
        St. Louis, San Francisco, Toronto, London, Sydney: MacGraw Hill 1968.

2.1.21 Buck, K.; Scharf, D.; Stein, E.; Wunderlich, W.: Finite Elemente in der
        Statik. Berlin, München, Düsseldorf: Ernst & Sohn 1973.

2.1.22 Dynamik von Strukturen. Mitt. des Inst. für Mechanik und der VFW-Werke.
        Mitt. 2/71 Hannover.

2.1.23 5. Lehrgang für Raumfahrttechnik. Stuttgart 1966, Bd. IV: Bauweisen und
        Aeroelastizität, Beitrag 302. Deutsche Gesellschaft für Flugwissenschaften
        e.V.

2.1.24 Krings, W.; Waller, H.: Berechnung von instationären Tragwerkschwingun-
        gen mit Hilfe von Matrizenfunktionen. Die Bautechnik 51 (1974), 8.

2.1.25 Natke, H.G.: Anwendung eines versuchsmäßig-rechnerischen Verfahrens
        zur Ermittlung der Eigenschwingungsgrößen eines elastomechanischen Sy-
        stems bei einer Erregerkonfiguration. 7. Flugwiss. 18 (1970), 290.

2.1.26 Lazan, B.J.: Damping of Materials and Members in structural mechanics.
       Oxford, London, Braunschweig: Pergamon Press 1968.

2.1.27 Wagenknecht, G.: Ein schematisches Verfahren zur manuellen Aufstellung
       der Systemmatrix für die Berechnung von Stabwerken nach Theorie I. und
       II. Ordnung. Konstruktiver Ingenieurbau, Berichte Ruhruniversität Bochum,
       Heft 12, 1972.

2.1.28 Birker, H.; Schnellenbach, G.: Möglichkeiten zur Berechnung von erdbe-
       benangeregten Schwingungen. Konstruktiver Ingenieurbau, Berichte Ruhr-
       universität Bochum, Heft 13, 1972.

2.1.29 Argyris, J.H.: Die Matrizenmethode der Statik. Ing.-Arch. 25 (1957),
       174-192.

2.1.30 Küssner, H.G.: Rechenverfahren aeroelastischer Aufgaben für plattenar-
       tige Flügel und das ganze Flugzeug. Mitt. d. Max-Planck-Inst. f. Ström.
       Forsch. u. d. AVA, Göttingen 18 (1957), 4.

2.1.31 Zienkiewicz, O.C.: The Finite Element Method in Engineering Science.
       London: MacGraw Hill, 2. Aufl. 1971.

2.1.32 Schwarz, H.; Rutishauser, H.; Stiefel, E.: Matrizennumerik, Stuttgart:
       Teubner 1968.

2.1.33 Zurmühl, R.: Matrizen und ihre technischen Anwendungen. 4. Aufl. Ber-
       lin, Göttingen, Heidelberg: Springer 1964.

2.1.34 Busse, C.: Die genaue Spannungsberechnung von Balken, Scheiben und Plat-
       ten mit finiten Elementen und ihre Verallgemeinerung auf elastische Körper.
       VDI-Z. Reihe 4, Nr. 19, Düsseldorf 1970.

2.1.35 Rosemeier, G.: Energetische Lösung eines nichtkonservativen Stabilitäts-
       problems. Der Stahlbau 45 (1976), S. 54.

2.1.36 Biggs, J.M.: Structural Dynamics. New York, St. Louis, San Francisco,
       Toronto, London, Sydney: MacGraw-Hill 1964.

2.1.37 Clough, R.W.: The Finite Element Method in Plane Stress Analysis. Proc.
       ASCE 2nd Conf. on Electr. Comp., Pittsburg, Pa., (1960).

2.1.38 Hennlich, H.: Aeroelastische Untersuchungen von Linientragwerken. Dis-
       sertation Hannover in Vorbereitung.

2.1.39 Dirr, B.; Waller, H.: Zum Problem der Berechnung von Eigenfrequenzen
       und Eigenformen elastischer, ebener Kontinua. Ing.-Arch. 43 (1974), 74.

2.1.40 Stein, E.: Diskretisierungen in der nichtlinearen Dynamik. Seminarreihe
       des Lehrstuhls für Baumechanik der TU Hannover.

2.1.41 Richtlinien für die Bemessung von Stahlbetonbauteilen von Kernkraftwerken
       und außergewöhnliche äußere Belastungen. Fassung Juli 1974, abgedruckt im
       Beton-Kalender, Berlin, München, Düsseldorf: Ernst & Sohn 1975.

2.1.42 Radaj, D.: Festigkeitsnachweise Teil II. Düsseldorf: Deutscher Verlag für
       Schweißtechnik 1974.

2.1.43 Krings, W.; Waller, H.: Numerische Berechnung von gedämpften Schwin-
       gungssystemen bei nichtperiodischer Erregung. Die Bautechnik 52 (1975),
       97.

2.1.44 Winkel, G.: Zur Berechnung des dynamischen Verhaltens von Tragwerkssy-
       stemen bei deterministischen und stochastischen Belastungseinflüssen. Mitt.
       74-5 (1974) Institut für konstruktiven Ingenieurbau, Ruhruniversität Bochum.

2.1.45 Gilles, E.D.: Systeme mit verteilten Parametern. München; Wien: R. Olden-
       burg 1973.

2.1.46 Hartmann, J.; Günther, H.: Automatisierung, Analyse und Synthese dyna-
       mischer Systeme. TU Berlin 1975.

2.1.47 Schrader, K.H.: Seminarvorträge Institut für Mechanik der Ruhruniversität
       Bochum: Über die Grundlagen einer Lagrangemechanik deformierbarer Sy-
       steme. Systemgleichungen für linearisierte Schwingungen nichtlinearer Sy-
       steme um nichtlineare Grundzustände. Bochum 1972.

2.1.48 Wiegel, R.C.: Earthquake engineering. Englewood Cliffs N.J.: Prentice
       Hall.

2.1.49 Drechsel, W.: Turmbauwerke. Berlin: Bauverlag Wiesbaden 1967.

2.1.50 Kanya, J.: Glockentürme. Wiesbaden, Berlin: Bauverlag 1968.

2.1.51 Newton, D.A.: Modal characteristics and Dämping in a vibrating tower frame-
       work structure. Abh. J.V.B.H. 31 (1971), 133,

2.2 Aerodynamisches Problem

Es soll nun eine kurze Einführung in die Strömungsmechanik gegeben werden. Die im
Bauwesen maximal auftretenden Windgeschwindigkeiten des natürlichen Windes be-
tragen gemäß Tab.3.2 in Deutschland etwa 45 m/s. Die Schallgeschwindigkeit der
Luft ist im Normalzustand zu

$$c \approx 340 \text{ m/s}$$

anzunehmen, so daß die Machsche Zahl Ma maximal

$$Ma = \frac{U_\infty}{o} = \frac{45}{340} = 0,15$$

beträgt. Nach den Erkenntnissen der Gasdynamik ändert sich der Druck im Unterschallbereich durch die Kompressibilität des Gases proportional zu Ma^2, so daß die
Luftströmung bei den hier betrachteten Windgeschwindigkeiten grundsätzlich als ein
inkompressibles Fluid vorausgesetzt werden darf. Die Strömungsmechanik unterscheidet zwischen einer idealen Flüssigkeit unter Vernachlässigung der Flüssigkeitsreibung und einer zähen Flüssigkeit, wobei letztere in Strömungen mit großer Zähigkeit - auch schleichende Strömungen (z.B. Grundwasserströmungen) genannt - und
kleiner Zähigkeit unterteilt wird. Die Luft gehört zu den Strömungen mit kleiner

Zähigkeit, bei denen der Reibungseinfluß meist auf einen geometrisch kleinen Bereich in der unmittelbaren Nähe einer Profilumrandung beschränkt bleibt, während die Außenzone praktisch reibungsfrei den Gesetzen einer idealen Strömung gehorcht. In Zonen mit starken Reibungseinflüssen ist die Ausbildung einer laminaren Strömung mit geordneten Strömungsbahnen und einer ungeordneten turbulenten Strömung möglich, Abb.2.2.1.

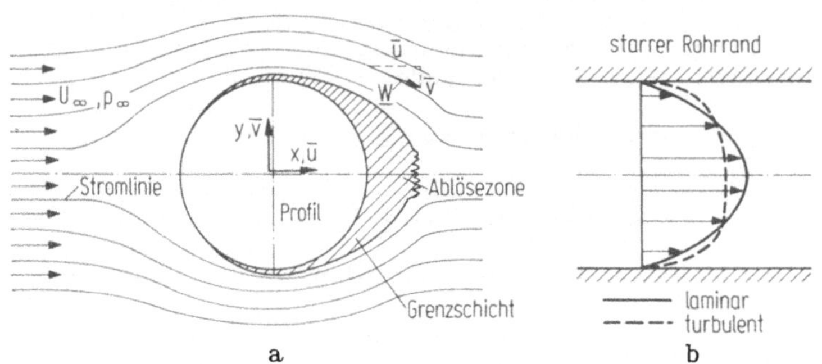

Abb.2.2.1. Typisches Strömungsbild einer stationären Luftströmung um ein Profil
a) Prinzipskizze,   b) laminares und turbulentes Geschwindigkeitsprofil einer
Rohrströmung

Zunächst sollen die Strömungsgleichungen der idealen Flüssigkeit unter Vernachlässigung des Einflusses der ungeprägten Massenkräfte betrachtet werden, Abb.2.2.2.

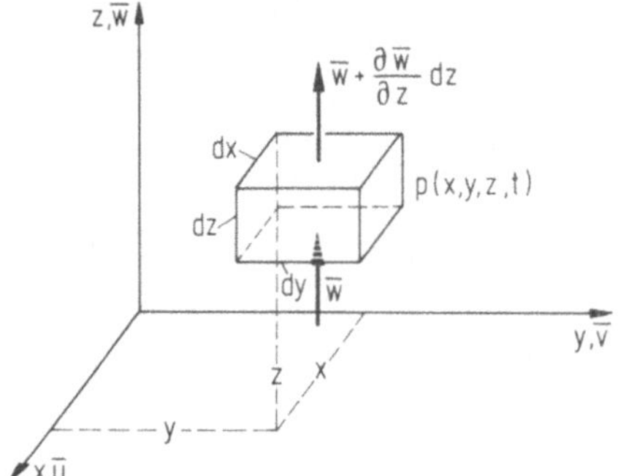

Abb.2.2.2. Element einer idealen Flüssigkeit

Es soll zunächst grundsätzlich die Eulersche globale Betrachtungsweise angewendet werden, die das Bewegungsverhalten eines Flüssigkeitskontinuums in einem raumfesten Koordinatensystem x,y,z durch Zustandsgrößen wie den Strömungsdruck p und den Geschwindigkeitsvektor $\underline{w}$ mit den gekennzeichneten Komponenten $\bar{u},\bar{v},\bar{w}$ in den entsprechenden Koordinatenrichtungen beschreibt.

Stromlinien bezeichnen dabei Tangentiallinien an dem betreffenden Geschwindigkeitsvektor $\underline{w}$ eines Strömungsfeldes und Bahnlinien die wirklichen Fortbewegungslinien
eines Strömungsteilchens. Bei einer zeitlich nicht veränderlichen stationären Strömung stimmen im Gegensatz zur zeitlich veränderlichen instationären Strömung
Stromlinie und Bahnlinie überein.

Auf die lokale statistische Betrachtungsweise, die im Sinne von Lagrange das Schick-
sal jedes einzelnen Massenteilchens verfolgt, wird vor allem im Abschn. 3 eingegangen. Allgemein kann gesagt werden, daß lokale, statistische Rechenmethoden zur
Fundamentierung physikalischer Gesetze durchaus sinnvoll sind. Der Nachteil dieser
mikroskopischen Untersuchungen liegt jedoch in ihrem momentanen Augenblickscha-
rakter begründet, der nur schwer zu den physikalisch notwendigen globalen Zustandsgleichungen und technisch brauchbaren Aussagen führt. Insofern ist in der Kontinuumsmechanik eine ähnliche Problematik wie in der Thermodynamik und der statistischen Mechanik vorhanden, worauf noch eingehend hingewiesen wird.

Die klassische Kontinuumsmechanik basiert auf den drei Axiomen des Erhaltens der
Gesamtmasse, der Energie und des Impulses in abgeschlossenen Systemen [2.2.18].
Neuere Untersuchungen versuchen, die mechanischen Axiome des konstanten Impulses und der konstanten Energie durch die thermodynamischen Kriterien der konstanten Energie und Entropie (Anergie) in abgeschlossenen Systemen zu ersetzen
[2.2.17].

Der allgemeine Energievorrat einer Strömung zeigt nämlich beliebig umwandelbare
konservative Energieformen (Exergien) und gebundene, entropieähnliche, nichtkonservative Verlustenergien (Anergien), die der Nutzanwendung nicht mehr zur Verfügung stehen, da sie definitionsgemäß nicht wieder konservativ werden dürfen –
sofern die Prozessrichtung mit sich vergrößernden Strömungsgeschwindigkeiten beibehalten wird. Sie genügen somit der Bedingung des stetigen Wachsens in abgeschlossenen Systemen ohne Zufuhr von äußerer Energie. Meist werden diese Verlustenergien in Wärme umgewandelt. Sie können jedoch auch teilweise mechanisch nichtkon-
servativ gebunden bleiben (Wirbelenergie, Turbulenzenergie). Auch diese Frage-
stellungen werden noch eingehend behandelt.

Zunächst soll nun die ideale Flüssigkeit untersucht werden.

Bei inkompressiblen Flüssigkeiten existieren zwei Gleichungstypen, nämlich erstens
die Massenerhaltung, repräsentiert durch die Kontinuitätsbedingung in der Form (Massenerhaltung)

$$\iiint\limits_{(V)} \operatorname{div} \underline{w} \; dV = \frac{\partial \bar{u}}{\partial x} + \frac{\partial \bar{v}}{\partial y} + \frac{\partial \bar{w}}{\partial t} = 0 \quad \text{(Volumenschreibweise)}$$

$$\oiint\limits_{0} \underline{w} \; d0 = 0 \quad \text{(Oberflächenschreibweise)}, \tag{2.2.1}$$

wobei $\bar{u}, \bar{v}, \bar{w}$ die Geschwindigkeitskomponenten des Vektors $\underline{w}$ der Strömungsgeschwindigkeit darstellen. Es soll noch bemerkt werden, daß grundsätzlich von der Eulerschen Betrachtungsweise durch die örtliche Festlegung des Strömungsdrucks p und der Strömungsgeschwindigkeit $\underline{w}$ Gebrauch gemacht wird. Die zweite große Gruppe der Strömungsgleichungen ergibt sich durch die Anwendung der Newtonschen Grundgleichungen in Form von Eulerschen Bewegungsgleichungen unter Vernachlässigung der eingeprägten Massenkräfte (Impulserhaltung)

$$\bar{u} \frac{\partial \bar{u}}{\partial x} + \bar{v} \frac{\partial \bar{u}}{\partial y} + \bar{w} \frac{\partial \bar{u}}{\partial z} + \frac{\partial \bar{u}}{\partial t} = - \frac{1}{\rho} \frac{\partial p}{\partial x} \, ,$$

$$\bar{u} \frac{\partial \bar{v}}{\partial x} + \bar{v} \frac{\partial \bar{v}}{\partial y} + \bar{w} \frac{\partial \bar{v}}{\partial z} + \frac{\partial \bar{v}}{\partial t} = - \frac{1}{\rho} \frac{\partial p}{\partial y} \, , \tag{2.2.2}$$

$$\bar{u} \frac{\partial \bar{w}}{\partial x} + \bar{v} \frac{\partial \bar{w}}{\partial y} + \bar{w} \frac{\partial \bar{w}}{\partial z} + \frac{\partial \bar{w}}{\partial t} = - \frac{1}{\rho} \frac{\partial p}{\partial z} \, ,$$

$$\rho = 1,2 \ \text{kg/m}^3 \ \text{für Luft}$$

oder prägnanter vektoriell geschrieben mit der Luftdichte ρ

$$\frac{d\underline{w}}{dt} = - \frac{1}{\rho} \operatorname{grad} p. \tag{2.2.3}$$

im anderen Fall eine instationäre Strömung. Sofern auch die örtlichen Veränderungen der Geschwindigkeitsglieder entfallen, vereinfacht sich die stationäre, ungleichförmige zu einer gleichförmigen, stationären Strömung. Gleichung (2.2.3) läßt sich durch eine einfache Umrechnung in der mechanisch übersichtlicheren Form

$$\frac{\partial \underline{w}}{\partial t} + \operatorname{grad} \frac{w^2}{2} - [\underline{w} \operatorname{rot} \underline{w}] = - \frac{1}{\rho} \operatorname{grad} p \tag{2.2.4}$$

erfassen, die sich bei wirbelfreien Potentialströmungen auf die Bernoulli-Form vereinfacht (Energieerhaltung)

$$\frac{w^2}{2} + \frac{p}{\rho} + \int\limits_{s=0}^{s} \frac{\partial \bar{w}}{\partial t} \; ds = F(t), \tag{2.2.5}$$

wobei die Integration auf einer Stromlinie s vollzogen wird und $F(t)$ eine beliebige willkürliche Zeitfunktion bedeutet. Oft entfällt das instationäre Glied, so daß aus (2.2.5) folgt

$$\frac{w^2}{2} + \frac{p}{\rho} = \text{const} = C, \qquad (2.2.6)$$

für Luft

$$p = \text{const}\,\frac{w^2}{1,6} \qquad p \text{ in } N/m^2, \quad w \text{ in } m/s.$$

Es sind auch andere Fälle von (2.2.4) denkbar, bei denen das Vektorprodukt $[\underline{w}\,\text{rot}\,\underline{w}]$ verschwindet, nämlich genau dann, wenn sich die Integration stets auf einer Stromlinie vollzieht, wobei bei nicht wirbelfreien Strömungsfeldern die Konstante $F(t)$ auf jeder Stromlinie einen anderen Wert annimmt, oder bei dem Übereinstimmen von Stromlinien und Wirbellinien, wie z.B. bei der stationären oder instationären Tragflügeltheorie. Hier gilt wieder $F(t)$ für das gesamte Strömungsfeld. Bei ebenen wirbelfreien, stationären Potentialströmungen läßt sich der Strömungsvorgang rein kinematisch durch die Kontinuitätsbedingung und die Bedingung der Wirbelfreiheit beschreiben

$$\text{div}\,\underline{w} = 0, \qquad (2.2.7)$$

$$\text{rot}\,\underline{w} = 0. \qquad (2.2.8)$$

Die Einführung des Geschwindigkeitspotentials Φ mit

$$\underline{w} = \text{grad}\,\Phi = (\partial\Phi/\partial x, \partial\Phi/\partial y)$$

führt auf die Kontinuitätsbedingung in der Laplace-Form für die quellenfreie Strömung

$$\Delta\Phi = 0, \qquad (2.2.9)$$

während die Forderung der Wirbelfreiheit identisch erfüllt wird. Eine zweite Funktionenschar Ψ läßt sich durch die Definition

$$\bar{u} = \frac{\partial\Psi}{\partial y}, \qquad \bar{v} = -\frac{\partial\Psi}{\partial x} \qquad (2.2.10)$$

finden, die die Kontinuitätsbedingung identisch erfüllt und die Wirbelfreiheit in der Form

$$\Delta\Psi = 0 \qquad (2.2.11)$$

erfaßt. Stromlinien Ψ und Äquipotentiallinien Φ bilden ein natürliches Netz von Orthogonalkoordinaten bei einer ebenen Potentialströmung, Abb.2.2.3.

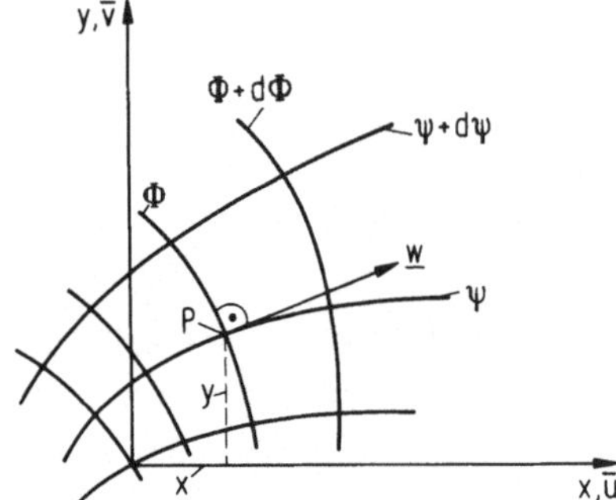

Abb.2.2.3. Ebene stationäre Potentialströmung

Zwischen den Stromlinien Ψ und den Äquipotentiallinien Φ bestehen die Cauchy-Riemannschen Differentialgleichungen

$$\frac{\partial \Phi}{\partial x} = \frac{\partial \Psi}{\partial y} , \quad \frac{\partial \Phi}{\partial y} = - \frac{\partial \Psi}{\partial x} , \qquad (2.2.12)$$

die die Einführung eines komplexen Strömungspotentials

$$x = \Phi + i\Psi , \qquad \Delta x = 0$$

und die Übertragung funktionentheoretischer Methoden auf das Strömungsproblem ermöglichen. Es sei jedoch erwähnt, daß die früher überragende Methode der konformen Abbildungen nur bei übersichtlichen, exakten Ergebnissen beibehalten werden sollte, da numerische Methoden, wie das Verfahren der finiten Elemente oder Differenzenverfahren, maschinengerechter in der Anwendung erscheinen]2.2.26].

Allgemeine Strömungsbewegungen lassen sich in wirbelfreie Potentialströmungen und wirbelbehaftete Bewegungen unterteilen, die nun zu besprechen sind. Als Maß für die Wirbelstärke ist die Zirkulation [2.2.1 - 2.2.4]

$$\Gamma = \oint \underline{w} \, \underline{ds} \qquad (2.2.13)$$

anzusehen, die bei Potentialströmungen verschwindet. Nach den Helmholtzschen Wirbelsätzen gilt für ideale Flüssigkeiten bei konservativen Kräften

$$\frac{\partial \Gamma}{\partial t} = 0 . \qquad (2.2.14)$$

Wirbel sind somit in einer idealen Flüssigkeit eine kinematische Gegebenheit, können jedoch weder entstehen noch vergehen, zweifelsohne eine physikalische Schwäche dieser Theorie. Die zur entropieähnlichen Anergie der Strömung gehörende Wirbelenergie führt innerhalb des Strömungsfeldes als gebundene nichtkonservative Verlustenergie ein Eigenleben, da sie meist nicht wieder der konservativen Nutzanwendung zugeführt werden kann, sondern im Endeffekt meist in Wärme umgewandelt wird.

Insofern drücken die Helmholtzschen Wirbelsätze die Konstanz der nichtkonservativen Wirbelenergien aus. In einem abgeschlossenen Strömungssystem sucht die Wirbelenergie aufgrund ihres Entropiecharakters sich stetig zu vergrößern, bis sie bei einem noch genauer zu definierenden Maximum ihren wirklichen Gleichgewichtszustand erreicht. Die Ermittlung dieses Grenzzustandes setzt in jedem Fall eine Berücksichtigung der Reibungseinflüsse der Strömung voraus und muß die Annahme des idealen Fluids verlassen. Falls ein Wirbel wieder in sich zusammenfällt, ist diese Energie meist in Wärme verloren gegangen. Nur selten ist die Wirbelenergie wieder der konservativen Nutzanwendung zuzuführen.

Eine weitere Fehlannahme der idealen Flüssigkeiten besteht darin, daß eine solche Strömung im allgemeinen keine resultierenden Strömungskräfte auf ein Profil erklären kann (d'Alembertsches Paradoxon). Es sind naturgemäß Strömungskräfte meßbar, die als Auftrieb A, Widerstand W und Nickmoment M, bezogen auf den Schubmittelpunkt, auch Neutralpunkt genannt, mit der Definition gemäß Abb.2.2.4 bei ebenen Strömungsproblemen eingeführt werden (Streifenmethode). Für räumliche Untersuchungen gelten ähnliche Festsetzungen.

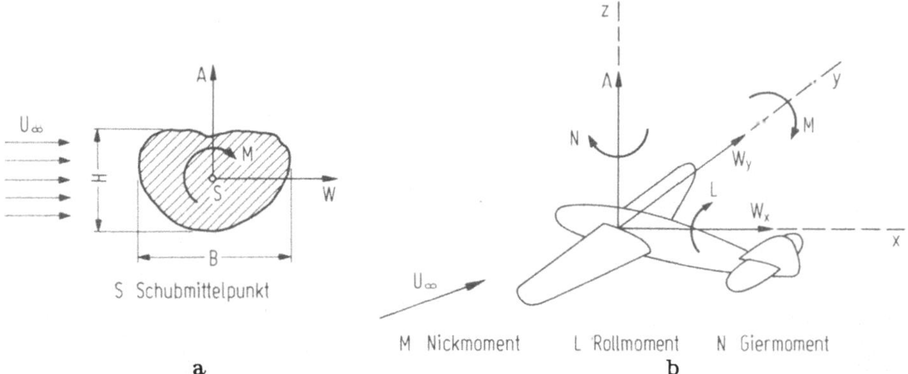

Abb.2.2.4. Aerodynamische Kräfte eines Profils. a) eben,   b) räumlich

Für die Strömungskräfte ergeben sich bei den meist untersuchten ebenen Problemen
(Streifenmethode) die Beziehungen

$$A = c_a \, \frac{\rho U_\infty^2}{2} \, B \,, \qquad \text{Auftrieb} \qquad\qquad (2.2.15)$$

$$W = c_w \, \frac{\rho U_\infty^2}{2} \, B \,, \qquad \text{Widerstand} \qquad\qquad (2.2.16)$$

$$M = c_m \, \frac{\rho U_\infty^2}{2} \, B^2 \,, \qquad \text{Nickmoment} \qquad\qquad (2.2.17)$$

$$p = c \, \frac{\rho U_\infty^2}{2} \qquad \begin{array}{l}\text{Strömungsüberdruck an einer Profil-}\\ \text{randstelle gegenüber } p_\infty \,,\end{array}$$

mit dem Aufriebswert c_a, dem Widerstandsbeiwert c_w und dem Momentenbeiwert
c_m bezogen auf die ungestörte Windgeschwindigkeit U_∞ und die Profilbreite B oder
Profilhöhe H. Die ideale Strömung kann nur einen Querauftrieb A bei einer kombinierten Parallel- und Zirkulationsströmung gemäß Abb.2.2.5 durch den Kutta-Jou-
kowski-Satz erklären

$$A = \rho \, \Gamma \, U_\infty \,. \qquad\qquad (2.2.18)$$

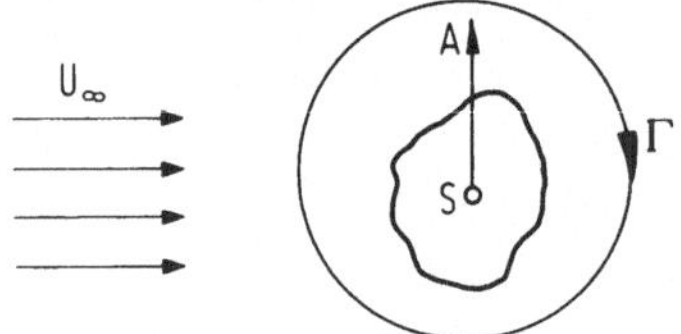

Abb.2.2.5. Querauftrieb nach Kutta-Joukowski

Auch eine Erklärung des Luftwiderstandes ist durch Wirbel möglich, ergibt jedoch
meist zu ungenaue Werte gegenüber Messungen [2.2.1, 2.2.2].

Somit haben Wirbel eine große Bedeutung für die Erklärung von Strömungskräften.

Falls nun die physikalischen Schwierigkeiten der idealen Flüssigkeiten beseitigt werden sollen, ist der Einfluß der Flüssigkeitsreibung zu berücksichtigen. Es soll zunächst die laminare Strömung mit geordneten Strom- und Bahnlinien gemäß Abb.2.2.1
betrachtet werden. An die Stelle der Euler-Beziehungen treten die Navier-Stokes-
Gleichungen

$$\frac{dw}{dt} = -\frac{1}{\rho} \, \mathrm{grad}\, p + \frac{\mu}{\rho} \, \Delta \underline{w} \,, \qquad\qquad (2.2.19)$$

wobei die Newtonsche Annahme berücksichtigt worden ist, daß die durch Reibung erzeugten Schubspannungen proportional zum jeweiligen Geschwindigkeitsgefälle anzusetzen sind. Für Luft gilt im Normalzustand für die praktisch nur temperaturabhängige kinematische Zähigkeit

$$\nu = \frac{\mu}{\rho} = 1,373 \cdot 10^{-5} \; m^2/s \qquad (\text{Luft})$$

Die hier interessierenden physikalischen Daten der Luft sind in Tab.2.2.1 zusammengefaßt.

Tabelle 2.2.1: Physikalische Daten der atmosphärischen Luft

Größe	Maß-einheit	Temperatur in $^\circ$C					
		-20	-10	0	10	20	40
γ	N/m^3	13,9	13,4	12,9	12,5	12,0	11,3
ρ	kg/m^3	1,39	1,34	1,29	1,25	1,21	1,12
$\mu \cdot 10^6$	kg/ms	15,6	16,2	16,8	17,4	17,9	19,1
$\gamma \cdot 10^6$	m^2/s	11,3	12,1	13,0	13,9	14,9	17,0

Charakteristisch für alle jetzt einzuführenden physikalischen Gesetze ist die Berücksichtigung des nichtkonservativen Entropiecharakters der realen Strömungen. Grundsätzlich wichtig ist die thermodynamische Aussage, daß in einem quasiabgeschlossenen System ohne äußere Energiezufuhr (auch stationäre Strömungsprobleme gehören dazu [2.2.15]) im Gleichgewichtszustand die (freie) Energie ein Minimum und die Entropie (Anergie) ein Maximum annehmen muß [2.2.15, 2.2.16]. Bei den hier vorhandenen isothermen Strömungen sind hier vor allem die reversiblen (zurückgewinnbaren) und irreversiblen (nicht zurückgewinnbaren) nichtkonservativen Energieanteile von Interesse, die bei Beibehaltung der Prozessrichtung (stetig sich vergrößernde ursprüngliche Strömungsgeschwindigkeit) aufgrund ihres gebundenen, nichtkonservativen Charakters zu einem betragsmäßigen Extremalwert - meist Maximalwert-streben.

Bei instationären Vorgängen wird diese Prozeßauswahl durch das erweiterte Hamiltonsche Prinzip und das sehr ähnliche Zieglersche Orthogonalitätsprinzip erreicht [2.2.26, 2.2.28]. Die physikalischen Konstanten μ, ν sind durch Messungen als Werkstoffeigenschaft der Luft grundsätzlich meßtechnisch zu ermitteln. Die stark nichtlinearen Navier-Stokes-Gleichungen erweisen sich als ausgesprochen integrierunfreundlich, so daß die klassischen Rechenmethoden hier meist versagen. Die Weiterentwicklung der numerischen Methoden, vor allem der Finite-Elemente-

Methode und des Differenzenverfahrens, hat hier jedoch erhebliche Fortschritte er-
zielt [2.2.4-2.2.26].

Auch der Einsatz von Versuchen unter Benutzung von Analog- und Prozeßrechnern
zeigt Erfolge, so daß die Behandlung der laminaren Strömungsprobleme keine grund-
sätzlichen Schwierigkeiten mehr bereitet. Wichtig ist auch die Möglichkeit des Ver-
gleichs kinematisch ähnlicher Strömungen, was vor allem in der Versuchstechnik
nach Abschn.18 eine große Rolle spielt. Als wichtigste Vergleichszahl hat sich hier
die Reynoldszahl

$$Re = \frac{U_\infty D}{\nu} \qquad\qquad (2.2.20)$$

bewährt, die ein gleiches Verhältnis zwischen den Trägheits- und Reibungskräften
der Luftströmung in der Natur (Originalmodell) und den Versuchsmodellen unter
Vernachlässigung der eingeprägten Massenkräfte bei aerodynamischen Problemen
voraussetzt. Dabei bedeutet U_∞ gemäß Abb.2.2.1 die ungestörte Geschwindigkeit
einer Parallelströmung in einer unendlich großen Entfernung von einem Profilmit-
telpunkt, D eine geeignet definierte geometrische Profilgröße, z.B. die Profilbreite B oder die Profilhöhe H und ν die kinematische Zähigkeit der Luft. Die Reynoldssche Zahl beschreibt auch die meist versuchstechnisch ermittelte Stabilitätsgrenze Re_{kr}, bei der die laminare Strömung in die turbulente Strömung umschlägt.

Bei turbulenten Strömungsbewegungen sind gemäß Abb.2.2.1 die Schwankungsbewe-
gungen der einzelnen Strömungsteilchen auf den zugewiesenen Bahnlinien nicht mehr
zu dämpfen, sondern verlaufen jetzt mit endlich großen Störamplituden nach Gesetzen der Wahrscheinlichkeit. Es liegen somit ähnliche Verhältnisse wie bei dem Aus-
knicken eines Knickstabes vor. Durch die mikroskopischen Störbewegungen tritt ein
Impulsaustausch bei den benachbarten Stromlinien auf, so daß die mittleren makroskopischen Geschwindigkeitsprofile ohne die Darstellung der Störgeschwindigkeiten,
z.B. bei einer Rohrströmung gemäß Abb.2.2.1, wesentlich gleichmäßiger als bei
einer laminaren Strömung verlaufen. Durch den Impulsaustausch findet ein zusätzlicher nichtkonservativer Energieverlust statt, der von dem laminaren Ausgangszustand zu einem neuen quasistatischen Gleichgewichtszustand strebt und eine Entropiezunahme des Systems bewirkt. Zur Beschreibung dieses Phänomens stehen
grundsätzlich je nach Anforderung zwei Möglichkeiten zur Verfügung. Einmal interessiert die Grobstruktur (Makrostruktur) der Turbulenz zur Beschreibung globaler Strömungsgrößen. Gesucht ist z.B. der mittlere Druckverlust und mittlere
Geschwindigkeitsverlauf einer turbulenten Rohrströmung oder die mittlere Entwicklung einer turbulenten Grenzschicht. Hier bieten sich energetische Lösungsmethoden
an, die auf thermodynamischen Gesetzmäßigkeiten ("Gesetze maximaler Wahrscheinlichkeit") beruhen. Auch die Feinstruktur (Mikrostruktur) der Turbulenz kann von

Bedeutung sein, worauf vor allem in Abschn.3 eingegangen wird, wo es vor allem
um winderregte Schwingungen, hervorgerufen durch den Einfluß der natürlichen Luftturbulenzen, geht.

Zunächst soll nur die Makrostruktur der Turbulenz behandelt werden, die bisher
fast ausschließlich mit statistischen oder halbempirischen Untersuchungsmethoden
behandelt worden ist [2.2.6]. Die mikroskopisch, statistischen Untersuchungen können diesen Gleichgewichtszustand nur halbempirisch erfassen und zeigen große Schwierigkeiten bei der Auffindung globaler Rumpfgesetze auf, obwohl Untersuchungen von
Prandtl [2.2.1-2.2.6], zumindest bei Rohrströmungen, zum richtigen Endergebnis
führen, jedenfalls bei der Berechnung des Druckverlustes. Grenzschichtlösungen
haben jedoch bisher meist das halbempirische Stadium nicht verlassen [2.2.4].

Nun liegt durch die nichtkonservativen Störbewegungen eine Entropiezunahme eines
quasi-abgeschlossenen Systems vor, die im Gleichgewichtszustand zu einem Maximum strebt unter Berücksichtigung der Systemrandbedingungen. Die Systemrandbedingungen erfassen hier vor allem die Störbewegungen der Strömung an den Rändern, die dort meist verschwinden müssen. In [2.2.20, 2.2.21] wird gezeigt, daß
die Anwendung des Maximum-Entropie-Prinzips bei Rohrströmungen bei der Berechnung des Druckverlustes schnell zu den experimentell gesicherten Prandtlschen
Ergebnissen führt. Maßgebend ist der Geschwindigkeitsverlauf makroskopisch, der
zum maximalen Druckverlust des Rohres führt, Abb.2.2.6. Hierzu ist keine weitere physikalische Hypothese (z.B. Ansatz turbulenter Schubspannungen o.ä.) notwendig. Die freibleibenden Parameter des Rumpfgesetzes (mathematisches Modell)
können durch Meßreihen mit Hilfe von Prozeßrechnern optimal ermittelt werden.

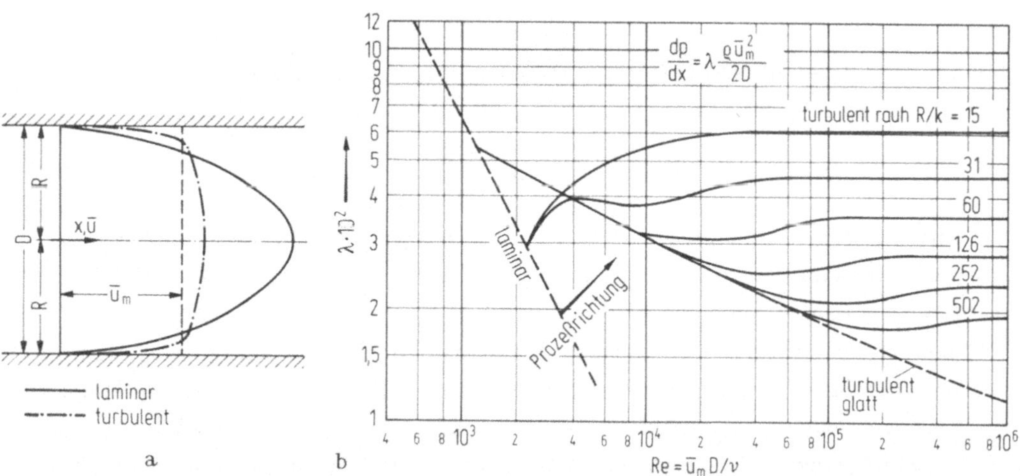

Abb.2.2.6. Darstellung des Druckverlustes von turbulenten Rohrströmungen
a) mittleres Geschwindigkeitsprofil,   b) Druckverlust der Rohrströmung

Die Anwendung thermodynamischer Analogrechnungen dürfte bei dem Turbulenzproblem strömender Flüssigkeiten den Weg zu entscheidenden Neuerkenntnissen öffnen und wohl zur endgültigen Lösung dieses Problems beitragen, sofern nur quasistatische Aussagen interessieren (Makrostruktur). Auch in anderen mechanischen Teilgebieten, z.B. der Plastizitätstheorie oder der Bruchmechanik, dürften diese Erkenntnisse von großer Bedeutung sein, da auch dort das Kernproblem zu lösen ist, wie von einer Vielzahl statistischer Informationen zu globalen physikalischen Gesetzen der stochastischen Makrostruktur gefunden werden kann. In jedem Fall sollten statistische Methoden oder Versuche erst dann einsetzen, wenn das aufzufindende globale physikalische Gesetz in der beschriebenen Art wenigstens in der Rumpfform festliegt oder nur die Feinstruktur der Turbulenz interessiert (vgl. Abschn.3). Nun sollen die hier in erster Linie interessierenden Grenzschichtprobleme behandelt werden.

Bisher ist selbst im laminaren Fall nur der Weg zu Näherungslösungen beschritten worden, wobei hier für das Fluid Luft nur der Bereich kleiner Zähigkeiten interessiert. In diesem Falle beschränkt sich der Zähigkeitseinfluß auf einen geometrisch kleinen Bereich in der unmittelbaren Nähe einer Randzone, die auch kurz Grenzschicht genannt wird und deren Außenbereich, der nahezu den Gesetzen einer Potentialströmung gehorcht. Die Navier-Stokes-Gleichungen vereinfachen sich dann zu den Prandtlschen Grenzschichtgleichungen [2.2.1-2.2.6]

$$\rho \left(\bar{u}\, \frac{\delta \bar{u}}{\delta x} + \bar{v}\, \frac{\delta \bar{u}}{\delta y} + \frac{\delta \bar{u}}{\delta t} \right) = - \frac{\delta p}{\delta x} + \mu\, \frac{\delta^2 \bar{u}}{\delta y^2} , \qquad (2.2.21)$$

$$\frac{\delta \bar{u}}{\delta x} + \frac{\delta \bar{v}}{\delta y} = 0 , \qquad (2.2.22)$$

wobei der Druck p in Näherung als Bernoullischer Potentialdruck

$$p + \frac{\rho U^2}{2} = \text{const}, \quad \frac{\delta p}{\delta x} \approx \frac{dp}{dx} = - \rho\, U\, \frac{\delta U}{\delta x} \qquad (2.2.23)$$

angenommen wird, der nur von der Potentialgeschwindigkeit U beeinflußt wird. Auch diese Annahme ist nicht problemlos, da die Erfahrung zeigt, daß zum Beispiel beim Kreisprofil der Außendruck erheblich von der Grenzschichtwirkung beeinflußt wird, so daß nur iterative Grenzschichtrechnungen höherer Ordnung eine wirklichkeitsnahe Aussage ermöglichen. Im allgemeinen reichen in der Praxis des Flugzeugbaus die klassischen Grenzschichtrechnungen aus. Anwendungsprobleme des Bauwesens zeigen jedoch, daß in der theoretischen Forschung in Zukunft vielleicht doch mehr numerische Lösungen der ursprünglichen Navier-Stokes-Gleichungen verwendet werden sollten, vor allem im Hinblick auf eine noch zu erläuternde Tragflügeltheorie dicker, stumpfer Profile und Probleme der stationären oder instationären Nachlaufströmungen hinter den Profilen.

Aus den Grenzschichtgleichungen läßt sich die technisch wichtige Strömungsablösung an einem Profil erkennen. Im allgemeinen löst sich die Strömung an den scharfen Kanten eines Profils ab. Bei den stetig konstruierten stromlinienförmigen Querschnitten des Flugzeugbaus folgt die Strömungsablösung einzig aus den Grenzschichtbeziehungen (2.2.24). An dem Profilrand gilt gemäß Abb.2.2.7 die Haftungsbedindung

$$\bar{u}(y=0) = \bar{v}(y=0) = 0 \, . \tag{2.2.24}$$

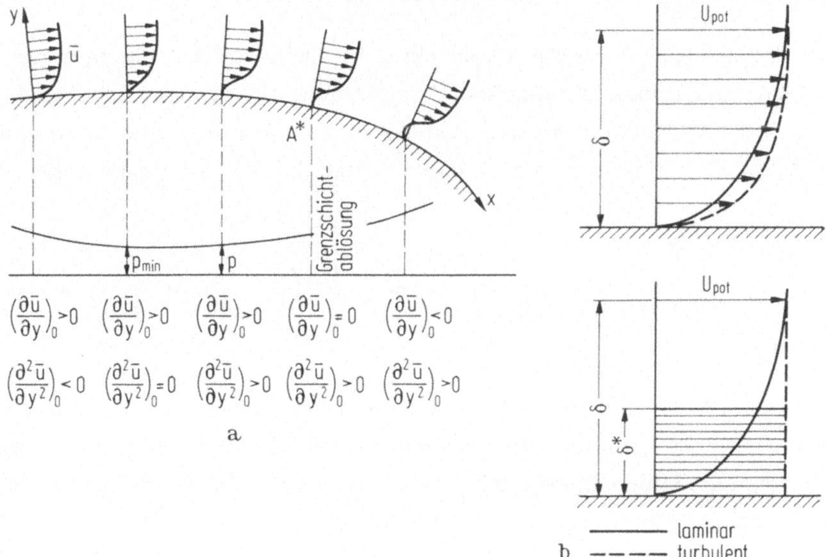

Abb.2.2.7. Verschiedene Grenzschichtprofile bei Druckabfall und Druckanstieg
a) laminar,   b) turbulent

Dort vereinfachen sich die Grenzschichtgleichungen zu

$$\frac{\partial^2 \bar{u}}{\partial y^2} = \frac{1}{\mu} \frac{\partial p}{\partial x} \, . \tag{2.2.25}$$

Gemäß Abb.2.2.7 liegt der Grenzschichtablösepunkt an dem Umschlagpunkt der Geschwindigkeitsrichtung $\bar{u}$ ausschließlich im Druckanstiegsbereich, nämlich gemäß Abb.2.2.7 bei

$$\left. \frac{\partial \bar{u}}{\partial y} \right|_{y=0} = 0 \, . \tag{2.2.26}$$

Die Bestimmung der Lage des Grenzschichtablösepunktes ist eine der Hauptauf-
gaben der Profiltheorie und im allgemeinen nur numerisch zu ermitteln. Im allgemeinen ist der Grenzschichtablösepunkt so weit wie möglich an das Profilende zu
legen, da auf diese Weise ein möglichst geringer Strömungswiderstand erreicht wird.
Auch dieses Phänomen wird noch ausführlich behandelt. Bei turbulenten Strömungen
ist neben der Lage des Grenzschichtablösepunktes auch der Ort des turbulenten Um-
schlags von Interesse (Umschlagspunkt, vgl. Abb.2.2.7). Bei turbulenten Strömungen verläuft das mittlere Geschwindigkeitsprofil gemäß Abb.2.2.7 durch den Impulsaustausch benachbarter Stromlinien wesentlich gleichmäßiger als im laminaren Fall,
so daß die Grenzschichtablösung im allgemeinen später als im laminaren Fall eintritt. Eine turbulente Aufrauhung des Strömungsverlaufs bewirkt somit sehr oft eine
Systemstabilisierung (z.B. beim Kreisprofil, vgl. Abschn.3).

Die Bestimmung des turbulenten Ablösepunktes ist noch weit schwieriger als die laminare Ablösung und bisher nur durch halbempirische Näherungsrechnungen zu erreichen [2.2.2, 2.2.4]. Wichtige Begriffe der Makrostruktur einer Grenzschicht
sind gemäß Abb.2.2.7 die Grenzschichtdicke δ und die Verdrängungsdicke δ^*, die
durch

$$\bar{u}(x,\delta) = 0,99\, U_{Pot}\,, \qquad \delta^* = \int\limits_{y=0}^{\infty} \left(1 - \frac{\bar{u}}{U_{Pot}}\right) dy \qquad (2.2.27)$$

definiert werden. Die Grenzschichtdicke δ kann dabei nur etwas unscharf als die
Stelle bezeichnet werden, an der die Abweichung der Grenzschichtgeschwindigkeit
$\bar{u}$ von der Potentialgeschwindigkeit U_{Pot} der Strömung weniger als 1% beträgt.
Praktische Berechnungen bevorzugen die Verdrängungsdicke δ^*, die als zusätzliche
Profilvergrößerung durch die Mitnahme der Grenzschichtanteile der Strömung anzusehen ist. Es ist δ^* als die Querordinate aufzufassen, um welche die Potentialströmung infolge der Grenzschichtwirkung von der Profilwandung abgedrängt wird.

Auf die Feinstruktur der Turbulenz (Mikrosystem) wird vor allem im Abschn.3 eingegangen. Hier sollen nur einige Grundbegriffe vorweg behandelt werden [2.2.2,
2.2.5, 2.2.6]. Die Störgeschwindigkeiten in x,y,z Richtung werden zum Unterschied
der mittleren Geschwindigkeiten $\bar{u}, \bar{v}, \bar{w}$ des Makrosystems mit u', v', w' bezeichnet.
Als Maß für die Störungen eines Luftstrahls wird der Turbulenzgrad

$$T_u = \frac{1}{U_\infty} \sqrt{\frac{1}{3}\left(\bar{u}'^2 + \bar{v}'^2 + \bar{w}'^2\right)} \qquad (2.2.28)$$

mit den zeitlich, quadratischen Mittelwerten $\bar{u}'^2, \bar{v}'^2, \bar{w}'^2$ eingeführt. Im Falle der
isotropen Turbulenz – also einer gleichmäßigen turbulenten Durchmischung in allen

Achsrichtungen - kann dafür einfacher

$$T_u = \frac{\sqrt{\bar{u}'^2}}{U_\infty} \qquad \text{isotroper Turbulenzgrad,}$$

$$I_V = \frac{\sqrt{\Sigma(V_z - \bar{v}_z)^2}}{\bar{v}_z} \qquad \text{Turbulenzintensität} \qquad (2.2.29)$$
$$\text{Bezeichnungen vgl. Abschn.3}$$

angesetzt werden. Weitere Begriffe der mikroskopischen Betrachtungsweise werden
in Abschn.3 dargestellt.

Interessant ist nun noch die Verhaltensweise im Strömungsnachlauf eines Profils.

Der Grenzschichtablösepunkt teilt eine Vorlaufzone von der Nachlaufzone eines
Profils. Im Gegensatz zum Strömungsverlauf der Vorlaufzone, der nach wie vor Po-
tentialgesetzen gehorcht, liegt die eigentliche physikalische Veränderung der realen
Strömung gegenüber der idealen Strömung in dem Verhalten des Strömungsnachlaufs
begründet. Im allgemeinen durchläuft ein Strömungsbild bei steigenden Windgeschwindigkeiten drei Phasen, wie in Abb.2.2.8 dargestellt ist. Die Potentialströmung stellt
sich nur kurz ein, da nach der Ausbildung der Profilgrenzschicht an der Stelle A*
die Strömungsablösung erfolgt und sich zunächst zwei Doppelwirbel ausbilden, die
später instabil werden und in eine Karmansche Wirbelstraße gemäß Abschn.10.2
übergehen. Diese Wirbel neigen bei größeren Reynoldsschen Zahlen infolge der praktisch zu vernachlässigenden Zugspannungen der Luft zum Aufplatzen und bilden im
Endzustand eine Totwasserzone (freie Grenzschicht) aus. Bei den bautechnischen
Profilen wird dieser Endzustand meist schon bei kleinen Windgeschwindigkeiten infolge der großen Profilabmessungen erreicht, so daß ein Mischzustand zwischen
dem turbulent verwirbelten Totwasser und einer mehr oder weniger systematisch
ausgeprägten Karman-ähnlichen Nachlaufverwirbelung entsteht (periodisches Totwasser) [2.2.1-2.2.6]. Auch unperiodische, wirbelfreie Totwassererscheinungen
sind möglich.

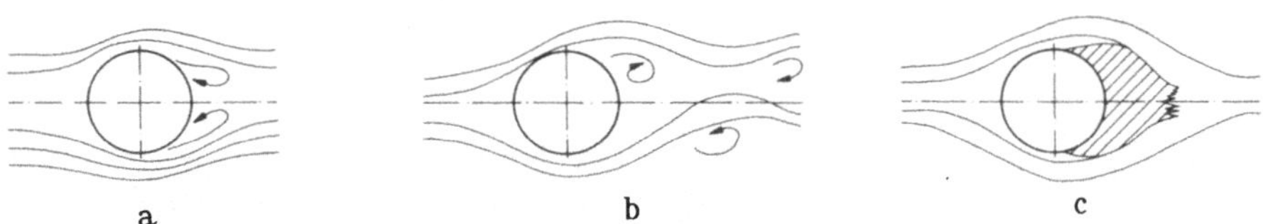

Abb.2.2.8. Reales Strömungsbild eines Profils
a) Doppelwirbel, b) Karmanwirbel, c) Totwasserzone

Durch die Existenz des Totwassers ist eine Erklärung des Strömungswiderstandes physikalisch möglich. Bei manchen Fluiden (Luft) tritt der Totwassereffekt schnell ein, während bei anderen Fluiden (Wasser) erst erhebliche Zugspannungen überwunden werden müssen (Kavitationseffekt) [2.2.27].

Leider ist die Totwasser- oder Kavitationsforschung trotz ihrer großen praktischen Bedeutung wohl bisher als Stiefkind der physikalischen Forschung anzusehen, obwohl gewisse Ähnlichkeiten mit freien Grenzschichtströmungen vorhanden sind [2.2.5, 2.2.13, 2.2.14]. In dem Totwassergebiet herrscht ein im zeitlichen Mittel konstanter Unterdruck, der gemessen werden kann, nur gehen die Meinungen über die physikalische Begründung eines solchen Unterdruckes etwas auseinander. Bei der Makrostruktur schafft hier wieder die Thermodynamik eine Abhilfe. Weitere Einzelheiten werden im Abschn. 4.4 erörtert. Es sei nur darauf hingewiesen, daß die nichtkonservativen Verlustarbeiten des Strömungsnachlaufs wieder eine Entropiezunahme eines quasi-abgeschlossenen Systems bewirken, die vom Ausgangszustand der Potentialströmung erst bei einem noch genauer zu definierenden Extremalwert der sich einstellenden Verlustarbeiten den endgültigen Gleichgewichtszustand bei den vorhandenen Systemrandbedingungen erreichen. Die nichtkonservativen Verlustarbeiten des Strömungsnachlaufs bewirken einen Energieverlust der konservativen Nutzenergie der Strömung, die wieder einen Druckverlust bewirkt. Die Aufintegration des Drucks an dem Profilrand führt dann zu der Aussage, daß der Profilwiderstand ein Maximum annehmen muß unter Berücksichtigung der Systemrandbedingungen, so daß das Maximum-Entropie-Prinzip als Auswahlprinzip verschiedener Gleichgewichtszustände hier wieder von großer Bedeutung ist. Die rein numerische Berechnung dieses Zustandes bereitet wieder solche Schwierigkeiten, daß die Einschaltung von Modellversuchen im Windkanal unumgänglich ist. Dabei vergrößern sich die Schwierigkeiten noch, wenn zu instationären Strömungsproblemen übergegangen wird, wie sie z.B. bei schwingenden Profilen vorhanden sind. Dort tritt meist eine Vermischung zwischen einem schwingenden Totwassergebiet und einer Nachlaufverwirbelung auf, so daß die instationären wie auch die stationären Luftkräfte meist nur meßtechnisch festgestellt werden können. Diese Probleme werden in den nachfolgenden Abschnitten noch eingehend behandelt.

Literatur

2.2.1   Kaufmann, W.: Technische Hydro- und Aeromechanik. Berlin, Göttingen, Heidelberg: Springer 1958.

2.2.2   Truckenbrodt, E.: Strömungsmechanik. Berlin, Heidelberg, New York: Springer 1968.

2.2.3   Wieghardt, K.: Theoretische Strömungslehre. Stuttgart: Teubner 1965.

2.2.4   Schlichting, H.; Truckenbrodt, E.: Aerodynamik des Flugzeuges. Bd.II.
        Berlin, Göttingen, Heidelberg: Springer 1960.

2.2.5   Schlichting, H.: Grenzschichttheorie. Karlsruhe: G. Braun 1965.

2.2.6   Rotta, J.C.: Turbulente Strömungen. Stuttgart: Teubner 1972.

2.2.7   Flügge, S. (Herausgeber): Handbuch der Physik Bd. VIII, Bd. IX: Strö-
        mungsmechanik. Berlin, Göttingen, Heidelberg: Springer 1960.

2.2.8   Bisplinghoff, R.C.; Ashley, H.; Halfman, R.C.: Aeroelasticity 2. Aufl.,
        Reading, Mass.: Addison-Wesley, 1957.

2.2.9   Försching, H.W.: Grundlagen der Aeroelastik. Berlin, Heidelberg, New
        York: Springer 1974.

2.2.10 Prandtl, L.: Vortr. des 3. Intern. Math. Kongr. Heidelberg 1904 sowie
        vier Abhandlungen zur Hydro- und Aerodynamik Göttingen 1927, S. 1.

2.2.11 Helmholtz, H.: Über discontinuierliche Flüssigkeitsbewegungen. Monatsber.
        Berliner Akademie (1868) 215.

2.2.12 Eppler, R.: Beiträge zur Theorie und Anwendung der unstetigen Strömungen,
        J. Rat. Mech. und Anal. 3 (1954) 591.

2.2.13 Tanner, M.: Ein Beitrag zur Theorie der kompressiblen abgelösten Strö-
        mung um Keile. Forschungsbericht DVLR, Bericht 72-57.

2.2.14 Tanner, M.: Der Begriff der Ausströmung aus dem Totwasser und seine An-
        wendung auf Totwasseruntersuchungen. Zeitschr. f. Flugwiss. 19 (1971) 493.

2.2.15 Baehr, H.D.: Thermodynamik. 3. Aufl. Berlin, Heidelberg, New York:
        Springer 1973.

2.2.16 Grigull, V.: Technische Thermodynamik. Berlin: de Gruyter 1970.

2.2.17 Krätzig, W.B.; Walterdorf, K.-P.: On the Thermodynamics of Deforma-
        tion and Variational Methods in Reversible Thermoelasticity. Mitt. konstrukt.
        Ingenieurbau Ruhruniv. Bochum, Mitt. 72-4, 1972.

2.2.18 Sauer, R.: Nichtstationäre Probleme der Gasdynamik. Berlin, Heidelberg,
        New York: Springer 1966.

2.2.19 Schade, H.: Kontinuumstheorie strömender Medien. Berlin, Heidelberg,
        New York: Springer 1970.

2.2.20 Rosemeier, G.: Über die Bedeutung des Maximum-Entropie-Prinzips bei
        der Formulierung mechanischer Stoffgesetze. Forschungsber. Lehrst. Bau-
        mech. TU Hannover, Bericht Nr. 72-F1 Hannover 1974.

2.2.21 Rosemeier, G.: Energetische Lösung eines nichtkonservativen Stabilitäts-
        problems. Der Stahlbau 45 (1976), S. 54.
        - : Eine Untersuchung des Turbulenzproblems strömender Flüssigkeiten
        mit Hilfe eines Extremalprinzips. Die Bautechnik in Vorbereitung.

2.2.22 Rosemeier, G.: Über die Bedeutung des erweiterten Hamiltonschen Prinzips
        bei instationären nichtkonservativen Problemen. Die Bautechnik 53 (1976),
        S. 202.

2.2.23 Schleicher, F. (Herausgeber): Taschenbuch für Bauingenieure. Aufs. Böss, HP.: Technische Hydromechanik. 2. Aufl. Berlin, Göttingen, Heidelberg: Springer 1955.

2.2.24 Argyris, J.H.; Maraszek: Potential Flow Analysis by Finite Elements. Ing.-Arch. 41 (1972) 1.

2.2.25 Withum, D.: Elektronische Berechnung ebener und räumlicher Sicker- und Grundwasserströmungen durch beliebig berandete inhomogene, anisotrope Medien. Mitt. Institut f. Wasserwirtschaft und landwirtschaftlichen Wasserbau, Heft 10 (1967) TU Hannover.

2.2.26 Sündermann, J.: Die Methode der Finiten Elemente in der Hydromechanik. Unveröffentlichtes Vorlesungsmanuskript, TU Hannover, 1973.

2.2.27 Press, H.; Schröder, R.: Hydromechanik im Wasserbau. Berlin, München: Ernst & Sohn 1966.

2.2.28 Ziegler, H.: Eine neue Begründung des Orthogonalitätsprinzips. Ing.-Arch. 43 (1974) 381.

2.2.29 v. Karman, Th.; Rubach, H.: Über den Mechanismus des Widerstandes. Phys.-Zeitschr. 13 (1912) 49.

2.2.30 Rodi, W.: Turbulenzmodelle und ihre Anwendung mit Hilfe von Differenzenverfahren. Vorlesungsmanuskripte unveröffentlicht, Karlsruhe 1974.

3. Der natürliche Wind

In diesem Abschnitt soll nun der physikalische Charakter der Windbelastung untersucht werden. Maßgebend für das Entstehen einer Windströmung ist das Großwetter-
geschehen, dessen Erforschung einem speziellen naturwissenschaftlichen Fachge-
biet - der Metereologie - zukommt. Schon bei konstanten Verhältnissen treten auf der
Erde stationäre Luftströmungen durch den Austausch kalter Luftmassen der Polar-
zone und den Heißluftmassen des Äquators auf (Zentralheizungsprinzip), deren Richtung durch die Einwirkung der Corioliskraft der Erdrotation zusätzlich beeinflußt
wird. Diese Strömungen sind verschiedenen Störungen unterworfen, da sehr oft
Warmluft- und Kaltluftmassen während des Transportvorgangs miteinander in Be-
rührung kommen, die nach dem gasdynamischen Grundgesetz

$$p = \rho R T,$$

$$R = 287 \ m^2/s^2 K \tag{3.1}$$

mit dem Luftdruck p, der Luftdichte ρ, der universellen Gaskonstanten R und der ab-
soluten Temperatur T in Kelvin (K) nicht im statischen Gleichgewicht stehen können, ganz abgesehen davon, daß die Luft nur bei bestimmten Verhältnissen als ideales
Gas näherungsweise beschrieben werden kann und durch den Einfluß der verschiedenartigen, heterogenen Zusammensetzung dieses Mediums (z.B. Luftfeuchtigkeit) Son-
derverhältnissen unterliegt [2.2.15, 2.2.16].

Als Ergebnis dieser Störungen ergeben sich in der Atmosphäre aufsteigende und her-
unterfallende Luftmassen, die ebenfalls der Wirkung der Corioliskraft unterworfen
sind, so daß in unseren Breiten ein System von Zyklonen und Antizyklonen (Groß-
raumwirbel) entsteht.

In tropischen Regionen können dabei wesentlich größere Störenergien, auch durch
den Einfluß der Luftfeuchtigkeit in Verbindung mit großen Wärmemengen, frei werden, die sich zu den gefürchteten Taifunen (Hurricanes) entwickeln, bei denen Windgeschwindigkeiten von 200 km/h und mehr auftreten. Ein hiervon besonders betrof-
fenes Gebiet ist z.B. der mittlere Westen der USA mit einer mittleren Tornadowahr-
scheinlichkeit bis zu 5,0 pro Jahr [3.1., 3.2]. Auch größere Gebiete des Pazifiks
und der Karibischen See gehören dazu. Die Entstehung der Windströmung wird also
durch barometrische Druckunterschiede hervorgerufen und unterliegt weiterhin Ca-

roliskräften und Zentrifugalkräften infolge der Krümmung der Luftbewegungsbahnen.
Die Bewegung der Luftmassen unter der Einwirkung dieser Kraftgruppen wird als
Gradientenwind bezeichnet, der je nach den örtlichen Gegebenheiten in 300 bis 600 m
Höhe auftritt. In stark gebirgigen Regionen können noch weitaus größere Höhenwerte
auftreten. Der Gradientenwind ist nur geringen zeitlichen Störungen unterworfen, so
daß diese Strömungen in guter Näherung quasistationär betrachtet werden können.

Zwischen dem Gradientenwind und der Erdoberfläche bildet sich nun eine turbulente
Grenzschicht aus, die als eigentliches Belastungselement für unsere Baukonstruktionen anzusehen ist. Jede turbulente Strömung ist mannigfachen Störungen unterworfen, so daß nur eine ausgefeilte Meßtechnik im Zusammenhang mit sorgfältigen
Auswertungen eine wirklichkeitsnahe Aussage ermöglicht. Die Messungen müssen
möglichst kurzfristig kontinuierlich über einen möglichst langen Zeitraum erfolgen.
Hierfür haben die Metereologie und die Physik die für ihre Bedürfnisse zugeschnittenen Meßverfahren zur Verfügung gestellt. Mechanische Meßgeräte können dabei
aufgrund ihrer eingeprägten Massenträgheit nur zeitliche Mittelwerte für bodennahe
Windgeschwindigkeiten darstellen. Gebräuchlich sind hier vor allem das Schalenkreuzanemometer für größere Mittelwerte, wobei im deutschen Wetterdienst vor
allem das 10-Minuten-Mittel und das 1-Stundenmittel registriert werden. Schalen-
kreuzwindschreiber registrieren etwas feiner das 1-Minuten-Mittel. Beide Mittelwertbildungen sind hier für technische Anwendungen zu ungenau und können nur die
Grobstruktur des natürlichen Windes erfassen. Mit Hitzdrahtsonden wird die Abküh-
lung eines erwärmten Drahtes praktisch trägheitsfrei gemessen, so daß dieses In-
strument für die Messung der Feinstruktur (Mikrostruktur) der Windbelastung besonders geeignet ist, Abb.3.1.

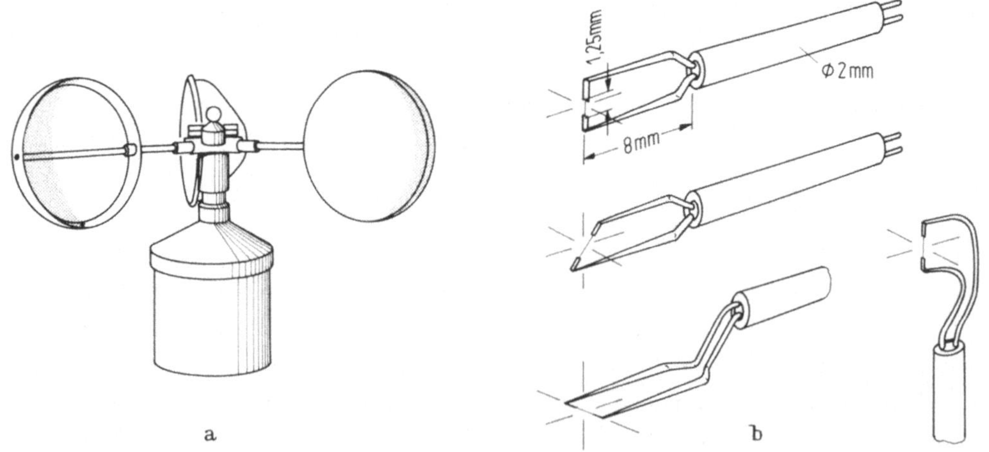

Abb.3.1. Meßinstrumente der Windbelastung. a) Schalenkreuzanemometer, b) Hitz-
drahtsonde

Damit ist das Problem der Meßtechnik und der zugehörigen Registrierung gelöst.
Es verbleibt das Problem der Auswertung und der ingenieurmäßigen Interpretation,
vor allem im Hinblick auf die zu entwickelnden Bemessungskriterien. Allgemeine
physikalische Gesetzmäßigkeiten lassen sich etwa nach dem Schema der Abb.3.2
einordnen. Es werden hierbei makroskopische Gleichgewichtszustände (im Großen)
vorausgesetzt.

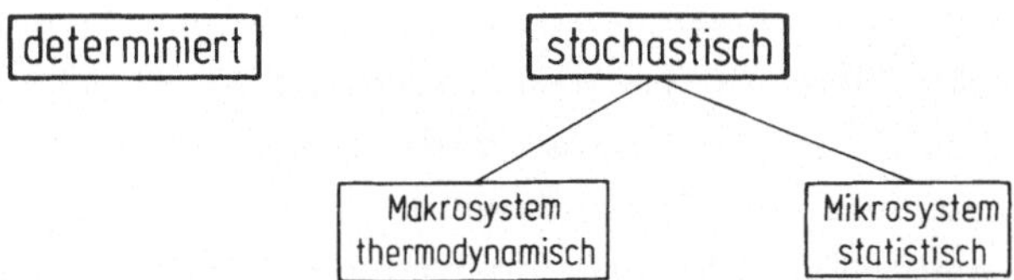

Abb.3.2. Einordnung allgemeiner physikalischer Gesetzmäßigkeiten bei makroskopischen Gleichgewichtszuständen

Determinierte Gesetzmäßigkeiten sind durch einmalige Messungen grundsätzlich zu
erfassen und rechnerisch auszuwerten. Bei stochastischen Gesetzmäßigkeiten, die
mehr oder weniger nur den Gesetzen der Wahrscheinlichkeit unterworfen sind, interessiert einmal die Grobstruktur (Makrostruktur) der Gesetzmäßigkeit (z.B. bei
einer turbulenten Strömung der Verlauf der mittleren Strömungsgeschwindigkeit oder
der mittlere Druckverlust). Die Makrostruktur gehorcht gemäß Abschn.2.2 thermodynamischen Gesetzen, kann jedoch auch im Sinne der statistischen Mechanik (pro-
babilistisch) untersucht werden.

Hier ist zunächst das physikalische Rumpfgesetz aufzufinden, so daß nur die offen
bleibenden Parameter des betreffenden Gesetzes durch Messungen zu bestimmen sind
(vgl. Abb.2.2.6). Rein statistische Betrachtungen, die von Anfang an nur numerisch
vorgehen, dürften bei fehlenden physikalischen Zustandsgleichungen (Rumpfgesetze)
wenig Aussicht auf bleibenden Erfolgt zeigen.

Andere Verhältnisse liegen dann vor, wenn das Mikrosystem interessiert, wenn also
z.B. bei einer turbulenten Strömung die Schwingungserscheinungen innerhalb des
Strömungskontinuums betrachtet werden sollen. Die Feinstruktur des Systems dürfte
wohl im allgemeinen nur statistisch halbempirisch zu erfassen sein. Schwierig ist
nur die Übertragung des lokalen Momentancharakters der statistischen Auswertungen
auf globale, ingenieurmäßige Bemessungskriterien, was z.B. sowohl für die eintre-
tenden Schwingungserscheinungen eines Bauwerks in einer turbulenten Strömung gilt,
als auch für deren Einfluß auf die Materialfestigkeit (Materialermüdung, Dauerbruch,
Versagenswahrscheinlichkeit). All das gehört zum Problemkreis der "Sicherheitstheorie" [3.40]. Außerdem ist eine Aussage über die konzipierte Lebensdauer des
Bauwerks zu treffen.

Ausdrücklich festgestellt sei noch, daß auch bei der Untersuchung der Feinstruktur
eines Systems determinierte und stochastische Betrachtungsweisen völlig gleichberechtigt nebeneinander bestehen und sich nicht etwa gegenseitig ausschließen [3.17].

Bei der Untersuchung der Windbelastung ist nun die Analyse des Makrosystems (Grobstruktur) und des Mikrosystems (Feinstruktur) gleichermaßen von Bedeutung. Ausführliche Meßreihen, vorallem von Davenport [3.1] haben gezeigt, daß von allen möglichen zeitlichen Mittelwertbildungen das Einstundenmittel am wenigsten durch den
kinetischen Windcharakter beeinflußt wird und somit direkt mit dem Gradientenwind
zusammenhängt. In Abb.3.3 ist dargestellt, wie die stochastisch ermittelte kinetische Restenergie gegenüber dem Energiewert der mittleren Windgeschwindigkeit
von den betreffenden zeitlichen Mittelungsintervallen abhängt.

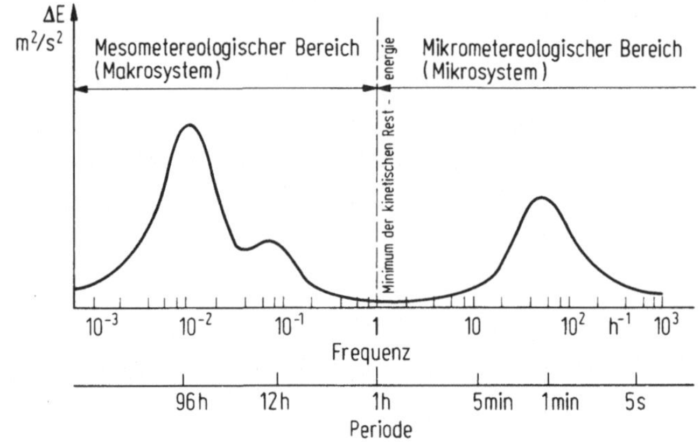

Abb.3.3. Kinetische Restenergie gegenüber dem zeitlichen Mittelwert als Funktion
von Mittelungsintervallen nach Messungen von Davenport [3.1]

Es ist deutlich ein Minimalwert in der Nähe des Einstundenmittels festzustellen.
Das Energieänderungsminimum des Einstundenmittels, das an allen Wetterstationen
als Grundgesamtheit eines Jahres ermittelt wird, teilt das Makrosystem des natürlichen Windes (mesometereologischer Bereich) von dem Mikrosystem der Windböen-
tätigkeit, wie die natürlichen Luftturbulenzen ebenfalls bezeichnet werden. (mikro-
metereologischer Bereich) Zur Beschreibung der Grobstruktur des Windes wird daher meist das Einstundenmittel zugrundegelegt.

Das Makrosystem soll nun die Veränderung der mittleren Windgeschwindigkeit $\overline{V}_z$
als Funktion der Höhe über der Geländeoberkante und der örtlichen Gegebenheiten in
horizontaler und vertikaler Richtung erfassen. Die Ausbildung des Windes in horizontaler Richtung kann durch topographische Einflüsse (Hochhausbebauung, Bergmassive, Täler) gestört sein. Außerdem wird die maximale Windbelastung vor allem
durch Störeinflüsse, wie z.B. Wirbel, hervorgerufen, so daß die Windbelastung

auch in horizontaler Richtung stark veränderlich sein kann. [3.1, 3.2, 3.3] Insofern liegen ähnliche Verhältnisse wie bei den Brandungswellen der Meeresküste vor, die trotz einer oft relativ gleichmäßigen Uferstruktur ebenfalls stets nur eine bestimmte Länge aufweisen. Es ist infolgedessen vor allem bei der Dimensionierung langgestreckter Gebäude zu empfehlen, die Windbelastung als Verkehrslast feldweise (schnittgrößenoptimal) oder in einer ähnlich geeignet gewählten Definition anzusetzen, da keine genauere Aussage über die horizontale Veränderlichkeit der Windbelastung in voller Allgemeinheit zu treffen ist.

Etwas besser ist die Zunahme der mittleren Windgeschwindigkeit in der vertikalen Richtung über der Geändeoberkante darzustellen, die der Ausbildung einer turbulenten Grenzschicht entspricht. Üblich ist die Hellmannsche Exponentialformel [3.1, 3.2, 3.3]

$$\frac{\overline{V}_z}{\overline{V}_G} = \left(\frac{z}{z_G}\right)^{\alpha_G}, \qquad \frac{\overline{V}_z}{\overline{V}_{10}} = \left(\frac{z}{10}\right)^{\alpha_G} \qquad \begin{array}{l}\text{bei einer Bezugshöhe von}\\[4pt]\text{10 m über Geländeoberkante}\end{array} \qquad (3.2)$$

Der Exponent α_G ist abhängig von der Geländeform. Für ein ebenes Gelände sind bei verschiedenen Bebauungsverhältnissen und der daraus resultierenden Oberflächenrauhigkeit die folgenden Meßwerte von Davenport [3.1] festgestellt worden, Abb. 3.4.

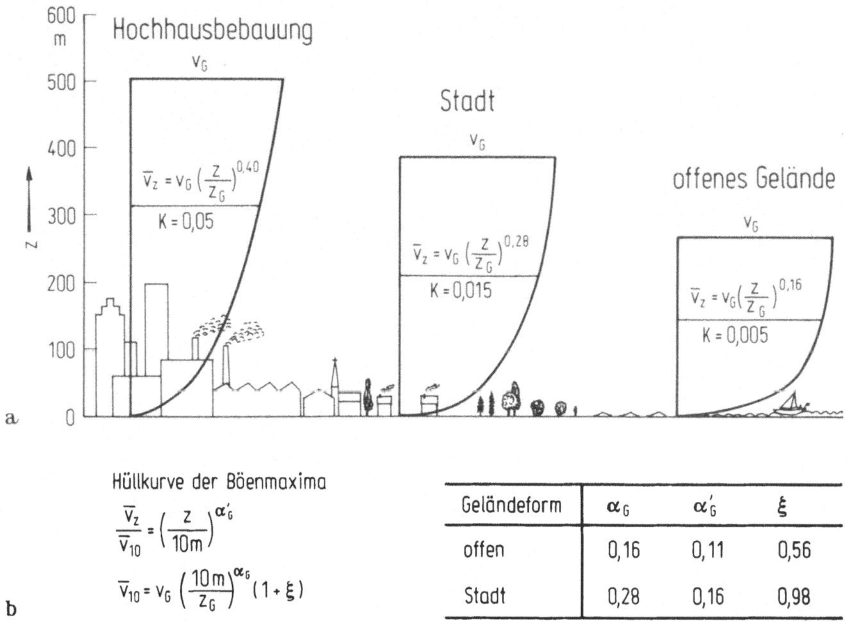

Geländeform	α_G	α_G'	ξ
offen	0,16	0,11	0,56
Stadt	0,28	0,16	0,98

Abb. 3.4. Vertikaler Verlauf der mittleren Windgeschwindigkeit (Einstundenmittel) nach Messungen von Davenport [3.1, 3.13]. a) mittlere Meßprofile, b) maximale Böenwindgeschwindigkeiten (Hüllkurve)

Dabei bedeutet z die Höhe über der Erdoberfläche, z_G die Gradientenhöhe, $\overline{V}_z$ die mittlere Windgeschwindigkeit (Einstundenmittel) in der Höhe z und $\overline{V}_G$ die Gradientengeschwindigkeit des Windes. Üblich ist auch die in (3.2) aufgezeigte Extrapolation von der meßtechnisch üblichen Standardbezugshöhe 10 m auf eine Windgeschwindigkeit in einer beliebigen Höhe über der Erdoberfläche. Es ist auf diese Weise möglich, von Meßwerten der metereologischen Meßstationen auf die Größe des Gradientenwindes zu schließen und diese Werte in Windkarten zusammenzufassen, wie dies z.B. Davenport für Großbritannien und Kanada sowie König und Zilch, Abb.3.5., für die Bundesrepublik Deutschland vorgeschlagen haben [3.12, 3.13].

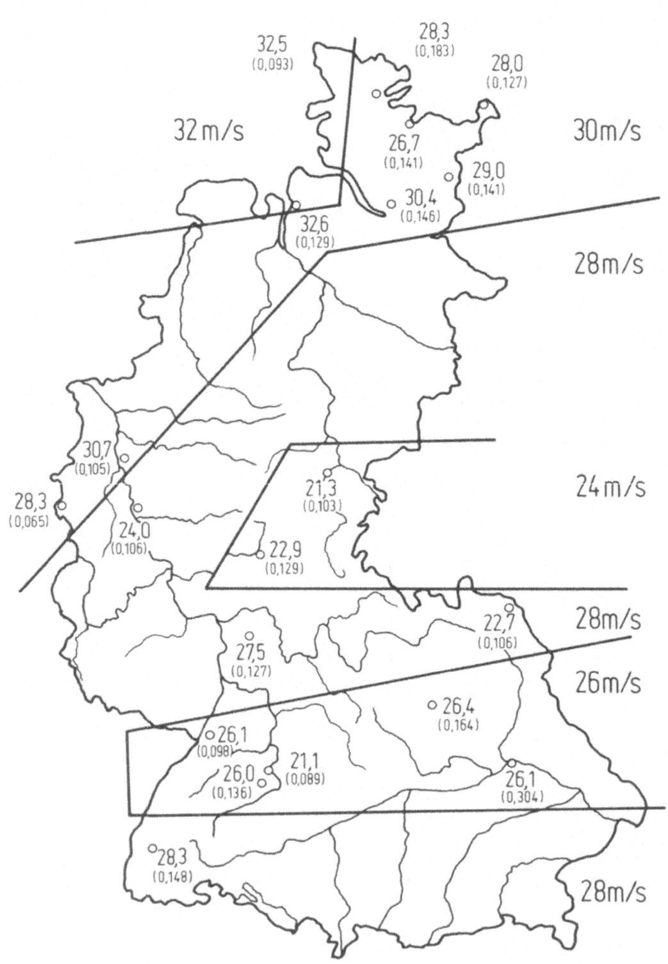

Abb.3.5. Windgeschwindigkeitskarte für die Bundesrepublik Deutschland nach einem Vorschlag von König und Zilch [3.13]. Häufigste Extremwerte V_G in m/s, Variationsmaß $1/aV_G$

Die für die Bemessung interessierenden Extremwerte $\overline{V}_{G,S}$ der Stundenmittel der
Gradientenwindgeschwindigkeit $\overline{V}_G$ eines Zeitraums von s Jahren können mit dem
der Windgeschwindigkeitskarte entnommenen, häufigsten Wert V_G und dem durch-
schnittlichen gemessenen Variationsmaß $1/a\,V_G \approx 0,1$ wie folgt ermittelt werden

$$\overline{V}_{G,S} = V_G \left\{ 1 - \frac{1}{a\,V_G} \ln\left[-\ln\left(1 - \frac{1}{s} \right) \right] \right\}$$

Fisher-Tippelt-Verteilung, Typ I.

Weitere ähnlich konstruierte Summenhäufigkeitskurven sind denkbar.

Für $s > 10$ gilt näherungsweise

$$\overline{V}_{GS} = V_G \left(1 + \frac{1}{a\,V_G} \ln s \right) \qquad\qquad (3.3)$$

Die deutschen Meßwerte V_G und $1/a\,V_G$ sind in Abb.3.5 dargestellt. Die konzipierte
Lebensdauer eines Gebäudes sollte mindestens 20 bis 50 Jahre betragen. Auch hierfür ist eine normenmäßige Festsetzung zu treffen.

Schwierig vom Standpunkt einer ingenieurmäßigen Normierung erscheint die Festlegung des α_G Wertes, da außerdem durch den Einfluß der Böigkeit - also der Luftturbulenzen - die Maximalwerte der Windgeschwindigkeit gemäß Abb.3.4 noch wesentlich gleichmäßiger in Richtung des Erdbodens verlaufen als das bei dem Einstundenmittel der Fall ist unter Berücksichtigung der jeweiligen örtlich vorhandenen topographischen Gegebenheiten [3.13]. Es sollte daher in einer Norm die einfachste Formulierung, vielleicht z.B. durch einen globalen, "nationalen" α_G Wert
oder eine ähnlich gewählte Grobunterteilung bevorzugt werden, da die zu erreichende Genauigkeit in allgemeinsten Bemessungsfällen gering ist. Zu empfehlen ist stets
eine Abschätzung nach der sicheren Seite unter Berücksichtigung wirtschaftlicher,
konstruktionsoptimaler Gesichtspunkte (optimale Bemessungsschnittgrößen einer
Konstruktion).

Eine Änderung der Bodenrauhigkeit z.B. bewirkt nicht schlagartig eine Veränderung
der Windstruktur, da die Strömung zunächst eine gewisse Anlaufstrecke benötigt, um
sich voll dem geänderten Zustand anpassen zu können. Für Profile bis zu 30 m Höhe
beträgt die Anlaufstrecke etwa 1200 m, in einer Höhe von 90 m etwa 8000 m [3.3].

Dieser Effekt ist vor allem bei der Anordnung von Grenzschichtwindkanälen und Tur-
bulenzwindkanälen mit einer ausreichend gewählten Anlaufstrecke zu beachten (vgl.
Abschn.18).

Große Schwierigkeiten bereitet nun die Erfassung der kinetischen Feinstruktur des natürlichen Windes, die mehr oder weniger stochastischen Gesetzmäßigkeiten der Wahrscheinlichkeit unterliegt. Auch hier sollte in erster Linie die ingenieurmäßige Anwendung der Bemessung einer Konstruktion gesehen werden. Es ist zwar richtig, daß die in Windrichtung entstehenden Schwingungserscheinungen einer Konstruktion den "Bemessungsfall" beeinflussen. Andererseits darf nicht verkannt werden, daß sehr oft Schwingungen senkrecht zur Windrichtung mit oft weitaus größeren Schwingungsamplituden als in Windrichtung auftreten, was vor allem in den auf Abschn. 10 folgenden Abschnitten gezeigt wird. Hinzu kommt die Schwierigkeit der Übertragung des lokalen Momentancharakters der statistischen Auswertungen – die ja auch nur unter bestimmten Voraussetzungen (Systemrandbedingungen) aufgestellt worden sind – auf globale Bemessungskriterien. Auch die Bestimmung der Schwingungsgrenzamplitude, die ja maßgebend von der Größe der Dämpfung abhängt, ist nur schwer wirklichkeitsnah festzustellen, vor allem bei dem Werkstoff Beton oder zusammengesetzten Konstruktionen verschiedener Materialien, z.B. Stahl und Mauerwerk oder Stahl und Holz, deren Dämpfungseigenschaften auch durch die Mitnahme der strömenden Luft sich stark nichtlinear einstellen und durch den Begriff eines globalen, logarithmischen Dämpfungsdekrements nur grob in erster linearer Näherung erfaßt werden können und streng gemäß Abschn. 1.1 nur durch den jeweils örtlich anzuordnenden Ausschwingversuch oder Resonanzversuch festzustellen sind.

Insgesamt sollten die Genauigkeitsanforderungen auch an diese Bemessungsverfahren nicht zu hoch geschraubt werden, so daß auch hier einfache anschauliche Betrachtungen und prägnante Bemessungsformeln in der ingenieurmäßigen Anwendung wichtiger erscheinen als übermäßig komplizierte Rechnungen, da jede stochastische Untersuchung ebenfalls nur den Charakter einer Abschätzung aufweisen kann, es sei denn, daß man sich mit dem jeweils vorhandenen örtlichen Charakter der Bauwerksumgebung sehr intensiv auseinandersetzt. Bei schwingungsempfindlichen Konstruktionen wie z.B. bei weitgespannten Stahlbrücken oder Kühlturmschalen sind diese Sonderbetrachtungen durch erfahrene Fachleute in jedem Fall zu empfehlen.

Wie schon erwähnt, sind determinierte und stochastische Belastungselemente auch bei der Untersuchung der kinetischen Feinstruktur turbulenter Windströmungen völlig gleichberechtigt nebeneinander anzusehen. Generell sind auch bei sorgfältigsten, stochastischen Messungen keine bestimmten Lastannahmen möglich, da letztere einen Grenzwert maximaler Wahrscheinlichkeit, allerdings nur unter Berücksichtigung der jeweiligen Systemrandbedingungen, angeben, die natürlich starken Änderungen unterworfen sein können. Eine bestimmte Lastfestsetzung ist bei stochastischen Windstrukturen nur dadurch zu erreichen, daß im Sinne des Entropiemaximums gemäß Abschn. 2.2 stets das Maximum der möglichen Störbewegungen des Windes bei bestimmten Rauhigkeitsverhältnissen und der zugehörigen geometrischen

Gegebenheiten der Bauwerksformen und der Geländeumgebungen gesucht wird. Die
vollständige Ermittlung dieses Maximums setzt möglichst lückenlose Meßreihen und
erhebliche physikalische und numerische Grundlagenarbeiten bei der Auswertung der
Versuche voraus, ganz abgesehen davon, daß diese Untersuchungen zunächst nur für
starre Bauwerke bei konstanten thermischen Strömungsverhältnissen gelten und durch
die Bauwerksschwingungen i.a. eine nicht zu vernachlässigende Verzerrung des instationären Druckverlaufs eintritt (vgl. Abschn. 10ff.).

In voller Allgemeinheit ist eine Aussage über die kinetische Windstruktur wohl nur
über direkte Messungen windinduzierter Schwingungen (dynamic response) turmar-
tiger Gebäude möglich, wie sie z.B. in Stuttgart von Leonhardt, in Karlsruhe und
München [3.36] und in Kanada von Davenport [3.37] durchgeführt werden. Für eine
globale Normierungsvorschrift bleibt die Schwierigkeit einer wirklichkeitsnahen Erfassung der instationären Luftströmungen und der wirtschaftlich konstruktiven Opti-
mierung bestehen, so daß nicht selten Auffassungsdiskrepanzen zu Recht bestehen
[3.17], die auch durch eine festgesetzte Normierung nicht auszuräumen sind. Sorgfältig zu überlegen ist die Festsetzung der Bemessungslast in Verbindung mit der
Materialfestigkeit, die z.B. bei Beton schon im statischen Fall ebenfalls stark von
Gesetzen der Wahrscheinlichkeit geprägt wird. Auch die Aufteilung der Windlast in
einen Gebrauchszustand unter Einhaltung der zulässigen Werkstoffspannungen und
einen Bruch(Grenz)lastfall erscheint durchaus sinnvoll (ähnlich wie in [3.38]).

All das gehört zum Konzept einer "Sicherheitstheorie", die bisher stark von statistischen Gesetzmäßigkeiten geprägt ist [3.40]. Es wird sich zeigen, inwieweit eine
Umstellung auf makroskopisch globale Zusammenhänge unter Berücksichtigung thermodynamischer Gesetzmäßigkeiten gelingt.

Zunächst sollen die determinierten Gesetzmäßigkeiten behandelt werden. Im Strömungsnachlauf größerer Widerstandskörper (Bergmassive, Hochhäuser) sind Wirbelerscheinungen denkbar, die determinierten Gesetzen gehorchen können (z.B.
Karman-Wirbel, vgl. Abschn.10.2). Hier treten kräftige Nachlaufwirbel auf, die
ein Bauwerk stoßartig in einem gewissen Wiederholungsrhythmus beanspruchen können. Im Extremfall kann das voll in einem Totwasserbereich befindliche Bauwerk in
bestimmten Zeitintervallen von Wirbeln getroffen werden, so daß die gesamte Windlast auf das betreffende Bauwerk instationär anzusetzen ist. Für einen einmaligen
Impuls beträgt die quasistationäre Windbelastung W nach Rausch [3.39]

$$W = c_w(q_s + \varphi' q_d)F, \qquad q = q_s + q_d \tag{3.4}$$

wobei die gesamte Windbelastung q in einen statischen Anteil q_s und einen instationären dynamischen Anteil q_d gemäß Abb.3.6 aufgeteilt wird.

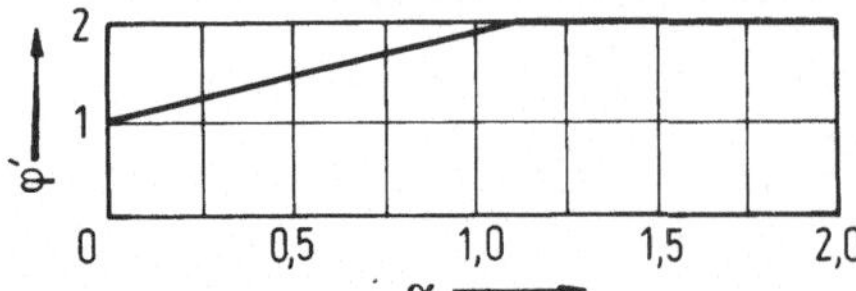

Abb.3.6. Windlastannahme nach Rausch [3.39]

Die Böenbelastung wird dabei durch einen Belastungssprung mit der Entfaltungsdauer $t_B \approx 4s$ idealisiert dargestellt, so daß sich der Beiwert φ' nach [3.39] zu

$$\varphi' = 1 + \frac{\alpha}{1 - \alpha^2} \sqrt{1 + \alpha^2 - 2\alpha \sin \frac{\pi}{2\alpha}} \quad , \quad \alpha = \frac{T_E}{2t_B} = \frac{T_E}{8s} \tag{3.5}$$

errechnet und T_E die Eigenschwingzeit der Konstruktion sowie t_B die Böenentfaltungsdauer bedeutet. Gleichung (3.5) kann auch mit (3.4) in der Form

$$W = c_w (q + \beta q_d)F, \qquad \beta = \varphi' - 1 \tag{3.6}$$

z.B. $W = c_w (q + 700\ \beta')F$; wobei $q_d \approx 700\ N/m^2 = 70\ kp/m^2$ ist

geschrieben werden, und q_d wird dann meist hypothetisch lastmäßig absolut oder als Bruchteil von q festgesetzt.

Zweifelsohne zeigt dies "plausible" Rechenverfahren wenigstens den Willen, den kinetischen Charakter des natürlichen Windes zu berücksichtigen und ist deshalb in verschiedenen Normvorschriften aufgrund seiner einfachen Handhabung bevorzugt angewendet worden [3.3].

Unbefriedigend ist der einmalige, stoßartige Charakter der Windbelastung und das Nichtberücksichtigen der Systemdämpfung festzustellen. Hier hat wohl erstmalig Schlaich [3.14] versucht, mit einer ebenfalls hypothetisch angenommenen determinierten Windbelastung nach Abb.3.7 den Einfluß eines Wiederholungseffektes einer Bö und der Systemdämpfung wenigstens näherungsweise zu erfassen.

Die zugehörige quasistationäre Windlast errechnet sich nach Schlaich zu

$$W = c_w q(0,4 + 0,6\ \varphi')F, \tag{3.7}$$

wobei der statische und instationäre Anteil der Windbelastung als Anteil der Gesamt-
belastung prozentual fest angenommen worden ist und der dynamische Beiwert φ' als
Funktion der Eigenschwingzeit T_E und des logarithmischen Dämpfungsdekrements ϑ
des Bauwerks aus Abb.3.7 zu entnehmen ist und insofern das Problem mechanisch

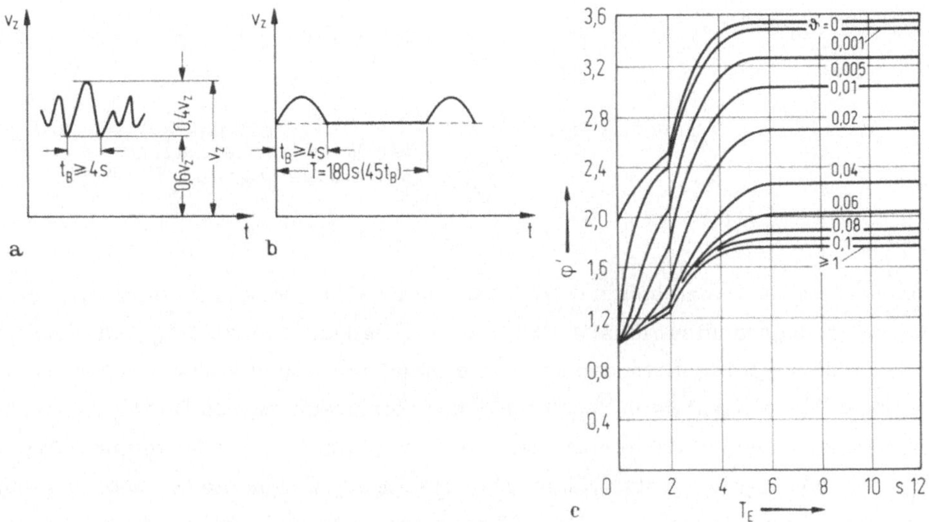

Abb.3.7. Windlastannahme nach Schlaich [3.14]. a) Ausschnitt aus einem Pulsa-
tionskomplex, b) idealisierte Lastannahme, c) dynamischer Beiwert φ'

sauberer erfaßt. Als Schwäche bleibt der hypothetische Charakter dieser Belastung
bestehen, so daß auch hier ein plausibles Rechenverfahren vorliegt, obwohl sich die
determiniert kinetische Lastannahme durch ausgeprägte Nachlaufwirbel eines vor dem
Bauwerk liegenden Widerstandskörpers physikalisch begründen läßt. Nur müßte der
hypothetische Zeitcharakter des Belastungsgesetzes wohl mit dem Strouhalschen Gesetz nach Abschn.10.2 oder einem ähnlichen, physikalisch fundierten Wirbelentsteh-
ungsgesetz in Übereinstimmung gebracht werden und im Hinblick auf eine konstruk-
tionsoptimale Bemessungsformel überprüft werden. Im allgemeinen ist ein Bauwerk
dem Einflußbereich verschiedener vor ihm liegender Widerstandskörper ausgesetzt,
so daß das schmale determinierte Frequenzband zu einem breiten stochastischen Frequenzband ausartet. Außerdem ist die gesamte räumliche Ausdehnung des Bauwerks
innerhalb der stochastisch kinetischen Windbelastung zur Auffindung der resultierenden instationären Windbelastung des Widerstandskörpers von großer Bedeutung. Interessant ist zunächst, wie sich der Verlauf der mittleren Windgeschwindigkeiten

bei einer Verkleinerung der Mittelungsintervalle T*, Abb.3.8, gegenüber dem Einstundenmittel vergrößert [3.12]. Auch hieraus sind Normierungskurven zu extra-

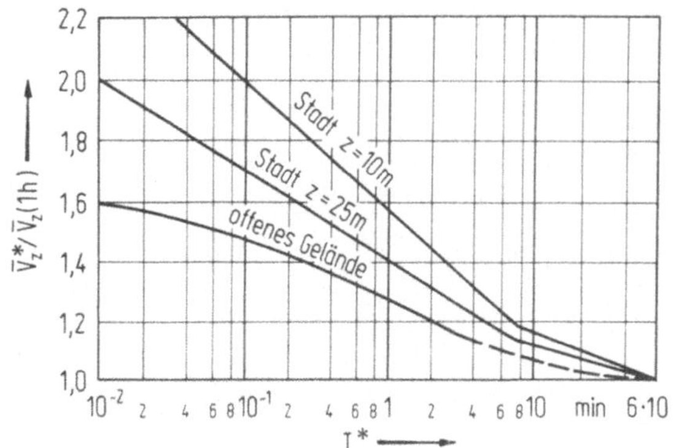

Abb.3.8. Abhängigkeit der mittleren Windgeschwindigkeit von dem
Mittelungsintervall T* [3.1]

polieren. Es erscheint einleuchtend, daß das Intervall T* einschließlich der zugehörigen Bemessungswindlast unmittelbar mit der Eigenschwingzeit T_E der Konstruktion in Verbindung gebracht werden kann, die meist mit der aus dem stochastischen
Frequenzband "herausgesiebten" ersten Eigen(kreis)frequenz des Bauwerks direkt
zusammenhängt. Anschaulich gesprochen dürfte die Windlast des Mittelungsinter-
valls T_E = T* einen guten ersten Näherungswert angeben. Für die Grobbeschreibung
der maximalen Windgeschwindigkeiten ist auch sehr oft die Beaufort-Skala gebräuchlich, Tab.3.1.

Der wahrscheinlichste aller Meßwerte (gleichberechtigte Geschwindigkeitswerte)
ist der arithmetische Mittelwert $\overline{V}_z$ [3.22], der zunächst als allgemeiner mathematischer Begriff eingeführt wird. Die momentane Geschwindigkeit einer Luftströmung läßt sich aus

$$V_z = \overline{V}_z + V_z' , \qquad (3.8)$$

also einem stationären und instationären Glied V_z' zusammensetzen. Die Geschwin-
digkeitsschwankungen um diesen Mittelwert gehorchen nach den Gesetzen der Statistik einer Gaußschen Normalverteilung [3.2, 3.22]

$$V_{z,n} - \overline{v}_z = \frac{\sigma}{\sqrt{2\pi}\,n}\ \exp\left[-\frac{(V_{z,n} - \overline{V}_z)^2}{2\sigma^2} \right] , \qquad (3.9)$$

mit der Streuung (Varianz) $\sigma = \sqrt{\Sigma(V_{z,n} - \overline{V}_z)^2}$ bei n Messungen. Falls eine solche
Normalverteilung zugrundegelegt wird, sind höchstens quadratische Abweichungen
der Geschwindigkeit vom zeitlichen Mittelwert möglich [3.22].

Tabelle 3.1. Die Beaufort-Skala

Beaufort-Grad	Windart	Geschwindig-keit in m/s	Staudruck in N/m^2	Wirkung des Windes
0,1	ruhiger Wind	0 - 1,7	bis 1,8	fühlbar
2	schwach	1,8 - 3,3	1,8 - 6,8	fühlbar
3	gemäßigt	3,4 - 5,2	7,2 - 16,9	Wind bewegt dünne Baumäste
4	"	5,3 - 7,4	17,5 - 34,2	Wind bewegt dünne Baumäste
5	auffrischend	7,5 - 9,8	35,2 - 60,0	Wind bewegt dickere Baumäste
6	"	9,9 - 12,4	61,2 - 96,1	Wind bewegt dickere Baumäste
7	stark	12,5 - 15,2	97,6 - 145,0	Wind biegt Baumäste
8	"	15,3 - 18,2	146 - 207	Wind biegt Baumäste
9	heftig	18,3 - 21,5	209 - 289	Wind biegt Baumstämme
10	"	21,6 - 25,1	292 - 394	Wind biegt Baumstämme
11	Orkan	25,2 - 29,0	397 - 527	Wind bricht Bäume
12	"	$>29,0$	>527	Wind bricht Bäume

Die Standardabweichung (Varianz) der Windgeschwindigkeit von der mittleren Windgeschwindigkeit ergibt sich aus der Gleichung

$$\sigma^2 = \int_0^\infty S(f)\,df \tag{3.10}$$

mit der Korrelationsfunktion (spektrale Dichte) S als statistischem Störglied zweiter Ordnung und dem Frequenzband f des natürlichen Windes. Nach Messungen von Davenport [3.1] ergibt sich aus (3.10) für die Varianz σ und der Turbulenzintensität I_V näherungsweise die globale Formel

$$\sigma = 2,45\,\sqrt{K}\,\overline{V}_{10}, \qquad I_V = 2,45\,\sqrt{K}\left(\frac{z_{10}}{z}\right)^{\alpha_G} = \frac{\sigma}{\overline{V}_z} = \left[\int_0^\infty \frac{S(f)}{\overline{V}_z^2}\,df\right]^{1/2} \tag{3.11}$$

mit dem Rauhigkeitswert K nach Abb.3.4 und der mittleren Windgeschwindigkeit $\overline{V}_{10}$ (Einstundenmittel) in 10 m Höhe über der Geländeoberkante. Die durch (3.10) bekannte spektrale Dichte S wird zunächst allgemein definiert durch die Festsetzung

$$S(f) = \int\limits_{-\infty}^{\infty} 2\, R_{vv}(\tau)\cos 2\pi f \tau \, d\tau \, , \tag{3.12}$$

mit der Autokorrelationsfunktion

$$R_{vv}(\tau) = \sum v_{z,n}(t) v_{z,n}(t + \tau) \, . \tag{3.12.1}$$

Davenport hat durch umfangreiche Messungen die empirische Formel für die spektrale Dichte

$$S(f) = 4K\, \bar{v}_{10}^{2}\, \frac{1}{f}\, \frac{x^2}{(1 + x^2)^{4/3}} \tag{3.13}$$

formuliert, mit der Abkürzung

$$x = \frac{1200f}{\bar{V}_{10}} \, , \quad f \text{ in Hz}, \quad \bar{V}_{10} \text{ in m/s} \, .$$

Die Abhängigkeit der spektralen Dichte als Funktion der Wellenlänge und der Turbulenzintensität als Funktion der Rauhigkeit und der Höhe über der Geländeoberkante ist in Abb. 3.9 dargestellt [3.12, 3.34, 3.35, 3.37].

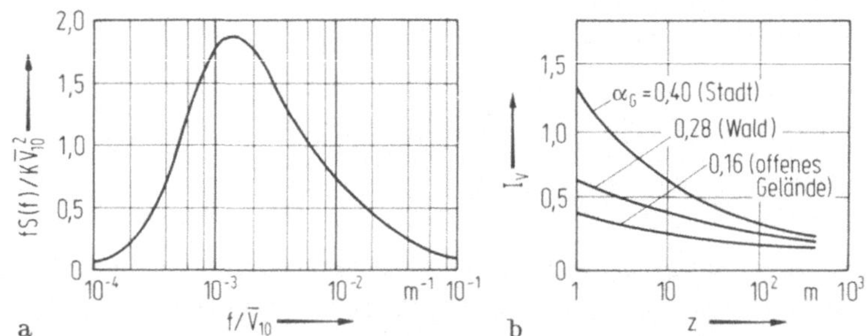

Abb. 3.9. Darstellung der Spektraldichte und der Turbulenzintensität des natürlichen Windes [3.1]. a) normiertes Böigkeitsspektrum, b) Abhängigkeit der Turbulenzintensität als Funktion der Höhe über der Geländeoberkante und der Bodenrauhigkeit

Natürlich liegen diesen Messungen bestimmte idealisierte Gelände- und Bauwerksannahmen zugrunde und berücksichtigen auch nicht den starken Wechsel der Turbulenzintensität z.B. durch thermische Effekte [3.27, 3.42].

Ein weiteres Problem liegt nun in der Übertragung der instationären Windgeschwindigkeit auf einen instationären Druck an den Stauflächen eines Bauwerksprofils, wozu noch als zusätzliche Schwierigkeit ein Zeitverschiebungseffekt der Profilvorder-

undRückseite infolge der endlichen Profilabmessungen und Strömungsgeschwindigkeiten kommt; so daß es nur sehr schwer möglich ist, den instationären Strömungsdruck zu instationären Belastungskräften zusammenzufassen. Der gesamte Rechen-
ablauf, der mit den angegebenen Korrelationswerten für große scharfkantige Gebäude nach Angabe von Davenport zu einer brauchbaren Übereinstimmung mit der
experimentellen Erfahrung führt, ist in Abb.3.10 dargestellt [3.12].

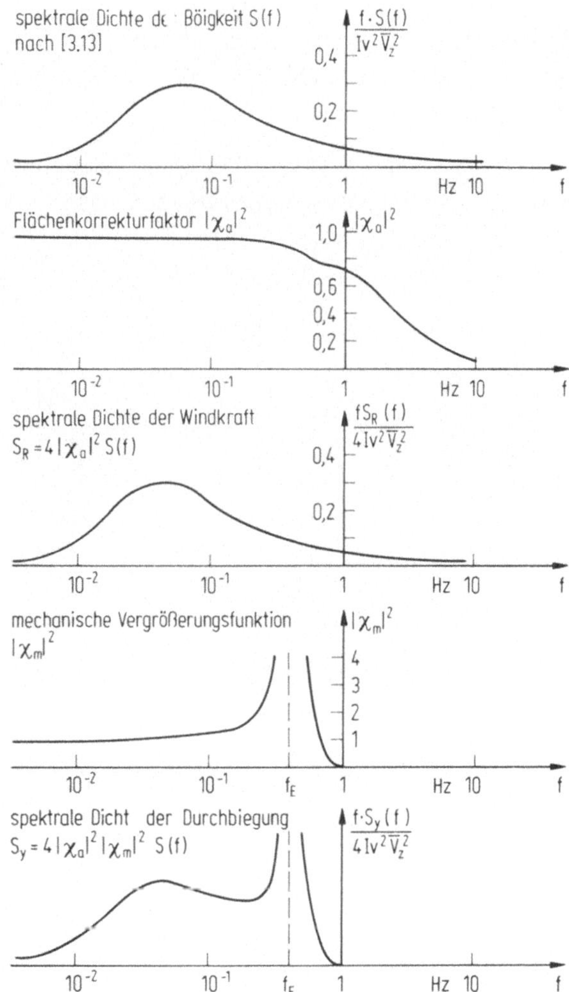

Abb.3.10. Spektrale Dichte der
Durchbiegung eines Gebäudes
unter Windbelastung (Prinzipskizze) [3.1]

Natürlich sind diese Meßwerte nur für individuelle Gegebenheiten gültig und müssen
je nach den örtlichen Verhältnissen am besten mit Hilfe eines Prozeßrechners (optimale Kopplung mathematischer Modelle mit experimentellen Messungen) stets wieder neu ermittelt werden, sofern ausgesprochen wirklichkeitsnahe Rechenwerte interessieren. Die Umrechnung der instationären Windlast in eine quasistationäre Belastung mit der gleichen Bauwerksdurchbiegung ergibt die Beziehung [3.12]

$$q_z = \bar{q}_{10} \left(\frac{z}{10}\right)^{\alpha_G} \varphi(z) \, , \quad \bar{q}_{10} \text{ mittlere Windlast in 10 m Höhe} \qquad (3.14)$$

mit dem Böenreaktionsfaktor

$$\varphi(z) = 1 + 5,1 \, I_V \, R$$

und dem Reaktionskennwert

$$R^2 = \frac{\pi C^2(f_n) x_n^2}{4\beta(1 + x_n)^{4/3}} + \int\limits_0^\infty \frac{C^2(f) x^2}{f(1 + x^2)^{4/3}} \, df \, . \qquad (3.14.1)$$

Die offen bleibenden Beiwerte sind in Arbeiten von Davenport und Cohen/Vellozzi
tabuliert.

Hierfür hat König [3.12] ein für Hochhäuser mit rechteckigem Grundriß gültiges
Bemessungsverfahren entwickelt, Abb.3.11.

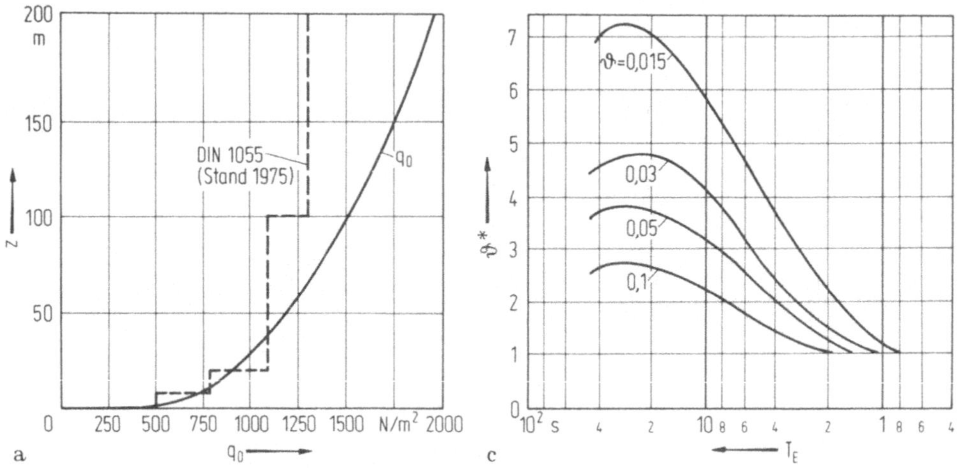

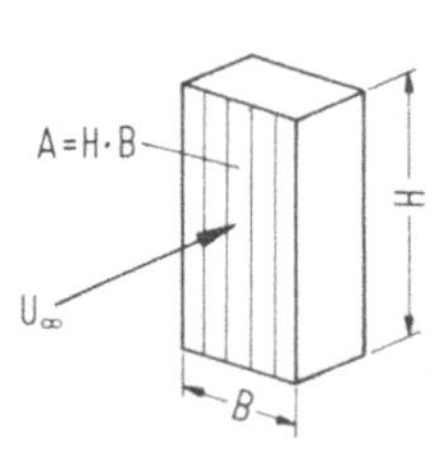

A in m²	Flächenkorrekturfaktor η für H/B				
	10	4	1	1/4	1/10
500	0,91	0,94	1,00	1,00	1,00
600	0,90	0,93	0,99	1,00	1,00
700	0,89	0,92	0,98	1,00	1,00
800	0,88	0,91	0,97	1,00	1,00
900	0,87	0,90	0,96	1,00	1,00
1000	0,86	0,90	0,95	1,00	1,00
2000	0,83	0,86	0,91	0,96	1,00
3000	0,81	0,84	0,88	0,93	0,97
4000	0,79	0,82	0,86	0,91	0,95
5000	0,78	0,81	0,85	0,90	0,93

$$q = q_0 \left[0,4 + \vartheta^* (\eta - 0,4)\right]$$

Abb.3.11. Bemessungsverfahren für Hochhäuser unter Windbelastung nach König
und Zilch [3.12]. a) Grundstaudruck, b) Flächengrößenfaktor, c) gesamter dynamischer Vergrößerungsfaktor

Für spezielle Konstruktionen gilt nach den deutschen Windlastvorschriften

Schornsteine: $q = 1200 + 6z \, [\text{N/m}^2]$,

Maste   : $q = \quad q_0 + 3z \leqslant 2 \, \text{kN/m}^2$,

$\quad\quad\quad\quad 700 \leqslant \quad q_0 \leqslant 1500 \, \text{N/m}^2$ (Mastanordnung, Oberflächenbeschaffenheit),

Brücken   : $q = 2,5 \, \text{kN/m}^2$ feste Brücken ohne Verkehrslast,

$\quad\quad\quad\quad q = 1,25 \, \text{kN/m}^2$ feste Brücken mit Verkehrslast.

Dabei ist z in m die Höhe der Schornsteinmündung über Gelände. Dynamische Zuschläge sind nur bei besonderen Verhältnissen erforderlich, die in den Vorschriften gesondert geregelt sind.

Abschließend seien der Vollständigkeit halber Normen und Normvorschläge zur Erfassung der natürlichen Windbelastung zusammengestellt, Tab. 3.2.

Tabelle 3.2. Normen und Normvorschläge zur Erfassung der Windbelastung

Tabelle 3.2.a. Maximale Windgeschwindigkeiten in Böen in der Bundesrepublik Deutschland

Ort	V_{max} in m/s	t in Jahren (Häufigkeit)
Aachen	35	9
Ansbach	33	2
Bochum	38	21
Böblingen	43	3
Brake	41	–
Braunschweig	35	2
Bremen	42	12
Bremerhaven	44	12
Düsseldorf	36	8
Emden	36	8
Erding	36	2
Essen	42	11
Feldberg (Schwarzwald)	54	4
Frankfurt	38	6
Göttingen	31	2
Gütersloh	43	12
Hamburg	42	39
Hannover	36	7
Helgoland	42	5
Karlsruhe	43	13
Kassel	34	8
Köln	43	2
Lübeck	36	9
München	38	5
Stuttgart	33	4
Wiesbaden	30	2

Tabelle 3.2.b. Bemessungsstandrücke in europäischen Windvorschriften (Stand 1975)

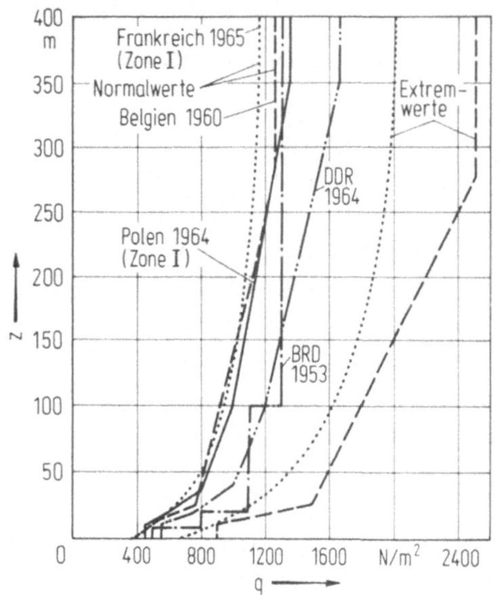

Tabelle 3.2.c. Darstellung deutscher Windlastvorschriften (Stand 1975)

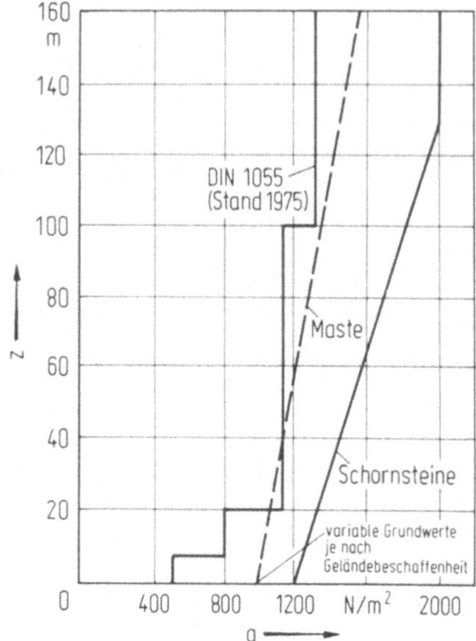

Tabelle 3.2.d. Wichtigste deutsche Windlastvorschriften (Stand 1975)

Höhe über Gelände in m	$\bar{v}_z$ in m/s	q in N/m²
0 – 8	28,3	500
8 – 20	35,8	800
20 – 100	42,0	1100
$\geqslant$ 100	45,6	1300

Windgeschwindigkeit und Standruck nach DIN 1055, Blatt 4

Es sei nochmals darauf hingewiesen, daß keine determinierten Resonanzerscheinungen bei dieser Belastung möglich sind und daß generell große Unsicherheiten bei der wirklichkeitsnahen Erfassung dieser Belastung bestehen bleiben, so daß einfache prägnante Bemessungsformeln wichtiger erscheinen als übermäßig komplizierte Rechenvorschriften, die aus physikalischen Gründen auch nicht genauer sind.

Abschließend soll noch der Einfluß der Materialermüdung unter der Wirkung der eingeprägt kinetischen Windbelastung behandelt werden.

Die klassische Kenntnis des Materialverhaltens unter einer kinetischen Last beschränkt sich im wesentlichen auf metallische Werkstoffe bei einer harmonischen Belastung [3.24-3.26]. Für die Werkstoffe Stahl- und Spannbeton liegen erste Versuchsergebnisse vor, die noch ergänzt werden müssen [3.32]. Die kinetischen Festigkeitsversuche unterscheiden die Dauer- oder Dauerschwingfestigkeit oder den Ermüdungsbruch, die Wechsel- und die Schwellfestigkeit. Die Dauerfestigkeit ist die Spannungsgröße, die beliebig oft ohne Bruch ertragen werden kann. Die Wechselfestigkeit ist der Sonderfall der Dauerfestigkeit für die Mittelspannung Null und die Schwellfestigkeit der Sonderfall der Dauerfestigkeit für eine zwischen Null und einem Höchstwert anschwellende Spannung.

Die Abhängigkeit der Bruchspannung von der Anzahl der ertragenen Lastspiele, wird durch die Wöhler-Linie - auch Zeitfestigkeitskurve genannt - gegeben, Abb.3.12, [3.24-3.26].

Die beim Versuch erzeugten Spannungen verlaufen harmonisch. Ihr zahlenmäßig größter Wert wird unabhängig von Versuchen als Oberspannung σ_o bezeichnet, der kleinste als Unterspannung σ_u. Bei einer Schwellbeanspruchung (Zug) sind σ_o und σ_u positiv, bei Druck entsprechend negativ. Bei einer Wechselbeanspruchung sind beide Vorzeichen möglich. In Abb.3.13 werden die gemessenen Ober- und Unter-

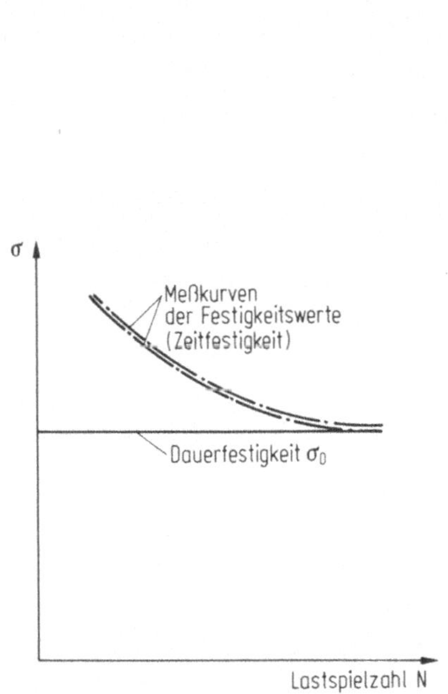

Abb.3.12. Wöhler-Kurve für Baustahl

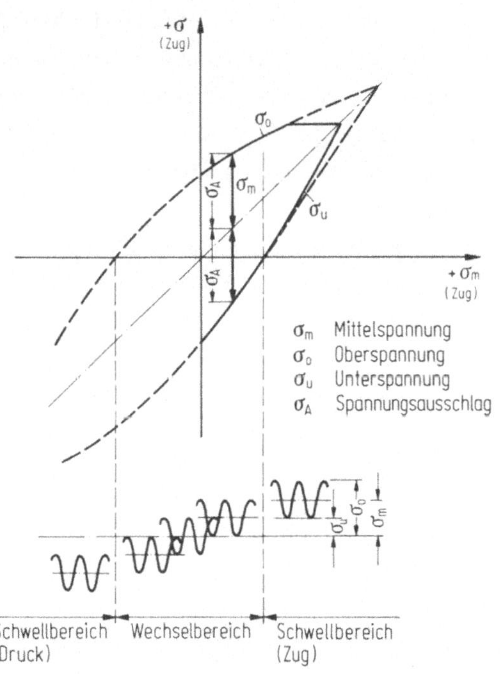

Abb.3.13. Dauerfestigkeitsschaubild nach Smith

spannungen als Funktion der Mittelspannungen aufgetragen. Auch andere Darstellungsmethoden sind im Gebrauch. Große Einflüsse auf Dauerfestigkeitsbrüche zeigen Kerben und alle plötzlichen Querschnittsänderungen. Dauerbrüche sind stets Trennbrüche und treten ohne vorher erkennbare plastische Formänderungen auf. Die technisch zulässigen Spannungen zeigen i.a. nur im Wechselbereich eine merkliche Abnahme, während sie im Schwellbereich wesentlich geringfügiger abnehmen, Abb. 3.14. Vor allem der Druckschwellbereich ist gegenüber kinetischen Belastungserscheinungen nur gering gefährdet.

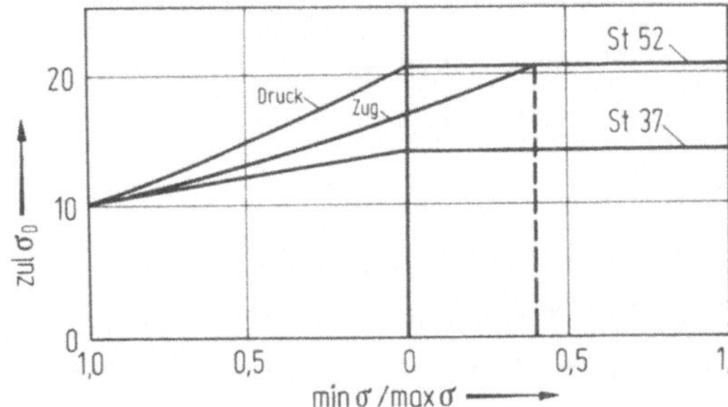

Abb.3.14. Zulässige Dauerbeanspruchung bei Stahl (Prinzipbeispiel)

Natürlich liegen den Wöhler-Kurven idealisierte Voraussetzungen zugrunde, da die kinetische Belastung i.a. stochastischen Charakter aufweist (z.B. die Windbelastung). Infolgedessen sind Resonanzerscheinungen im Materialinnern von vornherein ausgeschlossen, so daß die Betriebsfestigkeit meist höher als die idealisierte Dauerfestigkeit anzusetzen ist. Leider ist die Kenntnis des Materialverhaltens unter einer zufallsbedingten Belastung (Randombelastung) trotz ihrer großen wirtschaftlichen Bedeutung noch außerordentlich gering. Erfahrungsgemäß verhalten sich diese Belastungskollektive infolge des breiten Frequenzbandes bezüglich des Materialverhaltens ähnlich wie die statistischen Belastungen kaum oder nur wesentlich geringer festigkeitsmindernd, Abb.3.15. Der Flugzeugbau hat hier übersichtliche experimentelle Versuchsverfahren (Random-Versuche) entwickelt [3.33]. Einige Versuchsergebnisse sind in [3.41] zusammengestellt.

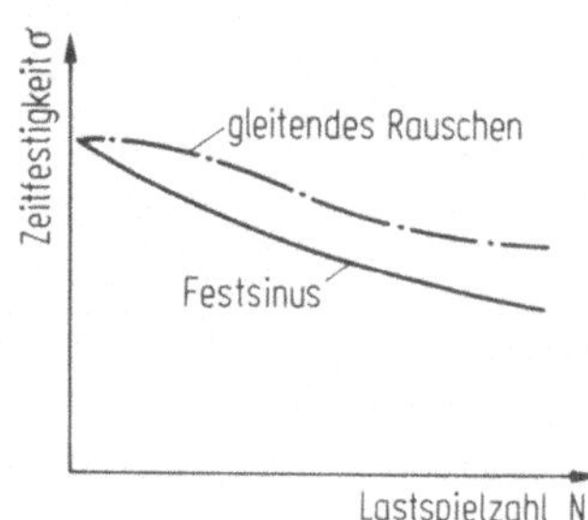

Abb.3.15. Ermüdungslinien bezüglich der Beanspruchung durch verschiedene Erregungen (Prinzipdarstellung)

Es ist im allgemeinen eine merkliche Erhöhung der Festigkeit unter einer stochastischen Belastung gegenüber der harmonischen Belastung, wahrscheinlich durch
das breitere Frequenzband, festzustellen.

Wertvolle Erkenntnisse bezüglich des instationären Materialverhaltens von Stahl-
und Spannbeton sind aus [3.32, 3.41] zu entnehmen. Im allgemeinen sind für den
Werkstoff Beton im üblichen Druckschwellbereich infolge der variablen statischen
Festigkeitseigenschaften keine merklichen Abminderungen der Festigkeitswerte unter einer kinetischen Last feststellbar, so daß unter Windbelastung zumindest, die
ja meist nur maximal 50 % der Gesamtlast ausmacht, keine Abminderung der statischen Festigkeit vorgenommen werden muß. Noch günstiger werden die Werte für
den vorgespannten Beton. Für den Bewehrungsstahl gelten die in den Abb.3.12 bis
3.14 angegebenen Betrachtungen. Zusammenfassend kann gesagt werden, daß unter
der Windbelastung infolge ihres stochastischen Charakters i.a. keine merklichen
Abminderungen der Festigkeitseigenschaften der Materialien zu erwarten sind, da
der Anteil der kinetischen Windlast an der gesamten Bemessungslast kaum mehr als
30 % beträgt und die festigkeitsmindernden Einflüsse unter einer stochastischen Randombelastung geringer als bei einer harmonischen Last anzusetzen sind.

Literatur

3.1   Wind Effects on Buildings and Structures
      London: Her Majesty's Stationery Office 1963,
      Ottawa: University of Toronto Press   1967,
      Tokio : Saikon   1971,
      London: Her Majesty's Stationery Office 1975 und weitere Seminarreihen.

3.2   Sachs, P.: Wind Forces in Engineering. Oxford, N.Y., Toronto, Sidney,
      Braunschweig: Pergamon Press 1972.

3.3   Zuranski, J.A.: Windbelastung von Bauwerken und Konstruktionen. Köln-
      Braunsfeld: Rudolf Müller 1969.

3.4   Ghiocel, D.; Lungu, D.: Actiunea vintulu zapezii si variatiilor de temperatura
      in constructii. Editura technica Bucuresti.

3.5   Harris, R.: The Nature of the Wind. CIRIA Seminar on Modern Design of
      Wind-sensitive Structures. London 1970.

3.6   Davenport, A.G.: The Response of Six Buildings Shapes to Turbulent Wind.
      Philosophical Transactions, London: Royal Society, A 269 (1971) 385-394.

3.7   Davenport, A.G.: The Application of Statistical Concepts to the Wind Loading
      of Structures. Proc. of the Instit. of Civ. Eng., 19 (1961) 449-471.

3.8   Davenport, A.G.; Zilch, K.: Windlasten und Sicherheit von Hochhäusern.
      In: Sicherheit im Betonbau, Bericht der Arbeitstagung Berlin 1975. Wies-
      baden: Deutscher Beton-Verein E.V. 1973, S. 141-150 und weitere Veröf-
      fentlichungen des gleichen Verfassers.

3.9 Code of Practice for Winds Loads for Danmark, Draft 1966. Published by Danish Society of Chemical, Civil, Electrical and Mechanical Engineers.

3.10 Davenport, A.G.; Dalgliesh, W.A.: Wind Loads. In: Supplement No. 4 to the National Building Code of Canada. Ottawa: National Research Council of Canada 1970, 544-565.

3.11 Krätzig, W.: Der natürliche Wind. In: Haus der Technik - Vortragsveröffentlichungen, Heft 180, Naturzug-Kühltürme. Essen: Vulkan Verlag Dr.W. Claessen 1968.

3.12 König, G.; Zilch, K.: Zur Windwirkung auf Gebäude. Beton- und Stahlbetonbau 67 (1972) 32-42.

3.13 König, G.: Hochhäuser aus Stahlbeton. Betonkalender 1975, S. 747. Berlin, München, Düsseldorf: Ernst & Sohn: weitere Veröffentlichungen des gleichen Verfassers.

3.14 Schlaich, J.: Beitrag zur Frage der Wirkung von Windstößen auf Bauwerke. Der Bauingenieur 41 (1966) 102-106.

3.15 Leonhardt, F.: Bericht über Intern. Conf. über Windwirkungen auf Bauwerke. Der Bauingenieur 38 (1963) 368.

3.16 Leonhardt, F.: Der Stuttgarter Fernsehturm. Beton- und Stahlbetonbau 51 (1956) 82.

3.17 Leonhardt, F.: Zuschrift zur Literaturangabe [3.12], Beton- und Stahlbetonbau 68 (1973) 23.

3.18 Caspar, W.: Maximale Windgeschwindigkeiten in der BRD. Bautechnik (1970) 335.

3.19 Lusch, G.; Truckenbrodt, E.: Windkräfte an Bauwerken. Berichte aus der Bauforschung, Heft 41, Berlin: Ernst & Sohn 1964.

3.20 Rotta, J.C.: Turbulente Strömungen. Stuttgart: Teubner 1972.

3.21 Schlichting, H.: Grenzschichttheorie. Karlsruhe: G. Braun, 5. Aufl., 1965.

3.22 Zurmühl, R.: Praktische Mathematik. Berlin, Heidelberg, New York: Springer, 5. Aufl. 1965.

3.23 Sachs, L.: Angewandte Statistik. Berlin, Heidelberg, New York: Springer 1973.

3.24 Hertel, H.: Ermüdungssteifigkeit der Konstruktionen. Berlin, Heidelberg, New York: Springer 1969.

3.25 Stahlbau Handbuch Bd.1, 2. Köln: Stahlbau-Verlags-GmbH 1961.

3.26 Schleicher, F.: Taschenbuch für Bauingenieure. 2. Aufl. Berlin, Göttingen, Heidelberg: Springer 1955.

3.27 Krönke, J.: Untersuchungen im Windkanal über Gebäudeaerodynamik und Vorgänge in der atmosphärischen Grenzschicht. Der Bauingenieur 48 (1973) 90-95.

3.28 Siedenburg, R.: Zur Beurteilung der Windlasten und ihrer Häufigkeit. Der Stahlbau 43 (1974) 375.

3.29 Niemann, H.J.: Zur stationären Windbelastung rotationssymmetrischer Bauwerke im Bereich transkritischer Reynoldszahlen. Institut für konstruktiven Ingenieurbau, Ruhr-Universität Bochum, Mitt. 71-2, 1971.

3.30 Lusche, M.: Beitrag zum Bruchmechanismus von auf Druck beanspruchtem Normal- und Leichtbeton mit geschlossenem Gefüge. Düsseldorf: Beton-Verlag Heft 39/1972.

3.31 Radaj, D.: Festigkeitsnachweise. Düsseldorf: Deutscher Verlag für Schweißtechnik 1974.

3.32 Leonhardt, F.: Vorlesungen über Massivbau Bd. 1-6. Berlin, Heidelberg, New York: Springer 1974.

3.33 Dynamik von Strukturen. Mitt. d. Inst. für Mechanik und der VFW-Werke. Mitt. 2/71 Hannover, Aufs. W. Paul.

3.34 Windlastannahmen für Bauten. Entwurf der Neubearbeitung der DIN 1055, Blatt 4. Stand 1973/1974. Unveröffentlichtes Manuskript.

3.35 Gemeinsamer Ausschuß für bauliche Sicherheit. Grundangaben über Lasten. Windgeschwindigkeit in Westeuropa. Stand 1973. Unveröffentlichtes Manuskript.

3.36 Wittmann, F.; Friedinger, Chr.: Messen windinduzierter Schwingungen eines turmartigen Gebäudes. Der Bauingenieur 49 (1974) 226.

3.37 Davenport, A.G.; Hogan, M.: An Evaluation of Records of Wind Induced Building Movement in the 1000 Lake Shore Plaza Building (Chicago), Research Report BLWT-3-71, London, Canada: The University of Western Ontario.

3.38 Richtlinien für die Bemessung von Stahlbetonbauteilen von Kernkraftwerken, Fassung Juli 1974. Abgedruckt im Beton-Kalender 1975, Teil II, S. 501. Berlin, München, Düsseldorf: Ernst & Sohn.

3.39 Rausch, E.: Maschinenfundamente. 3. Aufl. Düsseldorf: VDI-Verlag 1959.

3.40 Sicherheit im Betonbau. Bericht der Arbeitstagung Berlin 1973. Wiesbaden: Deutscher Beton-Verein E.V. 1973, S. 141-150.

3.41 Lenk, A.; Rehnitz, J.: Schwingungsprüftechnik. Berlin: VEB-Verlag Technik 1972.

3.42 Plate, E.J.: Der Wind als Faktor der Bauwerks- und Städteplanung. Der Bauingenieur 49 (1974) 457.

3.43 Jacoby, G.: Beitrag zum Vergleich der Aussagefähigkeit von Programm- und Random-Versuchen. Zeitschr. f. Flugwiss. 18 (1970) 253.

3.44 Ziegler, G.; Bunk, W.: Mikrofraktographische Merkmale und deren Anwendung bei Schadensanalysen von Flugwerkstoffen. Zeitschr. f. Flugwiss. 22 (1974) 223.

3.45 Pedersen, B.; Ovrebo, B.: Design criteria and structural design of oil drilling platforms. Der Stahlbau 44 (1975) 111.

3.46 Seeger, T.; Hanel, J.J.: Schwingungsfestigkeitsuntersuchungen an St 52-Flachstäben mit Setzbolzen für Schalldämpfungsmaßnahmen an Stahlbrücken mit Schienenverkehr. Der Stahlbau 44 (1975) 1.

4. Statische Windkraftprobleme

4.1 Allgemeines

Die Problematik des "statischen Windes" ist wohl in dem vorherigen Abschnitt genügend herausgestellt worden. Gerade dem erfahrenen Konstrukteur ist bekannt, daß oft Katastrophenfälle bei Konstruktionen aufgetreten sind, die "statisch" ordnungsgemäß bemessen waren und dennoch zu kinetischen Instabilitäten geführt haben. Nicht nur die statische, sondern auch die richtige kinetische Erfassung des natürlichen Windes entscheidet über die aerodynamische Stabilität einer Konstruktion.

In den folgenden Abschnitten soll die Windlast zunächst quasistatisch behandelt werden, wobei der Einfluß der eingeprägt kinetischen Luftturbulenzen in Abschn. 3 abgehandelt worden ist. Weitere kinetische Effekte folgen ab Abschn. 7. Es soll zunächst angenommen werden, daß die Baukonstruktionen die noch zu besprechenden Kriterien einer quasistatischen Lastannahme erfüllen.

Auch die statische Windbelastung zeigt bei verschiedenartigen Querschnittsformen recht vielfältige Erscheinungen, deren bautechnisch wichtigste in diesem Abschnitt behandelt werden sollen. Die Bautechnik konstruiert im Gegensatz zur Luft- und Raumfahrttechnik i.a. keine windschnittigen Profile.

Aufgrund der architektonischen Vielfalt der Querschnittsformen sind jedoch stets neue Überraschungen möglich, so daß sehr oft die Einschaltung zusätzlicher Windkanalversuche zu empfehlen ist. Erst ausführliche auf die Bedürfnisse des Bauwesens zugeschnittenen Profilkataloge ermöglichen eine einigermaßen sichere theoretische Abschätzung.

Leider sind Windkanalversuche verhältnismäßig kostspielig, so daß diese Kataloge wohl noch längere Zeit auf sich warten lassen werden. Auch dreidimensionale Effekte, Rauhigkeitseinflüsse der Profiloberfläche und die durch die gegenseitige Beeinflussung verschiedenartiger Profile möglichen aerodynamischen Interferenzeffekte sind von großem Einfluß und in voller Allgemeinheit theoretisch kaum zu erfassen. Ebenfalls von großem Einfluß z.B. für die Größe des Profilwiderstandes ist die Ausbildung eventuell vorhandener Profilkanten. Eine geeignete Ausrundung der Profilkanten kann den Widerstand eines Profils erheblich ermäßigen. Infolgedessen ist jede theoretische Rechnung hier nur als sinnvolle Abschätzung anzusehen, die bei vielen Bauvorhaben durchaus ausreicht, da aus den vorher schon erwähnten Gründen (eingeprägte Kinetik der Luftkräfte, statische Tragwerkseigenschaften, Dämpfung usw.) keine überhöhten Genauigkeiten zu erwarten und erforderlich sind.

Lediglich bei außerordentlich weitgespannten, dämpfungsschwachen Konstruktionen
sind gesonderte Untersuchungen, meist von Sonderfachleuten, unter Einschaltung
von stationären und instationären Windkanalversuchen zu empfehlen. Maßgebend für
den konstruktiven Ingenieur ist in erster Linie die Kenntnis der möglichen Luftkraft-
effekte und die daraus folgenden konstruktiven Abhilfemaßnahmen. Diese Denkweise
mag dem Luft- und Raumfahrttechniker zunächst etwas fremd erscheinen. Es sei jedoch darauf hingewiesen, daß im Anwendungsbereich der Bautechnik kleine Strömungsgeschwindigkeiten vorliegen, so daß eventuelle Instabilitätseffekte durch geeignete konstruktive Abhilfemaßnahmen oft leichter als durch strömungsmechanische
Änderungen auszuschließen sind.

4.2 Tragflügel (windschnittige Profile)

Im folgenden soll nun versucht werden, das strömungsmechanische Verhalten bautechnischer Profile durch idealisierte, bekannte Profile zu beschreiben, wobei zunächst die physikalischen Grundlagen des betreffenden Profils kurz dargestellt und
schließlich die bautechnischen Analogien gezeigt werden. Der Tragflügel ist als bekannte Profilform der Strömungslehre anzusehen [4.2.1-4.2.6].

Meist kann der Flugzeugtragflügel durch seine geometrische Formgebung als eine
unendlich dünne Platte mathematisch idealisiert werden. Durch die spezielle Linienführung der Begrenzungsflächen wird eine Strömungsablösung an den Profilrändern
nahezu vermieden. Der Einfluß der Flüssigkeitsreibung erstreckt sich im allgemeinen auf einen geometrisch sehr kleinen Grenzschichtbereich. An der bewußt scharf
ausgebildeten Profilhinterkante bildet sich eine Trennungsfläche mit einem Geschwin-
digkeitssprung innerhalb des Strömungsnachlaufs aus, die sich schnell zu einem
kräftigen Anfahrwirbel - wie in Abb.4.2.1 dargestellt ist - aufrollt. Nach den Helm-

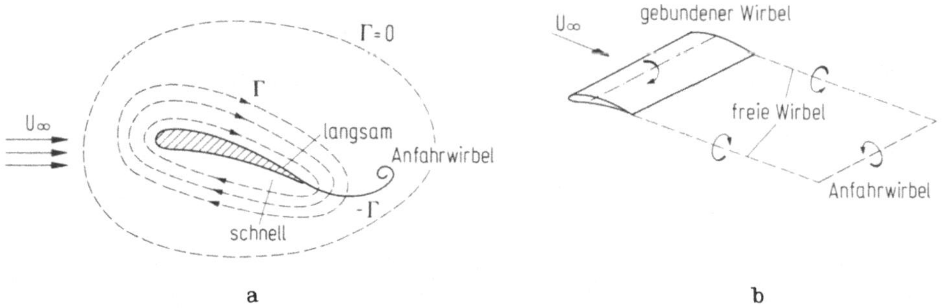

Abb.4.2.1. Tragflügel in einer idealisierten Potentialströmung. a) ebene Strömungsausbildung (Streifentheorie), b) räumliche Strömungsausbildung (Hufeisenmodell)

holtzschen Wirbelsätzen (vgl. Abschn.2.2), die ein Erhalten der Gesamtzirkulation
in einem abgeschlossenen strömungsmechanischen System fordern (entsprechend
dem Drallsatz der Mechanik), folgt aus der Existenz des Anfahrwirbels sofort die
Existenz eines mit dem Profil verbundenen gebundenen oder tragenden Wirbels mit
der Zirkulation (Wirbelstärke) Γ, so daß die Gesamtzirkulation des Wirbelsystems
nach wie vor verschwindet. Der Anfahrwirbel löst sich vom Profil ab, und es verbleibt in Profilnähe lediglich der tragende Wirbel, der zusammen mit der Parallelströmung U_∞ nach dem Kuttaschen Auftriebssatz einen Auftrieb

$$A = \rho \, U_\infty \, \Gamma$$

erzeugt. Die Stärke der Zirkulation ist potentialtheoretisch aus der Bedingung errechenbar, daß ein senkrechtes Umströmen an der Profilhinterkante - wie in Abb.
4.2.1 dargestellt ist - vermieden wird (Kutta-Joukowski-Hypothese).

Es läßt sich leicht zeigen, daß dadurch die maximal mögliche Zirkulation dieses
Wirbelsystems festgelegt wird (entsprechend dem Anergiemaximum gemäß Abschn.
2.2). Somit wird arbeitsfähige Energie (Exergie) des ursprünglich konservativen
Strömungsfeldes in gebundene nichtkonservative Energie (Anergie) umgewandelt,
die zum Auftrieb des Tragflügels führt. Weiterhin ist in Abb.4.2.1 dargestellt,
welchen Einfluß eine endliche Profillänge auf das Strömungsverhalten aufweist.
Wichtigste Konsequenz aus dem räumlichen Wirbelsystem ist ein verminderter
Auftrieb gegenüber dem ebenen Streifenverhalten und ein erhöhter "induzierter"
Widerstand durch den nichtkonservativen Energieverlust der Wirbel (Anergiecharakter des Wirbelsystems, vgl. Abschn.2.2). In der Praxis ist die Grenzschichtablösung am Profilende nicht ganz zu vermeiden, und es bildet sich meist ein kleines Totwassergebiet im Strömungsnachlauf aus. Hierdurch wird die Kutta-Joukows-
ky-Hypothese bestätigt. Andererseits ist jedoch auch ein Abfallen des Auftriebsbeiwerts festzustellen. Das Strömungsverhalten eines Profils wird zunächst durch meßtechnisch ermittelte Strömungskräfte Widerstand W, Auftrieb A und Nickmoment M
in der Definition (2.2.15) bis (2.2.17) charakterisiert. Im allgemeinen genügt es,
die Beiwerte c_a, c_w, c_m als Funktion des Anstellwinkels (Drehwinkels) α gegenüber der Strömungsrichtung von U_∞ festzustellen, Abb.4.2.2.

Für den Auftriebsbeiwert gilt bei kleinen Anstellwinkeln

$$c_a = 2\pi\alpha \ (\text{Theorie}),$$

$$c_a = (5,0 \text{ bis } 5,5)\,\alpha \ (\text{Meßwerte}), \qquad\qquad (4.2.1)$$

wobei der Anstellwinkel kleiner als etwa 15° sein sollte, da dann infolge der Abreißerscheinungen des Strömungsfeldes der Potentialcharakter der Strömung (Zir-

kulationsmechanismus) stetig verloren geht und der später zu besprechende Tot-
wassercharakter des Profils maßgebend wird. Die resultierende Auftriebskraft liegt
bei der unendlich dünnen Platte etwa im Abstand B/4 vom Schubmittelpunkt des Profils entfernt und erzeugt somit beträchtliche Torsionsmomente an dem Tragsystem.
Außer den Strömungskräften ist auch die Ausbildung des örtlichen Druckverlaufs
von großem Interesse. Charakteristisch ist die außerordentlich große Konzentra-
tion des Strömungsunterdrucks an der Profiloberseite (Saugseite) und des Überdrucks an der Unterseite (Druckseite), und zwar vor allem an der Profilvorderkante. Dieser Unterdruck wird durch das Umströmen der unendlich scharfen Vor-
derkante hervorgerufen und ist somit potentialtheoretisch bedingt. In der Praxis
führt eine solche Kante oft zu kräftigen Ablösewirbeln. Es sei jedoch ausdrücklich

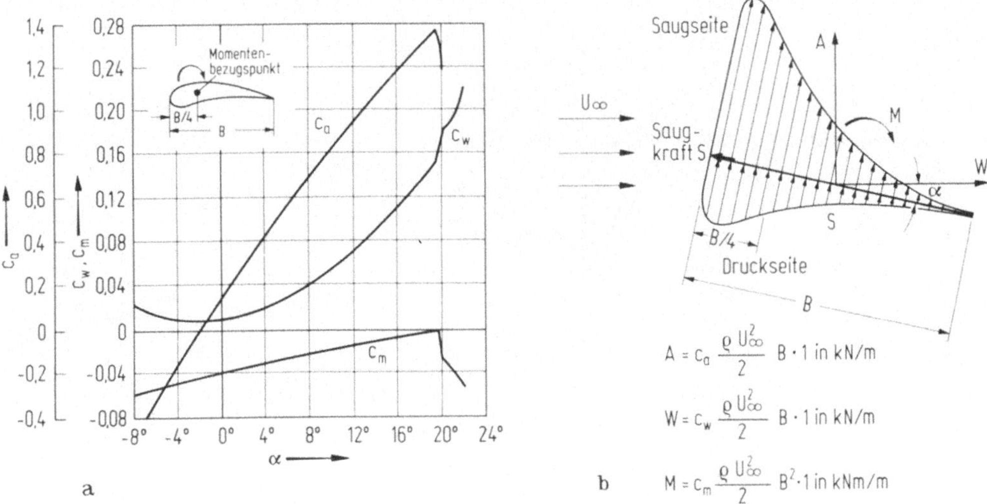

Abb. 4.2.2. Beiwerte c_a, c_w, c_m als Funktion des Anstellwinkels α. a) Beiwerte,
b) Druckverlauf der angestellten Platte (Prinzipbeispiel)

darauf hingewiesen, daß der hohe Unterdruck schon bei einer völlig wirbelfreien
Strömung auftritt und nicht etwa erst durch das Erzeugen von Wirbeln hervorgerufen wird. Die Praxis des Flugzeugbaus bemüht sich, das Abreißen der Strömung
möglichst lange durch gut ausgerundete Profilvorderkanten und eine stetige Linienführung der Profile zu vermeiden, so daß der Tragflügel vorn gut ausgerundet wird
und am Profilende zur Erzeugung des Nachlaufwirbeleffektes scharf ausläuft. Bei
größeren Anstellwinkeln ist die Strömungsablösung nicht mehr zu vermeiden, und
es erfolgt der Übergang zu Totwasserströmungen, die in den nachfolgenden Abschnitten aufgeführt werden und einen wesentlich kleineren Auftriebsbeiwert aufweisen.

Die Übertragung der für die unendlich dünne Platte hergeleiteten Ergebnisse auf beliebige Profile mit endlicher Dicke gelingt nicht problemlos. Sofern die Linienführung der Profile stetig bleibt, erfolgt das Ablösung der Strömung nach Grenzschichtkriterien gemäß Abschn.2.2. Aus dem Verlauf der Potentialgeschwindigkeiten und der in Abb.4.2.3 skizzierten Lage der Grenzschichtablösepunkte ist zu erkennen, daß einigermaßen stetige, windschnittige, geschlossene Profile, deren Seitenverhältnis

$$B/H \geqslant 4/1 \qquad\qquad (4.2.2)$$

übersteigt, der Platte aerodynamisch näherungsweise gleichwertig sind.

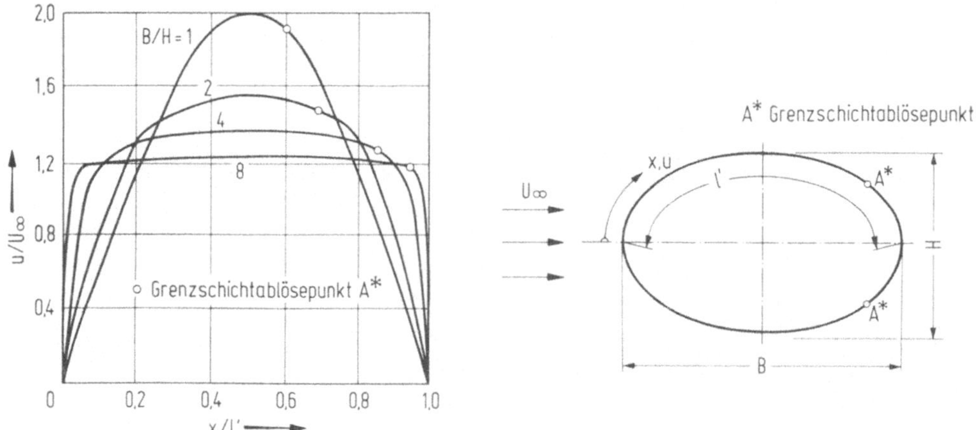

Abb.4.2.3. Geschwindigkeitsverteilungen an elliptischen Zylindern mit verschiedenen Achsverhältnissen

Der Grenzschichtablösepunkt A* liegt dann etwa in der Nähe des Profilendes, und das strömungsmechanische Verhalten ähnelt dem der Platte mit einer etwa um 20 % verminderten Zirkulation (Auftriebsbeiwert). Die Rechentechnik dieser Strömungsfelder ist noch sehr von idealisierten Voraussetzungen abhängig. Wünschenswert ist eine verstärkte Anwendung numerischer Rechenmethoden (Finite-Elemente-Methode oder Differenzenverfahren), die zu einer strengen Aufintegration der ursprünglichen Navier-Stokes-Gleichungen benutzt werden sollte, so daß eine hypothesenfreie Profiltheorie möglich erscheint. In Abschn.2.2 ist darauf hingewiesen worden, daß die nichtkonservative Mechanik aufgrund des Anergiecharakters der nichtkonservativen Arbeiten wie die Thermodynamik zwei voneinander unabhängige Gleichgewichtsbedingungen zu beachten hat. Die nichtkonservative Arbeit muß einen Extremalwert im makroskopischen Gleichgewichtszustand annehmen.

Dies bedeutet bezüglich des Auftriebssystems, daß der tragende Wirbel bzw. das Wirbelsystem und die daraus folgenden Strömungskräfte betragsmäßig einen Extremalwert annahmen müssen unter Berücksichtigung der Randbedingungen des Strömungssystems. Im Flugzeugbau ist eine ähnliche Extremalbedingung wohl erstmalig bei der Berechnung endlich langer Tragflügel festgestellt worden [4.2.1, 4.2.12]. Damit ist die Größe des maximalen Auftriebs theoretisch zu ermitteln. Messungen zeigen, daß die praktisch auftretende Zirkulation um etwa 10-20 % geringer ausfällt, daß jedoch die Theorie das Strömungsverhalten hier richtig beschreibt. Bei den komplizierten bautechnischen Profilen ist z.Zt. nur ein punktweises Ausmessen des Strömungsdrucks an einzelnen Profilstellen sinnvoll.

Welche Lehren kann nun der Konstrukteur aus dem Tragflügelverhalten eines Profils ziehen?

Bei stromlinienförmigen Querschnitten treten die größten Strömungskräfte bei kleinen Anstellwinkeln zur Strömungsrichtung quer zur Windrichtung auf. Sie sind außerdem mit dem gleichzeitigen Auftreten größerer Torsionsmomente verbunden.

Auch Hochhaus- und Brückenquerschnitte, Abb. 4.2.4, können ein durchaus tragflügelähnliches aerodynamisches Verhalten zeigen, sofern sie dem Kriterium (4.2.2) bei einer einigermaßen stetigen Linienführung genügen. Es treten dabei ein positiv ansteigender Auftriebsbeiwert, ein nicht mehr zu vernachlässigendes Torsionsmoment und größere Sogspitzen, vor allem an den Profilvorderkanten (Saugseite) auf [4.2.7, 4.2.9, 4.2.10].

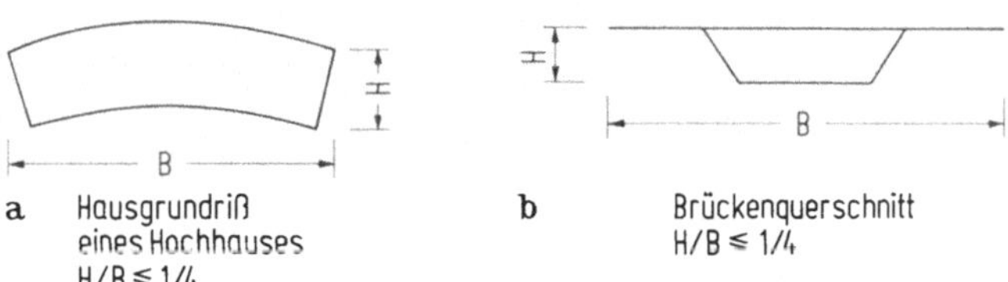

Abb. 4.2.4. Tragflügelähnliche Querschnitte der Baupraxis

In Abschn. 11 wird darauf hingewiesen, daß solche Querschnittsformen bewußt angestrebt werden, da sie sehr stabil gegenüber entkoppelten Biegeschwingungen dieser Systeme anzusehen sind. Auch Strömungsvorgänge mehrschichtiger Wände, wie sie z.B. bei vorgehängten Fassadenplatten oder lose aufgelegten Dachplatten auftreten, können einen tragflügelähnlichen Effekt zeigen. Dabei treten zum Teil außerordentlich hohe Sogabhebebeiwerte bis $c = -3,0$ auf, die vor allem bei den Befestigungskonstruktionen dieser Elemente (Fassadenanker) von großem Einfluß sind, Abb. 4.2.5. Auch bei weit auskragenden Dachkonstruktionen sind die hohen Abhebebeiwerte zu berücksichtigen, die z.B. bei Tribünenkonstruktionen von Sportstadien, Abb. 4.2.6, in der Vergangenheit ganze Dächer abgedeckt haben [4.2.7, 4.2.11].

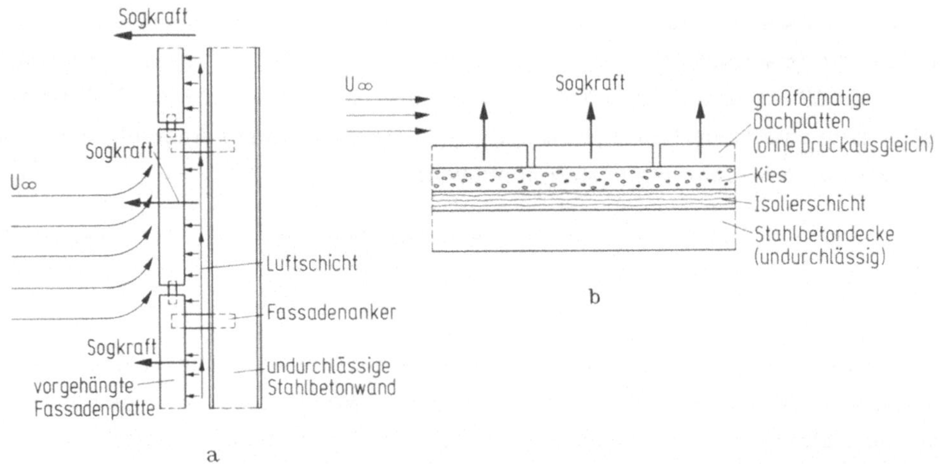

Abb. 4.2.5. Abhebeprobleme bei mehrschichtigen Wänden. a) Fassadenplatten, b) großformatige Dachplatten ohne Druckausgleich

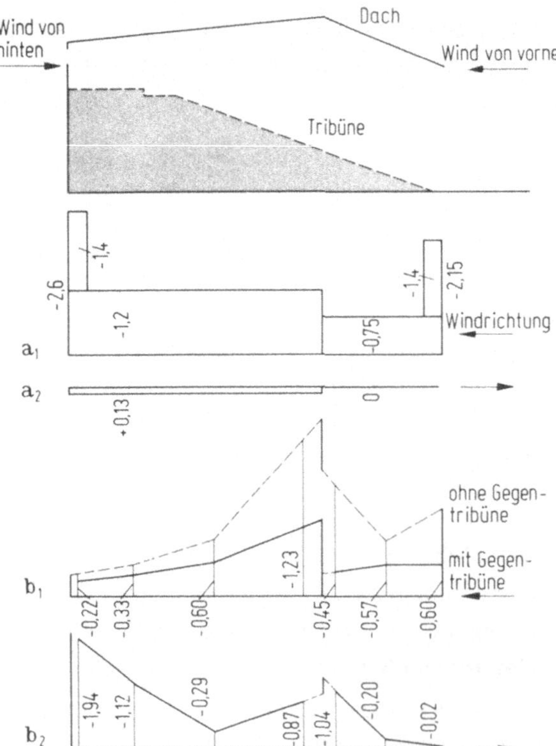

Abb. 4.2.6. Windlastbeiwerte von Stadiondächern nach Versuchen [4.2.11]. Windlast: hier Druckbeiwert c. a) Druckbeiwert nach DIN 1055, Blatt 4 (Stand 1975) a_1 Wind von vorne (innen), a_2 Wind von hinten (außen), b) im Versuch ermittelte Druckbeiwerte, b_1 Wind von vorne (innen), b_2 Wind von hinten (außen)

Recht biegeweiche Konstruktionen führen oft zu einer Wechselwirkung zwischen einem abgerissenen Strömungsverhalten, das zu einem Abreißflattern und damit zu gefährlichen Schwingungen der Konstruktion führen kann. (Vgl. Abschn. 11.4) Auf weitere wichtige kinetische Effekte des Tragflügels wird vor allem im Abschn. 13 eingegangen. Weitere Beispiele tragflügelähnlicher Dachkonstruktionen folgen im Abschn. 4.7.

Literatur

4.2.1 Kaufmann, W.: Technische Hydro- und Aeromechanik. Berlin, Göttingen, Heidelberg: Springer 2. Aufl. 1958.

4.2.2 Truckenbrodt, E.: Strömungsmechanik. Berlin, Heidelberg, New York: Springer 1968.

4.2.3 Wieghardt, K.: Theoretische Strömungslehre. Stuttgart: B.G. Teubner 1965.

4.2.4 Schlichting, H.; Truckenbrodt, E.: Aerodynamik des Flugzeuges, Bad. I. 2. Aufl. Berlin, Heidelberg, New York: Springer 1967.

4.2.5 Bisplinghoff, R.C.; Ashley, H.; Halfman, R.C.: Aeroelasticity. Reading Mass.: Addison-Wesley Comp. 1957.

4.2.6 Försching, H.W.: Grundlagen der Aeroelastik. Berlin, Heidelberg, New York: Springer 1974.

4.2.7 L'Allemand, F.: Größere Windlasten bei gekrümmten Wandflächen. Der Bauingenieur 42 (1967) 422.

4.2.8 Ackeret, J.: Anwendungen der Aerodynamik im Bauwesen. Zeitschr. f. Flugwiss. 13 (1965) 109

4.2.9 König, G.: Hochhäuser aus Stahlbeton. Aufsatz im Beton-Kalender, Teil II. 1975, S. 747. Berlin, München, Düsseldorf: Ernst & Sohn.

4.2.10 Klöppel, K.; Thiele, E.: Modellversuche im Windkanal zur Beurteilung des aerodynamischen Verhaltens von Brücken. Der Stahlbau 30 (1907) 353.

4.2.11 Fischer, M.: Überdachung der Haupttribüne des Stuttgartes Neckarstadions. Der Stahlbau 43 (1974) 97.

4.2.12 Busemann, A.: Minimalprobleme der Luft- und Raumfahrt. Zeitschr. f. Flugwiss. 13 (1965) 401.

4.3 Kreis (elliptische Profile)

Bei stetig gekrümmten elliptischen Profilen ist die Grenzschichtablösung von
Grenzschichtkriterien abhängig. Infolgedessen werden die aerodynamischen Kräfte
stark von der Größe der Reynoldszahlen beeinflußt. Aus Abb. 4.2.3 ist ersichtlich,
daß alle Profile oberhalb eines Seitenverhältnisses

$$H/B \geqslant 1/4$$

dem Kreis ähnlich werden. Der Strömungsverlauf und damit das Druckbild dieser
Profile wird erheblich von der Profilgrenzschicht beeinflußt, da die Strömungsablösung Grenzschichtkriterien gehorcht und keine Zwangsbedingungen aufweist (jedenfalls bei idealisierten Profilen). Bei technischen Profilen sind gewissen Kantenbildungen oft nicht ganz zu vermeiden, die eine Strömungsablösung an den Unstetigkeits-
stellen bewirken können.

Aus Abb. 4.3.1 ist ersichtlich, daß der reale Druckverlauf des Kreisprofils von dem
potentialtheoretischen Überdruck erheblich abweicht. Dies gilt vor allem für die la-
minate Grenzschicht mit weit vorne liegenden Grenzschichtablösepunkten [4.3.1-
4.3.3]. Hier wird der Druckverlauf gegenüber den Werten der Potentialtheorie so
stark verzerrt, daß die klassischen Prandtlschen Grenzschichtrechnungen, die den
Druckverlauf eines Profils gleich dem der Potentialtheorie setzen, zu ungenau werden und durch eine Grenzschichtrechnung höherer Ordnung ersetzt werden müssen
[4.3.8]. Es ist zweckmäßig, für die Bestimmung der Ablösepunkte eine gemessene
Druckverteilung zugrunde zu legen und damit die Grenzschichtrechnungen in der bisherigen Form durchzuführen. Auf diese Weise ist es Hiemenz gelungen, die Ablöse-

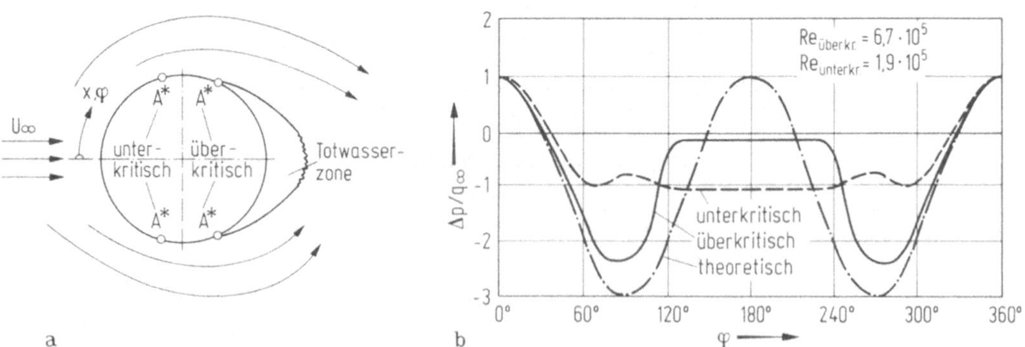

Abb. 4.3.1. Strömungsbild des glatten Kreiszylinders und zugehöriger Verlauf des
Überdrucks. a) Prinzipskizze, b) Meßwerte

punkte im laminaren Grenzschichtzustand zu ermitteln, die vor dem 90° Punkt zu liegen kommen, während die Ablösepunkte der Potentialtheorie nach Blasius bei etwa 108° anzunehmen sind.

Der Druckverlauf des Kreisprofils ist gemäß Abb.4.3.1 vor allem im laminaren Fall nicht determiniert, da alle Druckkurven innerhalb des gekennzeichneten Bereichs mögliche Gleichgewichtszustände sind. Der statische Druckverlauf wird durch ein zusätzliches Auswahlprinzip festgelegt, das wieder als Anergiemaximum entsprechend dem zweiten Hauptsatz der Thermodynamik anzusehen ist unter Berücksichtigung der jeweils vorhandenen Systemrandbedingungen. Aufgrund des Anergiecharakters des nichtkonservativen Strömungsproblems (Grenzschicht des Profils und Totwasser im Strömungsnachlauf) ist als bevorzugter Gleichgewichtszustand der Zustand mit möglichst weit vorn liegenden Grenzschichtablösepunkten anzusehen. Durch den nichtdeterminierten Charakter neigt die Strömung des Kreisprofils stark zu kinetischen Instabilitätserscheinungen. Hierauf wird vor allem in den Abschn.10.2 und 12 eingegangen.

Das Geschwindigkeitsprofil der turbulenten Grenzschicht ist wie bei den Rohrleitungsströmungen der Abb.2.2.6 völliger als das der laminaren Grenzschicht anzusehen, so daß die Grenzschichtablösung bei turbulenten Grenzschichtströmungen nach (2.2.26) später als im laminaren Fall eintritt, ganz abgesehen davon, daß turbulente Strömungen aufgrund ihres eingeprägt kinetischen Charakters unempfindlicher gegenüber Störungen als laminare Strömung reagieren. Durch das sehr komplizierte Zusammenwirken zwischen Grenzschicht- und Totwasserströmungen und der daraus folgenden starken Beeinflussung des Druckverlaufs erscheinen bei dem Kreisprofil nur halbempirische Theorien unter Benutzung ausführlicher Meßreihen sinnvoll. Der Grenzschichtzustand wird durch die Größe der Reynoldszahl

$$Re = \frac{U_\infty D}{\nu} \qquad (4.3.1)$$

charakterisiert, wobei U_∞ die ungestörte Windgeschwindigkeit, D den Kreisdurchmesser ν die kinematische Zähigkeit bedeutet. Bei der kritischen Reynoldszahl

$$Re_{kr} = 250000 - 500000$$

erfolgt der Umschlag innerhalb der Grenzschicht vom laminaren zum turbulenten Grenzschichtzustand. Dabei ist jedoch die Grenzschicht nur teilweise turbulent, und zwar erst hinter dem Indifferenzpunkt. Vorher ist die Grenzschicht nach wie vor laminar, während sie hinter dem Indifferenzpunkt in den turbulenten Zustand umschlägt, Abb. 4.3.2.

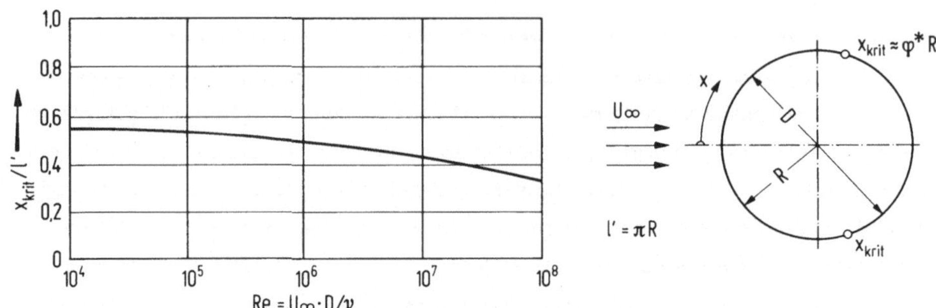

Abb. 4.3.2. Lage des Indifferenzpunktes des glatten Kreisprofils in Abhängigkeit von der Reynoldszahl [4.3.3]

Hieraus ist zu erkennen, daß die Grenzschicht bei glatten Kreisprofilen bis zu Reynoldszahlen von 10^6 noch überwiegend laminare Einflüsse zeigt und erst bei wesentlich höheren transkritischen Reynoldszahlen verstärkte Turbulenzcharakteristiken aufweist. Letztere sind nun gerade im Bauwesen trotz der kleinen Strömungsgeschwindigkeiten durch die sehr großen Profilabmessungen der Bauwerke von besonderem Interesse. Gerade hier liegt eine große Schwierigkeit in der Versuchstechnik, da diese hohen Reynoldszahlen mit den üblichen konzipierten Windkanälen kaum zu erreichen sind, so daß auch hier Messungen am Originalmodell besonders sinnvoll erscheinen [4.3.6].

Vor allem die laminare Grenzschichtströmung neigt aufgrund ihres nichtdeterminierten Charakters zu verschiedenartigen kinetischen Instabilitätserscheinungen, die in den Abschn. 10.2 und 12 behandelt werden sollen. Aus diesem Grunde wird die Profiloberfläche oft künstlich aufgerauht, um den Umschlag vom laminaren zum turbulenten Grenzschichtzustand möglichst schnell zu erreichen. Windkanalversuche benutzen dabei Rauhigkeitselemente gleicher Form und Größe, die möglichst dicht und homogen gelagert sind (Sandkornrauhigkeit). Technische Rauhigkeiten der üblichen Profile sind z.B. durch nicht vermeidbare Kantenbildungen oder andere Rauhigkeitseffekte vorhanden, Abb. 4.3.3. Durch gezielt angeordnete Einzelrauhigkeiten (Rippen, Spiralen) versucht man den gleichen Effekt determiniert zu erreichen.

Vor allem die Scruton-Spirale erzeugt eine merkliche Stabilisierung der Strömungsbilder [4.3.4, 4.3.5].

Die Anordnung der Einzelrauhigkeiten ist jedoch auch mit einem erheblichen Anwachsen des Profilwiderstandes verbunden. Schon bei glatten Profilen ist durch die geschwindigkeitsabhängige Ausbildung der Profilgrenzschicht einschließlich der Ablösung und der Totwasserzone des Strömungsnachlaufs ein merklicher Einfluß des Widerstandsbeiwerts c_w von der Reynoldszahl festzustellen, Abb. 4.3.4.

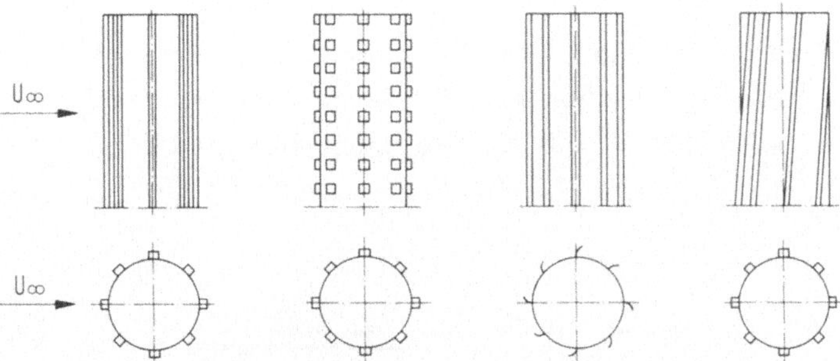

Abb. 4.3.3. Einzelrauhigkeiten technischer Konstruktionen mit Kreisquerschnitt

Im unterkritischen Bereich beträgt somit $c_{w,u} = 1,2$, während er im überkritischen Bereich je nach Größe der Reynoldszahl in den Grenzen $0,3 \leqslant c_{w,ü} \leqslant 0,7$ bei glatten Profilen schwankt. Folgende Werte sind durch Messungen bei technischen Profilen festgestellt worde, Tab. 4.3.1. Katastropenfälle haben dazu geführt, daß die angegebenen Werte vor allem bezüglich der endlichen Systemlänge der Widerstandskörper und des Einflusses der Rauhigkeit der Profiloberflächen nochmals meßtechnisch überprüft worden sind [4.3.6, 4.3.7].

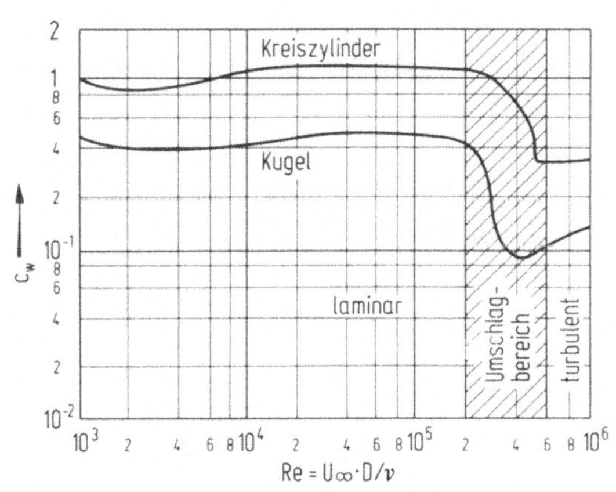

Abb. 4.3.4. Widerstandsbeiwerte von glatten, unendlich langen Kreiszylindern und Kugeln in Abhängigkeit von der Reynoldszahl

Tabelle 4.3.1. Widerstandsbeiwerte von unendlich langen Kreiszylindern mit technischer Rauhigkeit [4.3.5]

Querschnitt und Rauhigkeit	Stehende Zylinder mit Schlankheitsgrad H/D		
	25	7	1
	Widerstandsbeiwert c_w im überkritischen Reynolds-Bereich		
glatt	0,55	0,50	0,45
mäßig rauh	0,90	0,80	0,70
sehr rauh	1,20	1,00	0,80
glatt, scharfkantig	1,40	1,20	1,00

Außerdem sind die durch die gegenseitige Beeinflussung dieser Profile entstehenden Druckänderungen (Interferenzerscheinungen) – von denen hier zunächst nur die statischen Anteile betrachtet werden – von besonderem Interesse. Der Einfluß der endlichen Länge eines Zylinders ist in Abb. 4.3.5 aufgezeigt.

Weiterhin beeinflußt die Rauhigkeit der Profiloberfläche beträchtlich den Druckverlauf eines solchen Profils. In Abb. 4.3.6 ist dargestellt, wie die Rauhigkeit das Sogmaximum in dem 90° Punkt verändert. Die Rauhigkeit wird dabei durch die absolute

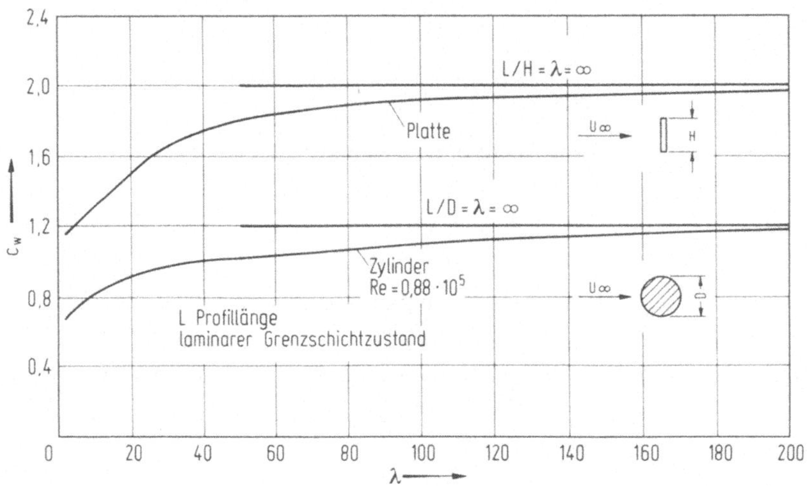

Abb. 4.3.5. Widerstandsbeiwerte von aerodynamisch glatten Kreiszylindern endlicher Länge [4.3.5]

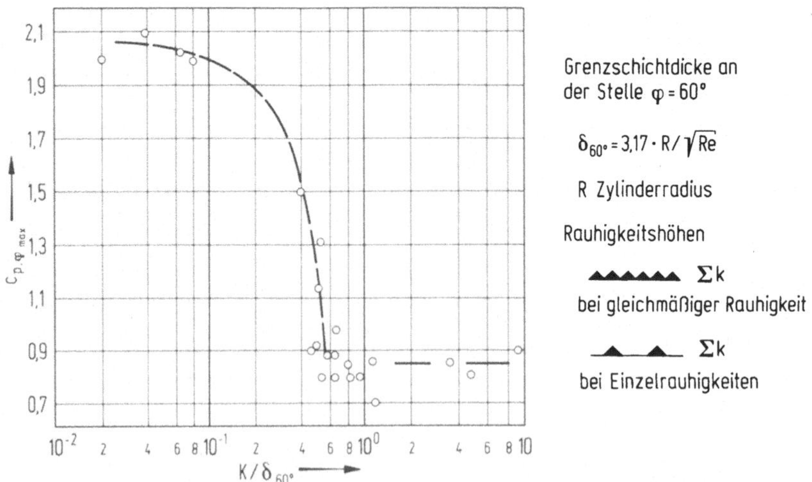

Abb. 4.3.6. Sogmaximum als Funktion des Verhältnisses der Rauhigkeitshöhe k zur laminaren Grenzschichtdicke $\delta_{60°}$ [4.3.6]

geometrische Größe K festgelegt, die gemäß [4.3.6] auf die laminare Grenzschichtdicke δ des 60° Punktes bei glatten Zylindern bezogen wird.

In Abb. 4.3.7 ist dargestellt, welchen Einfluß Gruppenanordnungen von rauhen Kreiszylindern auf deren Außendruckverteilungen aufweisen. Diese Lastannahmen sind besonders bei den statisch sehr empfindlich reagierenden Kühlturmschalen (Rotations-
hyperboloide) von großer Bedeutung. (vgl. Abschn. 16)

Die Auswertung dieser Versuchsergebnisse hat zu verbesserten technischen Winddruckverteilungen geführt [4.3.6]. Die Größe des Winddrucks wird durch die Anordnung technischer Rauhigkeiten determiniert, Abb. 4.3.8.

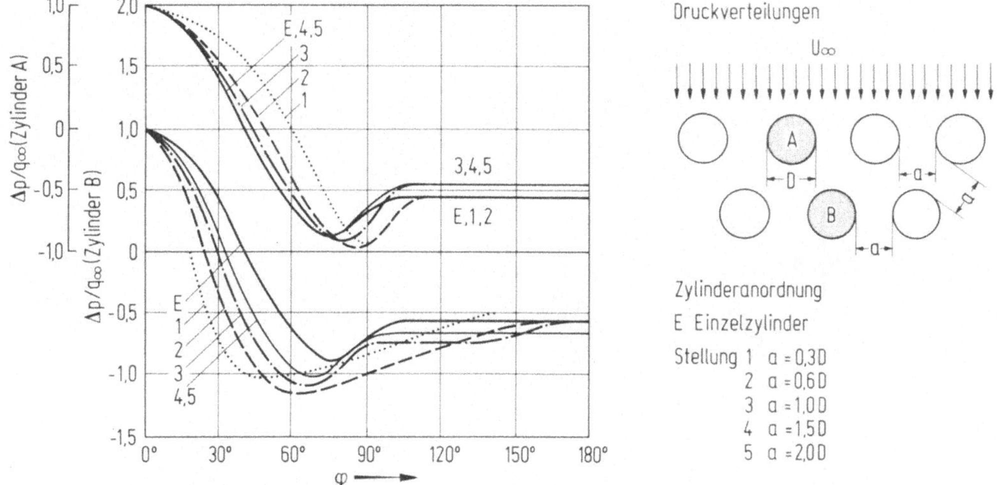

Abb. 4.3.7. Außendruckverteilungen bei Gruppenanordnungen von rauhen Kreiszylindern (Interferenzeffekte) [4.3.6]

Abb. 4.3.8. Winddruckverteilungen bei
Kreisprofilen mit technischer Rauhigkeit [4.3.6]

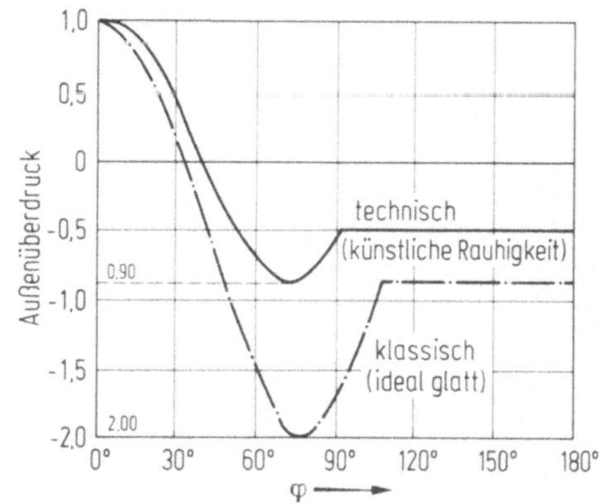

Durch eine rauhe Oberfläche wird eine determinierte Ausbildung des statischen Druckverlaufs und eine weitgehende Zerstörung eingeprägt kinetischer Effekte, vor allem
der gefürchteten Karman-Wirbel, erreicht. Besonders bewährt hat sich im Stahlbau
die in Abb. 4.3.3 skizzierte Scruton-Spirale. Allerdings wird durch die vergrößerte
Anergiezone des Strömungsnachlaufs ein wesentlich erhöhter Profilwiderstand erzeugt, der Widerstandsbeiwerte bis zu

$$c_w \leqslant 1,7$$

annehmen kann.

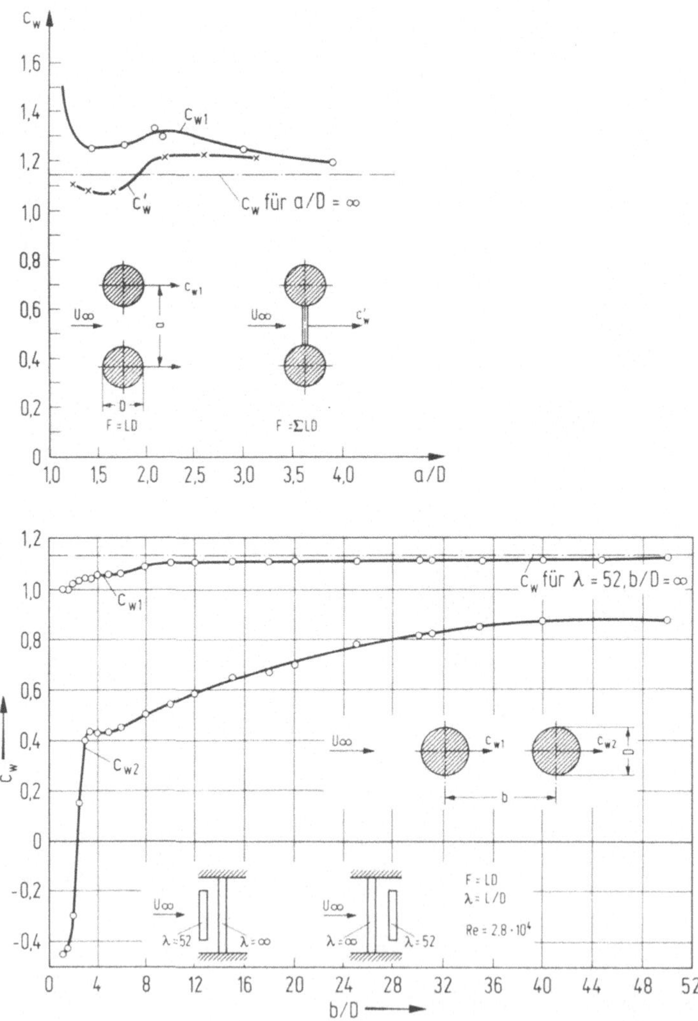

Abb. 4.3.9. Einfluß der Anordnung mehrerer Kreiszylinder auf die Widerstandsbeiwerte (Interferenzeffekte) [4.3.5]

Zu empfehlen ist bei technischen Bemessungsregeln die Aufteilung der Gesamtbe-
lastung eines statischen Systems in einen Gebrauchszustand unter den Lastfällen
Eigengewicht, Wind und z.B. Temperatur, der die zulässigen Materialspannungen
oder ein äquivalentes Traglastprinzip des Gebrauchszustandes und einen Bruchzustand z.B. unter den Lastfällen Eigengewicht, 1,5-fache Windbelastung und Temperatur, der die Grenzlast des Materials und des statischen Systems ausnutzt.

Abschließend sei noch der Einfluß verschiedenartiger kreisförmiger Widerstandskörper auf die jeweiligen Widerstandsbeiwerte der Profile aufgezeigt (Interferenzeffekte), Abb. 4.3.9.

Literatur

4.3.1 Kaufmann, W.: Technische Hydro- und Aeromechanik. Berlin, Göttingen,
       Heidelberg: Springer 2. Aufl. 1958.

4.3.2 Truckenbrodt, E.: Strömungsmechanik. Berlin, Heidelberg, New York:
       Springer 1968.

4.3.3 Schlichting, H.: Grenzschicht-Theorie. 3. Aufl. Karlsruhe: G. Braun 1965.

4.3.4 Sachs, D.: Wind Forces in Engineering. Oxford, New York, Toronto, Sidney,
       Braunschweig: Pergamon Press 1972.

4.3.5 Zuranski, J.A.: Windbelastung von Bauwerken und Konstruktionen. Köln-
       Braunsfeld: R. Müller 1969.

4.3.6 Berichte konstruktiver Ingenieurbau. Institut für konstruktiven Ingenieurbau
       der Ruhr-Universität Bochum, Heft 1: Naturzugkühltürme, Heft 13, S. 40.
       Niemann, H.J.: Zur Windbelastung von Tragluftbauten. Mitt. 72-2 (1971)
       Niemann, H.J.: Zur stationären Windbelastung rotationssymmetrischer Bau-
       werke im Bereich transkritischer Reynoldszahlen.

4.3.7 Eszlinger, M.; Ahmed, S.R.; Schroeder, H.H.: Stationäre Windbelastung
       offener und geschlossener kreiszylindrischer Silos. Der Stahlbau 40 (1971)
       361.

4.3.8 Gersten, K.; Gross, J.F.; Börger, G.G.: Die Grenzschicht höherer Ord-
       nung an der Staulinie eines schiebenden Zylinders mit starkem Absaugen und
       Ausblasen. Zeitschr. f. Flugwiss. 20 (1972) 330.

4.4 Platte senkrecht zum Wind (geschlossene kantige Profile)

Ein Großteil der bautechnischen Strömungsaufgaben gehört zum Problemkreis der
senkrecht zur Strömung angestellten Platte. Auch die vielseitigen scharfkantigen
geschlossenen Profile zeigen ein ähnliches aerodynamisches Verhalten. Im Gegensatz zu den elliptischen Profilen des Abschn. 4.3 ist nun eine determinierte Grenz-

schichtablösung an den scharfen Profilkanten vorhanden, so daß das statische Verhalten der Profile kaum von der Reynoldszahl beeinflußt wird. Das Strömungsbild
unterscheidet eine klar ausgeprägte Potentialzone vor den Ablösepunkten und eine
abgerissene Strömungszone danach.

Die Nachlaufzone unterscheidet gemäß Abb.4.4.1 drei Phasen. Zunächst bildet sich
eine Doppelwirbelanordnung bei kleinen Reynoldszahlen aus, die schnell in eine periodisch schwingende Karman-Wirbelanordnung umschlägt, bis sich bei größeren
Reynoldszahlen eine Totwasser- oder Kavitationszone im Endzustand einstellt. Letztere kann sich periodisch turbulent mit durchsetzten Karman-Wirbeln ausbilden oder
eine unperiodisch beruhigte Totwasserausbildung zeigen.

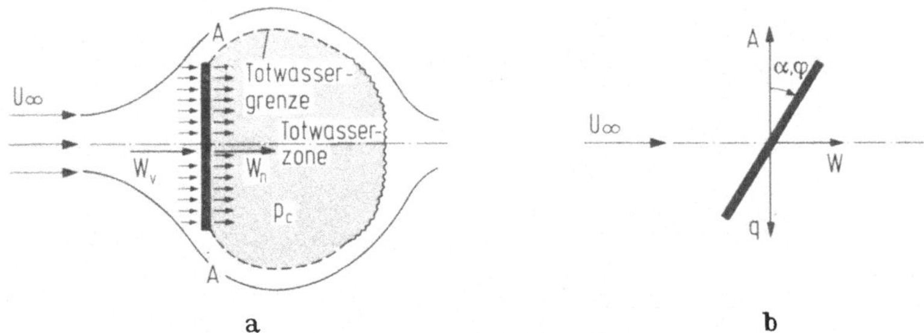

Abb.4.4.1. Senkrecht zur Strömung angestellte Platte mit Totwasserzone und aerodynamischer Kraftwirkung bei leichter Plattendrehung. a) Nachlaufzone, b) Kraftwirkung bei leichter Plattendrehung

Das Totwasserproblem ist nun einmal von "statischem" Interesse. Außerdem interessiert die Ausbildung der Totwasserzone für statische Interferenzeffekte von hinter dem betreffenden Widerstandskörper stehenden Profilen als auch Ausbreitungsvorgänge, die durch Schadstoffe in der betreffenden Totwasserzone hervorgerufen
werden können (z.B. Abgase eine Flugkörpers, Schornsteinrauch usw.).

Vom theoretischen Standpunkt ist das Totwasserproblem ungelöst und wird wohl immer in einer halbempirischen Phase stehen bleiben, da wesentliche Parameter des
Strömungsproblems nur meßtechnisch bestimmt werden können. Physikalisch ist
zunächst festzustellen, daß bei dem ursprünglich konservativ angenommenen Strömungsfeld im Strömungsnachlauf Nutzenergie (Exergie) in Verlustenergie (Anergie)
umgebildet worden ist, die erst in einem zu bestimmenden Extremwert ihren wirklichen Gleichgewichtszustand findet. Diese Anergie (gebundene Verlustenergie) bewirkt einen Druckverlust im Strömungsnachlauf, der eine Widerstandskraft hervorruft. Somit läßt sich die Totwasserzone gemäß Abschn.2.2 durch das Auswahlprinzip

$$W = \text{Extr.} \qquad\qquad (4.4.1)$$

unter Berücksichtigung der Systemrandbedingungen festlegen. Maßgebend für die
Größe des Widerstands ist die geometrische Ausbildung der Totwasserzone und der
daraus folgende Totwasserunterdruck.

Zunächst ist durch die Ausbildung einer Nachlaufwirbel- oder Totwasserzone eine
Erklärung des Profilwiderstands überhaupt möglich, der sich gemäß Abb.4.3.1 in
einen Druckwiderstand des Vorlaufs W_v und einem Formwiderstand des Nachlaufs
W_n aufteilt. Insgesamt gilt die Festsetzung

$$W = W_v + W_n . \tag{4.4.2}$$

Die Totwasserzone ist als ein Strömungskörper aufzufassen, der das ursprüngliche
Profil zu einem stromlinienförmigen Körper ergänzt, also praktisch zum Profil und
nicht mehr zur ursprünglichen Strömung gehört.

Nach dem Auswahlkriterium (4.4.2) folgt aus dem Anergiecharakter der Nachlaufströmung sofort die Bedingung, daß bei unendlich vielen Strömungskörpern des Tot-
wassernachlaufs der Zustand mit dem minimalen Druck an jeder Profilstelle den
endgültigen Gleichgewichtszustand angibt. Je größer die geometrische Ausbildung
der Totwasserzone wird, umso größer wird der Profilwiderstand.

Das eigentliche physikalische Problem liegt nun hier in der Bestimmung der abso-
luten Größe des Totwasserunterdrucks. Frühere Untersuchungen nehmen diesen Unterdruck als konstant innerhalb der Totwasserzone an und erhalten fehlerhafte, physikalische Aussagen, da sie meist die Schließungsbedingung der Totwasserzone nicht
erfüllen können oder sonstige Schwächen zeigen [4.4.1-4.4.3]. Erst sorgfältige theoretische Untersuchungen und Messungen von Tanner [4.4.4-4.4.6] zeigen gemäß
Abb.4.4.2 befriedigende Ergebnisse. Es ist dort zu erkennen, daß der Totwasserunterdruck bis zur Stelle des Wirbelmittelpunktes näherungsweise konstant ist, während er danach stetig bis zu einem geringen Überdruck zunehmen kann. Innerhalb
des Totwassergebietes ist eine merkliche Rückströmung festzustellen, deren Maxi-
malgeschwindigkeit bis zu

$$|u_{Tot}| \leqslant 0,30 \; U_\infty$$

betragen kann. Außerdem erfolgt über die freie Grenzschicht der Totwassergrenzlinien ein merklicher Materialtransport, dessen Beschleunigungsenergie aus dem
Druckverlust der Totwasserzone bilanziert wird. Weitere Verluste werden durch
wirbelartige Störenergien auf der Totwassergrenze hervorgerufen, so daß ein be-
ruhigtes unperiodisches Totwasser einen merklich geringeren Profilwiderstand als
ein periodisches Totwasser hervorruft [4.4.4-4.4.6].

Aufgrund der vielen freien Parameter dieses Problems erscheint nur eine halbempirische Problemlösung sinnvoll. Durch ausführliche Meßreihen hat Tanner [4.4.4-4.4.6] für den Verlauf des Totwasserunterdrucks die Beziehung

$$c_{PR} = 0,265 + 0,735\, c_{PB} \qquad\qquad (4.4.4)$$

festgestellt. Dabei bedeutet c_{PB} gemäß Abb. 4.3.2 den Unterdruckbeiwert unmittelbar hinter den Ablösestellen und c_{PR} den Beiwert am Ende der Totwasserzone. Damit läßt sich der Druckverlauf gemäß Abb. 4.4.2 festlegen und das zugehörige Strömungsbild z.B. mit Hilfe der Finite-Elemente-Methode ähnlich wie [4.4.8-4.4.9] berechnen.

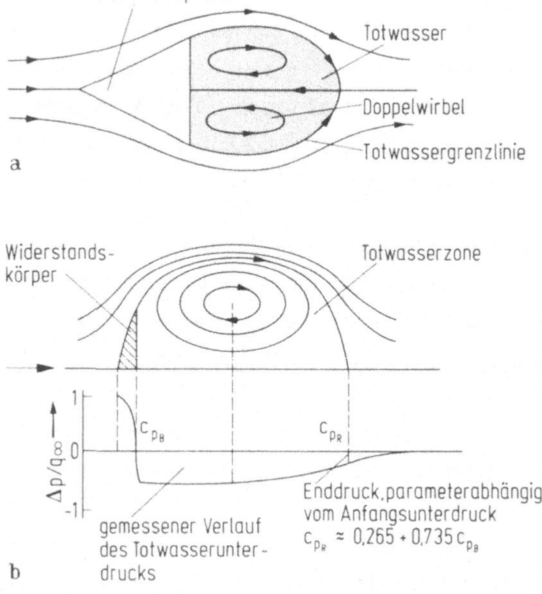

Abb. 4.4.2. Hilfsmodelle der Totwassertheorie. a) Re-entrant jet cavity, b) Totwasserausbildung nach Messungen von Tanner

Durch den determinierten Charakter des Strömungsbildes und die weitgehende Unabhängigkeit von der Reynoldszahl ist hier die Anordnung und tabularische Erfassung von Windkanalversuchen als besonders sinnvoll anzusehen. Allgemein ist festzustellen, daß der Widerstand umso mehr steigt, je größer sich die Kavitationszone ausbildet. Konstruktive Maßnahmen wie die Anordnung von Leitprofilen oder die Ausrundung scharfer Profilecken bewirken durch die verringerte Totwassergeometrie eine zum Teil erhebliche Widerstandsverminderung, Abb.4.4.3. Aber auch Platten innerhalb der Totwasserzone sind aufgrund der beruhigten, unperiodischen Totwasserausbildung in der Lage, den Widerstand erheblich herabzusetzen [4.4.10].

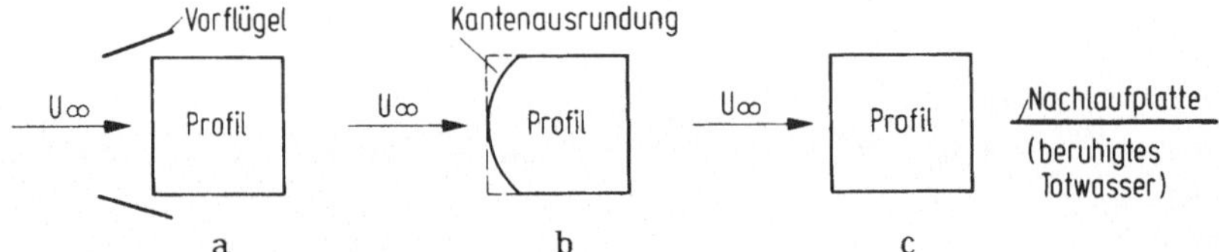

Abb.4.4.3. Maßname zur Widerstandsverminderung kantiger Profile. a) Vorflügel, b) Kantenausrundung, c) Nachlaufplatten

Durch die Ausbildung der Totwasserzone ist eine eindeutige Erklärung des Strömungswiderstands möglich. Der Gesamtwiderstand eines Profils setzt sich, wie schon erwähnt, aus dem Druckwiderstand im Strömungsverlauf und dem Formwiderstand der Nachlaufzone zusammen. Ohne eine ausgeprägte Totwasserzone oder Nachlaufwirbelerscheinungen ist im Prinzip das d'Alembertsche Paradoxon - also ein nahezu verschwindender Strömungswiderstand - vorhanden, da die Grenzschichtreibung nur sehr geringe Kräfte erzeugt. Eine Übersicht von gemessenen Widerstandsbeiwerten als Funktion der Profilgeometrie liefern Tab.4.4.1 und Abb.4.4.4.

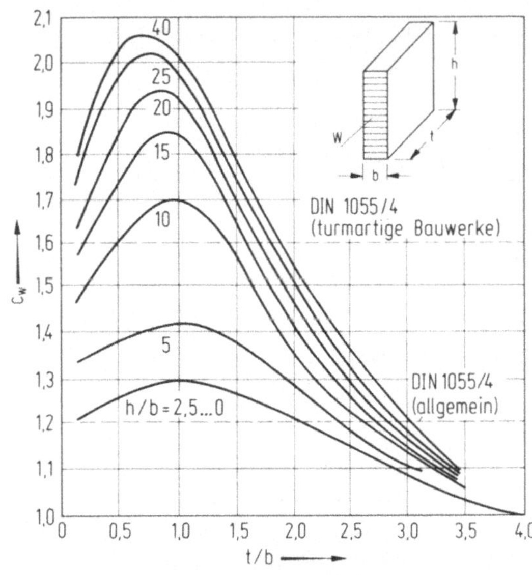

Profil	c_a	c_w
→ | |	2,03	0
→ |	1,96 - 2,01	0
→ I	2,04	0
→ ⊢⊣	1,81	0
→ L	2,00	0,3
→ ⌐	1,83	2,07
→ L	1,99	-0,09
→ Γ	1,62	-0,48
→ ⊢—	2,01	0
→ T	1,99	-1,19

Abb.4.4.4. Widerstandsbeiwerte als Funktion der Gebäudegeometrie

Abb.4.4.5. Aerodynamische Kraftbeiwerte von Profilstäben nach Messungen von Flachsbart [4.4.17]

                                          4. Statische Windkraftprobleme

Tabelle 4.4.1. Widerstandsbeiwerte von allgemeinen Profilen [4.4.14]

Schema	B/D	c_w	Bezugs-fläche	Re
Zylinder	0,5	1,00	$\frac{\pi}{4} D^2$	$3,6 \cdot 10^5$
	1,0	0,84		
	2,0	0,76		
	4,0	0,78		
	6,0	0,80		
	7,0	0,84		
Zylinder mit kugelförmigen Anschlüssen (Enden)	7,0	0,22 – 0,28	$\frac{\pi}{4} D^2$	$4 \cdot 10^5$
Kugelkalotte	0	1,17	$\frac{\pi}{4} D^2$	10^5-10^6
	0,28	1,37		
	0,37	1,39		
	0,50	1,42		
	0,66	1,35		
	0,50	0,42	$\frac{\pi}{4} D^2$	$5 \cdot 10^5$
Habkugel voll		1,17	$\frac{\pi}{4} D^2$	10^4-10^5
		0,42	$\frac{\pi}{4} D^2$	10^4-10^5
Kreisplatte		1,17	$\frac{\pi}{4} D^2$	$2 \cdot 10^5$
		1,19	$\frac{\pi}{8} D^2$	$2 \cdot 10^5$

Schema	c_w bei Re $= 10^4 \ldots 10^5$	
	ohne Platte	mit Platte
	1,11	0,94
	1,03	0,59
	1,03	0,62
	1,19	0,89
	1,90	1,60
	1,70	1,40
	1,98	1,78

Die bisherigen Untersuchungen haben bisher im wesentlichen das aerodynamische Verhalten der senkrecht zur Windrichtung angestellten Platte beleuchtet. In Abb. 4.4.5 ist dargestellt, welche Kraftbeiwerte bei ähnlich konstruierten Profilen auftreten [4.4.17].

Bei scharfkantigen, gedrungenen, geschlossenen Profilen sind durch Messungen die in Abb. 4.4.6 dargestellten Kraftbeiwerte festgestellt worden [4.4.11-4.4.13].

Es können somit nicht nur Kräfte in allen Achsrichtungen, sondern auch erhebliche Momente auftreten, die oft als Torsionsmomente statisch berücksichtigt werden müssen.

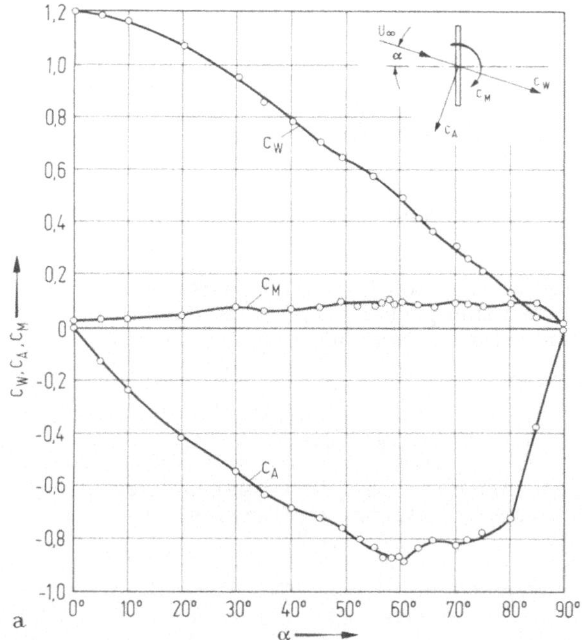
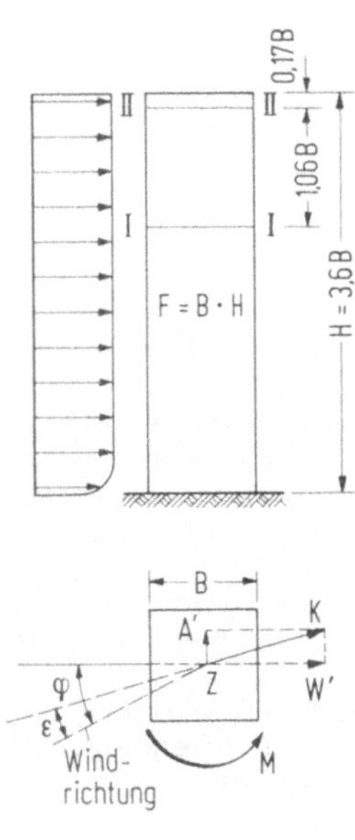
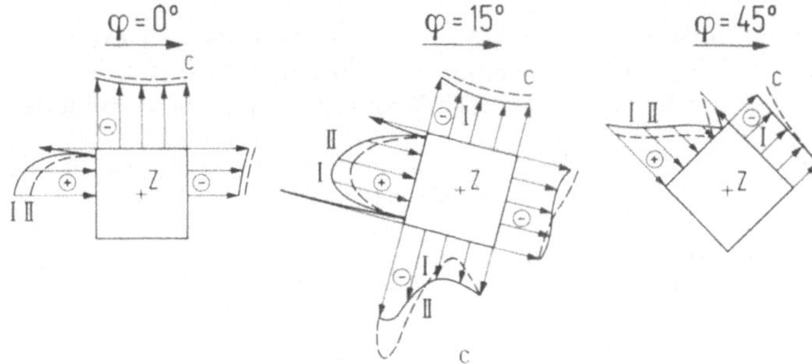
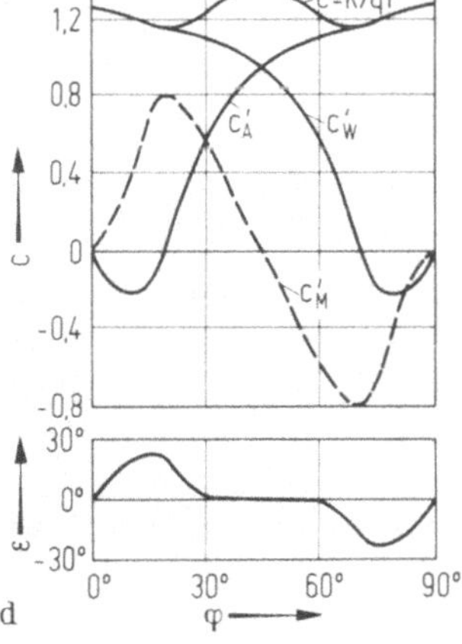
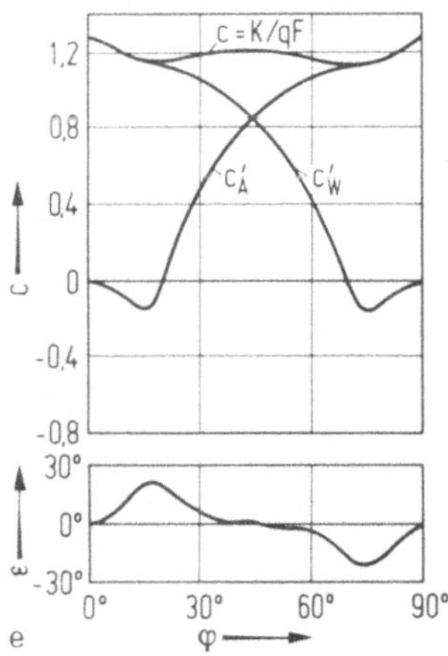

Abb. 4.4.6. Aerodynamische Kraftbeiwerte und Druckverläufe gedrungener, kantiger, geschlossener Profile [4.4.11].
a) Kraftbeiwerte einer Platte als Funktion der Anströmrichtung, b) Winddruckverteilungen, Windkräfte und Windmomente eines Hochhauses. Abmessungen und Definitionen, c) Außendruckverteilung bei verschiedenen Anströmwinkeln, d) Windkraftbeiwerte bei nicht gegliederter Fassade, e) Windkraftbeiwerte bei gegliederter Fassade

Literatur

4.4.1 Helmholtz, H.: Über discontinuierliche Flüssigkeitsbewegungen. Monatsber. Berliner Akademie (1868), S. 215.

4.4.2 Eppler, R.: Beiträge zu Theorie und Anwendung der unstetigen Strömungen, J. Rat. Mech. and Analysis 3 (1954) 591

4.4.3 Roshko, A.: A new hodograph for free-streamline theory. NACA TN 3168, 1954.

4.4.4 Tanner, M.: Ein Verfahren zur Berechnung des Totwasserdrucks und Widerstandes von stumpfen Körpern bei inkompressibler, nichtperiodischer Totwasserströmung. Mitt. MPJ Strömungsforsch. und Aerodyn. Vers. Anst. Nr. 39 (1964).

4.4.5 Tanner, M.: Ein Beitrag zur Theorie der kompressiblen abgelösten Strömung um Keile. Forschungsbericht DVLR, Bereich 72-57 (1972).

4.4.6 Tanner, M.: Der Begriff der Ausströmung aus dem Totwasser und seine Anwendung auf Totwasseruntersuchungen. Zeitschr. f. Flugwiss. 19 (1971) 493.

4.4.7 Handbuch der Physik, Teil Strömungsmechanik III, S. 311, Aufs. D. Gilbarg: Jets and cavities, Berlin, Göttingen, Heidelberg: Springer 1966.

4.4.8 Argyris, J.H.; Maraszek: Potential Flow Analysis by Finite Elements, Ing.-Arch. 41 (1972) 1.

4.4.9 Withum, D.: Elektronische Berechnung ebener und räumlicher Sicker- und Grundwasserströmungen durch beliebig berandete, inhomogene, anisotrope Medien. Mitt. Inst. Wasserw. u. landw. Wasserb. 10 (1967), TU Hannover.

4.4.10 Hucho, W.H.: Einfluß der Vorderwagenform auf Widerstand, Gleitmoment und Seitenkraft von Kastenwagen. Zeitschr. f. Flugwiss. 20 (1972) 341.

4.4.11 Beck, H.; Schneider, K.H.: Tragwerk des Hochhauses AFE der Universität Frankfurt/Main. Beton- und Stahlbetonbau 67 (1972) 1.

4.4.12 Vorträge auf dem Betontag 1973. Bomhard, H.: Das BMW-Hochhaus in München, S. 182.

4.4.13 König, G.: Hochhäuser in Stahlbeton. Beton-Kalender, Teil II, 1975. Berlin, München, Düsseldorf: Ernst & Sohn.

4.4.14 Zuranski, J.A.: Windbelastung von Bauwerken und Konstruktionen. Köln-Braunsfeld: R. Müller 1969.

4.4.15 Sachs, P.: Wind Forces in Engineering. Oxford, New York, Toronto, Sidney, Braunschweig: Pergamon Press 1972.

4.4.16 Ghiocel, D.; Lungu, D.: Actiunea vintulu zapezii si varia tiilor de temperatura constructii. Bucuresti: Editura Technica.

4.4.17 Flachsbart, O.: Ergebnisse AVA, 4. Liefg, (1932) 134-138.

4.4.18 Grashof, J.: Berechnung der Druck- und Schubspannungsverteilung auf Körper mit Totwasser in ebener inkompressibler Parallelströmung. Diss. Karlsruhe 1973.

4.5 H- (U-) Profile (Interferenzprofile)

Nach den bisher behandelten Einzelquerschnitten soll nun der Übergang zu häufigen
Profilen des Brückenbaus vollzogen werden, wobei hier das in [4.5.1-4.5.6] be-
handelte H-Profil besonders interessiert. In Zukunft sollten die wesentlichsten
Querschnittstypen des Brückenbaus aerodynamisch untersucht und die zugehörigen
stationär gemessenen Kraft- und Momentenbeiwerte wie im Flugzeugbau tabella-
risch erfaßt werden. Das Strömungsbild des H-Querschnitts zeigt das in Abb.4.5.1
qualitativ dargestellte Verhalten. Hier ist erstmalig ein Interferenzverhalten innerhalb eines Profilquerschnitts vorhanden, da der Strömungsnachlauf der vorderen
Seitenscheibe das Strömungsbild des gesamten Profils beeinflußt.

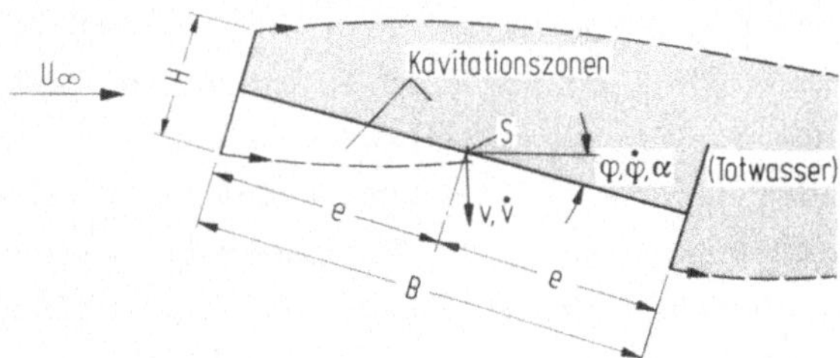

Abb.4.5.1. Stationäres Strömungsbild des H-Querschnitts

Eine Potentialströmung ist nur bei den luvseitigen Querschnittsteilen bei einem
nicht verschwindenden Anstellwinkel vorhanden, während alle leeseitigen Flächen
ganz oder teilweise im Totwassergebiet liegen. Wirbel sind in diesem Strömungsbild als Sekundäreffekte aufzufassen, die meist in Form von Ablöseblasen ohne
Zirkulationswirkung auftreten.

Die aerodynamische Kraftwirkung unterscheidet die Abtriebswirkung der senkrecht
angestellten Seitenscheiben und die Stauwirkung der Innenplatte des luvseitigen bzw.
die Sogwirkung der Kavitationszone des leeseitigen Teils. Beide Seitenscheiben wirken gemäß Abb.4.5.1 nur zur Hälfte, da die untere Hälfte der vorderen Seitenscheibe bei endlich kleiner Ablöseblase gemäß dem d'Alembertschen Paradoxon keinen
resultierenden Widerstand erzeugt mit Ausnahme kleiner Anstellwinkel, wo der luvseitige Profilteil noch völlig zur Kavitationszone zählt und praktisch nur eine Kraftwirkung der vorderen Seitenscheibe vorhanden ist, so daß das H-Profil dort nur als
senkrecht zur Strömung angestellte Platte aufzufassen ist. Die hintere Seitenscheibe
bewirkt nur luvseitig zur Hälfte eine Stauwirkung, da sich der leeseitige Teil kräfte-
frei insgesamt in der Kavitationszone befindet. Somit ist also für den Widerstand
höchstens nur eine Scheibe anzusetzen (im Gegensatz zu DIN 1055 alt mit eineinhalb)
und ebenso für den Querabtrieb.

Größere Anstellwinkel bewirken ein stetig vergrößerndes Verfangen der Strömung
vor der hinteren Seitenscheibe, so daß das negative Auftriebsdiagramm in nichtlinearer Weise zu einem positiven Auftrieb durchschlägt. Dieser positive Auftrieb
kann aber aufgrund völlig andersartiger Strömungsverhältnisse nicht mit der Plat-
tenpotentialwirkung verglichen werden, da die Saugseite des Profils stets eine abgerissene Strömung aufweist.

Gemäß den bisherigen Ausführungen ist klar, daß die vertikalen Seitenscheiben sich
in etwa momentenmäßig das Gleichgewicht halten. Somit kann eine Momentenwirkung
nur in einer Art Turbineneffekt aus dem Verfangen der Strömung vor dem luvseitigen
Teil der hinteren Seitenscheibe resultieren, weil die Leeseite als Totwasserzone konstanten Druck aufweist. Da die Schrägneigung des Profils in dieser Staufunktion qua-
dratisch eingeht, muß der Momentenbeiwert c_m des Profils in Näherung konstant
verlaufen. Da jedoch der Profilinnenteil bei sehr kleinen Anstellwinkeln durch den
Windschatten der vorderen Seitenscheibe abgeschirmt wird, benötigt die Strömung
einen bestimmten Anstellwinkel α^*, um den Momentenbeiwert in voller Größe ausbilden zu können. Bis dahin ist eine näherungsweise Proportionalität von c_m zu α
experimentell erwiesen. Entscheidend ist für diese Überlegungen, daß für die Bestimmung des Momentenbeiwerts nicht der Drehwinkel des Profils zur Strömung,
sondern der Eindringwinkel der Strömung in das Profilinnere maßgebend wird. Aus
diesen einfachen statischen Betrachtungen lassen sich schon rein qualitativ die Kraftbeiwerte c_a (Auftrieb), c_w (Widerstand) und c_m angeben, Abb. 4.5.2.

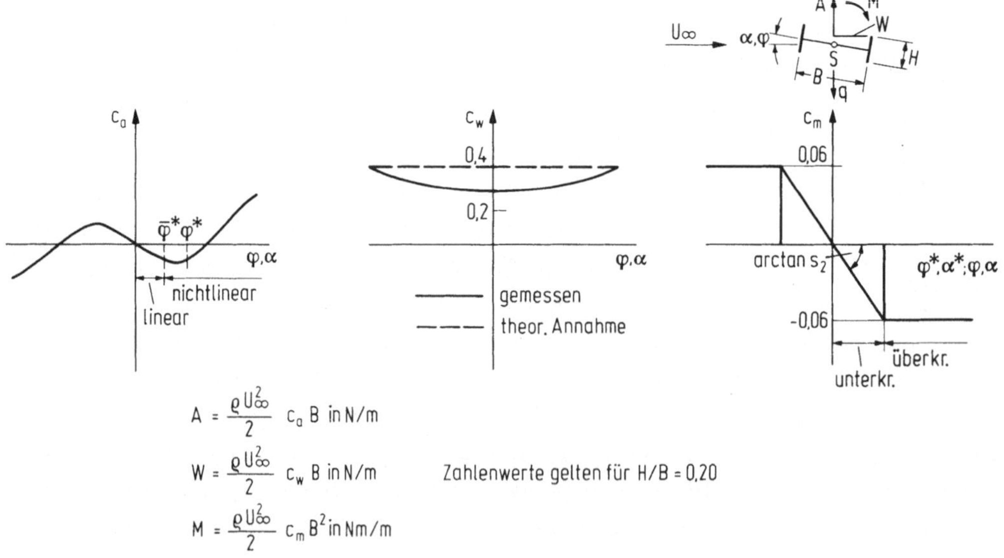

$$A = \frac{\varrho U_\infty^2}{2}\, c_a\, B \text{ in N/m}$$

$$W = \frac{\varrho U_\infty^2}{2}\, c_w\, B \text{ in N/m} \qquad \text{Zahlenwerte gelten für H/B = 0,20}$$

$$M = \frac{\varrho U_\infty^2}{2}\, c_m\, B^2 \text{ in Nm/m}$$

Abb. 4.5.2. Stationärer Auftriebs-, Widerstands- und Momentenbeiwert des H-Profils

Es ist nach diesen einfachen Betrachtungen klar, daß sich die Kraftbeiwerte zumindest in den interessanten linearen Bereichen durchaus rechnerisch erfassen lassen. Wesentlich werden sich diese Untersuchungen für den instationären Fall erweisen, wie später noch ersichtlich wird. Es wird hier zwischen sehr kleinen Anstellwinkeln, bei denen praktisch nur die vordere Seitenscheibe wirkt, und dem überkritischen Bereich mit nahezu konstantem Momentenbeiwert für $\alpha > \alpha^*$ unterschieden. Der Widerstandsbeiwert des H-Querschnitts kann gemäß Abb.4.5.2 bei "unendlicher" Brückenlänge

$$c_w \approx 2,0$$

bezogen auf die Seitenscheibenhöhe H angenommen werden, was durch das Experiment gemäß Abb.4.5.2 bestätigt wird. Demnach beträgt die Abtriebskraft q gemäß Abschn.4.4

$$-A = q = \frac{\rho\,U_\infty^2}{2}\,2,0\,H\alpha \quad \text{für} \quad 0 \leqslant \alpha \leqslant \bar{\alpha}^*$$

$$= \text{nichtlinear für} \quad \alpha > \bar{\alpha}^* , \tag{4.5.1}$$

was ebenfalls experimentell meßbar ist. Die explizite Größe des kritischen Anstellwinkels $\bar{\alpha}^*$ interessiert im Rahmen der weiteren Rechnung nicht. Bei überkritischen Anstellwinkeln $\alpha > \bar{\alpha}^*$ ist die stationäre aerodynamische Kraftwirkung in Abb.4.5.3 zusammengestellt.

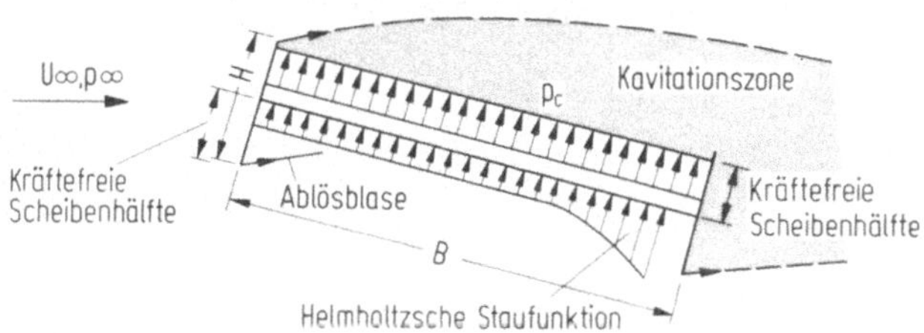

Abb.4.5.3. Stationäre Kraftwirkung des H-Profils

Im Rahmen der weiteren Rechnung soll nur die Momentenwirkung untersucht werden, die durch das momentenmäßige Gleichgewicht des Seitenscheibenanteils nur auf die Helmholtzsche Staufunktion der Innenplatte zurückzuführen ist. Die Schräge der Anströmung ist als quadratischer Effekt gemäß den vorausgegangenen Überlegungen vernachlässigbar. Somit folgt aus einfachen Symmetrieüberlegungen, daß die gesuchte Helmholtzsche Druckfunktion in guter Näherung aus dem Analogiemo-

dell der Abb. 4.5.4 berechenbar ist, wenn die Auswirkung der Totwassergrenze des
Strömungsnachlaufs vernachlässigt wird, was hier als zulässig erscheint.

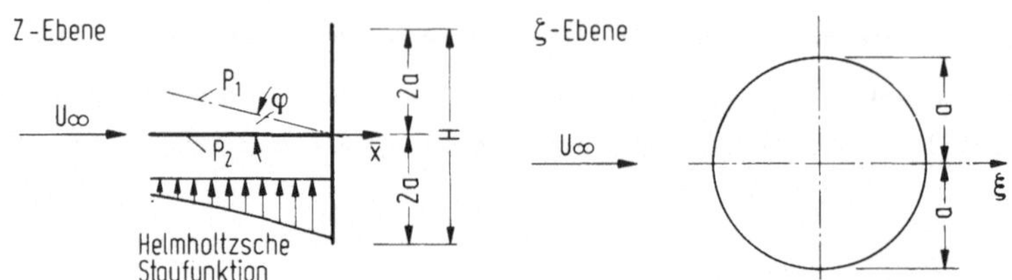

Abb. 4.5.4. Potentialströmung der senkrecht angestellten Platte

Die weitere Rechnung erfolgt gemäß [4.5.1] durch die Methode der konformen Abbildung, die hier eine einfache, exakte Lösung zuläßt. Zunächst ist das stationäre
Strömungsfeld mit der Koordinatenbezeichnung der Abb. 4.5.4 zu ermitteln. Wenn
das Strömungsbild der in der z Ebene liegenden Platte konform auf die Strömung
der ζ Ebene um den Kreiszylinder abgebildet wird, besteht zwischen beiden Geschwindigkeiten bekanntlich die Beziehung [2.2.1]

$$u(z) = \frac{u(\zeta)}{1 + a^2/\zeta^2} \cdot \qquad (4.5.2)$$

Da für die Geschwindigkeit der Symmetrieebene der Strömung um den Kreiszylinder
gilt [2.2.1]

$$u(\xi) = U_\infty (1 - a^2/\xi^2), \qquad (4.5.3)$$

folgt aus (4.5.2) und (4.5.3) leicht

$$u(\bar{x}) = U_\infty \, \frac{\xi^2 - a^2}{\xi^2 + a^2} , \qquad (4.5.4)$$

wobei bekanntlich [2.2.1]

$$\xi = \frac{\bar{x}}{2} + \sqrt{\frac{\bar{x}^2}{4} + a^2} \ , \qquad \bar{x} = \xi - a^2/\xi \qquad (4.5.5)$$

ist. Aus dem nun feststehenden Geschwindigkeitsfeld kann mit Hilfe des Bernoulli-
Gesetzes sofort auf die Druckverteilung der Innenplatte geschlossen werden. Während
für die Luvseite der Innenplatte

$$P_\infty + \frac{\rho U_\infty^2}{2} = p(\bar{x}) + \frac{\rho U^2(\bar{x})}{2} \qquad (4.5.6)$$

oder nach Umformung

$$p(\bar{x}) = p_\infty + \frac{\rho\, U_\infty^2}{2} \left(1 - \frac{U^2(\bar{x})}{U_\infty^2}\right) \tag{4.5.7}$$

gilt, ergibt sich definitionsgemäß für die windabgekehrte Seite innerhalb des Totwassergebietes [4.5.1]

$$p_C = p_\infty - \sigma\, \frac{\rho\, U_\infty^2}{2} \tag{4.5.8}$$

mit der Kavitationszahl σ, so daß die resultierende Druckverteilung

$$\Delta p = p - p_C = \frac{\rho\, U_\infty^2}{2} \left(1 + \sigma - \frac{U(\bar{x})}{U_\infty^2}\right) \tag{4.5.9}$$

ist. Aus (4.5.9) folgt mit (4.5.3) sofort

$$\Delta p = \frac{\rho\, U_\infty^2}{2} \left(\sigma + 4a^2 \xi^2\, \frac{1}{(a^2 + \xi^2)^2}\right) , \tag{4.5.10}$$

wobei ξ durch (4.5.5) festgelegt ist. Für die Berechnung der Schnittgrößen existieren folgende Grenzwerte

$$\bar{x} = 0 \;\rightarrow\; \xi = a = H/4 \tag{4.5.11}$$

$$\bar{x} = -\frac{B}{2} \;\rightarrow\; \xi = -\frac{B}{4} - \sqrt{\frac{B^2}{16} + \frac{H^2}{16}} \;\approx\; -B/2 , \tag{4.5.12}$$

$$\bar{x} = -B \;\rightarrow\; \xi = -\frac{B}{2} - \sqrt{\frac{B^2}{4} + \frac{H^2}{16}} \;\approx\; -B. \tag{4.5.13}$$

Jetzt ergibt sich für den Auftrieb des Helmholtzschen Strömungsanteils

$$q_{He} = - \int\limits_{-B}^{0} |\Delta p(\bar{x})|\, d\bar{x} = - \frac{\rho\, U_\infty^2}{2} \int\limits_{a}^{B} \left(\sigma + \frac{4a^2 \xi^2}{(a^2 + \xi^2)^2}\right) d\bar{x} \tag{4.5.14}$$

wobei gemäß (4.5.5)

$$d\bar{x} = (1 + a^2/\xi^2)\, d\xi \tag{4.5.15}$$

ist, so daß mit (4.5.11) bis (4.5.13) nach kurzer Zwischenrechnung folgt

$$q_{He} = - \frac{\rho U_\infty^2}{2} \left\{ \sigma(B - a) + 4a \left[\arctan\left(\frac{B}{a}\right) - \frac{\pi}{4} \right] \right\} \qquad (4.5.16)$$

Voraussetzungsgemäß ist $a = H/2 \ll B$, so daß sich (4.5.16) vereinfacht zu

$$q_{He} = - \frac{\rho U_\infty^2}{2} (\sigma B - \pi a) \;. \qquad (4.5.17)$$

Das negative Vorzeichen gilt für positive Anstellwinkel α.

Die Berechnung des Nickmomentes m_{He} bezogen auf den Plattenendpunkt vollzieht sich in ähnlicher Weise. Da mit den analogen Vorzeichenüberlegungen

$$m_{He} = - \int_{-B}^{0} \Delta |p(\bar{x})| \bar{x}\, d\bar{x} = - \int_{0}^{B} \Delta |p(\bar{x})| \bar{x}\, d\bar{x} \qquad (4.5.18)$$

ist, folgt aus (4.5.10), (4.5.5) und (4.5.15) mit den Gleichungen (4.5.11) bis (4.5.13)

$$m_{He} = - \frac{\rho U_\infty^2}{2} \int_{a}^{B} \left(\sigma + \frac{4a^2 \xi^2}{(a^2 + \xi^2)^2} \right) \left(\xi - \frac{a^2}{\xi} \right) \left(1 + \frac{a^2}{\xi^2} \right) d\xi \;, \qquad (4.5.19)$$

so daß sich für das Helmholtzsche Torsionsmoment m_{He} bezogen auf den Symmetriepunkt des Profils unter Berücksichtigung des Vorsatzes aus m_{He} und q_{He} errechnet

$$m_{He} = - \frac{\rho U_\infty^2}{2} \frac{H^2}{16} \left(\frac{2\pi B}{H} - \sigma - 4\ln\frac{4B}{H} + 2\ln\frac{\sqrt{8}\,B}{H} \right) \qquad (4.5.20)$$

mit

$$\sigma = - 1,12$$

wobei das negative Vorzeichen wieder für positive Anstellwinkel α gilt, und zwar oberhalb eines kritischen Anstellwinkels α^*, der laut experimenteller Erfahrung etwas zu

$$\alpha^* \geqslant H/2B$$

angesetzt werden darf. Bei kleineren Anstellwinkeln ist ein nahezu lineares Anwachsen vom verschwindenden bis zum Helmholtzschen Endwert (4.5.20) vorhanden. Somit ergibt sich mit (4.5.1), (4.5.20) und (4.5.21) das folgende Endergebnis für die stationären Kraft- und Momentenbeiwerte des H-Profils

$$q = \frac{\rho U_\infty^2}{2}\; 2{,}0\, H\alpha \quad \text{für} \quad |\alpha| \leqslant |\bar{\alpha}^*| \Biggr\} \; , \qquad (4.5.22)$$
$$\text{nichtlinear} \quad \text{für} \quad |\alpha| > |\bar{\alpha}^*|$$

$$m = \frac{\rho U_\infty^2}{2}\; B^2 s_2 \alpha, \qquad s_2 = \frac{c_{mHe}}{\alpha^*}$$
$$\text{für} \quad |\alpha| < |\alpha^*| \Biggr\} \; , \qquad (4.5.23)$$
$$m = \frac{\rho U_\infty^2}{2}\; B^2 c_{mHe}; \text{für} \quad |\alpha| > |\alpha^*|$$

$$c_{mHe} = -\,\text{sgn}\,\alpha\, \frac{H^2}{16 B^2}\left(2\pi\, \frac{B}{H} - \sigma - 4\ln\frac{4B}{H} + 2\ln\frac{\sqrt{8}\,B}{H} \right) \qquad (4.5.24)$$

$$c_w = 2{,}0 \quad ; \quad \sigma = 1{,}12 \; .$$

Diese rechnerischen Größen sind in Abb. 4.5.2 veranschaulicht.

Durch ausführliche Messungen von Steinman [4.5.4, 4.5.5] sind die folgenden Kraftbeiwerte als Funktion der Profilgeometrie festgestellt worden, Abb. 4.5.5.

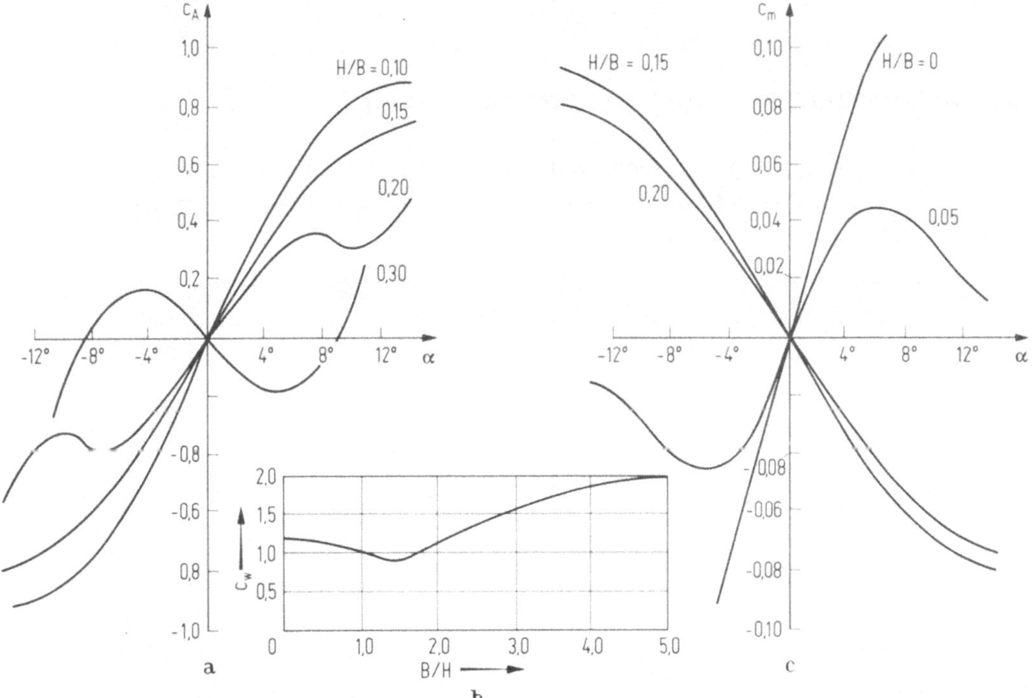

Abb. 4.5.5. Kraftbeiwerte des unendlich langen H-Querschnitts [4.5.4]. a) Auftriebsbeiwert, b) Widerstandsbeiwert, c) Momentenbeiwert

Da aus dem Verlauf der statischen Kraftbeiwerte wichtige Schlüsse bezüglich der
aerodynamischen Stabilität dieser Querschnitte gezogen werden können - wie vor
allem in Abschn. 11 gezeigt wird - ist zu empfehlen, diese Werte katalogartig auf
andere praktisch wichtige Querschnitte auszudehnen.

<u>Literatur</u>

4.5.1 Rosemeier, G.: Aeroelastische Probleme des Bauwesens. Habil.-Schrift
      TU Hannover 1970.

4.5.2 Rosemeier, G.: Zur aerodynamischen Stabilität von H-Querschnitten. Der
      Bauingenieur 48 (1973) 401.

4.5.3 Aerodynamic Stability of Suspension Bridges with special reference to the
      Tacoma-Narrows-Bridge. University of Washington Eng. Exp. Stat., Bull.
      No. 116, Part I-V.

4.5.4 Steinman, D.B.: Suspension Bridges. The Aerodynamic Problem and its So-
      lution. Abh. d. Intern. Vereinigung Brückenbau und Hochbau, 14 (1954) 209.
      Zürich: Leemann.

4.5.5 Steinman, D.B.: Hängebrücken. Acier, Stahl, Steel, Brüssel 19 (1954).

4.5.6 Dicker, D.: Aerodynamic Stability of H-Sections. Proc. ASCE, Journ. Eng.
      Mech. Div., 1966, EM 2.

4.6 Fachwerkquerschnitte (Interferenzsysteme)

Für Fachwerkquerschnitte ist schon immer ein großes praktisches Interesse vorhanden gewesen, so daß auf viele Versuchsergebnisse, vor allem von Flachsbart
[4.6.1] verwiesen werden kann. Aber auch die Veröffentlichungen [4.6.2-4.6.13]
als Auswahl aus einer großen Zahl von Fachaufsätzen zeigen wertvolle Gesichtspunkte auf. Von maßgebendem Einfluß ist nun das Verhalten des meist scharfkantig
ausgebildeten Einzelstabes innerhalb eines größeren mit diskreten Profilelementen
durchsetzten Fachwerkkontinuums. Während beim H-Profil nur der Teil eines Profils ganz oder teilweise im Totwassernachlauf Jes vor ihm liegenden Profilteils
liegt, können jetzt ganze Profilsysteme vom Interferenzverhalten der vor ihnen liegenden Profile betroffen werden. Von maßgebendem Einfluß ist der Anteil und die
Form der Vollquerschnittsfläche der Summe aller Einzelstäbe, bezogen auf die gesamte Umrißfläche des Fachwerksträgers. Auch der Abstand der einzelnen Fach-
werkträger voneinander ist bezüglich des Interferenzverhaltens von großer Bedeutung. Da die Untersuchungen praktisch unabhängig von der Reynoldszahl sind, erweist sich hier die Anordnung von Windkanalversuchen als sinnvoll. Meist sind diese Versuche statischer Natur. Es wird jedoch besonders in Abschn. 10, 11 und 15
gezeigt, daß durchaus verschiedenartige kinetische Erregereffekte möglich erschei-

nen. Von maßgeblichem Einfluß auf das aerodynamische Verhalten eines Fachwerksystems ist zunächst der Anteil der Vollwandflächen und die geometrische Form der Summe aller Fachwerkstäbe im Verhältnis zur gesamten Umrißfläche des Fachwerkträgers. Dieses Verhältnis wird durch den Begriff des Völligkeitsgrades

$$\bar{\varphi} = \frac{\Sigma F}{F_u} \qquad\qquad (4.6.1)$$

festgelegt, der das Verhältnis der Summe aller Nettostabflächen ΣF zur gesamten Umrißfläche F_u angibt.

Es sei an dieser Stelle darauf hingewiesen, daß diese Zahl $\bar{\varphi}$ z.B. durch Eisbildungen im Winter unter Umständen starken Schwankungen unterliegt. Bei den praxisüblichen Ausbildungen kann dabei die Stablänge des Einzelstabes gegenüber der maximalen Profilabmessung in Näherung gleich "unendlich" angenommen werden. In Abb.4.6.1 sind die hauptsächlich interessierenden Kraftbeiwerte von verschiedenen Profilformen von Einzelstäben nochmals kurz zusammengestellt.

	α				
	0°	45°	90°	135°	180°
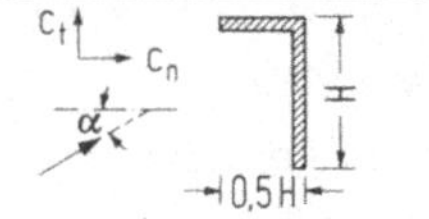 c_n	1,90	1,80	2,00	-1,80	-2,00
c_t	0,95	0,80	1,70	-0,10	0,10
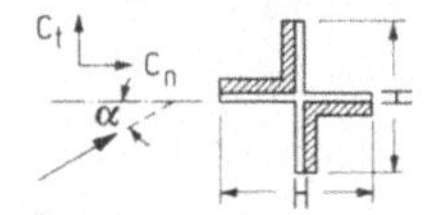 c_n	1,75	0,85	0,10	-0,75	-1,70
c_t	0,10	0,85	1,75	0,75	-0,10
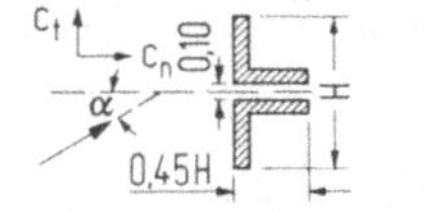 c_n	1,60	1,50	-0,95	-0,50	1,50
c_t	0	-0,10	0,70	1,05	0
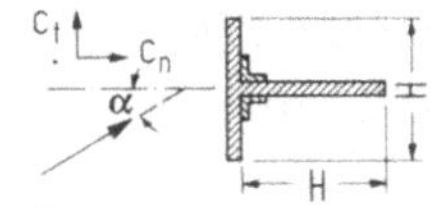 c_n	2,00	1,20	-1,60	-1,10	-1,70
c_t	0	0,90	2,15	2,40	±2,10
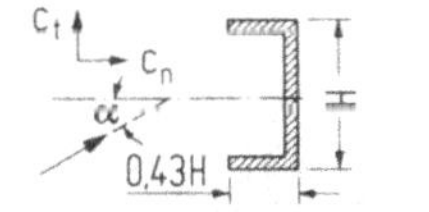 c_n	2,05	1,85	0	-1,60	-1,80
c_t	0	0,60	0,60	0,40	0
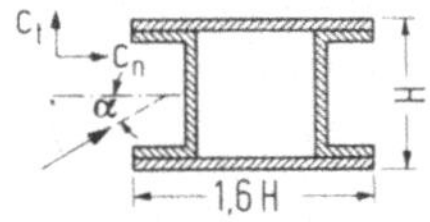 c_n	1,40	1,20	0	-1,20	-1,40
c_t	0	1,60	2,20	1,60	0
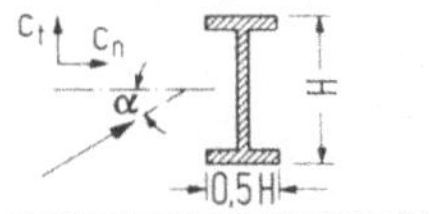 c_n	2,05	1,95	±0,50	-1,95	-2,00
c_t	0	0,60	0,90	0,60	0

	α				
	0°	45°	90°	135°	180°
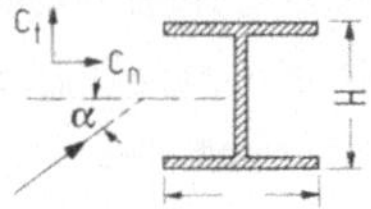 c_n	1,60	1,50	0	-1,50	-1,60
c_t	0	1,50	1,90	1,50	0
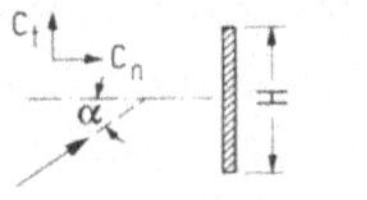 c_n	2,00	1,80	0	-1,80	-2,00
c_t	0	0,10	0,10	0,10	0
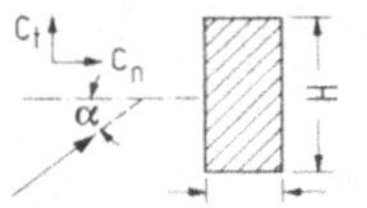 c_n	2,10	1,40	0	-1,40	-2,10
c_t	0	0,70	0,75	0,70	0
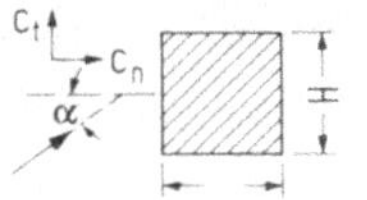 c_n	2,00	1,55	0	-1,55	-2,00
c_t	0	1,55	2,00	1,55	2,00

$Ro < 35 \cdot 10$

	0°	15°	30°	45°	60°	75°	90°
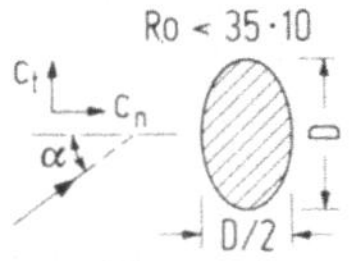 c_n	1,7	1,7	1,4	1,1	1,1	1,1	0
c_t	0	0,2	0,3	0,4	0,4	0,2	0,1
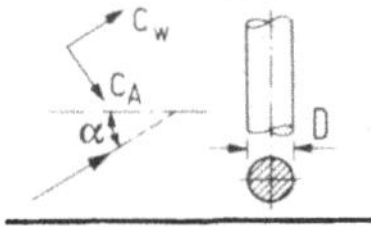 c_w	1,2	1,0	0,8	0,4	0,2	0	0
$-c_A$	0	0,2	0,4	0,4	0,3	0,1	0

Abb.4.6.1. Kraftbeiwerte von Fachwerkeinzelstäben [4.6.5]

Natürlich gelten die Anfachungsbeiwerte nur bei den angegebenen Anströmrich-
tungen und können je nach Änderung des Anstellwinkels starken Schwankungen unterworfen sein. Interessante Messungen von Flachsbart [4.6.1] zeigen die Abhängigkeit der Nettowiderstandsbeiwerte c_w bezogen auf die Summe der Einzelflächen der
Fachwerkstäbe F, ΣF als Funktion des Völligkeitsgrades $\bar{\varphi}$ und c_{wu} bezogen auf
die gesamte Umrißfläche F_u des Fachwerksystems auf, Abb. 4.6.2.

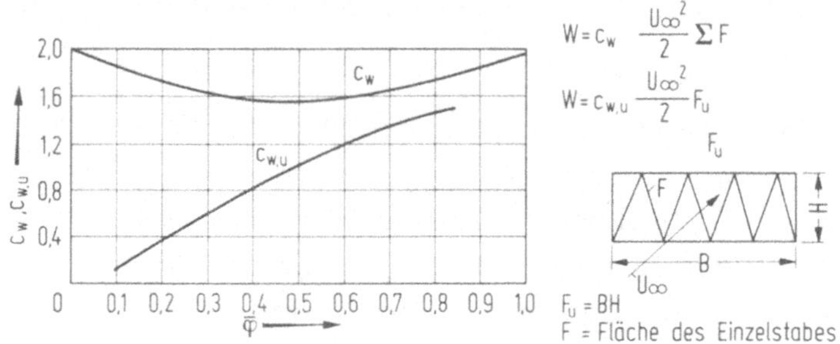

Abb. 4.6.2. Abhängigkeit der Widerstandsbeiwerte eines scharfkantigen Fachwerksystems vom Völligkeitsgrad [4.6.1]

Die Ergebnisse [4.6.1] sind durch neuere Messungen bestätigt [4.6.2, 4.6.3, 4.6.6,
4.6.11, 4.6.12] und in die Neufassungen von Normen eingearbeitet worden [4.6.9].
Bei Rohrsystemen sind aufgrund der merklich kleineren Totwasserzone geringere
Widerstandsbeiwerte festgestellt worden. Auch Systeme mit drei und mehr hintereinander liegenden Fachwerksystemen zeigen oft erheblich verminderte Widerstandsbeiwerte, so daß aus wirtschaftlichen Gründen sehr oft die Anordnung von Windkanalversuchen zweckmäßig erscheint. [4.6.1-4.6.13] Es ist zu sehen, daß oberhalb von
$\bar{\varphi} > 0,5$ die Fachwerkflächen schon sehr vollwandähnlich werden, was vor allem für
die aeroelastischen Instabilitätserscheinungen nach Abschn. 11 von Bedeutung ist.
Unterhalb dieser Grenze sind die Seitenflächen schon so durchlässig, daß z.B. Brük-
kenquerschnitte mit geschlossenen inneren Fahrbahntafeln ein Potentialauftriebsver-
halten wie bei der Platte gemäß Abschn. 4.2 mit geringfügigen Korrekturen aufweisen.
Solche Querschnitte haben sich als recht stabil gegenüber Windschwingungen erwiesen aus Gründen, die im Abschn. 11.1 behandelt werden. Aus Abb. 4.6.1 ist
klar, daß das Verhalten der senkrecht angestellten Platte dominiert. Natürlich gibt
es nicht nur senkrecht zur Strömung angestellte Stäbe, sondern auch schräg unter
dem Winkel $\bar{\alpha}$ geneigte Stäbe, wobei $\bar{\alpha}$ die Abweichung der Stabdrehrichtung gegenüber der Plattennormalen angibt. Unter der Voraussetzung kleiner Winkel $\bar{\alpha}$ beträgt nach Helmholtz die geänderte Widerstandskraft

$$W_\alpha = \frac{c_{w,0}}{0,88} \; \frac{2\pi \cos \bar{\alpha}}{4 + \pi \cos \bar{\alpha}} \; \frac{\rho U_\infty^2}{2} \; F \, . \tag{4.6.2}$$

Es ist also ein nichtlinearer Zusammenhang zwischen der Widerstandskraft W und dem Anstellwinkel $\bar{\alpha}$ zu erkennen, wobei der Vorfaktor $c_{w,\alpha}/0,88$ die Widerstandskraft auf den richtigen Totwasserunterdruck gegenüber dem falschen Helmholtz-Wert korrigiert, Abb.4.6.3. Die in den Normen meist übliche Annahme [4.6.9]

$$W_{\bar{\alpha}} = W \sin \bar{\alpha} \cos \bar{\alpha} \qquad (4.6.3)$$

$$q_{\bar{\alpha}} = W \sin^2 \bar{\alpha}$$

mit dem Abtrieb q und der klassischen Widerstandskraft W liegt auf der sicheren Seite und soll hier in etwa bestätigt werden, vorausgesetzt, daß die Totwasserwirkung erhalten bleibt und keine Potentialauftriebswirkung nach Abschn.4.2 eintritt [4.6.4].

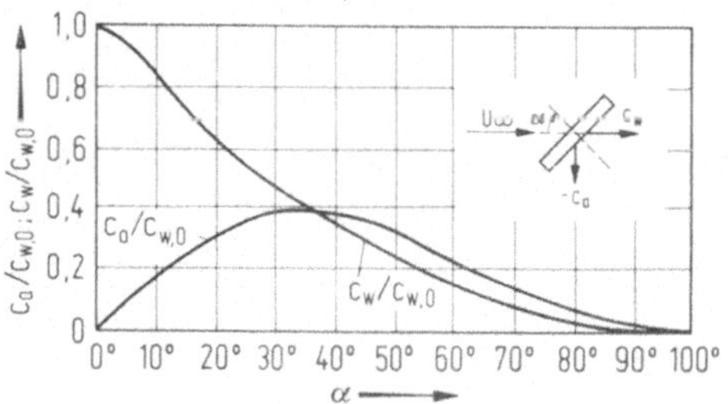

Abb.4.6.3. Abhängigkeit der aerodynamischen Beiwerte eines Stabes vom Anstellwinkel [4.6.4]

Bei mehreren hintereinander liegenden Fachwerksystemen ist die Profilform, der Völligkeitsgrad und der gegenseitige Abstand der einzelnen Profilflächen von grosser Bedeutung. Zunächst werden nur scharfkantige Profile betrachtet. Wie schon erwähnt, ist ohne die Anordnung spezieller Windkanalversuche keine genaue, allgemeingültige Aussage möglich, so daß eine Normierung schwierig erscheint. Allerdings sollte die hier zu erreichende Genauigkeit niemals überschätzt werden, so daß eine Abschätzung nach der sicheren Seite unter Berücksichtigung der Tragwerksreserven und der Wirtschaftlichkeit meist durchaus sinnvoll ist. Hierdurch werden vereinfachte Betrachtungsweisen möglich. DIN 1055 alt empfiehlt bei der vordersten Fachwerkwand den Beiwert $c_w = 1,6$ und für alle weiteren Fachwerkbände bei Systemabständen größer als der Stabbreite den Beiwert $c_w = 1,2$ bezogen auf die gesamten senkrecht zur Windrichtung liegenden Einzelflächen des Fachwerkssystems. Bei geringfügigen Schräganströmungen "über Eck" werden diese Beiwerte noch um den Faktor K = 1,1 (1,2) erhöht. Diese Werte liegen in einer durchaus vernünftigen Größenordnung, obwohl bei Windkanalmessungen durchaus z.T. merkliche Abminderungen, vor allem bei vielen hintereinander liegenden Flächen, festgestellt worden sind. Bei Fachwerktürmen mit drei und vier Stielen werden die Beiwerte $c_w = 2,8$ angegeben, wobei jetzt eine volle Umrißfläche des Turms zugrundegelegt wird. Bei Windströmungen über Eck muß dabei die Windkraft in ihre Komponenten, in die beiden Hauptachsrichtungen des Fachwerks, zerlegt werden. Sofern mehrere Stiele vorliegen, ist wie zu Anfang jeder rechtwinklig zur Windrichtung liegende Einzelstab des Fachwerks mit dem Beiwert $c_w = 1,6$ anzusetzen. Gerade die letzte Vorschrift kann bei vielgliedrigen Systemen unwirtschaftlich werden. Neuere Normvorstellungen versuchen den Einfluß des Völligkeitsgrades $\bar{\varphi}$ etwas besser zu erfassen [4.6.9], behalten jedoch den Einsatz von Windkanalversuchen ausdrücklich vor, Abb.4.6.4.

Es ist die Umrißfläche F_u des Fachwerks maßgebend. Diese Beiwerte sind bei dreistieligen Fachwerken mit kantigem Profil mit dem Formbeiwert 0,9 und bei drei- und vierstieligen Fachwerken mit Rundprofilen mit dem Korrekturfaktor 0,7 zu multiplizieren. Wieder ist bei Windbelastung über Eck eine Zerlegung der Windlast in die Hauptachsrichtungen des Fachwerks erforderlich, Abb.4.6.5.

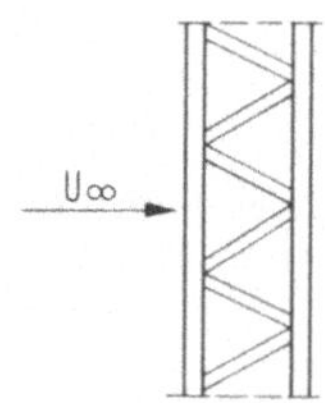

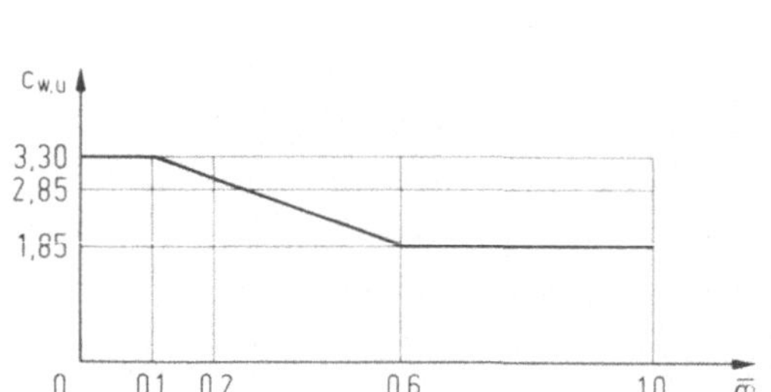

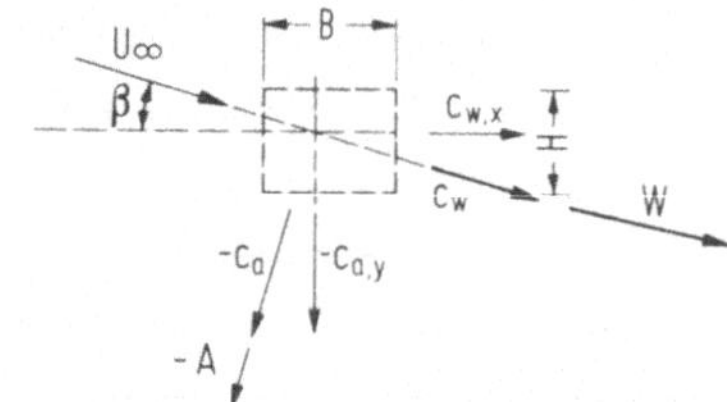

Abb.4.6.4. Formbeiwerte für vierstielige Fachwerke aus scharfkantigen Profilen in Abhängigkeit vom Völligkeitsgrad [4.6.4]

Abb.4.6.5. Belastungskomponenten eines Fachwerkträgers in Richtung der Hauptachsen [4.6.4]

Bei der Fachwerkbemessung infolge Windlast wird dabei in folgender Reihenfolge vorgegangen:

a) Bestimmung von $c_a(\beta)$, $c_w(\beta)$ aus Windkanalversuchen.

b) Resultierende Windkräfte A, W bilden.

c) Zerlegen von A, W in x, y Richtung (Hauptachsen des Fachwerks).

d) Bemessung des Fachwerks auf schiefe Biegung.

Der Einfluß der Abschirmwirkung von aufeinanderfolgenden Tragwerksflächen in Abhängigkeit vom Völligkeitsgrad und vom Abstand der Fachwerksysteme ist sehr schön in [4.6.4] zusammengestellt worden.

Der Widerstand der Luvwand erhöht sich durch die Wirkung weiterer Wände auf

$$\Sigma W_0 = W_1 (\eta^* + 1) \qquad\qquad (4.6.4)$$

wobei der Abschirmfaktor η^* als Funktion des bezogenen Wandabstandes und des Völligkeitsgrades in Abb.4.6.6 dargestellt worden ist [4.6.4].

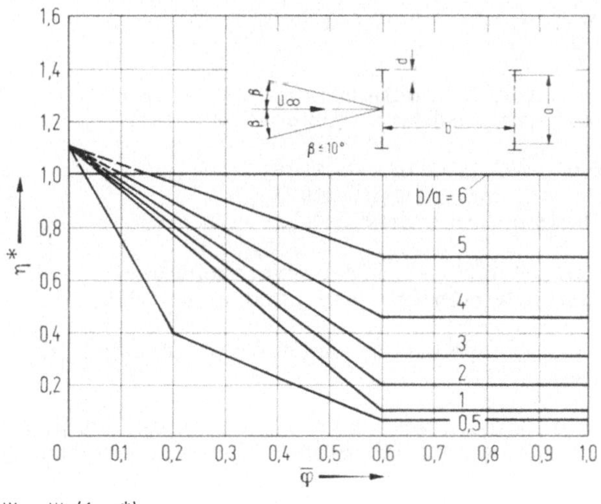

Abb.4.6.6. Abhängigkeit des Abschirmfaktors vom Völligkeitsgrad und des bezogenen Wandabstandes [4.6.4]

Es verbleibt aber die Tatsache zu vermerken, daß bei vielgliedrigen aufgelösten Konstruktionen vor allem aus wirtschaftlichen Gründen die Anordnung von Windkanalversuchen zu empfehlen ist, da zum Teil erhebliche Abminderungen der Widerstandsbeiwerte auftreten.

Bei Lehrgerüstsystemen von Betonkonstruktionen ist zudem das Verhältnis der Systemsteifigkeit im Verhältnis zur Steifigkeit des jungen, stetig erhärtenden Betons von großer Bedeutung.

<u>Literatur</u>

4.6.1   Flachsbart, O.: Modellversuche über die Belastung von Gitterfachwerken durch Windkräfte. Der Stahlbau 7 (1934) 65, 8 (1935) 65.

4.6.2   Klöppel, K.; Weber, G.: Teilmodellversuche zur Beurteilung des aerodynamischen Verhaltens von Brücken. Der Stahlbau 32 (1963) 65.

4.6.3   Klöppel, K.; Thiele, F.: Modellversuche im Windkanal. Der Stahlbau 36 (1967) 353.

4.6.4   Zuranski, J.A.: Windbelastung von Bauwerken und Konstruktionen. Köln-Braunsfeld: R. Müller 1969.

4.6.5   Sachs, D.: Wind Forces in Engineering. Oxford, New York, Toronto, Sidney, Braunschweig: Pergamon Press 1972.

4.6.6   Möll, R.; Thiele, F.: Windkanalversuche am Modell eines Stahlskelett-Hochregals. Der Stahlbau 41 (1972) 65.

4.6.7   Tscheslog, W.: Windkanaluntersuchungen an Kassettendecken. Der Stahlbau 37 (1968) 302.

4.6.8   Ghiocel, D.; Lungu, D.: Actiunea vintului zapezii si varia tiilor de temperatura in constructii. Editura Technica Bucuresti.

4.6.9   DIN 1055 Blatt 4 Ausgabe Juni   1938,
        DIN 1055 Blatt 4 Stand Oktober   1973
        (als Beispiel einer Normvorschrift).

4.6.10 Flachsbart, O.; Winter, H.: Modellversuche über die Belastung von Gitterfachwerken durch Windkräfte. Der Stahlbau 8 (1935) 57.

4.6.11 Wiedmann, H.: Windbelastung von Stahlrohrgerüsten. Beton- und Stahlbetonbau 56 (1961) 348.

4.6.12 Schulz, H.: Der Windwiderstand von Fachwerken aus zylindrischen Stäben und seine Berechnung. Beratungsstelle für Stahlverwendung 3 (1970), Monographie.

4.6.13 Lusch, G.; Truckenbrodt, E.: Windkräfte an Bauwerken. Berichte aus der Bauforschung 41 . Berlin: Ernst & Sohn 1964.

4.7 Dächer

Dachkonstruktionen sind von einer großen architektonischen Vielfalt und aufgrund der daraus resultierenden stetig sich ändernden aerodynamischen Gesetzmäßigkeiten nur schwierig allgemein zu erfassen. Im Rahmen dieses Abschnitts sollen nur einige wichtige Beispiele behandelt werden. Verformungsweiche Hängedachkonstruktionen werden später aufgeführt.

Durch die vielen Schadensfälle in der Vergangenheit sind jedoch schon etliche ent-
scheidende Erkenntnisse gewonnen worden, die in die internationalen Normierungsvorschriften stetig eingearbeitet werden [4.7.7, 4.7.8].

Erfahrungen des Novembersturmes, der im Jahre 1972 größere Schäden vor allem
im norddeutschen Raum hervorgerufen hat, zeigen, daß neben den ingenieurmäßigen
Tragelementen (z.B. Dachsparren) auch die Befestigung der Einzelteile (z.B. Dachziegel) besondere Aufmerksamkeit verdient. Hier ist in jedem Fall zu prüfen, ob die
Befestigungsmittel (z.B. Holzschrauben) auch eine kinetische Dauerbeanspruchung
vertragen, oder ob nicht durch die Windlast Kerbwirkungen in der meist spröden statischen Unterkonstruktion (Holz, Mauerwerk, Stahl- oder Spannbeton) hervorgerufen
werden, die die statische Funktion der betreffenden Konstruktion beeinträchtigen können.

Wesentliche Schäden können vermieden werden, wenn bei der Befestigungskonstruktion hier mehr Wert auf Sicherheit an Stelle der "Wirtschaftlichkeit" gelegt wird. Gerade bei der Befestigung von Einzelteilen sollten die konstruktiven Mindestausführun-
gen auch in einer Windlastvorschrift normenmäßig festgelegt werden, da die kinetischen Windlastannahmen unter Berücksichtigung der Betriebsfestigkeit der Einzelteile unter der Randombelastung nach Abschn. 3 starken Schwankungen unterliegen.
Die schon oft erwähnte normenmäßige Unterteilung der Windlast in einen Gebrauchszustand unter Ausnutzung der zulässigen Materialspannungen oder der üblichen Si-
cherheitsfaktoren, z.B. 1,75 (2,1) nach DIN 1045 und einen Bruchzustand als Grenz-
system erscheint auch hier sinnvoll.

Eine sichere Aussage über die statische Lastverteilung von Dächern ermöglicht jetzt
wieder der Windkanalversuch, da hier meist scharfe Profilkanten mit festliegenden
Grenzschichtablösepunkten vorliegen und die Messungen praktisch unabhängig von den
Reynoldszahlen anzusehen sind, so daß das Ausmessen geometrisch ähnlicher Modelle mit einer geeignet definierten Maßstabsverkleinerung ausreicht.

Welche Effekte sind nun bei Dachflächen von besonderem Einfluß? Zunächst wird zwischen völlig geschlossenen, teilweise offenen und offenen Bauwerken unterschieden.
Praktische Messungen haben gezeigt, daß völlig geschlossene Bauweisen nicht zu erreichen sind und ein gewisser Druckausgleich zwischen Überdruck- und Unterdruck-
zonen stets stattfindet. Neuere Normvorschläge berücksichtigen diesen Effekt durch
die Angabe eines inneren Unterdruckbeiwerts $c_{p,i}$, durch den die Windlast einen
inneren Unterdruck (Sog)

$$w_{p,i} = c_{p,i}\, p \, ,$$

p   nach Abschn. 3 als Funktion der Höhe über der Geländeoberfläche   (4.7.1) normal auf den Innenflächen des Baukörpers hervorruft. Außerdem ist die Grenze zwischen geschlossenen und offenen Gebäuden festgelegt. Nicht geschlossene Gebäude sind solche, die an einer oder mehreren Seiten ganz offen werden können oder die an einer oder mehreren Seiten einer Fläche eine oder mehrere Öffnungen von mindestens 20 % einer Fläche aufweisen. Während bei näherungsweise geschlossenen Gebäuden durch die Sogwirkung infolge von unvermeidlichen Undichtigkeiten der Leeseite oder z. B. von Klimaanlagen Sogbeiwerte von

$$c_{p,i} = -0,2 \qquad\qquad (4.7.2)$$

auftreten, ist bei offenen Gebäuden ein Überdruck oder Unterdruck

$$c_{p,i} = \begin{matrix} +0,8 \\ -0,4 \end{matrix}$$

wechselweise verkehrslastartig zu erwarten. In Abb. 4.7.1 sind zunächst einige mögliche Dachsysteme aufgeführt, von denen zumindest die Fälle "a" und "b" als Grundlage einer Normierung dienen.

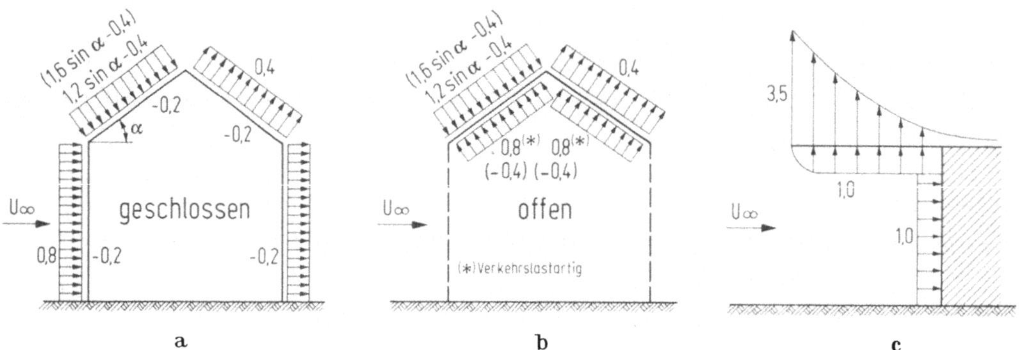

Abb. 4.7.1. Aerodynamische Druckbeiwerte von Dachsystemen nach DIN 1055 (Stand 1975) als Beispiel eines Normvorschrift

Die Windlast ergibt sich dabei nach (4.7.1) durch die Multiplikationsvorschrift

$$w = c\,p\ ,$$
$$p = \frac{\rho U^2}{2} \quad \text{als Funktion der Höhe des Daches über} \qquad (4.7.3)$$
$$\text{der Geländeoberkante.}$$

Generell wird in den Abb. 4.7.1a und b auf eine genaue Unterteilung der Windlast verzichtet und eine Gleichlast angenommen. Bei der Dimensionierung der ingenieurmäßigen Konstruktionen (z.B. Dachsparren) ist dies sicher möglich, bei der Bemessung von Einzelteilen, vor allem der Befestigungen, ist diese Vorschrift zu ungenau.

Um einen Einblick in diese Probleme zu bekommen, sind in der Vergangenheit viele Modellversuche durchgeführt worden [4.7.2]. Von maßgebendem Einfluß bei dem Dachsystem "a" ist die Anordnung des Daches mit dem Dachneigungswinkeln α bezüglich des Hausgrundrisses. Außerdem sind Interferenzerscheinungen von hintereinanderliegenden Häusern von großer Bedeutung, Abb. 4.7.2.

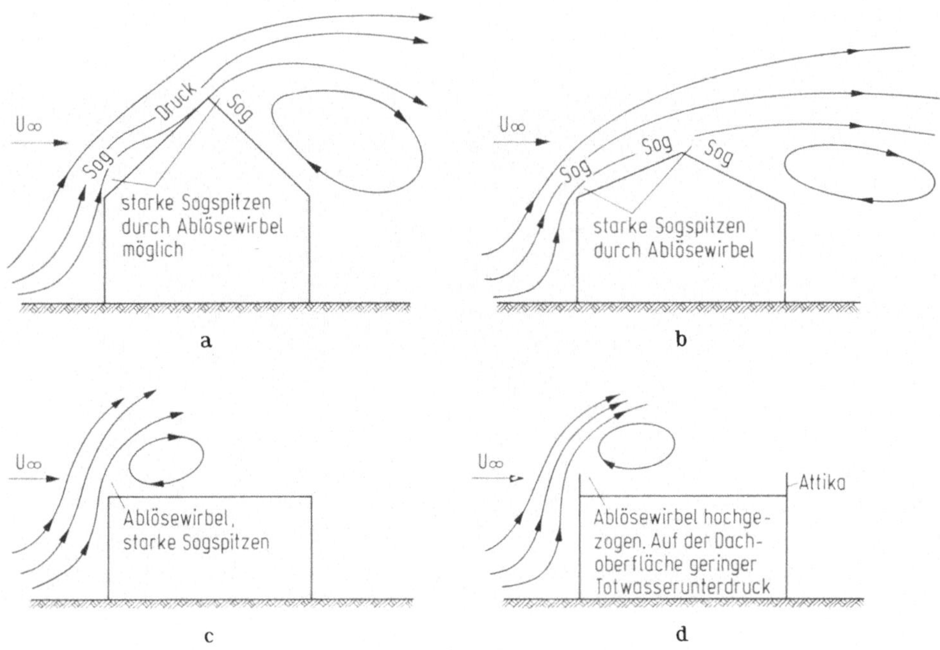

Abb. 4.7.2. Strömungsbild eines geschlossenen Hausquerschnitts. a) steile Dachneigung, b) geringe Dachneigung, c) Flachdach ohne Attika, d) Flachdach mit Attika

Der luvseitige Dachteil entspricht zunächst der senkrecht zur Strömung angestellten Platte, deren Beiwert des Überdrucks

$$c_p = 0,8 \ (1,2)$$

bei unendlich langen Platten nach Abschn. 4.4 bis auf 1,2 ansteigen kann. An dem Dachansatzpunkt erfolgt die erste Grenzschichtablösung, die sich meist in einem kräftigen Wirbel mit den entsprechend hohen Unterdruckbeiwerten bemerkbar macht. Bei steiler Dachneigung ist die Ablösezone klein, so daß der luvseitige Dachteil wieder in einen Bereich des Überdrucks gerät. Natürlich ist diese Wechselwirkung zwischen Unter- und Überdruck nur grob im Mittel durch die Formel

$$c_p = 1,2 \ (1,6)\sin \alpha - 0,4$$

erfaßt. Am Dachfirst erfolgt in jedem Fall die endgültige Grenzschichtablösung mit einer klar ausgeprägten Totwasserzone und einem im zeitlichen Mittel konstanten Totwasserunterdruck. In ausländischen Vorschriften ist meist eine zusammengefaßte Darstellung des mittleren Drucks als Funktion der Dachneigung α gebräuchlich [4.7.2-4.7.6].

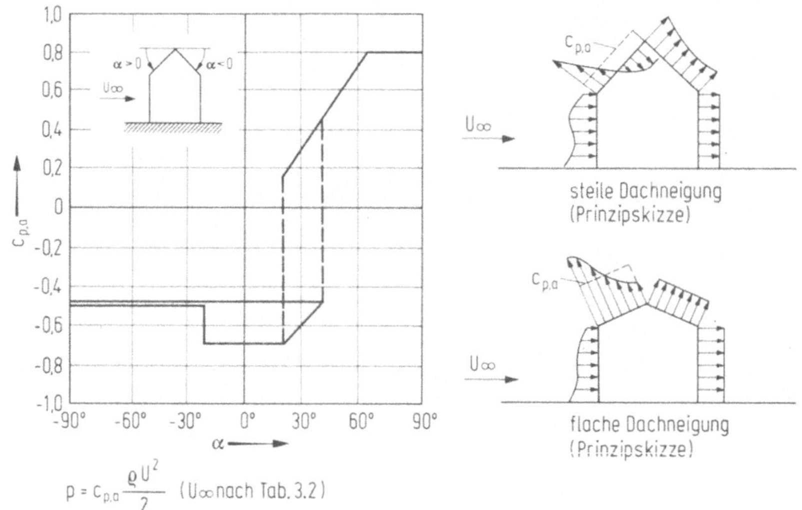

Abb.4.7.3. Außendruckbeiwerte für vollwandige, dichte Bauwerke von rechteckigem Grundriß mit ebenen Dachflächen [4.7.3]

Die Darstellung des mittleren Drucks als Grundlage einer Bemessungsvorschrift bleibt vor allem bei schwach geneigten Dächern problematisch, da durch örtliche Wirbelerscheinungen wesentlich vergrößerte Sogbeiwerte auftreten können. Dieser Effekt wird normenmäßig durch vergrößerte Sogbeiwerte vor allem an den Dachkanten berücksichtigt [4.7.7].

Vor allem bei Flachdächern mit verschwindender Dachneigung erstrecken sich die Nachlaufwirbel über einen verhältnismäßig großen Dachbereich [4.7.2-4.7.6, 4.7.11, 4.7.16].

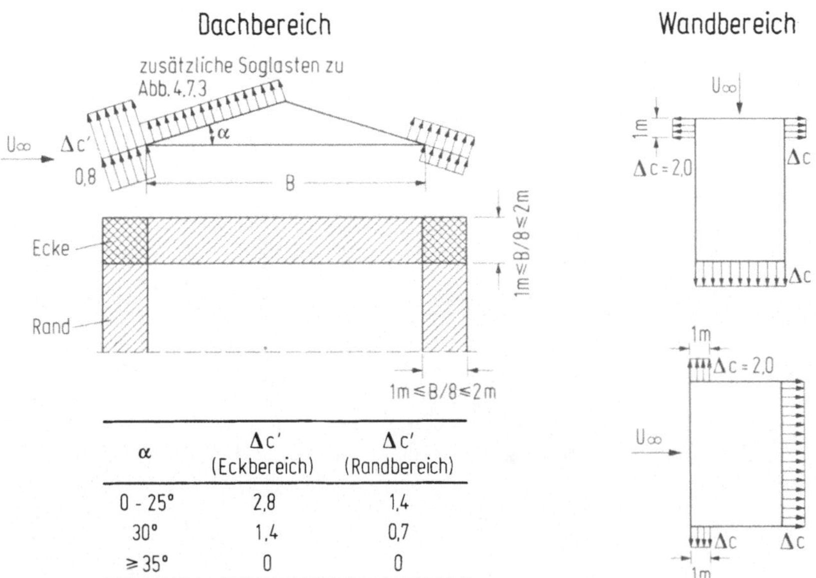

α	Δc' (Eckbereich)	Δc' (Randbereich)
0 - 25°	2,8	1,4
30°	1,4	0,7
≥ 35°	0	0

Abb.4.7.4. Zusätzliche Lastannahmen bei dichten Flachdächern nach DIN 1055 (Stand 1975) [4.7.7]

In [4.7.11] wird durch Messungen sehr schön gezeigt, wie diese Sogbeiwerte durch die Ausbildung einer Randattika erheblich abgemindert werden können, Abb.4.7.5. Weitere Karten von Druckverteilungsbeiwerten von Dächern verschiedenster Ausbildung, Abb.4.7.6, finden sich in [4.7.2-4.7.6].

Bei teilweise offenen Dächern ist gemäß Abb.4.7.1 besonders der verkehrslastartige Charakter des Gebäudeinnendrucks auffällig. Dieser Effekt verstärkt sich vor allem bei freistehenden Dächern, wie das Beispiel eines Bahnhofdaches, Abb.4.7.7, zeigt [4.7.2].

Hier wird der Verkehrslastcharakter der Windbelastung besonders deutlich, ganz abgesehen davon, daß schlanke, freistehende Dächer einen ausgeprägten Tragflügeleffekt mit sehr hohen Auftriebsbeiwerten zeigen können, wie aus Abb.4.7.1c ersichtlich wird. Aus diesem Grunde ist zu empfehlen, für freistehende Dächer zwei voneinander unabhängige Lastannahmen vorzuschreiben, wie es vor allem die schweizerischen Vorschriften, Abb.4.7.8, fordern [4.7.1, 4.7.2]. Auch die kanadischen Windvorschriften sind hier sehr ausführlich [4.7.5].

Auch bei Dachflächen sind Interferenzeffekte von mehreren hintereinander liegenden Gebäuden von großem Einfluß. Dies gilt vor allem für Sheddächer, Abb.4.7.9.

                                          4. Statische Windkraftprobleme

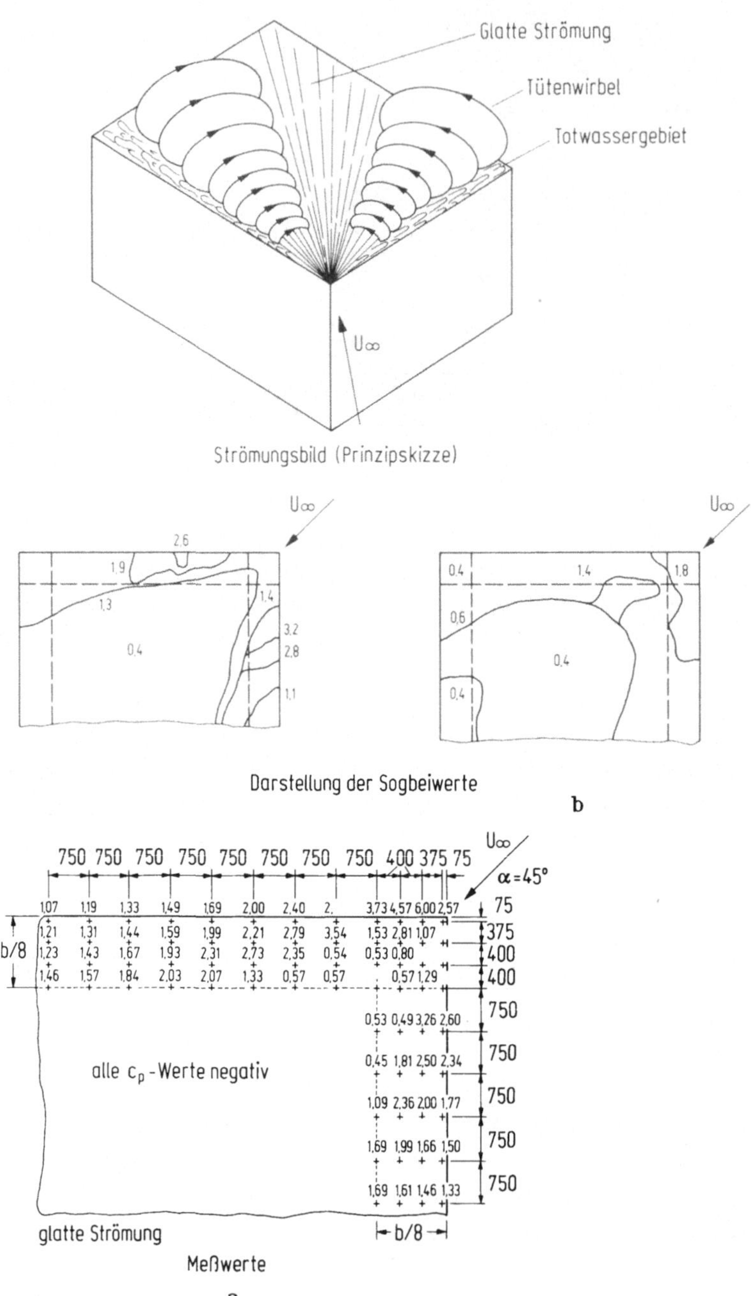

Abb. 4.7.5. Sogbeiwerte eines dichten Flachdachs bei verschiedenen Richtungen der Windanströmung [4.7.16]. a) ohne Attika, b) mit Attika

Geschlossene Halle

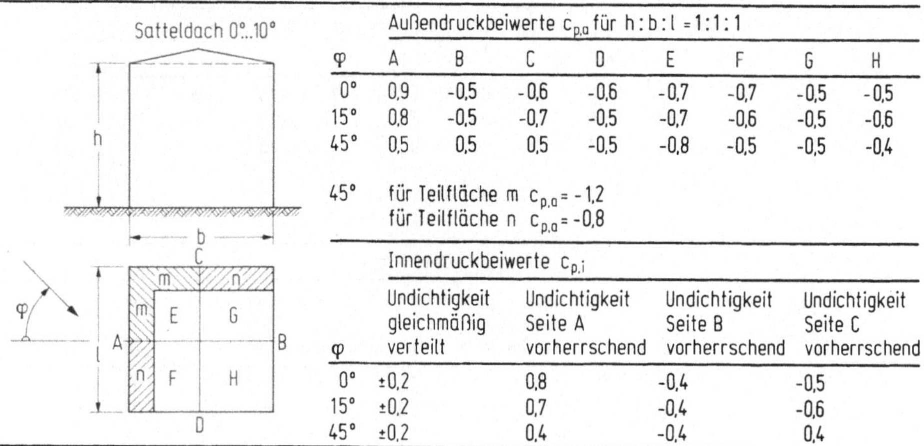

Außendruckbeiwerte $c_{p,a}$ für $h:b:l = 1:4:4$

φ	A	B	C	D	E	F	G	H
0°	0,9	-0,3	-0,4	0,4	0,8	0,8	-0,3	-0,3
15°	0,8	-0,3	-0,4	0,5	0,7	0,8	-0,2	-0,3
45°	0,5	-0,4	0,5	0,4	-0,9	-0,6	-0,6	-0,3

15° für Teilfläche o $c_{p,a} = -0,8$
45° für Teilfläche m $c_{p,a} = -2,0$
       für Teilfläche n $c_{p,a} = -1,0$

Innendruckbeiwerte $c_{p,i}$

φ	Undichtigkeit gleichmäßig verteilt	Undichtigkeit Seite A vorherrschend	Undichtigkeit Seite B vorherrschend	Undichtigkeit Seite C vorherrschend
0°	±0,2	0,8	-0,2	-0,3
15°	±0,2	0,7	-0,3	-0,2
45°	±0,2	0,4	-0,4	0,4

Geschlossenes Normalhaus

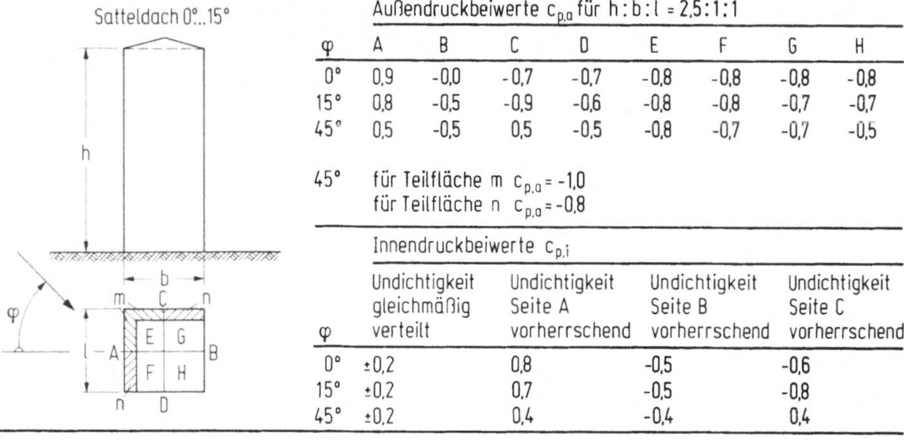

Außendruckbeiwerte $c_{p,a}$ für $h:b:l = 1:1:1$

φ	A	B	C	D	E	F	G	H
0°	0,9	-0,5	-0,6	-0,6	-0,7	-0,7	-0,5	-0,5
15°	0,8	-0,5	-0,7	-0,5	-0,7	-0,6	-0,5	-0,6
45°	0,5	0,5	0,5	-0,5	-0,8	-0,5	-0,5	-0,4

45° für Teilfläche m $c_{p,a} = -1,2$
       für Teilfläche n $c_{p,a} = -0,8$

Innendruckbeiwerte $c_{p,i}$

φ	Undichtigkeit gleichmäßig verteilt	Undichtigkeit Seite A vorherrschend	Undichtigkeit Seite B vorherrschend	Undichtigkeit Seite C vorherrschend
0°	±0,2	0,8	-0,4	-0,5
15°	±0,2	0,7	-0,4	-0,6
45°	±0,2	0,4	-0,4	0,4

Geschlossenes Hochhaus

Außendruckbeiwerte $c_{p,a}$ für $h:b:l = 2,5:1:1$

φ	A	B	C	D	E	F	G	H
0°	0,9	-0,0	-0,7	-0,7	-0,8	-0,8	-0,8	-0,8
15°	0,8	-0,5	-0,9	-0,6	-0,8	-0,8	-0,7	-0,7
45°	0,5	-0,5	0,5	-0,5	-0,8	-0,7	-0,7	-0,5

45° für Teilfläche m $c_{p,a} = -1,0$
       für Teilfläche n $c_{p,a} = -0,8$

Innendruckbeiwerte $c_{p,i}$

φ	Undichtigkeit gleichmäßig verteilt	Undichtigkeit Seite A vorherrschend	Undichtigkeit Seite B vorherrschend	Undichtigkeit Seite C vorherrschend
0°	±0,2	0,8	-0,5	-0,6
15°	±0,2	0,7	-0,5	-0,8
45°	±0,2	0,4	-0,4	0,4

Abb. 4.7.6. Druckbeiwerte verschiedener Dachformen [4.7.5]   (Abb. 4.7.6a)

Geschlossene Halle

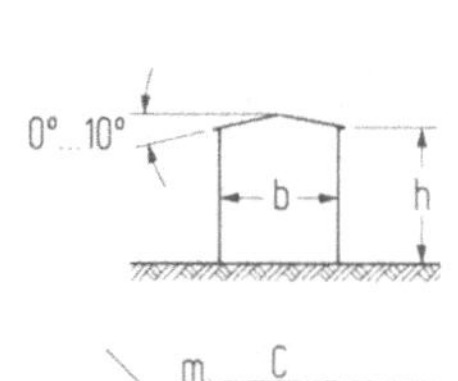

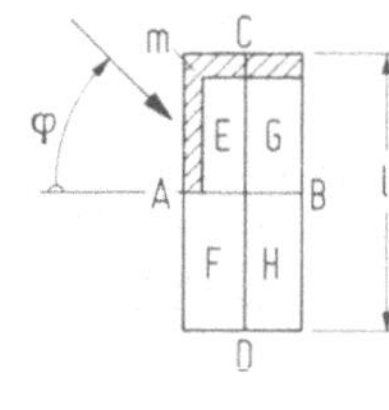

Außendruckbeiwerte $c_{p,a}$ für $h:b:l = 1:8:16$

φ	A	B	C	D	E	F	G	H
0°	0,8	-0,5	-0,5	-0,5	0,2	-0,2	-0,6	-0,6
45°	0,5	-0,5	0,4	-0,3	0,1	-0,1	-0,6	-0,5
90°	-0,3	-0,3	0,9	-0,3	-0,5	-0,1	-0,5	-0,1

10° für Teilfläche m $c_{p,a} = -1,0$
90° für Teilfläche m $c_{p,a} = -1,0$

Innendruckbeiwerte $c_{p,i}$

φ	Undichtigkeit gleichmäßig verteilt	Undichtigkeit Seite A vorherrschend	Undichtigkeit Seite B vorherrschend	Undichtigkeit Seite C vorherrschend
0°	±0,2	0,7	-0,4	-0,4
45°	±0,2	0,4	-0,4	0,3
90°	±0,2	-0,2	-0,2	0,8

Geschlossenes Normalhaus

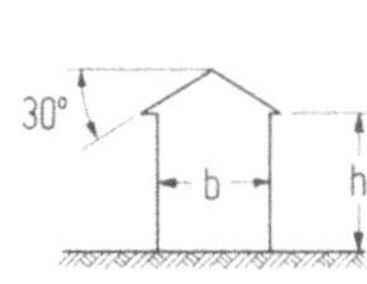

Außendruckbeiwerte $c_{p,a}$ für $h:b:l = 2,5:2:5$

φ	A	B	C	D	E	F	G	H
0°	0,9	-0,5	-0,7	-0,7	-0,6	-0,6	-0,5	-0,5
45°	0,6	-0,5	0,4	-0,5	-0,9	-0,7	-0,6	-0,7
90°	-0,5	-0,5	0,9	-0,4	-0,8	-0,2	-0,8	-0,2

45° für Teilfläche m $c_{p,a} = -1,5$

Innendruckbeiwerte $c_{p,i}$

φ	Undichtigkeit gleichmäßig verteilt	Undichtigkeit Seite A vorherrschend	Undichtigkeit Seite B vorherrschend	Undichtigkeit Seite C vorherrschend
0°	±0,2	0,8	-0,4	-0,6
45°	±0,2	0,5	-0,4	0,3
90°	±0,2	-0,4	-0,4	0,8

Geschlossenes Normalhaus

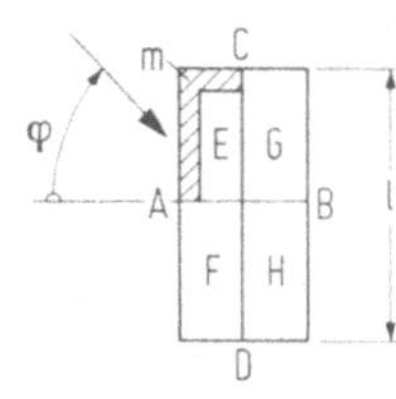

Außendruckbeiwerte $c_{p,a}$ für $h:b:l = 2,5:2:5$

φ	A	B	C	D	E	F	G	H
0°	0,9	-0,5	-0,7	-0,7	-0,5	-0,6	-0,5	-0,5
45°	0,6	-0,5	0,4	-0,4	-0,4	-0,5	-0,6	-0,7
90°	-0,5	-0,5	0,9	-0,4	-0,7	-0,2	-0,7	-0,2

45° für Teilfläche m $c_{p,a} = -1,2$

Innendruckbeiwerte $c_{p,i}$

φ	Undichtigkeit gleichmäßig verteilt	Undichtigkeit Seite A vorherrschend	Undichtigkeit Seite B vorherrschend	Undichtigkeit Seite C vorherrschend
0°	±0,2	0,8	-0,4	-0,6
45°	±0,2	0,5	-0,4	0,3
90°	±0,2	-0,4	-0,4	0,8

Abb. 4.7.6b₁

Geschlossenes Normalhaus

Außendruckbeiwerte $c_{p,a}$ für $h:b:l = 2,5:2:5$

φ	A	B	C	D	E	F	G	H
0°	0,9	-0,5	-0,8	-0,8	0,3	0,3	-0,6	-0,6
45°	0,6	-0,5	0,4	-0,4	0,3	-0,1	-0,5	-0,6
90°	-0,5	-0,5	0,9	-0,4	-0,8	-0,2	-0,8	-0,2

75° für Teilfläche m $c_{p,a} = -1,2$

Innendruckbeiwerte $c_{p,i}$

φ	Undichtigkeit gleichmäßig verteilt	Undichtigkeit Seite A vorherrschend	Undichtigkeit Seite B vorherrschend	Undichtigkeit Seite C vorherrschend
0°	±0,2	0,8	-0,4	-0,7
45°	±0,2	0,5	-0,4	0,3
90°	±0,2	-0,5	-0,5	0,8

Geschlossenes Hochhaus

Außendruckbeiwerte $c_{p,a}$ für $h:b:l = 2:1:2$

φ	A	B	C	D	E	F	G	H
0°	0,9	-0,5	-0,8	-0,8	-1,0	-1,0	-0,5	-0,5
45°	0,6	-0,5	0,4	-0,4	-0,3	-0,4	-0,5	-0,6
90°	-0,6	-0,6	0,9	-0,4	-0,7	-0,5	-0,7	-0,5

0° für Teilfläche m $c_{p,a} = -1,2$

Innendruckbeiwerte $c_{p,i}$

φ	Undichtigkeit gleichmäßig verteilt	Undichtigkeit Seite A vorherrschend	Undichtigkeit Seite B vorherrschend	Undichtigkeit Seite C vorherrschend
0°	±0,2	0,8	-0,4	-0,7
45°	±0,2	0,5	-0,4	0,3
90°	±0,2	0,5	0,5	0,8

Abb. 4.7.6b$_2$

Einseitig offene Gebäude

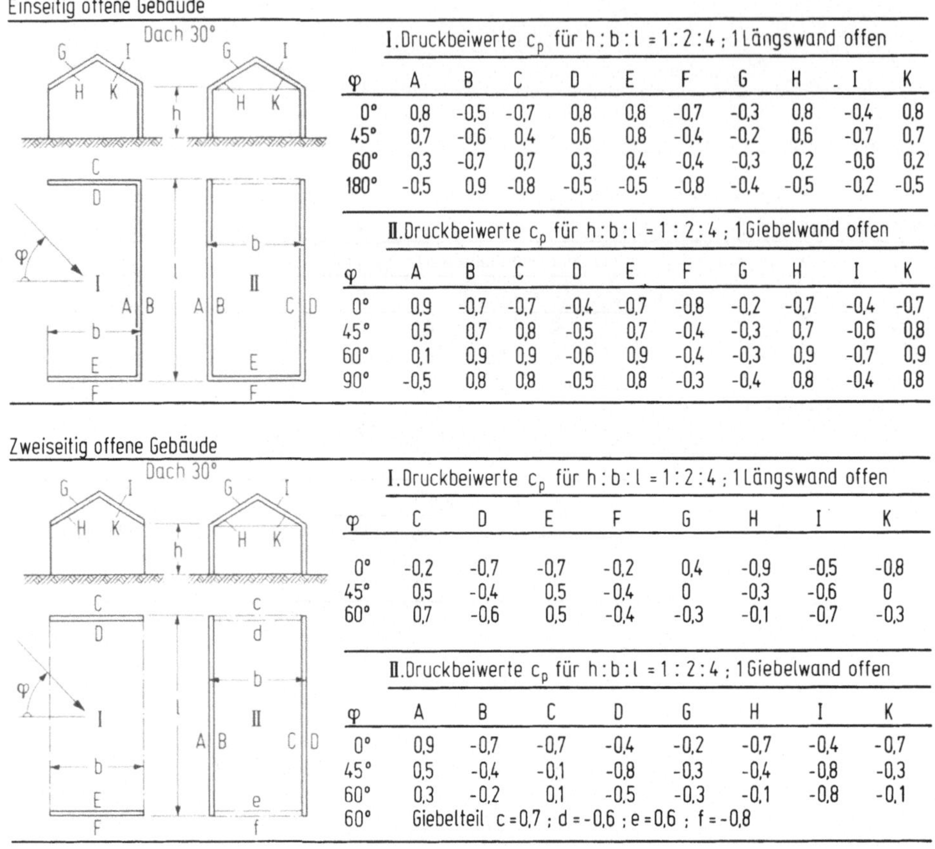

I. Druckbeiwerte c_p für h:b:l = 1:2:4 ; 1 Längswand offen

φ	A	B	C	D	E	F	G	H	I	K
0°	0,8	-0,5	-0,7	0,8	0,8	-0,7	-0,3	0,8	-0,4	0,8
45°	0,7	-0,6	0,4	0,6	0,8	-0,4	-0,2	0,6	-0,7	0,7
60°	0,3	-0,7	0,7	0,3	0,4	-0,4	-0,3	0,2	-0,6	0,2
180°	-0,5	0,9	-0,8	-0,5	-0,5	-0,8	-0,4	-0,5	-0,2	-0,5

II. Druckbeiwerte c_p für h:b:l = 1:2:4 ; 1 Giebelwand offen

φ	A	B	C	D	E	F	G	H	I	K
0°	0,9	-0,7	-0,7	-0,4	-0,7	-0,8	-0,2	-0,7	-0,4	-0,7
45°	0,5	0,7	0,8	-0,5	0,7	-0,4	-0,3	0,7	-0,6	0,8
60°	0,1	0,9	0,9	-0,6	0,9	-0,4	-0,3	0,9	-0,7	0,9
90°	-0,5	0,8	0,8	-0,5	0,8	-0,3	-0,4	0,8	-0,4	0,8

Zweiseitig offene Gebäude

I. Druckbeiwerte c_p für h:b:l = 1:2:4 ; 1 Längswand offen

φ	C	D	E	F	G	H	I	K
0°	-0,2	-0,7	-0,7	-0,2	0,4	-0,9	-0,5	-0,8
45°	0,5	-0,4	0,5	-0,4	0	-0,3	-0,6	0
60°	0,7	-0,6	0,5	-0,4	-0,3	-0,1	-0,7	-0,3

II. Druckbeiwerte c_p für h:b:l = 1:2:4 ; 1 Giebelwand offen

φ	A	B	C	D	G	H	I	K
0°	0,9	-0,7	-0,7	-0,4	-0,2	-0,7	-0,4	-0,7
45°	0,5	-0,4	-0,1	-0,8	-0,3	-0,4	-0,8	-0,3
60°	0,3	-0,2	0,1	-0,5	-0,3	-0,1	-0,8	-0,1
60°	Giebelteil c = 0,7 ; d = -0,6 ; e = 0,6 ; f = -0,8							

Abb. 4.7.6c

DIN 1055 [4.7.7] schreibt vor, daß das erste Dach voll und bei jeder weiteren Dachfläche die Hälfte der Fläche als Widerstandsfläche anzusetzen ist, wobei die Dachfläche als Einzelteil stets für den vollen Winddruck bemessen werden muß. Nach Abschn. 4.4 hängt dies maßgebend von der Ausbildung der Totwasserzone ab.

Messungen haben z.B. bei Hochhäusern mit Loggien gezeigt, daß nur die erste und letzte Fläche Windkräfte erzeugt, während die vielen Zwischenflächen durch die fast verschwindende Totwasserzone nach dem d'Alembertschen Paradoxon der idealen Strömung - d.h. näherungsweise verschwindenden Luftwiderständen - zustreben. Auf die hohen Abhebebeiwerte mehrschichtiger Wände und Dächer, die vor allem bei der Bemessung von freiliegenden oder hängenden Fassaden bzw. Dachplatten eine große Rolle spielen, ist schon in Abschn. 4.2 besonders hingewiesen worden. Auf Probleme von Traglufthallen wird hier nicht eingegangen, ebenso wie auf den Windeinfluß auf klimatologische Verhältnisse des Gebäudeinnern, der für die Klimatechnik der Gebäude von großer Bedeutung ist [4.7.13, 4.7.14].

Gebäude mit Pultdach

Außendruckbeiwerte $c_{p,a}$ für $h:b:l = 1:2,4:12$

φ	A	B	C	D	E	F	G	H
0°	0,9	-0,5	-0,6	-0,6	-0,5	-0,5	-0,5	-0,5
45°	0,5	-0,6	0,4	-0,4	-1,2	-0,7	-1,1	-0,7
90°	-0,4	-0,3	0,9	-0,2	-0,3	0	-0,3	0
180°	-0,4	0,8	-0,7	-0,7	0,1	0,1	0,2	-0,2

45° für Teilfläche m $c_{p,a} = -1,4$

Innendruckbeiwerte $c_{p,i}$

φ	Undichtigkeit gleichmäßig verteilt	Undichtigkeit Seite A vorherrschend	Undichtigkeit Seite B vorherrschend	Undichtigkeit Seite C vorherrschend	Dach EF vorherrschend
0°	±0,2	0,8	-0,4	-0,5	-0,5
45°	±0,2	0,4	-0,5	0,3	-0,8
90°	±0,2	-0,2	-0,1	0,8	0
180°	±0,2	-0,3	0,7	-0,6	0

Gebäude mit Sheddach

Außendruckbeiwerte $c_{p,a}$ für $h:b:l = 1:1:5$

φ	A	B	C	D	E	F	G	H
0°	0,9	-0,5	-0,6	-0,6	-0,5	-0,5	-0,5	-0,5
45°	0,5	-0,8	0,4	-0,5	0,2	-0,1	-0,1	-0,8
90°	-0,4	-0,4	0,9	-0,3	-0,4	0	-0,4	0
180°	-0,5	0,9	-0,6	-0,6	-0,5	-0,5	-0,1	-0,1

45° für Teilfläche m $c_{p,a} = -1,4$

Innendruckbeiwerte $c_{p,i}$

φ	Undichtigkeit gleichmäßig verteilt	Undichtigkeit Seite A vorherrschend	Undichtigkeit Seite B vorherrschend	Undichtigkeit Seite C vorherrschend	Dach EF vorherrschend
0°	±0,2	0,8	-0,4	-0,5	0,5
45°	±0,2	0,4	-0,7	0,3	0
90°	±0,2	-0,1	-0,1	0,8	-0,1
180°	±0,2	-0,4	0,8	-0,5	-0,4

Abb. 4.7.6d

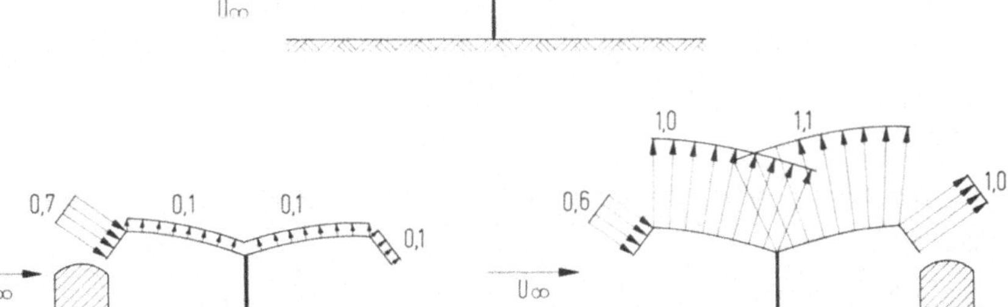

Abb. 4.7.7. Freistehende Überdachung [4.7.2]. a) mit links eingefahrenem Zug, b) mit rechts eingefahrenem Zug

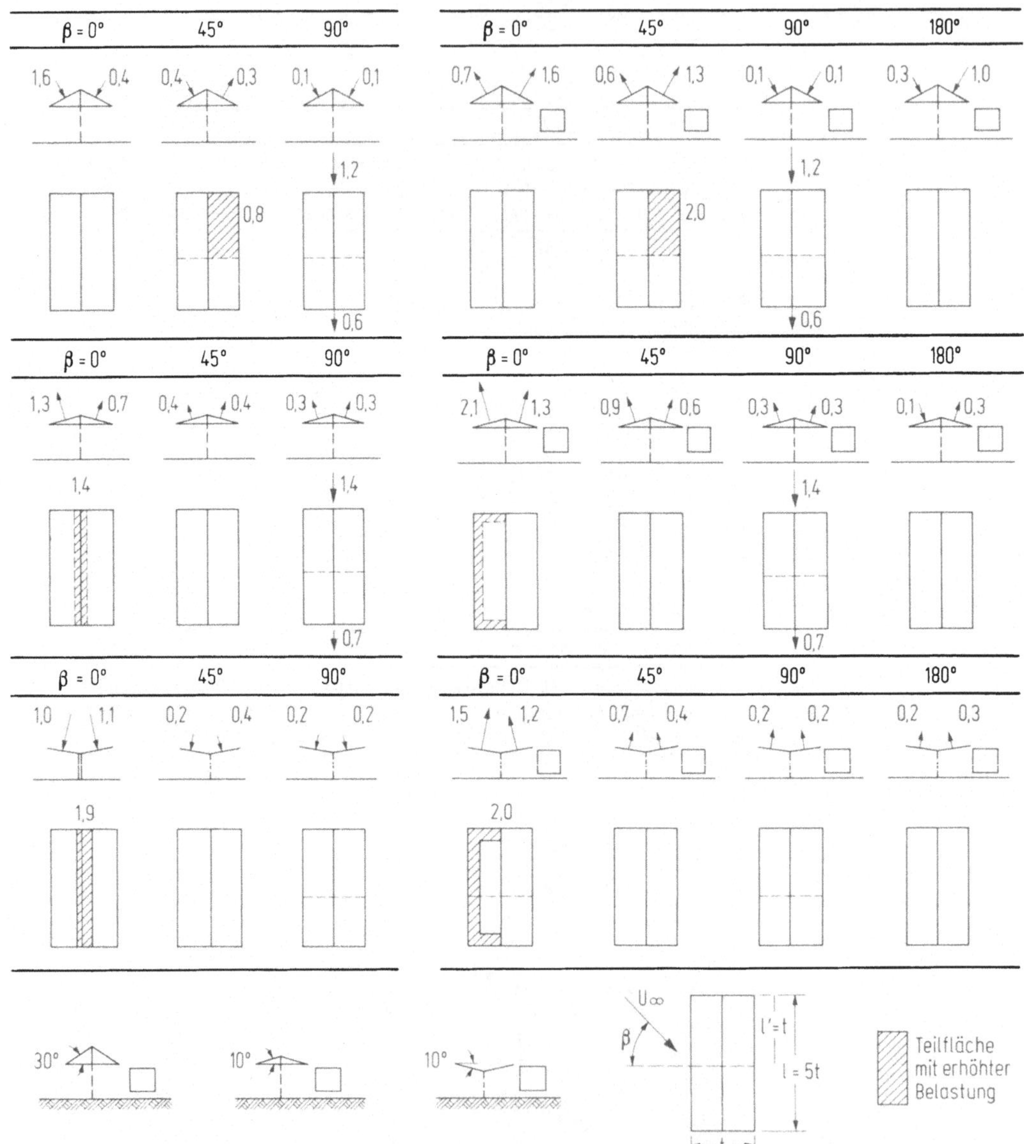

Abb. 4.7.8. Windlast auf freistehende Satteldächer [4.7.2]. Resultierende Winddruckbeiwerte nach den schweizerischen Normen

Bei Traglufthallen ist vor allem der Einfluß der Systemverformung auf den Strömungsdruck zu beachten, so daß wie in Abschn. 17 das Gleichgewicht nur iterativ am verform-
ten System zu berechnen ist [4.7.8-4.7.10].

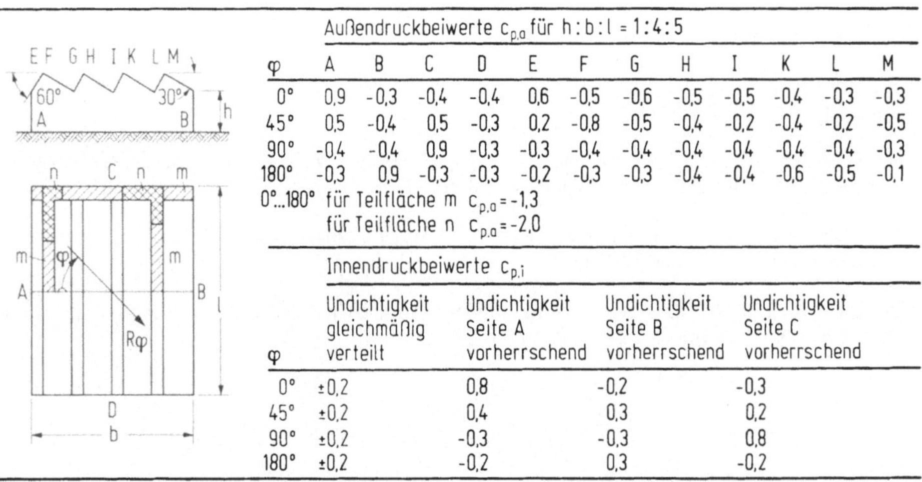

Außendruckbeiwerte $c_{p,a}$ für h : b : l = 1 : 4 : 5

φ	A	B	C	D	E	F	G	H	I	K	L	M
0°	0,9	-0,3	-0,4	-0,4	0,6	-0,5	-0,6	-0,5	-0,5	-0,4	-0,3	-0,3
45°	0,5	-0,4	0,5	-0,3	0,2	-0,8	-0,5	-0,4	-0,2	-0,4	-0,2	-0,5
90°	-0,4	-0,4	0,9	-0,3	-0,3	-0,4	-0,4	-0,4	-0,4	-0,4	-0,4	-0,3
180°	-0,3	0,9	-0,3	-0,3	-0,2	-0,3	-0,3	-0,4	-0,4	-0,6	-0,5	-0,1

0°...180° für Teilfläche m $c_{p,a} = -1,3$
für Teilfläche n $c_{p,a} = -2,0$

Innendruckbeiwerte $c_{p,i}$

φ	Undichtigkeit gleichmäßig verteilt	Undichtigkeit Seite A vorherrschend	Undichtigkeit Seite B vorherrschend	Undichtigkeit Seite C vorherrschend
0°	±0,2	0,8	-0,2	-0,3
45°	±0,2	0,4	0,3	0,2
90°	±0,2	-0,3	-0,3	0,8
180°	±0,2	-0,2	0,3	-0,2

Abb. 4.7.9. Windlast bei Sheddächern [4.7.7]

Literatur

4.7.1 Ackeret, J.: Anwendung der Aerodynamik des Bauwesens. Zeitschr. f. Flugwiss. 13 (1965) 109.

4.7.2 Lusch, G.; Truckenbrodt, E.: Windkräfte an Bauwerken. Berichte aus der
Bauforschung 41. Berlin: Ernst & Sohn 1964.

4.7.3 Wind Effects on Buildings and Structures, London 1963, Ottawa 1967, Tokyo
1971, London 1975 und weitere Seminarreihen.

4.7.4 Zuranski, J.A.: Windbelastung von Bauwerken und Konstruktionen. Köln-
Braunsfeld: R. Müller 1970.

4.7.5 Sachs, P.: Wind Forces in Engineering. Oxford, New York, Toronto, Sidney,
Braunschweig: Pergamon Press 1972.

4.7.6 Ghiocel, D.; Lungu, D.: Actinuea vintului zapezii si varia tiilor de temperatura in constructii. Editura Technica Bucuresti.

4.7.7 DIN 1055, Blatt 4, Ausgabe Juni 1938,
DIN 1055, Blatt 4, Stand Oktober 1973
(als Beispiel einer Normvorschrift).

4.7.8 Landestelle für Baustatik von Baden-Württemberg: Zur Berechnung von zy-
linderförmigen Traglufthallen. Manuskript unveröffentlicht.

4.7.9 Berichte konstruktiver Ingenieurbau der Ruhr-Universität Bochum. Heft 13
(1972), Niemann, H.J.: Zur Windbelastung von Traglufthallen.

4.7.10 Petersen, Chr.: Zur Sicherheit von Traglufthallen. Der Bauingenieur 50 (1975) 117.

4.7.11 Cramer, C.: Untersuchung zur Windbelastung von Flachdächern. Der Bauingenieur 50 (1975) 125.

4.7.12 Beck, H.; Schneider, K.H.: Tragwerk des Hochhauses AFE der Universität Frankfurt/Main. Beton- und Stahlbetonbau 67 (1972) 1.

4.7.13 Euteneuer, G.A.: Druckanstieg im Innern von Gebäuden bei Windeinfall. Der Bauingenieur 45 (1970) 214.

4.7.14 Euteneuer, G.A.: Einfluß des Windeinfalls auf Innendruck und Zuglufterscheinungen in teilweise offenen Bauwerken. Der Bauingenieur 46 (1971) 355.

4.7.15 Dierks, K.: Windbeanspruchung einer hyperbolischen Paraboloidschale. Der Bauingenieur 37 (1962) 258.

4.7.16 Haage, K.; Kramer, C.: Neue Erkenntnisse über die Windbelastung auf Flachdächer. Das Baugewerbe 3 (1975) 26.

5. Stellungnahme zu Windlastnormen

In den vorangegangenen Kapiteln ist die Problematik der "statischen" Windbelastung wohl hinreichend dargestellt worden, wenn auch auf mögliche Schwingungserscheinungen der Bauwerke bisher nur wenig eingegangen worden ist. Dies soll nun in den folgenden Abschnitten geschehen. Aufgrund der äußersten Kompliziertheit der physikalischen Problematik sollten keine allzu großen Genauigkeitsansprüche an eine Grundsatznormierung gestellt werden, die nur aus einer sehr großen Anzahl von möglichen Mechanismen eine Auswahl treffen kann und dann versuchen sollte, irgendwelche "Bemessungsregeln" im Hinblick auf die konstruktive Ausbildung zusammenzustellen.

Generell sollte zwischen windempfindlichen und unempfindlichen Konstruktionen unterschieden werden. Bei besonders weitgespannten, dämpfungsschwachen Konstruktionen wie z.B. Hängebrücken, Kühlturmschalen, besonders kühnen Hochhausbauten, wird die Beratung eines entsprechenden Fachmanns dieses Gebietes wie bei der Baugrundnormierung für sinnvoll erachtet. Hierbei sollten stets Windkanalversuche vorgesehen werden, auf die noch in Abschn. 18 einzugehen ist. Leider sind diese Windkanalversuche noch relativ kostspielig, so daß viel an der Wirtschaftlichkeit dieser Versuche scheitert. Es ist zu überlegen, ob hier nicht geeignete Abhilfemaßnahmen getroffen werden können. Auch sind durch die im Bauwesen im Verhältnis zur Luft- und Raumfahrttechnik kleinen Windgeschwindigkeiten oft Grenzabschätzungen "zur sicheren Seite" möglich, sofern die Erregermechanismen bekannt sind und böse Erregermechanismen, d.h. instabile Schwingungserscheinung mit großen oft divergierenden Schwingungsamplituden ausgeschlossen werden können. Der erfahrene Praktiker hat ein Gefühl für die wirtschaftliche Auswirkung dieser meist instationären Lastannahmen der Windbelastung.

Die Kombination der Windbelastung mit anderen Zusatzlasten wie z.B. Schnee- und Eislasten muß durch Normierungsvorschriften grundsätzlich festgelegt werden. Ihr Einfluß kann bedeutend sein. Die Grundbelastung des Windes ist stark von geographischen und topologischen Gegebenheiten der Erdoberfläche abhängig. Die Einführung globaler, nationaler Windkarten für den Gradientenwind ist dabei nur ein grober Anhalt, da örtliche Unstetigkeiten an der Erdoberfläche, z.B. Bergmassive, Täler, die Windbelastung bedeutend verändern können. Man sollte daher auch von stochastischen Messungen keine übertriebene Genauigkeit erwarten und die instationäre Windlast einschließlich der Veränderlichkeit in der Horizontalen und Vertikalen durch eine ideelle, bemessungsoptimale Vorschrift ersetzen. Es sollte bei allen Betrachtungsweisen die Bemessung der Konstruktionen und nicht die genaue Erfassung des physikalischen Charakters der Windbelastung im Vordergrund stehen, da jede Rechnung von globalen Voraussetzungen auszugehen hat und somit stets nur den Charakter einer Grenzabschätzung trägt. Theoretische Rechnungen allein sind hier voraussetzungsgemäß niemals in der Lage, in den Momentanzustand eines Systems einzudringen. Am empfindlichsten sind von der ungenauen Angabe der Windbelastung die konstruktive Ausbildung und die Befestigung der Einzelteile (z.B. Dachziegel, Fassadenplatten) betroffen. Hier sollte die Sicherheit der Bemessungsvorschriften vor der Wirtschaftlichkeit eingestuft werden, da die vielen Schadensfälle in der Vergangenheit gezeigt haben, daß gerade hier die größten Schäden zu erwarten sind. Auch sollte die Befestigungskonstruktion grundsätzlich auf Dauerfestigkeit und Sprödbruchempfindlichkeit überprüft werden. Es ist hier durchaus sinnvoll, die konstruktive Mindestausbildung eines solchen Teilsystems auch in einer Windlastnorm im Detail festzulegen.

Schwingungserscheinungen, vor allem unter Berücksichtigung der nichtkonservativen Selbsterregung, sind in einer Norm nur pauschal zu erfassen und von Nichtfachleuten kaum zu übersehen. Ein maßgeblicher Sinn dieser Schrift soll darin bestehen, diese Erregermechanismen auch im Bauwesen bekannt zu machen und überschlägliche Näherungsformeln im Sinne einer Vorbemessung anzugeben. In jedem Fall ist bei derartig möglichen Erregermechanismen der Rat eines Fachmanns unter Einschaltung von möglichst umfassenden Windkanalversuchen empfehlenswert. Die Schwingungsgrenzamplituden sollten wie zulässige statische Durchbiegungen grundsätzlich normenmäßig begrenzt werden.

Die wichtigsten statischen Effekte der Windbelastung sind in den vergangenen Kapiteln dieser Schrift unterteilt nach einzelnen Profilformen zusammengestellt. Der Tragflügeleffekt zeigt sofort die Problematik der meist üblichen Gleichlastannahme der Bemessungsvorschriften, da an den Kantenbrechpunkten meist große Sogspitzen und somit bei dem Gesamtquerschnitt oft große Torsionsmomente zu beachten sind. Das Kreisprofil zeigt das Phänomen der Grenzschichtablösung und den nicht determinierten Druckverlauf eines solchen Profils, der sich erst durch eine zunehmende Rauhigkeit der Profiloberfläche meist unter einer beträchtlichen Zunahme des Widerstands verliert.

Die senkrecht zur Strömung angestellte Rechteckplatte zeigt die starke Abhängigkeit des Widerstands von der Profilgeometrie und die starke Beeinflussung des Widerstandsbeiwerts durch geringe konstruktive Maßnahmen (Kantenausrundung, Nachlaufplatten, Seitenprofile). Bei Dächern ist vor allem die Gleichlastannahme der luvseitigen Dachflächen problematisch. Außerdem ist zu empfehlen, die Windlast durch ihre kinetische Struktur verkehrslastartig "schnittgrößenoptimal" anzusetzen. Vor allem Flachdächer zeigen aufgrund stark ausgedehnter Ablösewirbel große Unterdruckgebiete, was vor al-

lem wieder für die Befestigung der Einzelteile von größtem Einfluß ist. Teile mit
größtmöglichem Druckausgleich (z.B. verfestigte Kiesschüttungen) sind leichten,
großflächigen Dachelementen (ohne Druckausgleich) vorzuziehen. Bei Flachdächern
ist stets die Ausbildung einer hinreichend hohen Randattika durch den starken Abbau
der Sogkräfte empfehlenswert.

Fachwerkquerschnitte und H-Querschnitte zeigen den wichtigen Effekt der gegensei-
tigen Beeinflussung einzelner Widerstandsflächen der Windbelastung (Interferenz)
und die dort stets strittige Anzahl der Summe aller Widerstandsflächen zur Bemessung des Gesamtsystems. Auch hier dürfte aus wirtschaftlichen Gründen die Anordnung von Windkanalversuchen sinnvoll sein. Die Anordnung von Windkanalversuchen
ist im Bauwesen dort bedenkenlos zu empfehlen, so statische Messungen am geometrisch ähnlichen Modell schon wirklichkeitsnahe Aussagen ermöglichen. Bei Kreisprofilen mit einer starken Auswirkung der Reynoldszahl ist die Möglichkeit des Er-
reichens des gewünschten Reynolds-Bereiches zu überwachen, ganz abgesehen davon, daß gemäß Abschn. 12 auch andere Kriterien maßgebend werden können. Vor
allem bei instationären Messungen sind weitere Ähnlichkeitskriterien zu beachten,
die meist aus Kostengründen nicht alle vollständig erfüllt werden können. Die dann
angewendeten Ähnlichkeitskriterien der Modellgesetze sind sorgfältig auf ihre An-
wendbarkeit zu überprüfen. Hierauf soll vor allem im Abschn. 18 eingegangen werden.

6. Der Sicherheitsbegriff bei kinetischer Belastung

Schwingungen können bei der Windbelastung grundsätzlich nicht ausgeschlossen werden. Zunächst muß scharf zwischen bösartigen Schwingungen mit divergierenden Be-
wegungsamplituden nach der Überschreitung einer Stabilitätsgrenze und gutartigen
Schwingungen mit einer bestimmten maximalen Bewegungsgrenzamplitude unterschieden werden. Die hierzu benötigten Stabilitätskriterien gehören in das Gebiet der Aeroelastizität und werden in den folgenden Kapiteln herzuleiten sein. Es existiert also
eine von der Erregerkraft, der Systemeigenfrequenz, dem Verhältnis der Erreger-
zur Systemeigenfrequenz und der Systemmasse bzw. -dämpfung abhängige Schwingungsgrenzamplitude, die die Umrechnung in einen quasistatischen Belastungsgleich-
wert ermöglicht, also das kinetische zu einem quasistatischen Bemessungsproblem
umformt. Als quasistatische Last wird dabei meist die Last mit der gleichen Auslen-
kungsamplitude definiert. Bei einer determinierten Resonanz ist die normierte Um-
rechnungskurve im Prinzip der Abb.6.1 zu entnehmen [6.2]. Mit den dort angegebenen Faktoren ist die statische Auslenkung zu multiplizieren. Für genauere Untersuchungen gilt Abschn.1.1.

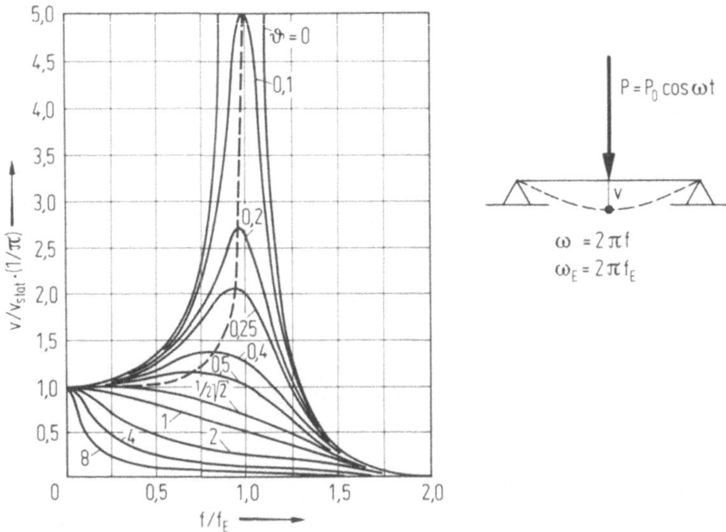

Abb.6.1. Statische Ersatzkraft in Abhängigkeit von der Abstimmung bei einer determinierten Resonanzbeanspruchung nach DIN 4024 (Stand 1975)

Bei einer stochastischen Belastung ist die Schwingungsgrenzamplitude dem Abschn. 3
zu entnehmen. Dabei darf die Schwingungsfrequenz der Konstruktion unter einer stochastischen Erregung mit einem breiten Frequenzband in Näherung gleich der ersten
Systemeigenfrequenz angenommen werden, da die dortigen Frequenzen durch den hohen Resonanzfaktor aus dem breiten Frequenzband bevorzugt herausgesiebt werden.
Der Begriff der "statischen" Sicherheit von Konstruktionen ist besonders treffend in
[6.1] herausgearbeitet worden, obwohl auch dort zu sehen ist, daß die praxisüblichen
globalen Sicherheitsbeiwerte vor allem bei nichtlinearen Systemzusammenhängen problematisch sein können und zum Teil durch Teilsicherheitsbeiwerte zur besseren Erfassung nichtlinearer Zusammenhänge im statischen und Werkstoffverhalten zu ersetzen sind. Bei Schwingungen sind noch weitere Gesichtspunkte gesondert zu disku-
tieren. Ein wichtiger Begriff ist die psychologische Wirkung von Schwingungen auf
den Menschen, und zwar vor allem durch die Wirkung der Beschleunigungskräfte
(Fahrstuhleffekt, Seekrankheit). Überschreiten die Maximalbeschleunigungen Werte
von 0,01 g, so können Schwingungsbewegungen über längere Zeit wahrgenommen werden [6.2-6.6].

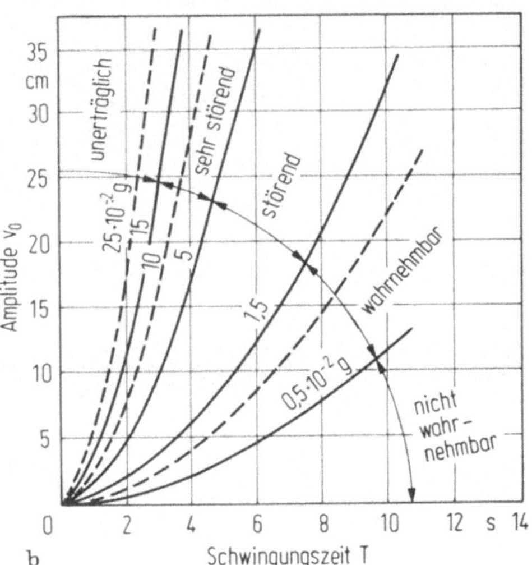

Beschleunigung in 10^{-2} g	Behaglichkeitsgrenzen
< 0,5	nicht wahrnehmbar
0,5 - 1,5	wahrnehmbar
1,5 - 5	störend
5 - 15	sehr störend
>15	unerträglich

a

Abb.6.2. Behaglichkeitsgrenze für Be-
wohner von Gebäuden [6.3].
a) psychologische Werte, b) Bemes-
sungsdiagramm nach LIPPOTH

In diesem Fall sind gesonderte Untersuchungen anzustellen. Hierfür haben Parks
und Snyder Empfehlungen für Behaglichkeitsgrenzen in Abhängigkeit von der Erdbeschleunigung g aufgestellt, die in Abb.6.2 dargestellt sind.

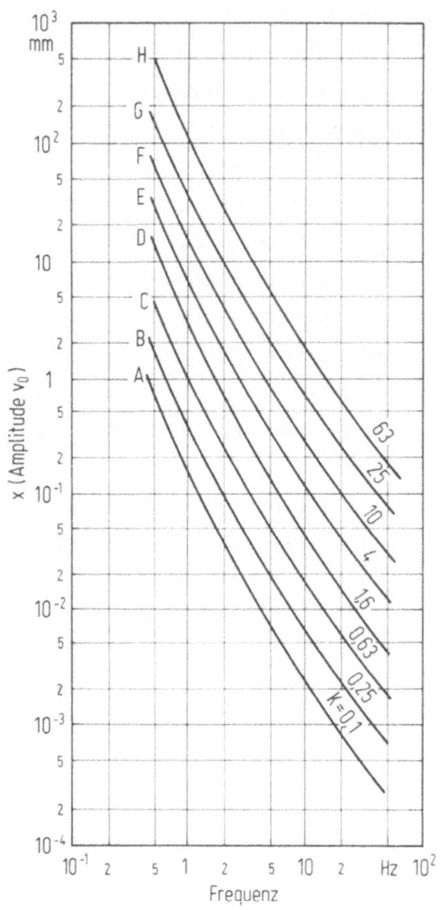

Wahrnehmungs-stärke K	Stufe	Wahrnehmung
0,1	A	nicht spürbar
0,25	B	gerade spürbar
0,63	C	spürbar
1,6	D	gut spürbar
4	E	stark spürbar
10	F	sehr stark spürbar
25	G	sehr stark spürbar
63	H	sehr stark spürbar

$$K = x \, \frac{0,5\,n^2}{1+(n/n_0)^2} \qquad \text{nach VDI 2057}$$

$v_0 \triangleq x = $ Schwingungsamplitude in mm

$f \triangleq n = $ Schwingungszahl je s in Hz

$f_0 \triangleq n_0 = $ Vergleichsfrequenz $= 10$ Hz

Abb.6.3. Beurteilung der Schwingweiten nach den VDJ-Richtlinien [6.2]

Lippoth hat diese Werte in eine handliche Form gebracht, die in Abb.6.2 ebenfalls
aufgeführt wird [6.3]. Die Kenntnis der Schwingungsdauer $T = \omega/2\pi$ mit der Erregerkreisfrequenz ω in Abhängigkeit von der maximalen Schwingungsamplitude gestattet somit eine schnelle, ingenieurmäßige Abschätzung dieses Effektes.

Eine andere Version geben die VDI-Richtlinien [6.2], die die Belastung des Menschen durch Schwingungseffekte in acht Bereiche, A bis H, einteilen, wobei die Be-
reichsgrenzen durch speziell definierte Wahrnehmungsstärken K gekennzeichnet
werden, Abb.6.3.

Die Beschränkung der maximalen Schwingungsgrenzamplituden ist zur Vermeidung
bösartiger Instabilitätserscheinungen bezüglich der Materialfestigkeit und nichtlinearen geometrischen und physikalischen Zusammenhänge lebenswichtig für eine Konstruktion. In den Abschn.1.1 und 3 ist schon der Begriff der Materialermüdung ausführlich besprochen worden. Natürlich liegen diesen Versuchen meist idealisierte
Voraussetzungen, z.B. infinitesimale Verformungen bezüglich der Ausgangsgeome-
trie zugrunde. Große Verformungen können Bruchzustände infolge einer inneren physikalischen Nichtlinearität des Materialverhaltens gesondert hervorrufen [6.1].

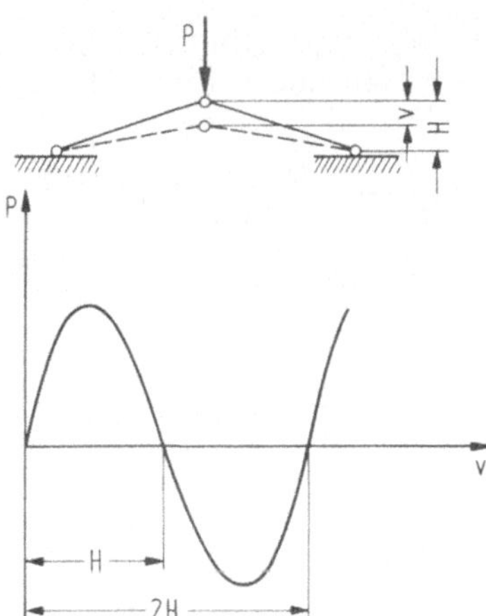

Abb.6.4. Durchschlagen eines Stabsystems

Infolgedessen sollten die zulässigen maximalen Schwingungsgrenzamplituden grundsätzlich normenmäßig festgelegt werden, genau so wie es bei den statischen Durchbiegungen in verschiedenen Normvorschriften der Fall ist.

Ein anderes Beispiel für eine bösartige Instabilität der Elastomechanik ist das in
Abb.6.4 dargestellte Durchschlagverhalten eines Stabsystems, wie es vor allem bei
Flächentragwerken bevorzugt auftritt [6.7].

Dabei ist die Verformung v als Funktion der Last P dargestellt. Nach dem Überschreiten eines bestimmten Grenzwertes P_{kr} schlägt die Last auf eine sehr große
Amplitude durch, was meist mit katastrophalen Folgen auf die Materialfestigkeit
verbunden ist.

Literatur

6.1 Sicherheiten von Betonbauten. Beiträge zur Arbeitstagung Berlin 7./8. Mai 1973
Deutscher Betonverein, Wiesbaden.

6.2 Rausch, E.: Maschinenfundamente und andere dynamisch beanspruchte Baukonstruktionen, 3. Auflage, Düsseldorf 1959, VDJ Verlag nebst Ergänzungsband
1968.

6.3 Lippoth, W.: Windwirkung auf hohe Gebäude. Der Bauingenieur 43 (1968) 465,
nebst Literaturangaben.

6.4 König, G.: Hochhäuser in Stahlbeton. Beton-Kalender 1975, Teil II, S. 788,
nebst Literaturangaben. Berlin, München, Düsseldorf: Ernst & Sohn.

6.5 Davenport, A.G.; Dalgliesh, W.A.: Wind Loads. In: Supplement No. 4 to the
National Building Code of Canada. Ottawa: National Research Council of Canada
1970, S. 544-565.

6.6 Zilch, K.: Zum Einfluß winderregter Gebäudeschwingungen auf das Wohlbefin-
den der Menschen. In: VDJ-Berichte Nr. 210, Düsseldorf: VDJ-Verlag 1973,
S. 33-35.

6.7 Pflüger, A.: Stabilitätsprobleme der Elastostatik. Berlin, Heidelberg, New
York: Springer 1974.

7. Allgemeine Erläuterungen zum Begriff Aeroelastizität

Im vorherigen Abschnitt wurde erstmalig der Begriff bösartige und gutartige Schwingung erwähnt. Die hierzu benötigten Kriterien der Unterscheidung werden im folgenden Abschnitt über nichtkonservative Stabilitätsprobleme herzuleiten sein, womit ein weiteres Stichwort gefallen ist. Die Stabilitätskriterien können nur mit Hilfe aerodynamischer Untersuchungen kinetischer Art gewonnen werden, was insofern erschwerend ist, als zumindest die aerodynamischen Kräfte nicht aus einem Potential herzuleiten sind, und somit die sehr handlichen baustatischen Energieverfahren meist entfallen. Während bei konservativen Problemen statische und kinetische Kriterien das gleiche Ergebnis liefern, ist dies bei nichtkonservativen Problemen [7.1] nicht der Fall. Es muß demzufolge ein schwingendes System vorausgesetzt werden - wobei die Ursache der Anfangsstörungen wie bei anderen Stabilitätsproblemen nicht interessiert - und sodann das kinetische Gleichgewicht am schwingenden System untersucht werden. Insofern haben die kinetischen Instabilitäten meist den Charakter einer Selbsterregung. In Sonderfällen können jedoch auch pulsierend belastete Knickstabsysteme auftreten, die ebenfalls noch gesondert behandelt werden und den parametererregten Bewegungen zugeordnet werden müssen. Die zur Schwingungsanregung benötigte Energiezufuhr wird dabei durch die Luftströmung hervorgerufen.

Abschließend sei noch kurz die Rolle eingeprägter Kraftmechanismen dargestellt, die wir bisher in Form des Böeneffektes kennengelernt haben. Ein weiterer Fall ist der noch später zu besprechende Karmaneffekt einer periodischen Wirbelanordnung der Nachlaufströmung. Auch Schwingungen aus Verkehrslast können hierzu gerechnet werden. Hier sei das in Abb.7.1 skizzierte konservative, statische und kinetische Analogiemodell zitiert.

Das bekannte Beispiel des Knickstabsystems mit eingeprägtem Biegemoment zeigt das dargestellte Kraft-Verformungsverhalten, das im Rahmen einer Theorie zweiter Ordnung von großem Einfluß ist. Natürlich ist die Systemtraglast kleiner als die Eulersche Verzweigungslast P_E als der asymptotisch zu erreichenden oberen Stabilitätsgrenze anzunehmen. Die eigentliche konservative Stabilitätsgrenze bleibt jedoch nach wie vor die Eulersche. Das gleiche gilt für das querbelastete kinetische System der Abb.7.1b. Dort ist der Resonanzfall möglich, wenn

$$\omega = \omega_E \sqrt{1 - \frac{P}{P_E}} \tag{7.1}$$

mit der Eigenkreisfrequenz ω_E (ohne Normalkraft) und der Knicklast P ist, und P_E wiederum die klassische Eulersche Knicklast bedeutet. Natürlich lassen sich diese Analogiemodelle auch auf den Bereich der nichtkonservativen Probleme ausdehnen.

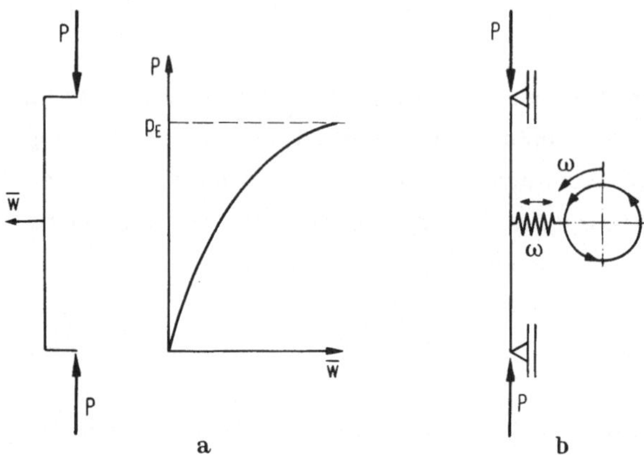

Abb.7.1. Eingeprägte Kraftgrößen bei konservativen Stabilitätsproblemen

Viel spricht dafür, daß der Einfluß eingeprägter Schwingungserregung wesentlich überschätzt, dafür jedoch der eigentliche Grund katastrophaler Schwingungsanregung nicht erkannt worden ist. Worin besteht nun der eigentliche Grund der Schwingungsanregung unter der Einwirkung von jetzt meist stationärem Wind, da eingeprägte Mechanism kaum von entscheidender Bedeutung sein dürften? Charakteristisch ist eine kritische Windgeschwindigkeit U_{kr} entsprechend der Eulerschen Knicklast P_E bei konservativen Knickproblemen, oberhalb der eine Schwingungsanfachung durch die Umlagerung der Strömung infolge der instationären Profilbewegung und den daraus resultierenden Strömungskräften möglich ist. Bevor jedoch dieser Problemkreis im einzelnen durchgesprochen wird, sollen erst die nichtkonservativen Stabilitätsprobleme eingehend anhand mechanischer Ersatzsysteme untersucht werden, die im Rahmen späterer Untersuchungen von wesentlicher Bedeutung anzusehen sind.

Literatur

7.1 Leipholz, H.: Stabilitätstheorie. Stuttgart: Teubner 1968.

8. Nichtkonservative Stabilitätsprobleme

Im folgenden soll nun der später recht wichtige Begriff des nichtkonservativen Stabilitätsproblems veranschaulicht werden. Nichtkonservative Arbeiten treten in der Mechanik einmal durch Energieumwandlungen von mechanischer Arbeit in irreversibler Form in Wärme auf (z.B. durch Reibungskräfte), als auch in reversibler Form durch nicht richtungstreue, polygenetische Kräfte, z.B. Luftkräfte. Diese Kräfte besitzen kein Potential. Die Thermodynamik als globale Energiewissenschaft unterscheidet den allgemeinen Energievorrat eines Systems in unbeschränkt umwandelbare Energieformen (Exergien) und gebundene, nicht unbeschränkt umwandelbare Energien (Anergien) [8.13, 8.14]. Letztere weisen in abgeschlossenen Systemen (ohne äußere Energiezufuhr) einen entropieähnlichen Wachstumscharakter auf. Sowohl die reversible als auch die irreversible, nichtkonservative mechanische Arbeit ist unter bestimmten Voraussetzungen eine Anergie [8.15]. Demzufolge ist keine nichtkonservative Mechanik ohne die Einbeziehung allgemeiner thermodynamischer Gesetzmäßigkeiten möglich. Die sich daraus ergebenden Konsequenzen sollen nun dargestellt werden. Die reversiblen nichtkonservativen Arbeiten sind dabei vorstellbar als spezielle gebundene mechanische Energien, die mit der Zeit in Wärme umgewandelt werden. Praktische Systeme sind auf diese Voraussetzung zu überprüfen [8.15].

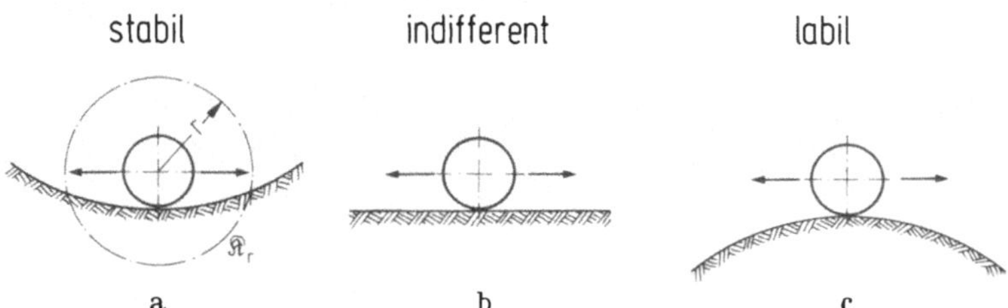

Abb.8.1. Klassische Stabilitätsdefinition nach F. Klein

Zunächst ist der Stabilitätsbegriff neu zu definieren. Gefühlsmäßig wird ein Zustand dann stabil genannt, wenn er nach einer Störung bestrebt ist, wieder in den Ausgangszustand zurückzukehren. Im allgemeinen wird zwischen drei Gleichgewichtszuständen unterschieden, nämlich dem stabilen, dem indifferenten und dem labilen Gleichgewicht, die durch das in Abb.8.1 dargestellte Kugelmodell von F. Klein veranschaulicht werden [8.1-8.3].

Alle Gleichgewichtszustände sind statisch aufgefaßt. Im stabilen Gleichgewichtszustand trachtet das System wieder in die alte Lage zurückzukehren, im labilen Zustand trachtet es die Auslenkung zu vergrößern und im indifferenten Gleichgewichtszustand zeigt das System gegenüber einer Störung eine neutrale Reaktion. Der Indifferenzpunkt gibt meist die Stabilitätsgrenze des Systems an und trennt im allgemeinen den stabilen von dem labilen (instabilen) Gleichgewichtszustand des Systems.

Kinetische Störungen werden durch den gegenüber Abb.8.1 umfassenden Ljapunowschen Stabilitätsbegriff beschrieben, der in Abb.8.2 veranschaulicht wird [8.2., 8.4, 8.5]. Dabei bedeuten $\underline{v}$ die von der Zeit abhängigen Ortskoordinaten und deren zeitliche Ableitungen eines sich bewegenden Systems.

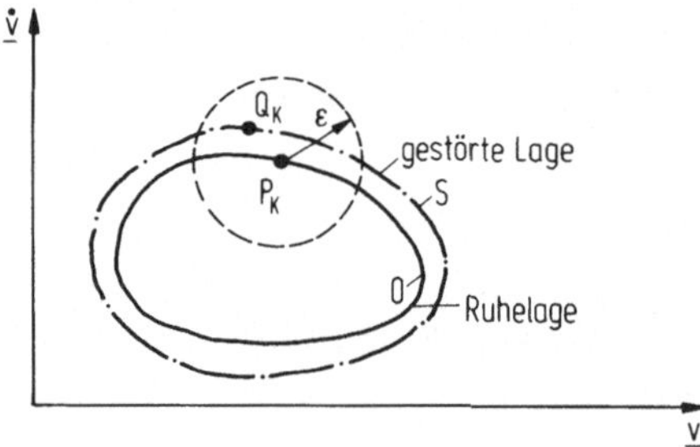

Abb.8.2. Stabilitätsdefinition nach Ljapunow

Seien $\underline{v}_0(t_0)$ die ungestörten, $\underline{v}_s(t_0)$ die gestörten Zustände bei einem festgewählten Zeitpunkt t_0, dann liegt für einen beliebigen Zeitpunkt $t > t_0$ Stabilität dann vor, wenn für

$$\left| \underline{v}_0(t_0) - \underline{v}_s(t_0) \right| \leqslant \eta(\varepsilon) \tag{8.1}$$

stets $|\underline{v}_0(t) - \underline{v}_s(t)| < \varepsilon$ für $t > t_0$ gilt und η, ε beliebig kleine Zahlen sein sollen. Falls das Störmaß ε nach unendlich langer Zeit verschwinden soll, wird der verschärfte ebenfalls praktisch wichtige Begriff der asymptotischen Stabilität [8.10, 8.11, 8.12]

$$\left| \underline{v}_0(t) - \underline{v}_s(t) \right| \to 0 \quad \text{für} \quad t \to \infty \tag{8.2}$$

eingeführt. Beide Stabilitätsdefinitionen werden in der Regelungstechnik und auch bei statischen Berechnungen bevorzugt angewendet. Leider ist das auf einer kinetischen Gleichgewichtsmethode beruhende kinetische Stabilitätskriterium (8.1,8.2) sehr fehlerempfindlich, so daß in [8.6] ein energetisches, (thermodynamisches) Stabilitätskriterium angegeben wird. In der klassischen Mechanik muß bei konservativen Problemen die Gesamtenergie eines Systems im Gleichgewichtszustand einen Minimalwert annehmen [8.1-8.3], sofern ein abgeschlossenes System vorliegt.

In der Thermodynamik wird nun die Gesamtenergie in der Form [8.13, 8.14]

$$\text{Energie} = \text{Exergie} + \text{Anergie} \qquad (8.3)$$

unterteilt, wobei die Exergie die unbeschränkt umwandelbare, konservative, arbeitsfähige Energie beschreibt und die Anergie die nicht umwandelbaren, gebundenen
Energieverluste. Alle nichtkonservativen Arbeiten gehören zu Anergie [8.15]. Da
nur die Exergie konservativ, arbeitsfähig verbleibt, tritt an die Stelle des "konservativen" Prinzips vom Minimum der Gesamtenergie das Prinzip vom Minimum der
Exergie bei nichtkonservativen Problemen. Bei Prozessen mit vernachlässigbaren
Temperatur- und Volumenänderungen des Systems gegenüber dem Ausgangszustand
wird diese Exergieform freie oder Helmholtzsche Energie genannt. Es folgt somit
das allgemein gültige Stabilitätskriterium: In abgeschlossenen Systemen (ohne äus-
sere Energiezufuhr) ist die Gleichgewichtslage des Systems dann stabil, wenn die
freie Energie (im zeitlichen Mittel) einen Minimalwert annimmt [8.13, 8.14].
Hieraus folgen in der nichtkonservativen Mechanik zwei gesonderte, völlig gleichberechtigte Gleichgewichtskriterien:

In abgeschlossenen Systemen ist eine Gleichgewichtslage dann stabil, wenn die Gesamtenergie ein Minimum annimmt bei konstanter nichtkonstanter Arbeit (Energie-
darstellung) oder wenn die nichtkonservative Arbeit betragsmäßig ein Maximum
annimmt bei konstanter Energie (Anergiedarstellung).

Die nichtkonservative Mechanik hat somit wie die Thermodynamik zwei universelle,
globale Gleichgewichtsaussagen zu beachten. [8.15] Wichtigste Folge aus dem Anergiecharakter der nichtkonservativen Arbeiten ist die Tatsache, daß hier statische
und kinetische Stabilitätsuntersuchungen im allgemeinen nicht mehr zum gleichen
Endergebnis führen [8.2].

Bei konservativen Problemen ist diese Identität nachweisbar [8.1, 8.2, 8.15].

Die Gleichgewichtsmethode hat daher stets mit den umfassenden kinetischen Kriterien zu beginnen. Sie untersucht das kinetische Gleichgewicht am schwingenden System auch bei durchaus ursprünglich statischer, nichtkonservativer Belastung. Energiemethoden haben den thermodynamischen Anergiecharakter der nichtkonservativen
Arbeiten zu berücksichtigen und grundsätzlich von der gesamten Systemenergie einschließlich der kinetischen Energie auszugehen.

Die Anwendungspraxis der nichtkonservativen Regelungstechnik und der Aeroelastizität hat bisher die kinetischen Gleichgewichtsmethoden gegenüber den sehr viel ele-
ganteren und fehlerunempfindlichen Energiemethoden bevorzugt [8.6-8.12]. Da es
sich um schwingungsfähige Kontinua handelt, wird meist das Prinzip der virtuellen

Verrückungen oder das Hamiltonsche Prinzip gemäß Abschn. 1.1 bevorzugt angewendet, sofern nicht bei besonders einfachen Systemzusammenhängen direkt das d'Alembertsche Prinzip (Newtonsches Gesetz) benutzt werden kann [8.2]. Die Stabilitätsuntersuchungen gehen dabei meist von linearisierten Näherungen aus, die dann erlaubt sind, wenn in einer Umgebung der zu untersuchenden Gleichgewichtspunkte die asymptotische Bewegungsstabilität gesichert ist. Da vor allem die Luft- und Dämpfungskräfte, aber auch die Steifigkeitseinflüsse starken nichtlinearen Einflüssen unterliegen können, soll der Einfluß der Nichtlinearität auf die Stabilitätsuntersuchungen am Schluß gesondert untersucht werden. Bei der Lösung des erweiterten Hamiltonschen Prinzips

$$\int_{t_a}^{t_e} (dL + \delta A_{n,k})dt = 0, \quad L = T - U \tag{8.4}$$

wird die Änderung der gesamten kinetischen Energie T und der gesamten potentiellen Energie U eines Systems in einem festen Zeitintervall $[t_a, t_e]$ optimiert. Dabei bedeutet $\delta A_{n,k}$ die reversible und irreversible nichtkonservative Arbeit.

Die durch (8.4) ausgewählte Funktion erreicht am schnellsten den Gleichgewichtszustand (Endzustand) und stellt sich somit bei instationären nichtkonservativen Problemen "bevorzugt" ein [8.16]. Bei der Lösung der Variationsaufgabe (8.4) wird jetzt die in Abschn. 1.1 beschriebene Modalanalyse oder ein entsprechendes Näherungsverfahren angewendet.

Es sind demzufolge die Eigenschwingungsformen des verkürzten, konservativen Problems zu bestimmen und in (8.4) einzusetzen. Die Ergebnisse lassen sich in Form von Lagrange-Gleichungen

$$\frac{d}{dt}\left(\frac{\partial T}{\partial \dot{v}}\right) + \frac{\partial U}{\partial v} + \frac{\partial D}{\partial \dot{v}} = \underline{F} \tag{2.17}$$

- mit den dort angegebenen Bezeichnungen - oder ähnliche Näherungsgleichungen (z.B. Galerkinsche Gleichungen) zusammenfassen. Es dürfen nur Näherungsverfahren angewendet werden, die keine Potentialeigenschaft voraussetzen. So gilt das Ritzsche Verfahren nur für die Bestimmung der Eigenschwingungsformen des verkürzten konservativen Problems und kann nicht zur Lösung von (8.4) benutzt werden [8.1, 8.2].

Besonders einfache Zusammenhänge ergeben sich nun, wenn bei den zu untersuchenden Gleichungen (2.17) lineare Systemzusammenhänge und zeitunabhängige Belastungssowie Parametereinflüsse vorausgesetzt werden dürfen, da die gesuchten Stabilitäts-

kriterien dann algebraisch ermittelt werden können [8.2]. Veranschaulicht werden
sollen diese Lösungen an einem bekannten Beispiel der Elastomechanik. Die sich drehenden Kräfte gemäß Abb.8.3 sind nur mathematisch definiert aufzufassen. Bei praktischen Systemen ist diese Voraussetzung sorgfältig zu prüfen [8.15]. Es ist nicht zulässig, nichtkonservative Teilsysteme z.B. statischer Art zu definieren, sondern es
ist stets das Gesamtsystem einschließlich der Wirkung der Reaktionskräfte auf die
Nachbarsysteme zu betrachten. Abgeschlossene Systeme statischer Art können auf
Grund des Anergiecharakters der nichtkonservativen Arbeiten nur statische Instabilitäten zeigen. Eine kinetische Instabilität ist nur durch eine fortlaufende äußere Energiezufuhr zu erreichen [8.15]. In der Aeroelastitzität erfolgt diese permanente Energiezufuhr durch die Windströmung. Durch den Mechanismus der drehenden Kräfte ist
nun eine Energieaufnahme des Stabsystems möglich, die zu selbsterregten Schwingungen führt. Die Knicklast folgt jetzt der ausgelenkten Biegelinie und wird dadurch nicht-
konservativ. Bezogen auf [2.17] bedeutet dies, daß die eingeprägte Kraft $\underline{F}$ nur linear
abhängig von $\underline{v}$ und weiteren möglichen zeitlichen Ableitungen $\underline{\dot{v}}$ anzusetzen ist.

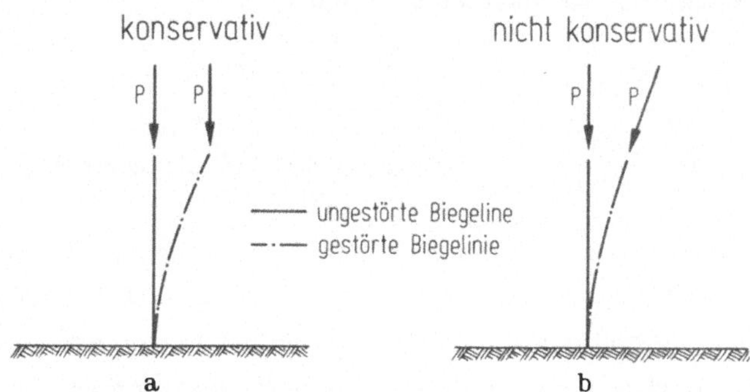

Abb.8.3. Nichtkonservativer Knickstab nach Beck-Pflüger

Zunächst soll das in Abb.8.3 dargestellte Stabilitätsproblem gelöst werden, da die
dort angewendeten Lösungsmethoden auch für winderregte Schwingungen - also Probleme der Aeroelastizität - gelten.

Allgemein läßt sich ein solches Problem auf die Form [8.2]

$$\int_0^1 [m\,\underline{\ddot{v}} + L^*(\underline{v})]\,\delta\,\underline{v}\,dx = 0\,,\quad \underline{v}\quad \text{Auslenkung} \tag{8.5}$$

zurückführen, wobei L* ein linearer Differentialoperator, m die konstante Stabmasse pro Längeneinheit und l die Stablänge ist. Wenn für

$$\underline{v} = a_i\,v(t)\,\varphi_i(x) = v_i(t)\,\varphi_i(x) \tag{8.6}$$

z.B. ein vollständig orthonormiertes Funktionensystem – unter Berücksichtigung
der Randbedingungen meist die Eigenfunktionen des verkürzten konservativen Problems (Galerkin-Verfahrens) – gewählt wird, ergibt sich nach Umformung

$$\ddot{v}_i(t) + a_{ik} v_k(t) = 0 , \qquad i, k = 1, 2, \ldots \tag{8.7}$$

$$\text{mit} \quad a_{ik} = \frac{1}{m} \int_0^1 L^*(\varphi_k) \varphi_i \, dx .$$

Die Konvergenz dieses unendlichen Gleichungssystems ist bei den hier im allgemeinen vorhandenen, nicht selbstadjungierten Problemen durchaus nicht selbstverständ-
lich und von Leipholz [8.2] bewiesen worden. Nun wird der Exponentialansatz

$$v_k(t) = a_k e^{\omega t}$$

eingeführt, so daß endgültig die Matrizengleichung

$$(A + \omega^2 E)X = 0 \tag{8.8}$$

$$\text{mit} \quad A = (a_{ik}), \quad X = (a_i), \quad E = \text{Einheitsmatrix}$$

entsteht. Die weiteren Untersuchungen betreffen – wie schon erwähnt – rein algebraische Probleme, wobei hier zunächst die Struktur der Matrix maßgebend ist,
die vor allem über den komplexen Charakter des Schwingungsparameters ω entscheidet. Denn wenn sich ω zu Null ergibt, heißt das definitionsgemäß, daß keine Schwingung eintritt und das gesamte Instabilitätsproblem statisch gelöst wird. Ergibt sich
dagegen ω beliebig komplex, dann tritt der kinetische Fall der Bewegungsinstabilität
ein, wobei die Bewegung dann gedämpft verläuft, wenn der Realteil von ω kleiner als
Null wird, wodurch die Bewegung im Ljapunowschen Sinne stabil wird, während für
$\text{Re}\,\omega > 0$ die Bewegung instabil wird. Da kinetische Untersuchungen bei statischen Problemen als wesensfremd anzusehen sind, konzentriert sich die weitere Aufmerksamkeit bei dem dargestellten Knickstab in erster Linie auf das Auffinden von Kriterien,
ob statische Untersuchungen bei diesen nichtkonservativen Problemen maßgebend werden. Zunächst ergibt sich aus der Matrizengleichung in bekannter Weise infolge der
Willkürlichkeit des Vektors X, daß

$$\det(A + \omega^2 E) = 0 \tag{8.9}$$

sein muß, und da $\omega = 0$ für statische Untersuchungen ist, muß sich

$$\det A = 0 \tag{8.10}$$

ergeben.

Damit wäre das statische Stabilitätskriterium gefunden, und zwar in sehr übersicht-
licher algebraischer Schreibweise. Aufgrund der Definition der Matrix A erkennen
wir jetzt leicht den ersten Satz, daß das statische Stabilitätskriterium dann angewendet werden darf, wenn die Matrix A symmetrisch ist, weil dann die Determinante
zu Null wird. Bei konservativen Problemen folgt dies leicht aufgrund der Selbst-
adjungiertheit des Ausdrucks [8.1, 8.2]

$$\int\limits_0^1 L^*(\varphi_k)\varphi_i\, dx = \int\limits_0^1 L^*(\varphi_i)\varphi_k\, dx \ , \tag{8.11}$$

womit diesmal algebraisch bewiesen worden ist, daß statische und kinetische Kriterien bei konservativen Problemen zum gleichen Ergebnis führen müssen. Interes-
santerweise ist das statische Kriterium aber nicht auf konservative Probleme beschränkt, sondern behält auch bei nichtkonservativen Problemen seine Gültigkeit.
Hierzu ist jedoch erforderlich, daß die sehr scharfe Forderung der symmetrischen
Matrix abgeschwächt werden muß. Es ist zu diesem Zweck erforderlich, den Charakter des Stabilitätsproblems graphisch mittels einer Eigenwertkurve aufzutragen,
Abb.8.4, die etwa in der dargestellten Art angewendet wird [8.2].

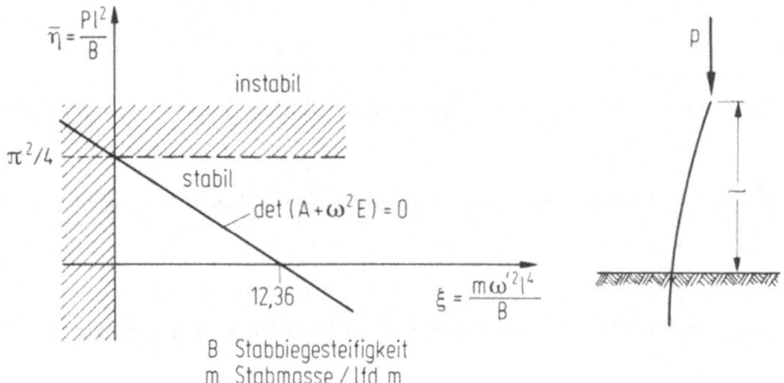

Abb.8.4. Algebraische Lösung des Euler-Stabes [8.2]

Dabei wird im Prinzip die Knicklast P als Funktion der Eigenkreisfrequenz ω' des
Stabes unter der dargestellten (nicht)konservativen Last dargestellt. Mechanische
sinnvolle Lösungen sind nur in dem dargestellten Teil des Koordinatensystems möglich. Nur bis zum Maximum von P existieren nicht angefachte gedämpfte Stabschwin-
gungen, da nur dort die Forderung Re $\omega \leqslant 0$ erfüllt werden kann, während Im $\omega = \omega'$
ist.

Der Maximalwert der Eigenwertkurve trennt die Stabilitätsbereiche. Oberhalb des
Maximums sind selbsterregte Schwingungen möglich. So ergibt sich zum Beispiel
für den Beckschen Knickstab das in Abb.8.5 dargestellte Verhalten. Es sei beson-

ders noch darauf hingewiesen, daß die Stabilitätsgrenze Re ω = 0 den Grenzfall angibt, bei dem die nichtkonservative Energieaufnahme durch die Schwingung "statisch" möglich wird. Zusätzlich ist noch in der Energiebilanz nachzuprüfen, ob freie
konservative Energie zur Verfügung steht, die in nichtkonservative Arbeit (Wärme)
umgewandelt werden kann. Statische, abgeschlossene Systeme zeigen daher im statischen Gleichgewichtszustand keine kinetische Instabilität. In der Aeroelastizität
dagegen ist durch die dauernde Energiezufuhr der Luftströmung unter den nachfolgend erwähnten Voraussetzungen ohne weiteres eine kinetische Instabilität möglich.
Insofern ist das Beispiel der Abb.8.5 ohne jegliche physikalische Realisierung als
rein mathematisches Beispiel für ein nichtkonservatives System aufzufassen, das
die Energievoraussetzungen erfüllt.

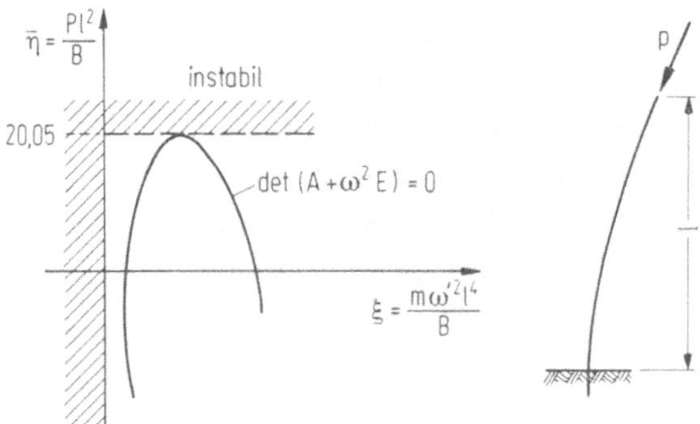

Abb.8.5. Algebraische Lösung des nichtkonservativen Beck-Pflüger-Stabes [8.2]

Während beim ersten Beispiel der Maximalwert bei ω' = 0 erreicht wird, liegt im
zweiten Fall der Maximalwert bei einem bestimmten $\omega' \neq 0$, so daß dort das kinetische Kriterium anzuwenden ist. Es gibt also Beispiele nichtkonservativer Stabilitätsprobleme mit voneinander verschiedenen statischen und kinetischen Stabilitätsgrenzen.

Weitere Berechnungsbeispiele der nichtkonservativen Elastomechanik sind in [8.2,
8.5] zusammengestellt. Wesentlich ist auch die dort entwickelte Erkenntnis, daß die
Systemdämpfung nicht nur gutartig im Sinne einer Erhöhung der Stabilitätsgrenze
wirkt, sondern durchaus bösartige Tendenzen aufweisen kann.

Damit soll das spezielle Gebiet der nichtkonservativen Elastomechanik wieder verlassen werden und allgemeine nichtkonservative Instabilitätsfälle unter Berücksichtigung von Anwendungsbeispielen der Aeroelastizität behandelt werden. Linearisierte Betrachtungsweisen sind zulässig, wenn in der Umgebung des zu untersuchenden Stabilitätspunktes die asymptotische Bewegungsstabilität gesichert ist. Es
darf dann angenommen werden, daß die eingeprägte Kraft $\underline{F}$ aus (2.17) eine lineare

Funktion von $\underline{v}$ und weiteren zeitlichen Ableitungen $\underline{\dot{v}}$, $\underline{\ddot{v}}$,... ist (autonome, selbsterregte Bewegung). Durch Umordnung läßt sich (2.17) dann stets auf die Form ei-
ner ideellen gedämpften Eigenschwingung bringen, also eine gewöhnliche lineare Differentialgleichung mit konstanten Koeffizienten, weil die Ortsabhängigkeit gemäß
Abschn. 1.1 durch die Integrationsvorschrift der Modalanalyse aus der ursprünglich
partiellen Differentialgleichung heraus gelöst worden ist. Diese Differentialgleichung
soll allgemein

$$\underline{A}\,\underline{\ddot{v}}(t) + \underline{B}\,\underline{\dot{v}}(t) + \underline{C}\,\underline{v}(t) = \underline{0} \tag{8.12}$$

lauten. Der übliche Exponentialansatz

$$\underline{v} = \underline{v}_0\,e^{\omega t} \tag{8.13}$$

führt mit (8.12) auf die Beziehung

$$(\underline{A}\,\omega^2 + \underline{B}\,\omega + \underline{C})\,\underline{v}_0 = \underline{0}\ , \tag{8.14}$$

die nur erfüllt werden kann, wenn

$$\det(\underline{A}\,\omega^2 + \underline{B}\,\omega + \underline{C}) = 0 \tag{8.15}$$

ist. Hierfür ergibt sich bei Mitnahme von N Freiheitsgraden (Eigenschwingungsformen) eine algebraische Gleichung n-ten Grades für ω^2

$$a_N\,\omega^{2N} + \dots + a_0 = 0 \tag{8.16}$$

auch charakteristische oder Hurwitzsche Gleichung genannt. Wie schon aus dem
elastomechanischen Beispiel ersichtlich wird, wird ω abhängig von einem Lastpara-
meter P oder einer Windgeschwindigkeit U_∞ im allgemeinen beliebig komplex. Die
Stabilitätsgrenze P_{kr}, U_{kr} ist dann erreicht, wenn bei mindestens einer Lösung aus
(8.16) bei N möglichen Lösungen

$$\operatorname{Re}\omega = 0 \qquad\qquad \operatorname{Re}\omega > 0 \text{ instabil} \tag{8.17}$$
$$\text{indifferentes Gleichgewicht,}\quad \operatorname{Re}\omega < 0 \text{ stabil}$$

wird. Die Schwingungsmechanik hat bezüglich der Lösung des Eigenwertproblems
(8.15) und des Stabilitätskriteriums (8.17) schon viele Rechenverfahren entwickelt.
Manchmal gelingt es, die Stabilität von (8.14) direkt aus den Routh-Hurwitzschen
Stabilitätskriterien zu erkennen [8.8, 8.12].

Für die Stabilität eines diskreten linearen Systems erster Ordnung ist notwendig und hinreichend, daß alle aus den Koeffizienten $a_0, a_1, \ldots, a_N$ $(a_n > 0)$ der charakteristischen Gleichung (8.16) des Systems gebildeten N Determinanten

$$D_1 = \left| a_1 \right| , \quad D_2 = \begin{vmatrix} a_1 & a_0 \\ a_3 & a_2 \end{vmatrix} , \quad D_3 = \begin{vmatrix} a_1 & a_0 & 0 \\ a_3 & a_2 & a_1 \\ a_5 & a_4 & a_3 \end{vmatrix} , \ldots \tag{8.18}$$

positiv sind. Weitere Stabilitätskriterien z.B. nach Nyquist seien hier nur namentlich erwähnt. Hier soll auf die umfangreiche Literatur verwiesen werden [8.10, 8.11]. Die Aeroelastizität hat für ihre Bedürfnisse zahlreiche computerorientierte Iterativverfahren entwickelt, die in Abschn. 13 ausführlich besprochen werden [8.17, 8.18]. Erheblich erschwerte Bedingungen treten bei den Stabilitätsuntersuchungen dann auf, wenn die Parameter aus (2.17) zeitabhängig werden oder die betreffende Differentialgleichung nichtlineare Terme enthält. Zunächst soll nur der nichtlineare, autonome Fall betrachtet werden. Oft ist bei Schwingungsuntersuchungen der Einfluß der ständigen Last so groß, daß die zusätzliche Schwingungsuntersuchung bedenkenlos quasilinear vorgenommen werden kann, und zwar in der Umgebung des statischen Gleichgewichtspunktes. Falls größere Schwingungsamplituden auftreten, aber der statische Grundzustand dennoch von überragender Bedeutung bleibt, erscheint eine nichtlineare Verbesserung des nachstehend beschriebenen Verfahrens von Krylov und Bogoljubov sinnvoll. Alle Parameter des Differentialgleichungssystems sollen nach wie vor unabhängig von Zeiteinflüssen dargestellt werden. Auch hierfür hat die Schwingungsmechanik Rechenmöglichkeiten bereitgestellt [8.6, 8.9]. Das bekannteste Rechenverfahren bei schwachen Nichtlinearitäten stammt von Krylov und Bogoljubov [8.5, 8.9] (Methode der harmonischen Analyse) und ist eine Beschränkung des Galerkin-Verfahrens auf das erste Reihenglied. Die Grundidee des Verfahrens besteht darin, die ursprünglich nichtlineare Gleichung

$$\ddot{\underline{v}} + f(\underline{v}, \dot{\underline{v}}) = 0 \tag{8.19}$$

durch die Integrationsvorschrift, die prinzipiell in der Form [8.5, 8.9]

$$\underline{a}^* = \frac{1}{\pi A} \int_0^{2\pi} f(A \cos \omega t, -A\omega \sin \omega t) \cos \omega t \, d\omega t$$

$$\underline{b}^* = -\frac{1}{\pi A \omega} \int_0^{2\pi} f(A \cos \omega t, -A\omega \sin \omega t) \sin \omega t \, d\omega t$$

dargestellt werden soll, künstlich zu

$$\underline{\ddot{v}} + \underline{b}^* \, \underline{\dot{v}} + \underline{a}^* \, \underline{v} = 0 \qquad\qquad (8.20)$$

zu linearisieren. Das Gleichungssystem wird jetzt quasilinear, wobei jedoch die Vorfaktoren a^*, b^* amplitudenabhängig werden. Die Güte des Verfahrens ist bei beliebigen nichtlinearen Schwingungsproblemen erstaunlich gut. Die Regelungstechnik benutzt gern die direkte Methode nach Ljapunow oder ähnliche praktisch aufbereitete Verfahren, die hier auch nur recht kurz abgehandelt werden [8.9-8.11, 8.19]. Schon von Ljapunow ist nach Möglichkeiten gesucht worden, die oft langwierige Integration der Bewegungsdifferentialgleichungen durch die Einführung geeigneter Zwischenintegrale - den Ljapunow-Funktionen - zu umgehen. Bei autonomen Bewegungen wird hierzu der Begriff der Phasenfläche (Phasenebene, Phasenraum) eingeführt, Abb.8.6.

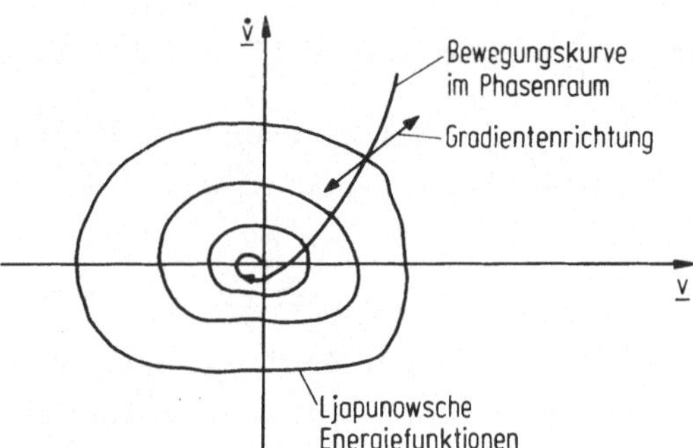

Abb.8.6. Ljapunow-Funktion im Phasenraum

In diesem Phasenraum führt Ljapunow gewisse Testfunktionen ein, die Ähnlichkeit mit Energiefunktionen der Bewegung besitzen, von denen er jedoch hier verlangt, daß sie definit sind und eine unendlich kleine obere Schranke zulassen. Besondere Methoden zur Auffindung dieser Ljapunow-Funktionen liefert die Regelungstechnik [8.2, 8.10, 8.11, 8.19]. Die Testfunktionen stehen im unmittelbaren, ursächlichen, physikalischen Zusammenhang mit den Bewegungsdifferentialgleichungen. In der Praxis können wir bei konservativen Problemen statischer Art die potentielle Energie und kinetischer Art die Hamiltonsche Funktion einführen. Falls es gelingt, solche Testflächen im Phasenraum zu finden, dann können wir durch den Vergleich der Bewegungskurven mit den Testflächen direkt auf die Stabilität der Bewegung schließen. Einer der Ljapunowschen Sätze sagt aus, wenn sich die Bewegungskurve von einer Testfläche in Richtung auf den Nullpunkt bewegt, ist die Bewegung stabil, wie es ja ohne weiteres anschaulich aus der Abb.8.6 hervorgeht.

Auch der bekannte Satz des stabilen Gleichgewichts bei minimaler potentieller Energie, einer der Fundamentalsätze der konservativen Elastostatik, auch als Dirichletscher Satz bezeichnet, kann leicht aus einem der Ljapunowschen Sätze gefolgert werden. Für die weitere Anwendung ist eines der wichtigsten Ergebnisse, daß eine Linearisierung des Bewegungsproblems nur dann auf richtige Ergebnisse führt, wenn die asymptotische Bewegungsstabilität gesichert ist. Es muß daher in den späteren Anwendungen unter allen Umständen der Einfluß der Systemdämpfung bei den nichtkonservativen Stabilitätsproblemen berücksichtigt werden.

Als besondere Schwierigkeit der Ljapunow-Definition erweist sich die außerordentliche Fehlerempfindlichkeit dieses Verfahrens. Vor allem kann das Verfahren nur schwer zwischen einer Instabilität im Kleinen und im Großen unterscheiden. Es ist damit nicht zu ermitteln, ob die Schwingung nach der Überschreitung einer Stabilitätsgrenze zu beliebig großen divergierenden Schwingungsamplituden führt. Moderne Computerverfahren pflegen nun den Weg einer schrittweisen Aufintegration einer linearisierten Bewegungsdifferentialgleichung (Step-by-Step Analysis Procedure, Zeitschrittverfahren) zu benutzen [8.20-8.22].

Auch hierauf wird in Abschn. 13 in einem Anwendungsbeispiel kurz eingegangen.

Es wird also eine Integration der ursprünglich nichtlinearen Bewegungsdifferentialgleichung in der Form gemäß Abschn. 1.1

$$\underline{M}^* \Delta \underline{\ddot{v}} + \underline{D}^* \Delta \underline{\dot{v}} + \underline{K}^* \Delta \underline{v} = \Delta \underline{P} \tag{8.21}$$

schrittweise in diskreten Zeitintervallen Δt durchgeführt. Aus dem Verlauf der iterativ errechneten Kurve $\underline{v}$ kann dann die Bewegungsstabilität erkannt werden. Am fehlerunempfindlichsten dürfte sich das in [8.15] entwickelte energetische Stabilitätskriterium

$$\int_0^T \Delta F \, dt = 0 \tag{8.22}$$

mit der freien Energie F erwiesen. Dabei ist T die Schwingungszeit $\omega'/2\pi$, die bei irgendeiner Kreisfrequenz des Bewegungsablaufs in der Nähe der Stabilitätsgrenze vorhanden ist. In der Aeroelastizität führt (8.22) an der Stabilitätsgrenze aufgrund der ungedämpft harmonisch schwingenden (oszillierenden), konservativen Energieanteile auf das schon in Abschn. 1.1 erwähnte bekannte Energiekriterium (besser Anergiekriterium genannt) [8.6]

$$\int_0^T (E_L + E_D) \, dt = 0 \, ,$$

E_L die dem System in der Zeitperiode T zugeführte   (8.23)
       Energie der Luftkräfte

E_D die in der Zeitperiode T in Wärme umgewandelte Energie

da die konservativen Anteile an der Stabilitätsgrenze U_{kr} verschwinden.

Die über eine volle Schwingungsperiode T dem System zugeführte nichtkonservative
Energie der polygenetischen Luftkräfte und die abgeführte in Wärme umgewandelte
Energie der Dämpfungskräfte muß im zeitlichen Mittel verschwinden.

Abschließend sei noch der Fall der eingeprägten Zeitabhängigkeit der Parameter
aus (2.17) behandelt. Die Lösung des Problems kann durch Galerkinsche Rechen-
sätze erfolgen [8.2, 8.23], deren Beschränkung auf das erste Reihenglied mit dem
Verfahren von Krylov und Bogoljubov identisch ist.

Während die charakteristischen Schwingungsgleichungen bei autonomen Bewegungen
keine explizite Zeitglieder enthalten, - es treten nur die Bewegungsformen bzw.
höhere zeitliche Ableitungen dieser Bewegungsformen auf - treten bei den heteronomen Bewegungen entweder Zeitglieder explizit in den Schwingungsgleichungen als
Störglieder auf, wodurch die bekannten Resonanzschwingungen erzeugt werden, oder
die Koeffizienten der Schwingungsgleichungen enthalten zeitabhängige Glieder, Abb.
8.7. Diese Gruppe der Bewegungsformen bezeichnet man auch als parametererregte
Schwingungen. Zu den letzteren gehören die heute schon beinahe klassischen Probleme der Elastokinetik, auf die in der Anwendung in Abschn. 10.1 und 16 noch ver-
tieft eingegangen wird.

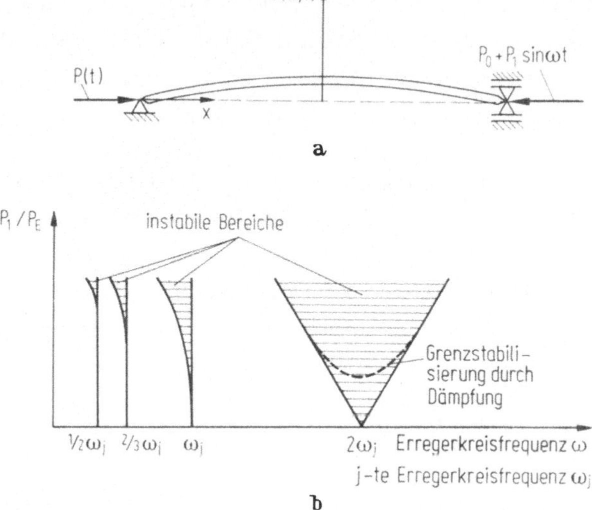

Abb.8.7. Pulsierend belasteter Knickstab und zugehörige Stabilitätskarte bei harmonischer Erregung als Beispiel

Im Gegensatz zu den vorherigen Problemen, bei denen die kinetischen Betrachtungen
lediglich als Hilfsbegriffe anzusehen sind, treten jetzt wirklich dynamische Beanspru-
chungen durch wechselnde äußere Kräfte auf. Natürlich gelten auch hier wieder der vorher definierte Ljapunowsche Stabilitätsbegriff und vielleicht mit gewissen Erweiterun-
gen die erwähnten Ljapunowschen Sätze.

Kinetische Untersuchungen müssen auch bei dem Problem des durch eine harmonische
Last beanspruchten Knickstabes durchgeführt werden, also einem "konservativen" Problem. Hier läßt sich eine Erweiterung der statischen auf dynamische Kriterien leicht
vornehmen, wobei an die Stelle der Potentialfunktionen des statischen Falls die Hamiltonsche Funktion $L = T - U$ tritt. An die Stelle des bekannten Dirichletschen Kri-
teriums der Statik

$$\delta(\overline{\delta}^2 \Pi_0) = 0$$

tritt jetzt das Hamiltonsche Variationsanalogon [8.2]

$$\delta \int_{t_a}^{t_e} \delta^2 L \, dt = 0. \qquad (8.24)$$

Jetzt ist jedoch keine algebraisierte Theorie mehr durchführbar, da infolge der zeit-
abhängigen Koeffizienten nichtlineare Differentialgleichungen auftreten, die in seltenen Fällen schon durchgehend mathematisch erforscht und tabuliert sind. (Es mögen
die bekannten Hillschen bzw. Mathieuschen Differentialgleichungen erwähnt werden.)

An die Stelle der algebraisierten Matrizenkriterien der Stabilität treten jetzt Stabi-
litätskarten, wie in Abb. 8.7 dargestellt, auf. Dabei bedeutet P_E die Eulersche
Knicklast des Systems und ω_j die Eigenkreisfrequenz, die zur Eigenform j gehört.
Alle übrigen Bezeichnungen sind aus Abb. 8.7 ersichtlich.

Die Stabilitätsbereiche und Instabilitätsbereiche sind dabei in den gekennzeichneten
Parameterfeldern vorhanden. Die Reduzierung des Problems auf bekannte mathematische Funktionen ist jedoch nur in seltenen Fällen möglich, so daß die Stabilitätskarten bei den jeweiligen Aufgaben im allgemeinen stets neu aufgestellt werden
müssen. In allen Fällen empfiehlt sich auch das Galerkinsche Verfahren, wobei
zwischen den konservativen und den nichtkonservativen Problemen mathematisch
eigentlich kein wesentlicher Unterschied mehr zu erblicken ist, mit Ausnahme dessen, daß in dem Variationsprinzip (8.24) noch die nichtkonservativen Arbeitsanteile
zu ergänzen sind. Die weiteren Ausführungen gehören wohl in die speziellen Fachge-
biete und sollen hier unterbleiben.

Literatur

8.1   Pflüger, A.: Stabilitätsprobleme der Elastostatik. Berlin, Göttingen, Heidel-
      berg: Springer 3. Aufl. 1974.

8.2   Leipholz, H.: Stabilitätstheorie. Stuttgart: Teubner 1968.

8.3   Szabo, I.: Höhere Technische Mechanik 4. Aufl. Berlin, Göttingen, Heidelberg:
      Springer 1964.

8.4 Malkin, J.G.: Theorie der Stabilität einer Bewegung. München: Oldenburg 1959.

8.5 Bolotin, V.V.: Nonconservative Problems of the Theory of Elastic Stability. Oxford, London, New York, Paris: Pergamon Press 1963.

8.6 Magnus, K.: Schwingungen. Stuttgart: Teubner 1964.

8.7 Den Hartog, J.G.; Mesmer, G.: Mechanische Schwingungen. Berlin, Göttingen, Heidelberg: Springer 1952.

8.8 Klotter, K.: Technische Schwingungslehre 2. Bd. Berlin, Göttingen, Heidelberg: Springer 2. Aufl. 1960.

8.9 Kauderer, H.: Nichtlineare Mechanik. Berlin, Göttingen, Heidelberg: Springer 1958.

8.10 Willems, J.L.: Stabilität dynamischer Systeme. München, Wien: Oldenbourg 1973.

8.11 Oppelt, W.: Kleines Handbuch technischer Regelvorgänge, 5. Aufl. Weinheim, Bergstr.: Verlag Chemie 1972.

8.12 Forbat, N.: Analytische Mechanik der Schwingungen. Berlin: VEB Deutscher Verlag der Wissenschaften 1966.

8.13 Grigull, U.: Technische Thermodynamik. Berlin: de Gruyter 1970.

8.14 Baehr, H.D.: Thermodynamik 3. Aufl. Berlin, Heidelberg, New York: Springer 1973.

8.15 Rosemeier, G.E.: Energetische Lösung eines nichtkonservativen Stabilitäts-problems. Der Stahlbau 45 (1976) 54.

8.16 Rosemeier, G.E.: Über die Bedeutung des erweiterten Hamiltonschen Prinzips bei instationären nichtkonservativen Problemen. Die Bautechnik 53 (1976) 202.

8.17 Försching, H.W.: Grundlagen der Aeroelastik. Berlin, Heidelberg, New York: Springer 1974.

8.18 Naudascher, E. (Herausgeber): Flow Induced Vibrations. IUTAM/Jahr Symposium, Karlsruhe 1972. Berlin, Heidelberg, New York: Springer 1974.

8.19 Lügers Lexikon der Verkehrstechnik. Stuttgart: Deutsche Verlagsanstalt 1967.

8.20 Krings, W.; Waller, H.: Numerische Berechnung von gedämpften Schwingungs-systemen bei nichtperiodischen Erregungen. Die Bautechnik 52 (1975) 97.

8.21 Stein, E.: Diskretisierungen in der nichtlinearen Dynamik. Seminarreihe des Lehrstuhls für Baumechanik der TU Hannover.

8.22 Clough, R.W.: Earthquake response of structures, Earthquake engineering. Herausgeber R.C. Weigel. Englewood Cliffs, N.J.: Prentice Hall 1970.

8.23 Herrmann, G.; Hauger, W.: On the Interrelation of Divergence, Flutter and Auto-Parametric Resonance, Ing.-Arch. 42 (1973) 81.

9. Dynamische Kenngrößen der Struktur

Aeroelastische Untersuchungen berücksichtigen das Wechselspiel von Massenkräften, elastischen Rückstellkräften sowie den nichtkonservativen Dämpfungskräften und Luftkräften. Die nur schwer zu ermittelnden Luftkräfte können einen eingeprägt kinetischen Charakter aufweisen und dadurch resonanzerregte oder parametererregte Schwingungen hervorrufen.

Sie können auch wie bei den klassischen Flatterproblemen selbsterregte Bewegungen an dem schwingungsfähigen Kontinuum erzeugen. Da die Berechnung der Luftkräfte mit großen Unsicherheiten behaftet bleibt, ist zunächst zu empfehlen, das Schwingungsproblem der Struktur unter beliebiger, zum Teil idealisierter Belastung möglichst umfassend zu lösen, da die Größe der idealisierten Schwingungskräfte über deren Maximalamplitude der Bauwerksschwingung (dynamic response) mit der abschätzbaren Größe der instationären Luftkräfte vergleichbar ist und somit auch bei idealisierten Belastungen im weiteren Sinne eine Aussage über die Flattergefährdung einer Konstruktion getroffen werden kann. Solche idealisierten Belastungen sind in Abb. 9.1 dargestellt [9.1, 9.2, 2.1.20].

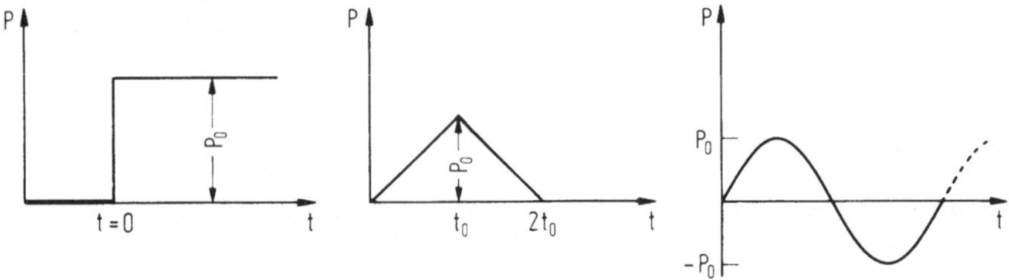

Abb. 9.1. Idealisierte Belastungen zur Beurteilung des aeroelastischen Verhaltens von Konstruktionen (Beispiele)

Die Schwingungsreaktion des Bauwerks ist mit den in Abschn. 1.1 hergeleiteten Rechenmethoden aus diesen Belastungen mathematisch errechenbar, sofern ein linear-elastisches Materialverhalten näherungsweise vorauszusetzen ist und eine einigermaßen sichere Abschätzung der Grenzdämpfung des Systems möglich erscheint. Ähnliche Überlegungen sind schon in Abschn. 3 und bei verwandten Gebieten berücksichtigt worden, bei denen ebenfalls dynamische Lastannahmen schwierig erscheinen.

Die meisten Lastfälle der Windbelastung lassen sich mit Ausnahme der Stabilitätsfälle von Abschn. 11 bis 14 durchaus vernünftig in diesem Schema erfassen. Die Grundla-

genvoraussetzungen der klassischen Mechanik bedürfen hier einer besonders kritischen Überprüfung. So ist zum Beispiel die der Methode kleiner Schwingungen zugrundegelegte Linearisierung des Problems bei den Schwingungsuntersuchungen und den
aerodynamischen Ansätzen oft fragwürdig, obwohl im Bauwesen die Untersuchungen
nicht mit der Genauigkeit der Luft- und Raumfahrttechnik durchgeführt werden müssen, da die im Bauwesen auftretenden Windgeschwindigkeiten klein sind im Verhältnis zu denen der Luft- und Raumfahrttechnik. Infolgedessen sind vereinfachte Annahmen bei der Erfassung der möglichen aeroelastischen Effekte meist ausreichend, da
es hier - wie schon erwähnt - leicht möglich ist, durch geeignete konstruktive Maßnahmen diesen Instabilitäten auszuweichen.

Auch an die Ermittlung der Dämpfungseigenschaften einer Konstruktion müssen grös-
sere Genauigkeitsforderungen gestellt werden, da die Systemdämpfung gemäß Abschn.
1.1 bei fremderregten Bewegungen die Größe der Maximalamplitude der Schwingung
festlegt und bei den hier in erster Linie interessierenden selbsterregten und parametererregten Bewegungen die Stabilitätsgrenze bestimmt.

Bei der rechnerischen Ermittlung der Struktureigenschaften ist zunächst zu prüfen,
inwieweit mathematische Modelle wie schlanke Biege- oder Torsionsträger, dünne
Platten und Scheiben die Struktureigenschaften eines Kontinuums beschreiben können;
ob es wie z.B. bei Hängebrücken darauf ankommt, das Schwingungsverhalten jedes
Einzelteils, wie z.B. Seile und Hänger, bezüglich möglicher schwingungstechnischer
Interferenzerscheinungen zu kennen, die wie Zusatzdämpfer wirken können, oder ob
nicht einfache Grenzbetrachtungen des Gesamtsystems genügen. Alle Rechnungen sollen hier nur brauchbare ingenieurmäßige Abschätzungen und keine physikalischen
"Wahrheiten" liefern. Auch sollte man, wie schon erwähnt, sorgfältig zwischen schwingungsempfindlichen und -unempfindlichen Konstruktionen unterscheiden. Die zugehörigen Kriterien lassen sich normenmäßig festlegen. Weitgespannte, leichte Brückenkon-
struktionen und hohe Mast- oder Portalkrankonstruktionen zeigen oft aeroelastische
Anfachungseffekte.

Flächentragwerke zeigen gemäß Abschn. 16 und 17 nur in Ausnahmefällen aeroelastische Effekte. Die Erforschung der Struktureigenschaften ist durch die Luft- und Raumfahrttechnik vor allem auf dem versuchstechnischen Sektor vorbildlich vorangetrieben
worden, obwohl dort Möglichkeiten zur Verfügung stehen [9.1-9.3], die von der "instationären" Bauindustrie vor allem aus technischen und wirtschaftlichen Gründen
wohl nicht zu erreichen sind. Dennoch ist eine kurze Schilderung der dort angewendeten Methoden der Strukturforschung auch hier erwähnenswert.

Worin besteht nun die Problematik der Strukturforschung in der Aeroelastizität? Besonders übersichtlich ist dies in [9.1-9.3] dargestellt. Es interessiert zunächst das
dynamische Verhalten beliebiger Strukturen (sprich statischer Systeme) einschließ-

lich der Systemdämpfung und möglichen Nichtlinearitäten bei beliebiger statischer
und kinetischer Belastung. Die kinetische Belastung kann dabei deterministischen
oder stochastischen Einflüssen (Randombelastung) unterliegen. Weiterhin ist das
Festigkeitsverhalten der Konstruktion unter dieser Belastung von großem Interesse.
Spannungszyklen führen im Falle unzureichender konstruktiver Gestaltung oder un-
vermeidlicher Materialfehler zu Haarrissen mit gewissen Rißfortschrittsraten bei
kinetischer Belastung, die zu einer Aufsummierung der Schädigungen (Schadensakku-
mulation) führen. In voller Allgemeinheit ist ein solches Problem nur durch ein kom-
biniertes experimentelles Verfahren in Verbindung mit einem elektronischen Digital-
rechner zu lösen, der sowohl die Belastung des Systems steuert, als auch die dynamische Reaktion der Konstruktion (dynamic response) und das zugehörige Festigkeitsverhalten mißt. Ein solches eigens für die Anforderungen der Strukturforschung
der Luft- und Raumfahrttechnik konstruiertes Gerät ist der Prozeßrechner [9.3].

Der Prozeßrechner erfüllt folgende Aufgaben, von denen hier nur einige aufgeführt
sind:

1. das automatische Erzeugen von Versuchsdaten (z.B. Belastungssteuerung durch
elektronisch gesteuerte hydraulische Pressen, Simulation der praktisch auftretenden Belastungsfälle während der Lebensdauer einer Konstruktion),

2. das automatische Messen mit automatischer Registrierung,

3. das automatische Auswerten, also die notwendigen Rechenoperationen.

Das Messen beschränkt sich dabei nicht nur auf die Bestimmung der Schwingungsgrenzamplitude, sondern es werden auch die Festigkeitseigenschaften des Materials
gesondert untersucht. Dabei tauchen folgende Fragen auf:

2.1 Wann und wo kommt es zur Anrißbildung infolge der Materialermüdung?

2.2 Wie groß sind die Rißfortschrittsraten?

2.3 Zeigen konstruktive Zusatzmaßnahmen (Rißstopper) ein Einstellen des Rißfort-
schritts?

2.4 Wie groß ist die wirtschaftliche Nutzungsdauer (Betriebsfestigkeit, Ermüdungsfestigkeit) des Systems bei welchen Lastwechseln?

Die zugehörigen Meßgeräte interessieren den Fachmann der Werkstoffkunde und sollen im Rahmen dieser Schrift nicht aufgeführt werden. Erwähnt sei lediglich noch das
Kernproblem, inwieweit diesen sehr oft von lokalen Einflüssen bestimmten Messungen
eine globale, umfassende Aussage zukommt. Hierauf kann z.Zt. noch keine allgemeingültige Antwort gegeben werden, da sich die meisten Gesetze der hier in erster Linie

interessierenden Bruchmechanik im Augenblick noch in der Forschung befinden [9.19, 9.20].

Zunächst soll die Frage geklärt werden, inwieweit sich die Struktureigenschaften vor allem der schwingungsempfindlichen Baukonstruktionen rein rechnerisch erfassen lassen. Betrachten wir zunächst das dämpfungsfreie, konservative System. Schon das meist zugrundegelegte Hookesche Gesetz als Verknüpfung zwischen Spannungen und Verzerrungen ist bei manchen bautechnischen Werkstoffen wie z.B. bei Beton problematisch, ganz abgesehen davon, daß sich viele Werkstoffe kaum linearelastisch beschreiben lassen. Wir sollten uns jedoch auf die Annahme beschränken, daß die Schwingungsbeanspruchung im Bauwesen nur eine meist kleine Zusatzbeanspruchung zur eingeprägten, statischen Belastung darstellt, so daß eine linearisierte Betrachtungsweise zur ingenieurmäßigen Abschätzung durchaus zulässig erscheint. Ansonsten bietet sich bei stärkeren Nichtlinearitäten das hier meist ausreichende Verfahren der harmonischen Balance nach Krylov und Bogoljubov - also eine im Grunde iterative, künstlich linearisierte Darstellung des Problems - an, daß in Abschn. 8 kurz beschrieben worden ist.

Weiterhin gestattet die Entwicklung numerischer Diskretisierungen z.B. der Finite-Elemente-Methode die Berechnung beliebiger statischer Systeme, sofern die Voraussetzungen eines homogenen, isotropen Kontinuums gültig sind. Die Berechnung von nicht fest miteinander verbundenen Konstruktionen wie z.B. Stahl und Holz oder Stahl und Beton ist natürlich nach wie vor schwierig, ebenso der praktisch gar nicht streng zu erfassende Einfluß der "Bodenelastizität" und der Dämpfung bezüglich der Baukonstruktion. Schweißnähte dürfen als fest verbunden angesehen werden. Das "Arbeiten" von Niet- und Schraubenkonstruktionen dürfte dagegen theoretisch kaum zu erfassen sein und läßt sich nur durch plausible Näherungsannahmen einigermaßen "vernünftig" angeben. Auch sonst sind noch weitere Grenzen baustatischer Schwingungsberechnungen selbst bei konservativen Systemen zu erkennen. Auf die Schwierigkeit der kinetischen Lastannahmen ist schon mehrfach hingewiesen worden. Hier sind wohl meist nur ingenieurmäßige Abschätzverfahren möglich, es sei denn, daß bei größeren Objekten Windkanalversuche eingeschaltet werden können. Auch die Unterscheidung in einen Gebrauchszustand und einen Druckgrenzzustand erscheint sinnvoll. Bei vielen Systemen gelten die Gesetze der Elastostatik nur als Näherung, was sich vor allem wiez.B. bei Beton bei der Berechnung der Schnittgrößen und der Systemsteifigkeiten stark bemerkbar macht. Ein großer Teil der mitschwingenden Massen zählt zur Verkehrslast und beeinflußt stark die Systemeigenfrequenzen, einmal durch die veränderten Systemmassen und zum anderen durch die Reduzierungsformel (2.1.38). Außerdem können nicht befestigte Zusatzmassen wie Dämpfer wirken. Das Problem der Bodenlagerung der Bauwerke ist ebenfalls schon angesprochen worden. Hier sind aus physikalischen Gründen nur Näherungsannahmen sinnvoll.

Die Systemdämpfung läßt sich gemäß Abschn. 1.1 nur durch den Ausschwingversuch
oder Resonanzversuch im Vakuum sicher festlegen, da die Dämpfung der Luftkräfte
gesondert zu erfassen ist. Hier tritt das Problem großer zu bewegender Bauwerksmassen und das Problem des Ausmessens der Schwingungsamplituden auf. Das letzte Problem ist durch geodätische Lasergeräte oder das z. B. in [9.21] beschriebene
Verfahren befriedigend lösbar. Das Problem der Schwingungserregung wird bisher
meist durch einmalige Impulse gelöst (z. B. Abtrennen eines Zusatzgewichts von
dem Baukörper). Auch Anregungen durch elektrisch gesteuerte Unwuchterreger sind
gebräuchlich. Es lassen sich dadurch jedoch nicht die Genauigkeiten erzielen, wie
sie in der Luft- und Raumfahrttechnik gebräuchlich sind. Die Ergebnisse können daher überraschend stark streuen [9.22].

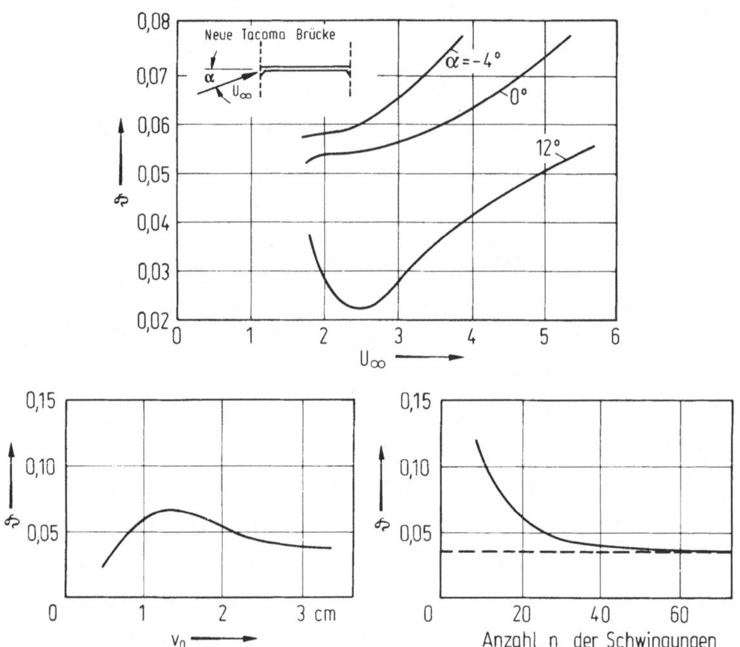

Abb. 9.2. Meßwerte des logarithmischen Dämpfungsdekrements von bautechnischen
Konstruktionen [9.4]

In Abb. 9.2 sind einige Meßwerte für das logarithmische Dämpfungsdekrement zusammengestellt.

Offen bleiben die Art der Schwingungsanregung, die erregte Eigenform und weitere
Parameter des Schwingungsproblems.

Vorbildlich ist dieses Problem in der Luft- und Raumfahrttechnik gelöst, obwohl dort
Möglichkeiten zur Verfügung stehen, die die Bautechnik vor allem aus wirtschaftlichen Gründen nicht erreichen kann. Dennoch ist eine kurze Schilderung der dort an-

gewendeten Versuchsmethoden auch hier sinnvoll [9.1-9.3]. Das klassische Verfahren ist der Standschwingungsversuch, bei dem jede Eigenform möglichst phasen-
reich harmonisch erregt wird. Dabei werden elektronisch gesteuerte rotierende kleine Unwuchten in der in Abb.9.3 dargestellten Art auf dem Flugzeug befestigt.

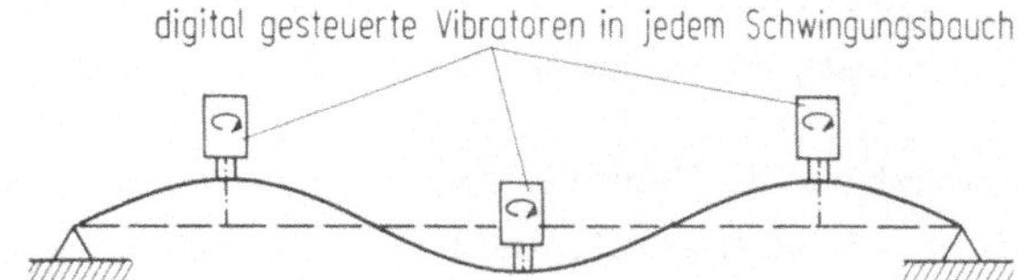

Abb.9.3. Anregungsmechanismen
der Standschwingungsversuche der
Luft- und Raumfahrttechnik (Prinzipskizze)

Der Standschwingungsversuch ist selbst im Flugzeugbau ein außerordentlich kosten-
intensives und zeitaufwendiges Meßverfahren, da jede Eigenform möglichst phasenrein erregt werden muß. Dies kann an der Zugänglichkeit der Konstruktion schei-
tern (z.B. im Innern einer Rakete). Außerdem tritt bei der oft vorhandenen Frequenznähe mehrerer Eigenformen durch die Dämpfung gemäß Abschn.1.1 eine Phasenverschiebung und damit eine Kopplungswirkung der einzelnen Schwingungseigenformen auf. Weiterhin gelten die Untersuchungen nur streng für ein lineares, elasto-
mechanisches Schwingungssystem und kleine Dämpfungsgrößen.

Gelingt es nun, eine solche Eigenform phasenrein zu erregen, dann sind alle Kenngrößen der linearen, elastomechanischen Struktur wie die generalisierte Masse dieser Eigenform, der geometrische Verlauf dieser Eigenform einschließlich der Ei-
gen(kreis)frequenz und die generalisierte Dämpfung rein meßtechnisch zu ermitteln
(Phasenresonanzverfahren). Dennoch bleibt festzustellen, daß das sorgfältige Ausmessen eines Flugkörpers mit dem Standschwingungsversuch außerordentlich zeit-
aufwendig ist und oft nur für die niedrigsten Eigenformen sauber gelingt.

Die Praxis der Luft- und Raumfahrttechnik hat daher vor allem aus wirtschaftlichen
Gründen versucht, das vorgenannte Meßverfahren zu vereinfachen.

Das bekannteste Verfahren ist wohl das Phasentrennungsverfahren [9.5-9.13].

Während bei dem Phasenresonanzverfahren alle beliebigen Erregerfrequenzen und
Eigenformen an jedem Systempunkt erregt werden müssen, beschränkt sich das Phasentrennungsverfahren auf einige gezielte Anregungen in der Nähe gefährdeter Reso-
nanzstellen, die aus früheren Meßergebnissen bekannt sind. Es ist dann durch Schwin-
gungsrechnungen im Sinne eines Integralgleichungsverfahren gemäß Abschn.1.1 möglich, sich zu den gesuchten Eigenformen des konservativen Systems zurückzurechnen.
Die Beschränkung auf wenige gezielte Anregungen gestattet eine große Zeitersparnis
des Meßverfahrens [9.6]. Es besteht jedoch bei einer eventuellen Frequenznähe oder
bei unvorhersehbaren großen Dämpfungen die Möglichkeit, daß ein Freiheitsgrad ver-

gessen wird. Weitere Forschungsarbeiten versuchen die Fehlerempfindlichkeit des
Phasentrennungsverfahrens auf ein Minimum zu reduzieren, und es dürfte bei hinreichender Erfahrung wohl möglich sein, dies Verfahren fehlerfrei anzuwenden.

Welche Möglichkeiten stehen nun dem bautechnischen Konstrukteur zur Verfügung,
die Flatterempfindlichkeit, also die Möglichkeit angefachter Windschwingungen, auf
ein Mindestmaß zu reduzieren?

Zunächst ist die Kenntnis der möglichen aerodynamischen Erregermechanismen wichtig. Dies wird die Aufgabe der nun folgenden Abschnitte des Buches sein. Es ist oft
durch geringfügige konstruktive Zusatzmaßnahmen durchaus möglich, die Systemaero-
dynamik bedeutend zu stabilisieren. Bei resonanzerregten Schwingungen nach Abschn.
10.2 und parametererregten Schwingungen nach Abschn. 10.1 sind die Resonanzberei-
che zu meiden und die angegebenen Stabilitätskriterien zu beachten. Bei stochastisch
erregten Schwingungen nach Abschn. 3 und 10.1 ist die Grenzamplitude durch Korre-
lationsrechnungen oder plausible Näherungsverfahren nachzuweisen. Bei selbsterregten Schwingungen nach Abschn. 11 bis 14 ist die kritische Windgeschwindigkeit als linearisierte Stabilitätsgrenze genügend zu unterschreiten und die Schwingungsgrenzamplitude bei nichtlinearer Luftkraftanregung zu bestimmen, was meistens nur durch
Einschaltung von Windkanalversuchen möglich ist (vgl. Abschn. 11).

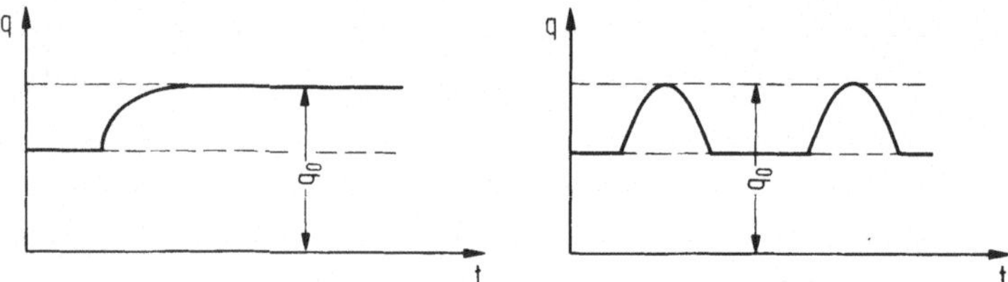

Abb.9.4. Ingenieurmäßig, idealisierte Lastannahmen der Windbelastung (Prinzipbeispiele)

Es sind möglichst große Systemsteifigkeiten und Systemdämpfungen anzustreben. Auch
sollte der Ingenieur nicht nur den starren Normentext der Windlastvorschriften, sondern stets die variable Windstruktur wenigstens gefühlsmäßig konstruktiv berücksichtigen. Bei Stabquerschnitten ist nicht nur die Biegesteifigkeit, sondern auch die Torsionssteifigkeit ein wesentlicher Parameter. Bei Fachwerkquerschnitten existiert kein
Querkraftnullpunkt am Gesamtsystem. Alle Einzelteile von bautechnischen Systemen
sollten verkehrslastartig gemäß Abb.9.4 für die Windlast wenigstens im Bruchzustand
bemessen werden. Es darf auf keinen Fall eine idealisierte Last nach Abb.9.4 auftreten, die kein Gleichgewicht wenigstens im Bruchzustand schnittgrößenoptimal findet.
Bei ausgesprochenen Einzelteilen wie Fassaden- oder Dachplatten können außerordentlich große statische und kinetische Belastungswerte des Windes auftreten, so daß dort
eine sichere Dimensionierung gegenüber der "Wirtschaftlichkeit" vorrangig ist.

Der Einfluß einer stochastischen Belastung auf das Festigkeitsverhalten ist noch versuchsmäßig zu klären, dürfte jedoch im allgemeinen gering sein. Bei determinierten Schwingungen ist die Dauerfestigkeitsabminderung des Systems zu berücksichtigen.

Es sollte nichts unversucht gelassen werden, auch die Systemsteifigkeiten und Systemdämpfungen durch konstruktive Zusatzmaßnahmen zu verbessern. Bei leichten Flächentragwerken ist es nach Abschn. 17 möglich, angefachte Schwingungen durch konstruktive Zusatzmaßnahmen wie Vorspannung oder Gegenverspannung weitgehend auszuschließen. Zusatzdämpfer werden im Bauwesen ebenfalls angeordnet.

Hier eignen sich besonders flüssigkeitsgefüllte Gefäße oder eine generelle Systemlagerung auf dämpfungsstarken Konstruktionen. Bei Brücken ist aus Gründen des Abschn. 13 unbedingt eine möglichst große Diskrepanz zwischen den Biege- und Torsionseigenfrequenzen anzustreben. Eine Frequenznähe einzelner Schwingungseigenformen ist möglichst zu vermeiden.

Literatur

9.1 Bisplinghoff, R.L.; Ashley, H.; Halfman, R.L.: Aeroelasticity. Reading, Mass.: Addison-Wesley 1957.

9.2 Försching, H.W.: Grundlagen der Aeroelastik. Berlin, Heidelberg, New York: Springer 1974.

9.3 Dynamik von Strukturen. Mitt. Instit. Mech. d. TU Hannover und der VFW-Fokker Werke Lemwerder. Hannover 1971.

9.4 Sachs, D.: Wind forces in Engineering. Oxford, New York, Toronto, Sidney, Braunschweig: Pergamon Press 1972.

9.5 Cottin, N.; Dellinger, E.: Bestimmung der dynamischen Kenngrößen linearer elastomechanischer Systeme aus Impulsantworten. Zeitschr. f. Flugwiss. 22 (1974) 259.

9.6 Natke, H.G.: Anwendung eines versuchsmäßig-rechnerischen Verfahrens zur Ermittlung der Eigenschwingungsgrößen eines elastomechanischen Systems bei einer Erregerkonfiguration. Zeitschr. f. Flugwiss. 18 (1970) 290.

9.7 Försching, H.W.; Stolze, K.: Zur Frage der Orthogonalität der Eigenschwingungsformen von Flugkörpern. Zeitschr. f. Flugwiss. 18 (1970) 368.

9.8 Küssner, H.G.: Theorie dreier Verfahren zur Bestimmung der Parameter eines elastomechanischen Systems aus dem Standschwingungsversuch. Zeitschr. f. Flugwiss. 19 (1971) 53.

9.9 Wittmeyer, H.: Ein iteratives, experimentell-rechnerisches Verfahren zur Bestimmung der dynamischen Kenngrößen eines schwach gedämpften elastischen Körpers. Zeitschr. f. Flugwiss. 19 (1971) 229.

9.10 Natke, H.G.: Zur Ermittlung der Eigenschwingungsgrößen aus einem Stand-
      schwingungsversuch in einer Erregerkonfiguration. Zeitschr. f. Flugwiss. 20
      (1972) 129.

9.11 Wittmeyer, H.: Eine Orthogonalitätsmethode zur Ermittlung der dynamischen
      Kennwerte eines elastischen Körpers aus seinem Standschwingungsversuch.
      Ing.-Arch. 42 (1973) 104.

9.12 Haberl, G.; Och, F.: Eine Finite-Elemente-Lösung für die Torsionssteifigkeit
      und den Schubmittelpunkt beliebiger Querschnitte. Zeitschr. f. Flugwiss. 22
      (1974) 115.

9.13 Cullmann, D.; Zimmermann, H.: Bestimmung dynamischer Lasten an elasti-
      schen Strukturen aufgrund äußerer Erregungen. Zeitschr. f. Flugwiss. 21
      (1973) 219.

9.14 Denulat, H.: Erzwungene Schwingungen infolge kurzzeitiger Belastungen. Se-
      minarvortrag Lehrstuhl für Schwingungs- und Meßkunde, TU Hannover 1973.

9.15 Harris, C.M.; Crede, C.E.: Shock and Vibration Handbook. New York: Mac-
      Graw-Hill 1961.

9.16 VDJ Richtlinien: Schwingungsisolierung. Begriffe und Prinzipien. VDJ 2062.

9.17 Birker, H.; Schnellenbach, G.: Möglichkeiten zur Berechnung von erdbeben-
      angeregten Schwingungen. Berichte konstruktiver Ingenieurbau der Ruhruni-
      versität Bochum, 13 (1972) 5.

9.18 Richtlinien für die Bemessung von Stahlbetonbauteilen von Kernkraftwerken,
      Fassung Juli 1974. Abgedruckt im Beton-Kalender 1975, Teil II, S. 501.
      Berlin, München, Düsseldorf: Ernst & Sohn.

9.19 Radaj, D.: Festigkeitsnachweise. Düsseldorf: Deutscher Verlag für Schweiß-
      technik 1974.

9.20 Hertel, H.: Ermüdungsfestigkeit der Konstruktionen. Berlin, Heidelberg, New
      York: Springer 1969.

9.21 Wittmann, F.; Friedringer, Chr.: Messungen windinduzierter Schwingungen
      von Gebäuden. Der Bauingenieur 49 (1974) 226.

9.22 Fischer, M.: Schwingungsuntersuchung am weit auskragenden Tribünendach
      des Stuttgarter Neckerstadions. Der Stahlbau 43 (1974) 304.

9.23 Lügers Lexikon der Technik, Bd. 12 Fahrzeugtechnik und Verkehrstechnik.
      Stuttgart: Deutsche Verlagsanstalt 1967.

9.24 Natke, H.G.: Probleme der Strukturidentifikation. Teilübersicht über Stand-
      und Flugschwingungsverfahren. Zeitschr. f. Flugwiss. 23 (1975) 116.

10. Eingeprägte kinetische, aerodynamische Kraftmechanismen (dynamic response problems)

10.1 Der Böeneffekt (natürliche Luftturbulenzen)

Die Bedeutung der eingeprägten Luftkraftmechanismen ist schon in den Abschn. 3 und 7 abgehandelt worden mit dem Hinweis, daß sie zwar als Schwingungsmotor kontinuierliche Schwingungen mit einer bestimmten Maximalamplitude erzeugen, nicht aber als Ursache bösartiger Instabilitätserscheinungen im Sinne von Abschn. 8 anzusehen sind. Frühere Untersuchungen pflegten resonanzerregte Schwingungen meist durch den bekannten "Amplitudenberg" gemäß Abb. 10.1.1 und selbsterregte Schwingungen durch divergierende Schwingungsgrenzamplituden im Sinne einer negativen Dämpfung zu kennzeichnen (bei Windanströmung).

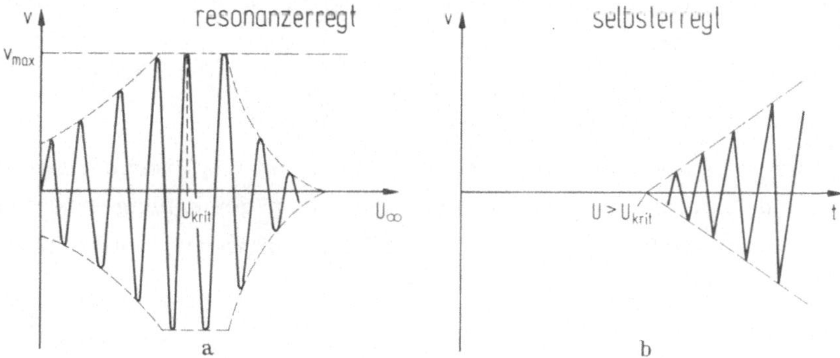

Abb. 10.1.1. Klassische Unterscheidung zwischen selbsterregten und resonanzerregten Bewegungen. a) resonanzerregte Bewegung, b) selbsterregte Bewegung

Diese Überlegungen gelten jedoch nur für linearisierte Betrachtungsweisen am starren Modell. Es ist bei den meist nichtlinearen Strukturen und aerodynamischen Gesetzen durchaus möglich, daß sich die Schwingungsbilder von Abb. 10.1.1a und b vertauschen. Relativ sicher ist dagegen z.B. das Frequenzkriterium, da eine Änderung der Erregerfrequenzen grundsätzlich eine Bewegungsstabilisierung bei Resonanzschwingungen bewirkt, wenn die Eigenfrequenznähe verlassen wird, während für die selbsterregten Bewegungen grundsätzlich die Größe der Windgeschwindigkeit in erster Linie maßgebend ist. Dort erfolgt die Instabilität nach dem Überschreiten der Stabilitätsgrenze - also der kritischen Windgeschwindigkeit - des Systems meist mit einer feststehenden Flatterfrequenz.

Die eingeprägten Kraftmechanismen der Luftkräfte sind am starren Modell von vornherein vorhanden und somit in Abhängigkeit von beliebigen Querschnittsgeometrien meßtechnisch zu ermitteln. Natürlich werden diese Kräfte durch die Bauwerksbewe-

gungen oft stark verändert. Im Rahmen dieses Buches sollen jedoch nur die idealisierten entkoppelten Grenzfälle der eingeprägt kinetischen Luftkraftbelastungen des
starren Modells und der angefachten Bauwerksschwingungen bei stationären Strömungsverhältnissen untersucht werden. Es hat sich bisher gezeigt, daß eine Überlagerung beider Effekte das Frequenzband der Anregung so stark aufweitet, daß fast
immer eine günstige Bewegungsstabilisierung eintritt, so daß die hier untersuchten
Grenzfälle bei der ingenieurmäßigen Abschätzung maßgebend werden. Es ist in kei-
nem Fall richtig, bei den nichtlinearen Strömungsgleichungen beide Effekte in den
Schwingungsgleichungen zu addieren.

Der Böeneffekt ist ausführlich in Abschn. 3 behandelt worden. Hierdurch wird der
von stochastischen Gesetzen geprägte Einfluß der natürlichen Luftturbulenzen erfaßt.
Bei fremderregten Schwingungen wirken diese Luftkräfte auf Grund des breiten Frequenzbandes gutartig mit einer bestimmten Schwingungsgrenzamplitude, die mit Hilfe
der in Abschn. 3 angegebenen Rechenmethode erfaßt werden kann. Die gefährlichste
Böenentfaltungsdauer liegt bei etwa t_B = 4s(2s), so daß sich daraus ein gefährdeter
Frequenzbereich von etwa

$$0 \leqslant \omega_B = \frac{2\pi}{4 \cdot 2} = 0,785 \text{s}^{-1} \leqslant 1,5 \text{s}^{-1} \qquad (10.1.1)$$

errechnet. Auch in dem gefährdeten Bereich (10.1.1) ist das Frequenzband noch so
weit, daß keine determinierten Resonanzen, sondern nur geringfügig erhöhte quasistatische Belastungsgleichwerte auftreten. Auf dabei vorhandene konstruktive Beson-
derheiten ist in Abschn. 3 hingewiesen worden.

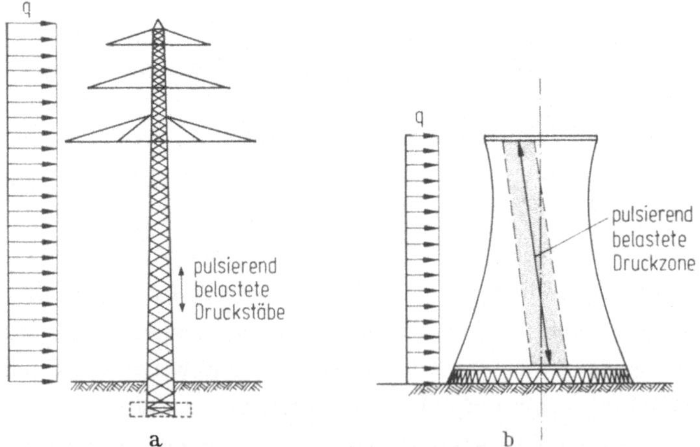

Abb. 10.1.2. Baukonstruktionen mit der Möglichkeit zu parametererregten Schwingungen (Prinzipbeispiele) a) Fachwerkmast einer Elektroleitung, b) Kühlturmschale nach Abschnitt 16

Nach Abschn. 1.1 gibt es jedoch nicht nur determinierte scharfe Resonanzspitzen nach
Abb. 2.1.6, sondern auch aufgeweitete Bereichsresonanzen nach Abb. 2.1.7, wie sie

z.B. in Form von parametererregten Schwingungen bei pulsierend belasteten Knick-
stabsystemen auftreten. Es gibt durchaus auch im Bauwesen Systeme, bei denen dieser Effekt von Einfluß sein kann. Dies ist bei allen Konstruktionen der Fall, die nur
durch ständige Lasten und Windlasten etwa gleich stark beansprucht werden, Abb.
10.1.2.

Leider sind die technisch wichtigen Stabilitätskarten z.Zt. noch weitgehend unbekannt
und müßten nach dem z.B. in [10.1.1, 10.1.2] angegebenen Verfahren für die breitbandig, stochastische Windbelastung neu entwickelt werden. Prinzipiell haben diese
Stabilitätskarten etwa das in Abb.10.1.3 skizzierte Aussehen bei einem pulsierend
belasteten Knickstab mit einer schmalbandig, determinierten und breitbandig, stochastischen Belastung [10.1.1, 10.1.2].

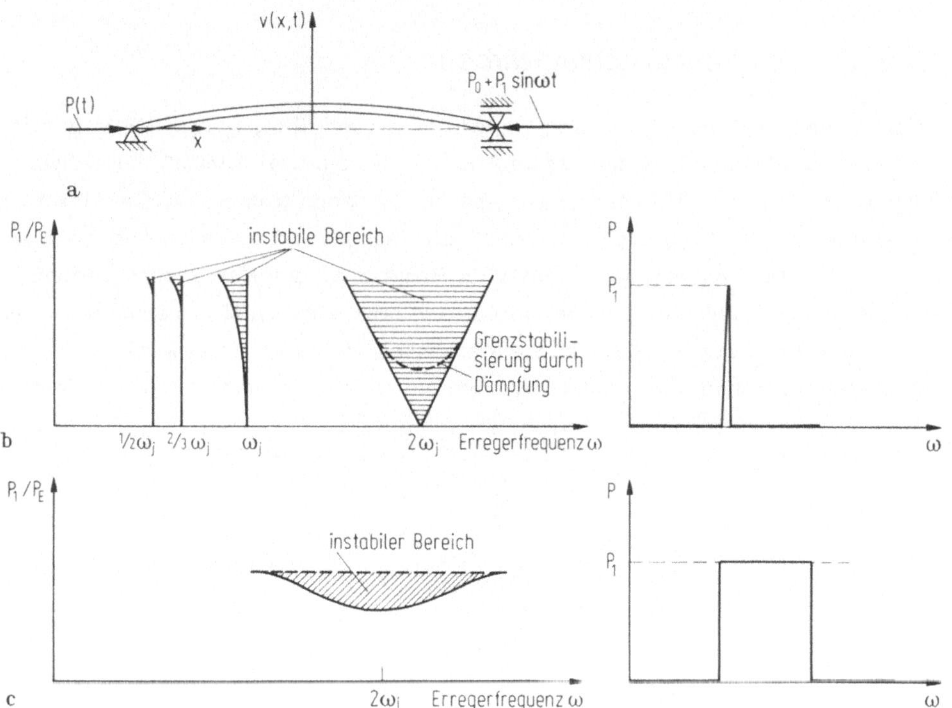

Abb.10.1.3. Stabilitätskarte eines pulsierend belasteten Knickstabes (Prinzipbeispiel) a) System, b) Instabilitätsbereich bei einer schmalbandig (determinierten)
Zufallserregung, c) Instabilitätsbereich bei einer breitbandig (stochastischen) Zufallserregung

Literatur

10.1.1 Wedig, W.: Stabilitätsbedingungen für parametererregte Schwingungssysteme
       mit schmalbandigen Zufallserregungen. ZAMM 52 (1972) 161.

10.1.2 Wedig, W.: Stabilitätsbedingung für parametererregte Schwingungssysteme
       mit breitbandiger Zufallserregung. ZAMM 52 (1972) 77.

10.1.3 Schmidt, G.; Heinrich, W.: Über nichtlineare Parameterresonanzen. ZAMM 52 (1972) 167.

10.1.4 Mettler, E.: Biegeschwingungen eines Stabes unter pulsierender Axiallast. Mitt. Forsch.-Anst. GHH-Konzern, 8, (1940) 1.

10.1.5 Weidenhammer, F.: Stabilitätsbedingungen für Schwinger mit zufälligen Parametererregungen, Ing.-Arch. 33 (1964) 404.

10.1.6 Mettler, E.: Über die Stabilität erzwungener Schwingungen elastischer Körper. Ing.-Arch. 13 (1942) 97.

10.1.7 Weidenhammer, F.: Das Stabilitätsverhalten der nichtlinearen Biegeschwingung. Ing.-Arch. 24 (1956) 53.

Weitere Literatur ist im Abschn. 3 aufgeführt.

10.2 Der Karmaneffekt (Nachlaufwirbel)

Die nun folgenden Untersuchungen setzen, wie schon erwähnt, starre Modelle mit vernachlässigbar kleinen Schwingungsamplituden voraus. Der Einfluß der Schwingungsbewegungen der Profile wird in den späteren Abschnitten erfaßt. Im Strömungsnachlauf stumpfer Profile bildet sich schnell ein fast periodisches Totwasser mit einer relativ schmalen, nahezu determinierten Bandbreite der Erregerfrequenzen aus, sofern es nicht z. B. durch eine Nachlaufplatte gemäß Abschn. 4.4 "beruhigt" wird oder durch eine Profilaufrauhung künstlich stochastisch aufgeweitet wird. Meist sind in dem Nachlaufbereich in einem profilabhängigen, mehr oder weniger großen Reynolds-Bereich kräftige, fast periodisch geordnete Nachlaufwirbel feststellbar, Abb. 10.2.1.

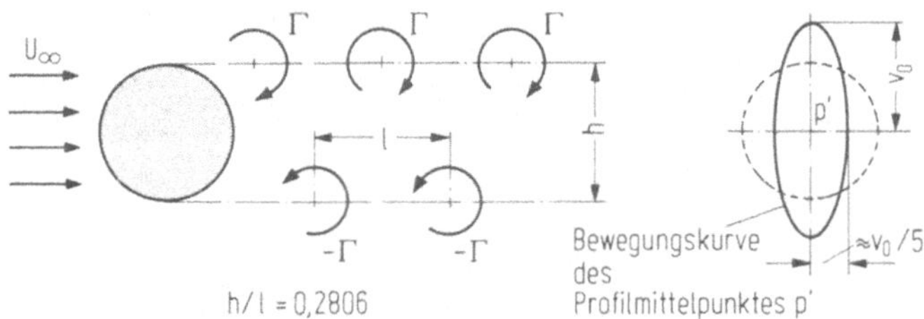

Abb. 10.2.1. Karmansche Wirbelstraße hinter stumpfen Widerstandskörpern a) Wirbelstraße (Prinzipskizze), b) erzeugte Profilschwingungen (Prinzipskizze)

Die Wirbel erzeugen nach dem Kutta-Joukowskischen Auftriebssatz vor allem instationäre Luftkräfte quer zur Windrichtung, jedoch auch instationäre Teilkräfte in Windrichtung. Erfahrungsgemäß beträgt das Verhältnis der maximalen Schwingungsamplituden quer zur Windrichtung zu denen in Windrichtung etwa 5:1, so daß letztere im allgemeinen vernachlässigt werden können. Es ist charakteristisch für den gesamten Problemkreis der Windbelastung, daß die instationäre Last in Windrichtung auch am starren Modell i.a. nur ein Bruchteil der quer zur Windrichtung wirkenden Lastanteile ausmacht, so daß schon aus diesem Grunde die kinetischen Effekte auch des Böeneffektes - wie schon in Abschn. 3 erwähnt - nicht überbewertet werden sollten.

Der physikalische Charakter der Karmanschen Nachlaufverwirbelung ist trotz seiner großen praktischen Bedeutung in wesentlichen Punkten ungeklärt. In jedem Fall wird konservative Nutzenergie der Strömung in Anergie umgewandelt, die sich nach Auflösung der Karman-Wirbel schließlich in nichtkonservative Turbulenzenergie und schließlich in Wärme umwandelt. Im Grunde handelt es sich um eine nichtkonservative Instabilitätserscheinung der Strömung.

Es ist zu erwarten, daß die in Abschn. 8 erwähnte zweite Stabilitätsbedingung des Anergiemaximums der nichtkonservativen Mechanik viel zur endgültigen Lösung dieses Problems beitragen wird und zumindest die maximalen, theoretischen Querauftriebsbeiwerte und die wahrscheinlichsten Erregerfrequenzen liefert.

Im allgemeinen ist der schmalbandig, periodische Charakter der Nachlaufwirbelstraße nur kurz von Bestand und die Erregung wird dann nach dem Zerfallen der Wirbel turbulenzartig breitbandig mit wesentlich abgeschwächter Anfachung. Auch hier ist das sorgfältige Ausmessen ganzer Profilsysteme bezüglich der Erregerfrequenzen mit einer eventuellen Angabe der Breite des Frequenzbandes und der zugehörigen mittleren Anfachungsbeiwerte der instationären Luftkräfte notwendig.

Das bekannteste Profil der Karman-Erregung ist das Kreisprofil, dessen Strömungsverlauf aufgrund seines nicht determinierten Druckverlaufs nach Abschn. 4.3 besonders stark zu Instabilitätserscheinungen neigt [10.2.1-10.2.13]. Ausführliche Meßreihen haben gezeigt, daß sich das Gesetz der Wirbelablösung in einem skalaren Strouhalschen Gesetz

$$S = \frac{f_K H}{U_\infty} \tag{10.2.1}$$

einordnen läßt, mit der Strouhal-Zahl S, der maximalen Profilabmessung H quer zur Windrichtung, der ungestörten Windgeschwindigkeit U_∞ und der Frequenz f_K der abgehenden Nachlaufwirbel. Die Frequenz der abgehenden Nachlaufwirbel verändert sich also linear mit der Windgeschwindigkeit.

Bei dem Kreisprofil ist eine Abhängigkeit der Strouhal-Zahl von der Reynolds-Zahl festzustellen. Gleichzeitig ist bei einer nachweislich meist schmalbandigen Erregung eine effektive, mittlere, instationäre Querauftriebskraft

$$A_K = c_{a,K} \frac{\rho U_\infty^2}{2} H \sin 2\pi f_K t \tag{10.2.2}$$

meßbar, die zunächst an unendlich langen Stäben ermittelt wird (Streifenmethode), später jedoch bei endlichen Stablängen (wie sie z.B. bei Türmen oder Schornsteinen auftreten) dreidimensional korrigiert wird.

Für grobe Überschlagsrechnungen sind abhängig von der Profilform unter Vernachlässigung der Reynolds-Zahlen etwa folgende Werte für die Strouhal-Zahlen festzustellen, Abb. 10.2.2.

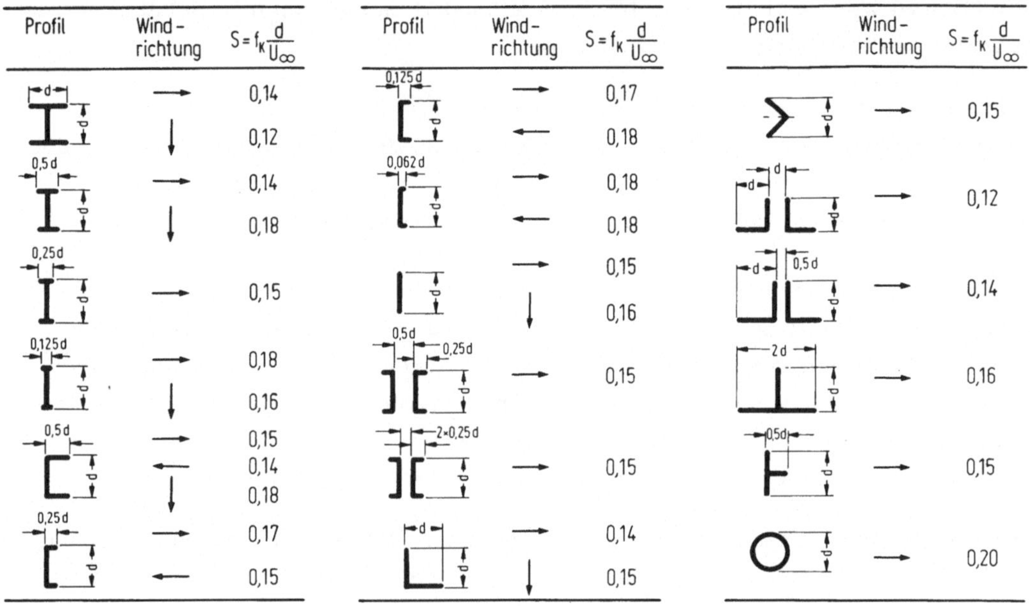

Profil	Wind-richtung	$S = f_K \dfrac{d}{U_\infty}$	Profil	Wind-richtung	$S = f_K \dfrac{d}{U_\infty}$	Profil	Wind-richtung	$S = f_K \dfrac{d}{U_\infty}$
d	→	0,14	0,125 d	→	0,17		→	0,15
	↓	0,12		←	0,18			
0,5 d	→	0,14	0,062 d	→	0,18	d, d	→	0,12
	↓	0,18		←	0,18			
0,25 d	→	0,15		→	0,15	d, 0,5 d	→	0,14
				↓	0,16			
0,125 d	→	0,18	0,5 d, 0,25 d	→	0,15	2 d	→	0,16
	↓	0,16						
0,5 d	→	0,15	2×0,25 d	→	0,15	0,5 d	→	0,15
	←	0,14						
	↓	0,18						
0,25 d	→	0,17	d	→	0,14	○	→	0,20
	←	0,15		↓	0,15			

Abb. 10.2.2. Strouhal-Zahlen verschiedener Querschnitte (Richtwerte)

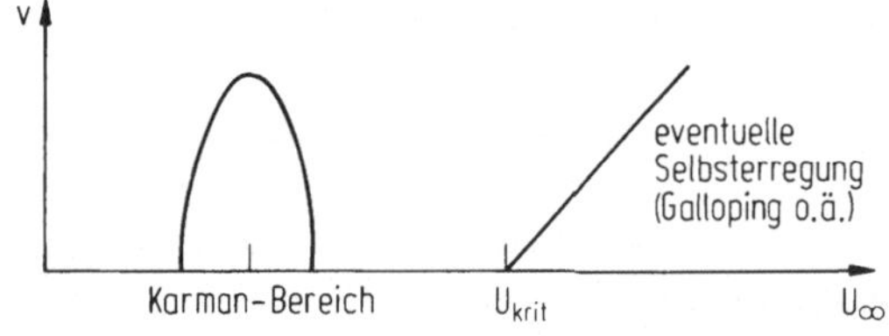

Abb. 10.2.3. Schwingungsbild eines Profils bei Windlast und Karman-Erregung

Es gilt die Schätzung, daß S etwa in dem Bereich

$$0,14 \leqslant S \leqslant 0,20 \qquad\qquad (10.2.3)$$

zu liegen kommt. Im allgemeinen läßt sich der eingeprägte Karman-Effekt auch versuchsmäßig von den eventuellen selbsterregten Schwingungen der nachfolgenden Abschnitte trennen, wie Abb. 10.2.3 zeigt.

Die Karmansche Resonanzbedingung wird bei kleinen Windgeschwindigkeiten schnell durchlaufen und kennzeichnet sich durch die nachfolgende Bewegungsstabilisierung, bis nach der Überschreitung einer bestimmten Stabilitätsgrenze die Selbsterregung eintritt, die zunächst noch nicht betrachtet wird. Die Resonanzbedingung der Karman-Erregung wird durch die Identität

$$f_K = f_E = \omega_E/2\pi \qquad\qquad (10.2.4)$$

erfüllt. Einsetzen von (10.2.4) in (10.2.1) ergibt die Resonanzbedingung

$$U_{Kr} = \frac{\omega_E \, H}{2\pi S} \, , \qquad\qquad (10.2.5)$$

bei der die Wirbelanregung in guter Näherung mit der Systemeigenfrequenz in Phase ist.

Wichtig ist nun die Kenntnis der Anfachungsbeiwerte $c_{a,K}$ von (10.2.2) zur Durchführung der Schwingungsberechnung. Für das Kreisprofil sind die Werte der Strouhal-Zahl und Querauftriebsbeiwerte als Funktion der Reynolds-Zahlen in Abb. 10.2.4 zusammengefaßt.

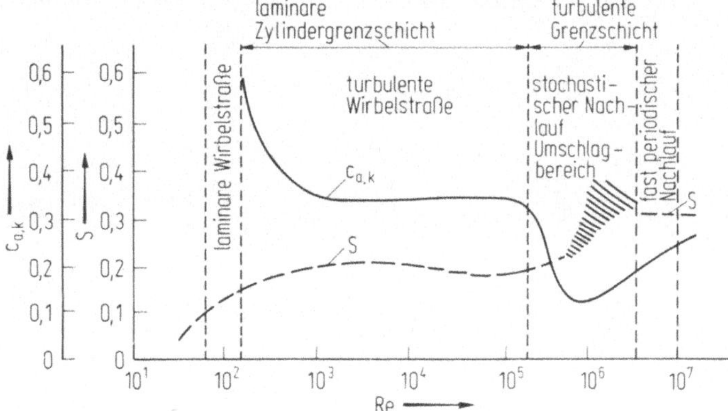

Abb. 10.2.4. Strouhal-Zahl S und Querauftriebsbeiwert $C_{a,k}$ des quer angeströmten Kreiszylinders als Funktion der Reynoldszahl [10.2.2]

Oberhalb der kritischen Reynolds-Zahl, also nach dem turbulenten Umschlag, wird die Erregung breitbandig mit sehr kleinen Anfachungsbeiwerten $c_{a,K}$, so daß für die Stabilitätsuntersuchungen eines Systems mit kreisförmigem Querschnitt der Nachweis des unterkritischen Bereichs i.a. genügt.

Für andere bautechnisch wichtige scharfkantige Profile sind die gleichen Messungen ausführlich in [10.2.5, 10.2.6] zusammengestellt. Die Abhängigkeit der Werte $c_{a,K}$ von der Reynolds-Zahl ist wie bei den Widerstandsbeiwerten hier vernachlässigbar.

Es existiert also keine Bewegungsstabilisierung wie beim Kreisprofil. Auch andere Darstellungsformen von Abb. 10.2.5 sind gebräuchlich.

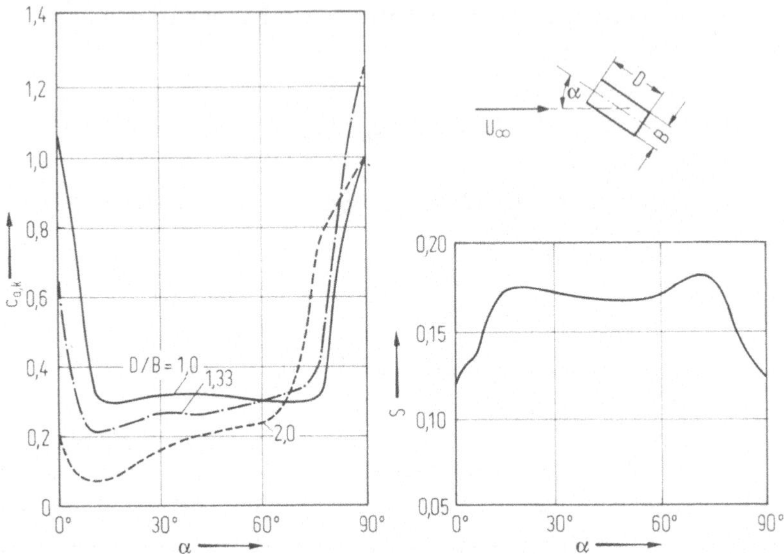

Abb. 10.2.5. Strouhal-Zahl S und Querauftriebsbeiwert $C_{a,k}$ von quer angeströmten scharfkantigen Profilen als Funktion des Drehwinkels zur Windrichtung [10.2.5]

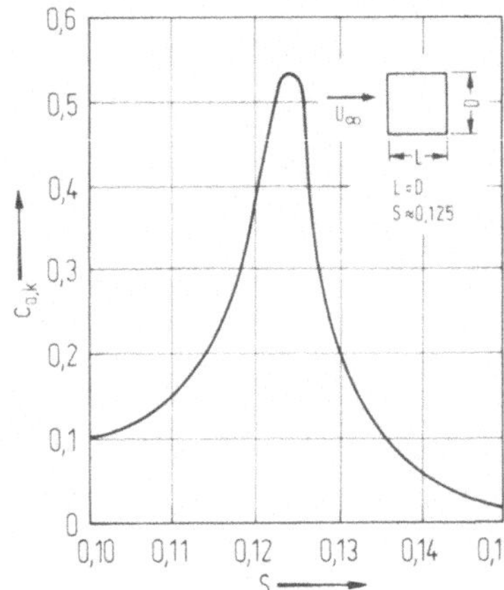

Abb. 10.2.6. Beiwerte $C_{a,k}$ und Strouhal-Zahlen S einiger technisch wichtiger Profile [10.2.2]

In [10.2.10] ist nun die Auswirkung endlicher Systemlängen – also dreidimensionaler Effekte – auf die Karman-Anregung untersucht. Es kann dadurch eine beträchtliche Abminderung des effektiven Querauftriebsbeiwertes $c_{a,K}$ erreicht werden, Abb. 10.2.7.

Nach Abschn. 2.1 ergibt sich beim Einmassenschwinger für die quasistatische Schwingungskraft im Resonanzpunkt

$$A_{qs} = \frac{\rho U_{Kr}^2}{2} \, c_{a,K} \, H \, \pi/\vartheta \, , \qquad\qquad (10.2.6)$$

wobei sich U_{Kr} aus (10.2.5) ergibt. Diese Formel gilt für den Einmassenschwinger und auch für den Einfreiheitsgradschwinger, sofern alle Querschnittsdaten einschließlich der Belastung geometrisch konstant sind. Bei veränderlichen Massen und sonstigen Kenngrößen des Schwingungsproblems ist eine Schwingungsberechnung nach Abschn. 2.1 durchzuführen, die im Prinzip auf der Gleichung (2.1.29) beruht. Eine solche Berechnung wird in dem nachfolgenden Übungsbeispiel durchgeführt.

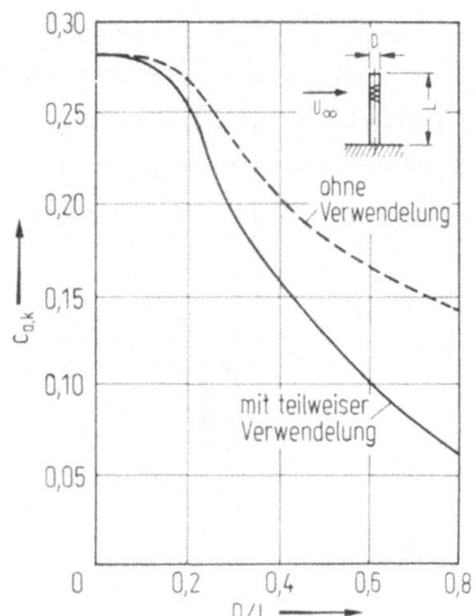

Abb.10.2.7. Beiwerte $C_{a,k}$ bei endlichen Systemen (Prinzipskizze) [10.2.10]

Für die Schwingungsgrenzauslenkung ergibt sich im Prinzip nach (2.1.9)

$$v_{max} = \frac{P_j \pi}{M_j \omega_j^2 \vartheta} \, ,$$

wobei jetzt

$$P_j = \frac{\rho U_{Kr}^2}{2} \int\limits_0^L c_{a,K}(x) \, H(x) \, \Phi_j(x) \, dx$$

$$H(x): \text{veränderliche Profilhöhe}$$

mit den Bezeichnungen von Abschn.2.1 ist. Nun ist nach (10.2.5)

$$U_{Kr} = \frac{\omega_j H}{2\pi S} \, ,$$

so daß insgesamt bei einer konstanten Querschnittshöhe H

$$V_{max} = \frac{c_{a,K} \rho H^3}{8\pi^2 S^2 M_j} \cdot \frac{\pi}{\vartheta} \int_0^L \Phi_j(x)\,dx \qquad (10.2.7)$$

verbleibt. Die weitere Rechnung ist aus dem Übungsbeispiel zu entnehmen.

Es ist wiederum möglich, jeden einzelnen Freiheitsgrad des Systems durch eine geeignete Wahl der Windgeschwindigkeit resonanzartig zu erregen.

Zusammengefaßt bleibt festzustellen, daß die schmalbandige Nachlaufwirbelerregung starke, resonanzartige Querschwingungen erzeugt. Es ist nun die Frage zu stellen, welche konstruktiven Abhilfemaßnahmen zu empfehlen sind. Erfahrungsgemäß wirkt ein breitbandiges Frequenzband stark bewegungsstabilisierend. Dies wird z.B. durch eine gezielte Aufrauhung der Profiloberfläche erreicht, Abb.10.2.8.

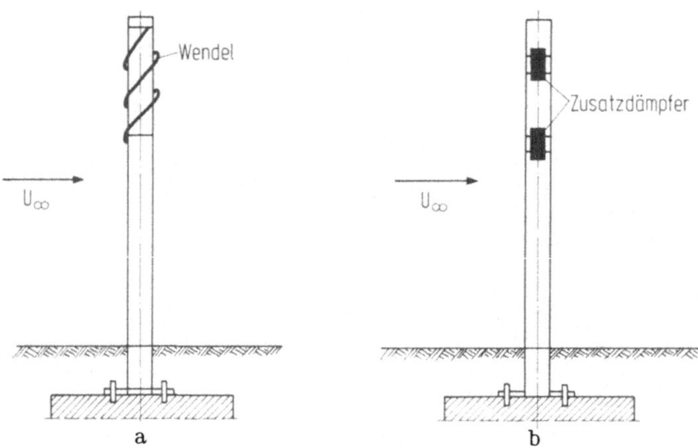

Abb.10.2.8. Konstruktive Maßnahmen zur Verhinderung der Karman-Erregung
a) Aufrauhung der Profiloberfläche, b) Zusatzdämpfer

Es muß dafür gesorgt werden, daß der gefährdete Karman-Bereich schnell bei kleinen Windgeschwindigkeiten durchlaufen wird. Bei großen Profilabmessungen ist dies stets der Fall. Bei manchen Mast- und Rohrkonstruktionen ist dieser Effekt nur schwer zu erreichen. Hier sind vor allem große Massen-, Steifigkeits- und Dämpfungswerte anzustreben. Die gezielte Anordnung kleiner Zusatzdämpfer ist in der Lage, die Maximalamplituden erheblich in den ungefährlichen Bereich herunterzudrücken. Bei Bemessungsproblemen unter der Karman-Belastung ist in jedem Fall der Dauerfestigkeitseffekt nach Abschn.3 voll zu berücksichtigen.

Übung 10.2

Der in Beispiel 2.1 (S. xx) skizzierte Schornstein ist auf Wirbelanregung zu untersuchen. Ferner soll die Maximalamplitude

a) des Einmassensystems
b) des kontinuierlichen Massensystems

errechnet werden.

Lösung zu a

Nach (10.2.5) erhält man mit einer geschätzten Strouhal-Zahl $S \approx 0,2$ und $\omega_E = 3,17 s^{-1}$ für die kritische Windgeschwindigkeit

$$U_{Kr} = \frac{3,17 \cdot 1,5}{2\pi \cdot 0,2} = 3,78 \text{ ms}^{-1} \, .$$

Gemäß Abb. 10.2.4 muß die zugehörige Reynolds-Zahl im unterkritischen Bereich liegen, da nur dort Wirbelresonanz auftritt.

$$Re = \frac{U_\infty H}{\nu} = \frac{3,78 \cdot 1,5}{1,5 \cdot 10^{-5}} = 3,78 \cdot 10^5 \, .$$

Da die Reynolds-Zahl im unterkritischen Bereich liegt, ist mit Wirbelanregung zu rechnen. Nach Gl. (10.2.7) ist mit $c_{a,K} = 0,3$

$$v_{max} = \frac{0,3 \cdot 0,125 \cdot 10^{-3} \cdot 1,5^3}{8\pi^2 \cdot 0,2^2 \cdot 0,2} \cdot \frac{\pi}{0,0628} = 0,01 \text{ m} \, .$$

Lösung zu b

Für U_{Kr} ergibt sich in diesem Fall mit $\omega_E = 4,81 s^{-1}$

$$U_{Kr} = \frac{4,81 \cdot 1,5}{2\pi \cdot 0,2} = 5,74 \text{ m/s} \, ,$$

$$Re = \frac{5,74 \cdot 1,5}{1,5 \cdot 10^{-5}} = 5,74 \cdot 10^5 \, .$$

Die Grenzamplitude errechnet sich nach (10.2.7).

Die generalisierte Masse der ersten Eigenform $M_1 = \mu \int_0^L \Phi_1^2 dx$ entspricht dem Nenner des Rayleigh-Quotienten und beträgt

$$M_1 = \mu \frac{94}{405} l$$

während das Integral über die Ansatzfunktion

$$\int_0^1 \Phi_1 \, dx = \int_0^1 \left(1 - \frac{4}{3}\xi + \frac{1}{3}\xi^4\right) l \, d\xi = \frac{5}{12} l$$

liefert.

Das Einsetzen der Zahlenwerte ergibt

$$v_{max} = \frac{0,3 \cdot 0,125 \cdot 10^{-3} \cdot 1,5^3}{8\pi^2 \cdot 0,2^2 \cdot 0,2} \cdot \frac{\frac{5}{12}l}{\frac{94}{405}l} \cdot \frac{\pi}{0,0628} = 0,0179 \text{ m}$$

Der Faktor 1,79 entspricht der kontinuierlichen Massenverteilung.

Literatur

10.2.1 v. Karman, T.H.; Rubach, H.: Über den Mechanismus des Widerstandes. Phys. Zeitschr. 13 (1912) 49.

10.2.2. Försching, H.W.: Grundlagen der Aeroelastik. Berlin, Heidelberg, New York: Springer 1974.

10.2.3 Sachs, P.: Wind Forces in Engineering. Oxford, New York, Toronto, Braunschweig: Pergamon Press 1972.

10.2.4 Zuranski, J.A.: Windbelastung von Bauwerken und Konstruktionen. Köln Braunsfeld: R. Müller 1969.

10.2.5 Huthloff, E.: Untersuchung periodischer Wirbelablösungen und Kräfte an schlanken, scharfkantigen Körpern. Dissertation Hannover 1972.

10.2.6 Huthloff, E.: Windkanaluntersuchungen zur Bestimmung der periodischen Kräfte bei der Umströmung schlanker, scharfkantiger Körper. Der Stahlbau 44 (1975) 97 und die dort angeführten ausführlichen Literaturangaben.

10.2.7 Wind Effects on Buildings and Structures. London 1963, Ottawa (Canada) 1967, Tokyo 1971, London 1975 und weitere Seminarreihen.

10.2.8 Petersen, Chr.: Nachweis zylindrischer Bauwerke, insbesondere stählerner Kamine, gegen Karmansche Querschwingungen. Die Bautechnik 50 (1973) 109.

10.2.9 Kluwick, A.; Sockel, H.: Schwingungen kreiszylindrischer Bauwerke unter Windeinfluß. Der Bauingenieur 49 (1974) 58.

10.2.10 Hirsch, G.; Ruschewey, H.H.; Zutt, H.: Schadensfall an einem 140 m hohen Stahlkamin infolge winderregter Schwingungen quer zur Windrichtung. Der Stahlbau 44 (1975) 33 und weitere dort angeführte Literaturangaben.

10.2.11 Naudascher, E. (Herausgeber): Flow induced vibrations. IUTAM/JAHR Symposium Karlsruhe 1972. Berlin, Heidelberg, New York: Springer 1974.

10.2.12 Scruton, C.; Walshe, D.E.J.: A means for avoiding oscillations of structures with circular or nearly circular cross section. NPL Aero Report 335 (1957).

10.2.13 Scruton, C.: Wind dray and pressure Loads, Proceddings of the conference on towershaped structures, Den Haag 1969. Organization for Applied Scientific Research in the Netherlands. TNO Delft.

Weitere Literatur vor allem bezüglich angefachter Windschwingungen des Kreisprofils wird in Abschn. 12 aufgeführt.

11. Aerodynamisch stabile und aerodynamisch instabile Profile (entkoppelte, selbsterregte Instabilitäten)

11.1 Schlag- (Biege-) Schwingungen (Galloping)

Im folgenden werden nun die Profilschwingungen nur noch aus der Sicht kinetischer Instabilitätsstörungen nichtkonservativer Stabilitätsprobleme aufgefaßt. Die Störungen sollen so klein bleiben, daß sowohl das aerodynamische als auch das kinetische Problem zunächst mit linearisierten Theorien zu behandeln ist. Es wird dabei angenommen, daß die Freiheitsgrade harmonische Störschwingungen ausführen, was in der Mechanik nach Abschn. 8 als Methode kleiner Schwingungen im Sinne der Modalanalyse bezeichnet wird. Auch in dieser Annahme liegt eine linearisierte Vereinfachung begründet, die nach den Ljapunowschen Kriterien nur bei einer asymptotischen Bewegungsstabilität unter Mitnahme der Systemdämpfung vorliegt. Im folgenden muß nun eine aerodynamische Theorie aufgestellt werden, die versucht, die instationären Luftkräfte bei harmonischen Profilbewegungen zu erfassen, wobei streng sowohl die Veränderung der Potentialströmung der Profilgrenzschicht und des Strömungsnachlaufs (Totwasserzone oder Nachlaufwirbel in einer Potentialströmung) und eventuelle Abreißeffekte berücksichtigt werden muß. Es soll zu Anfang angenommen werden, daß nur ein bestimmtes Profil mit einem bestimmten Freiheitsgrad schwingen kann. Zunächst sei der plattenähnliche Tragflügel erwähnt, dessen statische Grundlagen in Abschn. 4.2 bzw. Abb. 4.2.1 zusammengefaßt worden sind. Eine Grenzschichtablösung liegt nicht vor, dagegen ein Verschwinden des Strömungsdrucks am Profilende durch die Kutta-Joukowski-Hypothese, die sich durch die Existenz des Anfahrwirbels erklärt. Die wesentlichen aerodynamischen Grundlagen bei instationären Profilbewegungen sollen in Abschn. 13 erläutert werden. Hier wird zunächst nur das einfache Modell einer quasistationären Theorie bei kleinen Systemeigenfrequenzen veranschaulicht.

Es darf angenommen werden, daß die Kutta-Joukowski-Hypothese bei den Profilbewegungen erhalten bleibt, was sich physikalisch durch stetig ändernde Zirkulationen der Nachlaufwirbel erklärt. Demnach muß zum Beispiel bei instationären Schlagschwingungen nach wie vor die Windgeschwindigkeit "Null" quer zum Profilende herrschen. Weiterhin wird in Abschn. 13 gezeigt, daß Beschleunigungseffekte wie eine umbeschriebene Luftmasse aufzufassen sind (Kelvinsche Impulse), die bei den schweren bautechnischen Profilen zu vernachlässigen sind. Jetzt läßt sich sehr leicht das folgende Analogiemodell erkennen, das in Abb. 11.1.1 dargestellt ist, mit der Störgeschwindigkeit $\dot{v}$ der Biegeschwingung [11.1.1, 11.1.5, 11.1.12].

Die Störgeschwindigkeit entspricht einer idellen Drehung des Profils um den quasistationären Anstellwinkel $\dot{v}/U_\infty$. Schwieriger wird die Unterscheidung bei Profilen
mit kleineren statischen Auftriebsbeiwerten c_a und relativ großen Widerstandsbeiwerten c_w. Es ist üblich, auch bei instationären Bewegungen ein körperfestes Bezugssystem einzuführen. Da die Windgeschwindigkeit des Strömungsvorlaufs bei

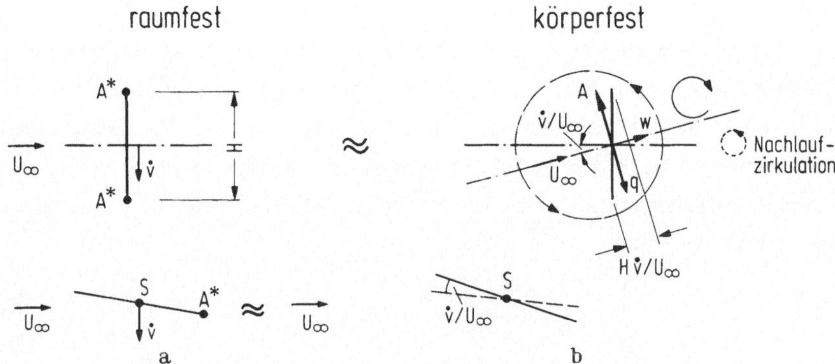

Abb. 11.1.1. Luftkräfte bei instationären Schlagschwingungen in der quasistationären
Betrachtungsweise

Schlagschwingungen, abgesehen von vernachlässigbaren Beschleunigungseffekten,
ungeändert bleibt, wird die Anströmrichtung um den Winkel $\dot{v}/U_\infty$ bezogen auf das
körperfeste Bezugssystem gedreht. Bei der in Abb. 11.1.1 dargestellten Bewegungs-
richtung entsteht nun bei kleinen Störgeschwindigkeiten eine anfachende Luftkraft von

$$\Delta A = \frac{\rho U_\infty^2}{2} \, H \left[- c_a(\dot{v}/U_\infty) - c_w(\dot{v}/U_\infty) \, \frac{\dot{v}}{U_\infty} \right] ,$$

mit der Plattenhöhe H senkrecht zur Strömung. Dabei sind im Sinne der Streifentheorie dreidimensionale Effekte zunächst vernachlässigt. Bei den angewendeten
linearisierten Stabilitätsuntersuchungen kann hierfür geschrieben werden bei verschwindendem Anstellwinkel

$$\Delta A = \frac{\rho U_\infty^2}{2} \, H \, \frac{\dot{v}}{U_\infty} \left(- \frac{\partial c_a}{\partial \alpha} \bigg|_{\alpha=0} - c_w \bigg|_{\alpha=0} \right) , \qquad (11.1.1)$$

wobei α als ideeller Anstellwinkel $\dot{v}/U_\infty$ aufzufassen ist. Etwas genauere Untersuchungen in [11.1.5] geben für ΔA die Beziehung

$$\Delta A = \frac{\rho U_\infty^2}{2} \, H(- c_F(\alpha)), \qquad \alpha = \arctan\left(\frac{\dot{v}}{U_\infty}\right) \qquad (11.1.2)$$

$$\text{mit} \quad c_F(\alpha) = c_a(\alpha) \, \frac{1}{\cos \alpha} + c_w(\alpha) \, \frac{\tan \alpha}{\cos \alpha}$$

an. Die dabei wichtigen c_F Werte werden in Abhängigkeit vom Profilanstellwinkel im Windkanal bestimmt [11.1.5-11.1.7, 11.1.9].

Außerdem wird dort die Grenze der quasistationären Betrachtungsweise mit

$$\frac{fH}{U_\infty} \leqslant 0,05 \qquad\qquad (11.1.3)$$

sehr vorsichtig angenommen [11.1.5], wobei f die Schwingungsfrequenz der Konstruktion bedeutet, die meist mit der Eigenfrequenz f_E gleichzusetzen ist, wie nachfolgend gezeigt wird. Es ist anzunehmen, daß bei ingenieurmäßigen Abschätzungen hier durchaus größere Werte als (11.1.3) anzusetzen sind. Falls erhebliche Abweichungen der instationären Luftkräfte gegenüber (11.1.2) auftreten, liegt das wohl

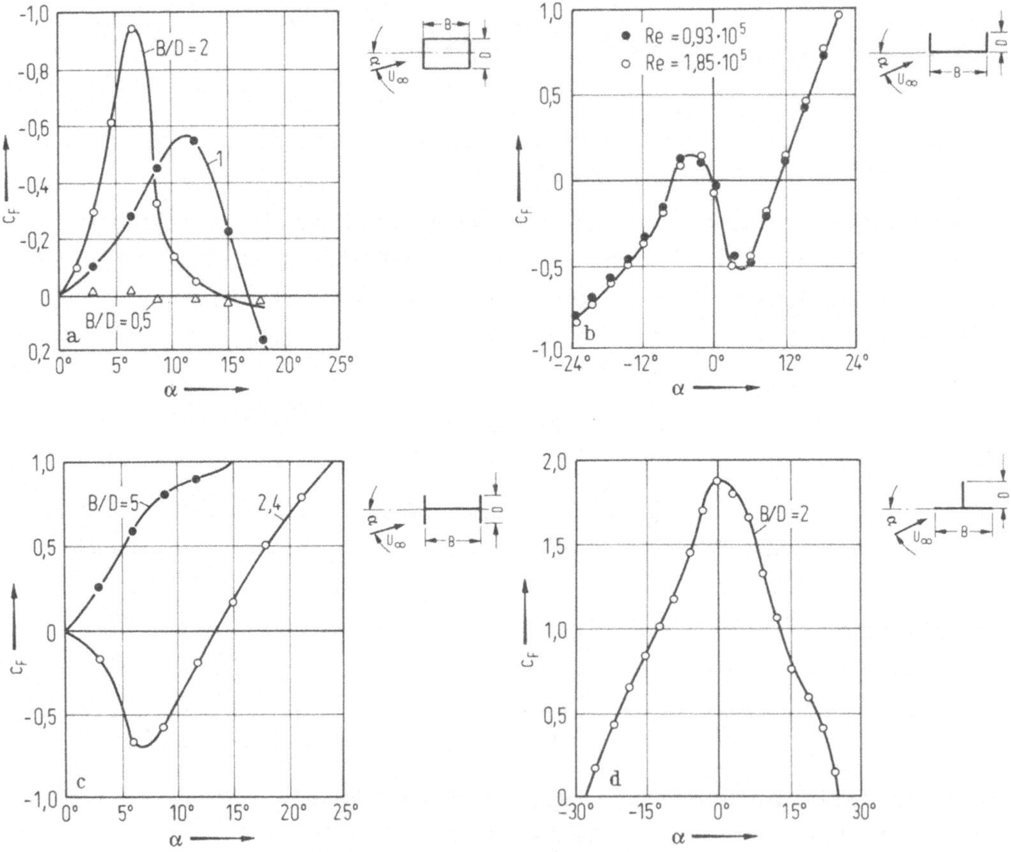

Abb. 11.1.2. Galloping-Stabilitätscharakteristiken einiger technisch wichtiger Profile [11.1.5]

in erster Linie in der Vernachlässigung der Nichtlinearitäten und der Nachlaufwirbel begründet, worauf noch in diesem Abschnitt einzugehen ist. Alle Überlegungen gelten nur für stumpfe, geschlossene Querschnitte. Auf das Beispiel eines instationären

Interferenzverhaltens, das nicht quasistationär geklärt werden kann, wird in Abschn. 14 eingegangen.

Eine anfachende Kraft entsteht nur durch die notwendige Bedingung

$$\frac{\delta c_a}{\delta \alpha}\bigg|_{\alpha=0} + c_w\bigg|_{\alpha=0} < 0 \;, \quad \text{linearisiert}$$

$$\frac{\delta c_F}{\delta \alpha}\bigg|_{\alpha=0} < 0, \quad \text{genauer nach [11.1.5],}$$

Da der Widerstandsbeiwert wohl immer, mit Ausnahme ganz spezieller Verhältnisse. der Bewegung entgegengerichtet wirkt, gilt die abgeschwächte notwendige Bedingung

$$\frac{\delta c_a}{\delta \alpha} < 0 \;. \tag{11.1.4}$$

Oft tritt eine negative Neigung des Auftriebsbeiwerts bei bestimmten Anstellwinkeln α^* auf, wie zum Beispiel beim Abreißflattern. Dann muß die Stabilitätsuntersuchung auf das gedrehte Koordinatensystem α^* bezogen werden. Bei jeder aerodynamischen Stabilitätsbetrachtung kann somit das Auftreten entkoppelter Schlag- oder Biegeschwingungen einfach an Hand statisch gemessener Auftriebsbeiwerte gemäß Abb. 11.1.3 erkannt werden.

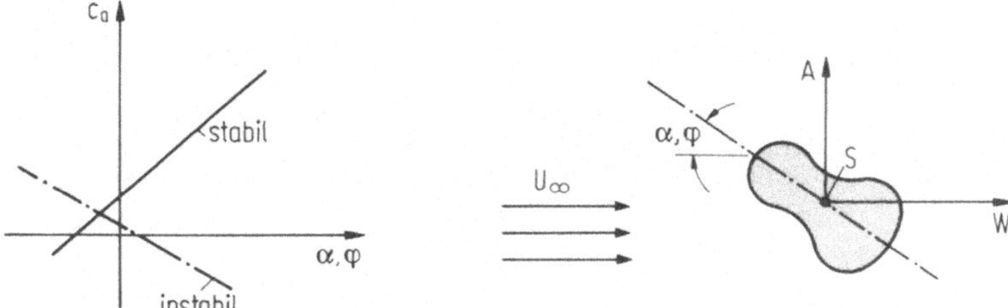

Abb. 11.1.3. Auftriebsbeiwerte aerodynamisch stabiler und instabiler Profile bei Schlagschwingungen (Prinzipskizze)

Das weitere Interesse gilt nun der Ermittlung der hinreichenden Stabilitätsbedingung. Da bei entkoppelten Schwingungen jeder Freiheitsgrad in seiner Bewegungs- und aerodynamischen Kraftwirkung unabhängig anzusehen ist, verbleibt bei beliebigen Konstruktionen im Prinzip die Stabilitätsuntersuchung eines Einmassenschwingers (Einfreiheitsgradschwingers) mit der Eigenfrequenz $\omega_{v,j}$ eines Freiheitsgrades von der Ordnung j, dem Lehrschen Dämpfungsmaß δ und der konstanten Schwingmasse m pro Längeneinheit. Dessen Schwingungsgleichung lautet in einfacher Weise für den Freiheitsgrad v_j

$$m\,\ddot{v}_j(t) + 2\delta m\,\dot{v}_j(t) + \omega_{v,j}^2\,m\,v_j(t) = \frac{\rho U_\infty\,H\,v_j}{2}\left(-\frac{\delta c_a}{\delta \alpha}\bigg|_{\alpha=0} - c_w\bigg|_{\alpha=0}\right), \tag{11.1.5}$$

woraus sich nach Umschreibung ergibt

$$\ddot{v}_j(t) + \dot{v}_j(t)\left[2\delta - \frac{\rho U_\infty H}{2m}\left(-\frac{\delta c_a}{\delta \alpha}\bigg|_{\alpha=0} - c_w\bigg|_{\alpha=0}\right)\right] + \omega_{v,j}^2\, v_j(t) = 0 ,$$

also im Prinzip die Gleichung einer gedämpften Eigenschwingung. Da die Dämpfung sehr klein ist, folgt als erste Erkenntnis

$$\omega \approx \omega_{v,j} \quad \text{für kleine Werte } U_\infty , \tag{11.1.6}$$

d.h. die Bewegung findet im Prinzip in der betreffenden Systemeigenfrequenz statt, und zwar unabhängig von der Größe von U_∞. Hinreichende Bedingung zur Bestimmung der kritischen Windgeschwindigkeit ist nun

$$2\delta - \frac{\rho U_{kr} H}{2m}\left(-\frac{\delta c_a}{\delta \alpha}\bigg|_{\alpha=0} - c_w\bigg|_{\alpha=0}\right) = 0 ,$$

oder auch

$$U_{kr} = \frac{4\,\delta\, m}{\rho H\left(-\dfrac{\delta c_a}{\delta \alpha}\bigg|_{\alpha=0} - c_w\bigg|_{\alpha=0}\right)} ,$$

wofür nach Einführung des logarithmischen Dämpfungsdekrements

$$\vartheta \approx \frac{2\pi\,\delta_{v,j}}{\omega_{v,j}}$$

geschrieben werden kann

$$U_{kr} = \frac{2\omega_{v,j}\,\vartheta\, m}{\pi\rho H\left(-\dfrac{\delta c_a}{\delta \alpha}\bigg|_{\alpha=0} - c_w\bigg|_{\alpha=0}\right)}$$

$$\text{mit } j = 1,2,\ldots \text{ nach der linearisierten Theorie,} \tag{11.1.7}$$

oder

$$U_{kr} = \frac{2\omega_{v,j}\,\vartheta\, m}{\pi\rho H\left(-\dfrac{\delta c_F}{\delta \alpha}\bigg|_{\alpha=0}\right)} \quad \text{verbessert, vgl. [11.1.5] .}$$

In vielen Fällen ist durch ein überragendes Glied $\delta c_a/\delta\alpha$ im Verhältnis zu c_w schon hieraus eine Anfachung zu ermitteln. Bei baupraktischen Profilen, zum Beispiel der

senkrecht zur Strömung angestellten Platte, ist dies jedoch oft nicht der Fall, wie
der Blick auf Abb. 11.1.4 beweist.

Die Differenz der aerodynamischen Kraftbeiwerte gemäß (11.1.7) erweist sich hier
für die Berechnung der kritischen Windgeschwindigkeit als viel zu klein. Sicher ist
hier der bisher nicht berücksichtigte Einfluß von systematisch entstehenden, profil-
gesteuerten Nachlaufwirbeln und allgemeiner sonstiger Nichtlinearitäten von erheb-
lichem Einfluß, wobei im Sinne einer quasistationären Theorie die Mitnahme des je-

φ	c_a	c_w	$\sin \varphi$	$\cos \varphi$	$c_a \cos \varphi$	$c_w \sin \varphi$	$c_a \cos \varphi - c_w \sin \varphi$	$\Delta =$ $\dfrac{\Delta}{c_a}$ in %
$0°$	0	1,20	0	1,000	0	0	0	0
$5,1°$	0,148	1,18	0,089	0,996	0,146	0,108	0,038	25,6
$10,1°$	0,247	1,16	0,175	0,985	0,242	0,205	0,037	14,9
$15,1°$	0,341	1,13	0,261	0,966	0,330	0,300	0,030	8,8
$20,1°$	0,432	1,10	0,344	0,939	0,406	0,380	0,026	6,0
$25,2°$	0,530	1,07	0,424	0,906	0,480	0,460	0,020	3,8
$30°$	0,643	1,07	0,502	0,865	0,558	0,540	0,018	2,8

Abb. 11.1.4. Auftriebs- und Widerstandsbeiwerte der Platte bei einer Totwasserwirkung

weils ersten Nachlaufwirbels bei der Ermittlung der instationären Luftkräfte zumindest bei kleinen Systemeigenfrequenzen durchaus genügt. Wie bei der Theodorsen-
Funktion nach Abschn. 13 sind die dadurch entstehenden instationären Auftriebsbeiwerte in erster Linie parameterabhängig von der reduzierten Frequenz $\overline{S}$ der Schwingung

$$\overline{S} = \frac{\omega_j H}{U_\infty} \quad , \quad \text{in diesem Fall} \quad \overline{S} = \frac{\omega_{v,j} H}{U_\infty} \quad ,$$

und entsprechen sonst durch die Schreibweise

$$\Delta A = \frac{\rho U_\infty^2}{2} \, H c(\overline{s}) \, \frac{\dot{v}}{U_\infty}$$

einer ideellen Drehung des Profils zur Erfassung der instationären aerodynamischen
Kraftwirkung. Diese Beziehung läßt sich durch gemessene instationäre Auftriebsbei-

werte c_a inst$(\bar{S})$ korrigieren und ergibt die korrigierte Stabilitätsgleichung

$$U_{kr} = \frac{\omega_{v,j}\,\vartheta\,m}{\pi\rho H\,\frac{1}{2}\left(-\left.\frac{\delta c_a}{\delta\alpha}\right|_{\alpha=0} - \left.c_w\right|_{\alpha=0} - \left.\frac{\delta c_a\,\text{inst}(\bar{s})}{\delta\alpha}\right|_{\alpha=0}\right)}\,, \qquad (11.1.8)$$

wobei die instationäre Kraftwirkung zum Beispiel durch Messungen ermittelt werden kann.

Bei der rechtwinklig zur Strömung angestellten Platte und ähnlich geformten Quaderquerschnitten scheint die Formel [11.1.3, 11.1.4, 11.1.9, 11.1.10, 11.1.14, 11.1.15]

$$U_{kr} \approx \frac{\omega_{v,j}\,\vartheta\,m}{\pi\rho H} \qquad \text{mit} \quad j = 1,2,\dots \qquad (11.1.9)$$

gute Näherungsergebnisse zu liefern. Diese Gleichung soll jetzt kurz physikalisch begründet werden, da sie für beliebige rechteckige Querschnitte in guter Näherung gilt und mit dem Experiment in zufriedenstellendem Maße übereinstimmt. Die quasistationäre Gallopingtheorie unter Vernachlässigung der Nachlaufwirbel würde hier gemäß Abb. 11.1.4 eine um den Faktor sechs bis zwölf zu große kritische Windgeschwindigkeit liefern. In Wirklichkeit ist die Bewegung gemäß Abb. 11.1.1 von einer periodisch entstehenden Nachlaufverwirbelung begleitet, die mit der klassischen Karman-Straße durchaus vergleichbar ist, im Gegensatz zu der letzteren jedoch klar zu den selbsterregten Schwingungen gehört, da die Schwingungsfrequenz im Experiment konstant bleibt. Fällt die Selbsterregung, was durchaus nicht selten vorkommt, in den Karman-Bereich, dann sind besonders große Schwingungsamplituden zu erwarten, obwohl auch dann die Schwingungsfrequenz des Körpers konstant bleibt. Diese Instabilitätserscheinung ist ein Spezialfall des in Abschn. 11.4 behandelten Abreißflatterns.

Die Erfassung der Nachlaufzirkulation ist hier als hauptsächliches Problem anzusehen. Grundlegende Erkenntnisse sind aus [11.1.2] zu entnehmen, obwohl wichtige physikalische Ergebnisse nach wie vor fehlen. Die scharfe Kante der Platte bewirkt die periodische Entstehung von Anfahrwirbeln entsprechend der Kutta-Joukowski-Hypothese des Flugzeugtragflügels. Es ist dabei nur jeweils ein Wirbel an einer Kante zu berücksichtigen, da die Diskontinuität der anderen Kante durch die spezielle Form der Totwassergrenze ganz im Innern des Totwassergebiets zu liegen kommt.

Gemäß [11.1.2] ergibt sich die Zirkulation eines Wirbels beim Anfahrvorgang der Strömung zu

$$\Gamma = 2,10\ H\ U_{\infty}\,.$$

Dieser Wert stimmt gut mit dem theoretischen Karman-Wert [11.1.3]

$$\Gamma = 1,71 \; H \; U_\infty$$

überein. Die instationäre Kraftwirkung ist von Karman zu

$$A = 1,71 \; \frac{\rho U_\infty^2}{2} \; H \sin 2\pi f_k t$$

$$= c_{L,k} \; \frac{\rho U_\infty^2}{2} \; H \sin 2\pi f_k t$$

errechnet worden, wobei die eingeprägte Frequenz f_K nach Abschn. 10.2 aus der Strouhalschen Zahl

$$S = \frac{f_k H}{U_\infty} = 0,15 \ldots 0,20$$

bestimmt wird. Es ist plausibel, daß die Kraftwirkung der Selbsterregung mit der Karmanschen Kraftwirkung vergleichbar ist. Im Experiment ist zunächst ersichtlich, daß der Außendurchmesser der Wirbel in der Größenordnung der Maximalamplitude der Schwingung liegt. Demnach kann interpoliert werden

$$\frac{\max c_{L,V}}{\max c_{L,K}} \approx \frac{v_0}{H/2}$$

wobei $c_{L,V}$ den instationären Luftkraftbeiwert der Selbsterregung angibt. Weiterhin ist zu berücksichtigen, daß sich durch die tiefe Abstimmung der Karman-Wirbel (nur dieser Bereich interessiert hier) das erste zeitliche Fourier-Glied der Selbsterregung entsprechend der Vergrößerung der Periodenlänge umgekehrt proportional zu den zeitlichen Intervallängen ermäßigt wird.

Nun gilt für den Karman-Bereich

$$T_k = \frac{1}{f_k} = \frac{H}{S U_\infty}$$

und für die Selbsterregung

$$T_{E,j} = \frac{2\pi}{\omega_{v,j}}$$

so daß endgültig

$$\Delta A_w = \frac{\rho U_\infty^2}{2} \; \frac{H}{S U_\infty} \; \frac{\omega_{v,j}}{2\pi} \; \frac{V_0}{H/2} \; \left| \max c_{L,K} \right| H f(t)$$

verbleibt, wobei das Zeitglied $f(t)$ zur Profilbewegung gemäß Abb.11.1.1 um etwa $\pi/2$ phasenverschoben, also bei harmonischen Schwingungen proportional zu $\dot{v}$ ist. Demnach ergibt sich für die instationäre Luftkraft der Selbsterregung

$$\Delta A = \frac{\rho U_\infty}{2}\, H\, \dot{v}\left[-\left.\frac{\delta c_a}{\delta\alpha}\right|_{\alpha=0} - \left. c_w \right|_{\alpha=0} + \frac{\left|\max c_{L,K}\right|}{\pi S}\right].$$

Nun ergibt sich nach Abb.11.1.4

$$\left(-\frac{\delta c_a}{\delta\alpha} - c_w\right)_{\alpha=0} \approx 0,30\ .$$

Die maximalen Kraftbeiwerte nach Karman schwanken nach den Meßergebnissen von Abschn.10.2 in den Grenzen von etwa

$$\max c_{L,K} = 0,80\ldots 2,10$$

je nachdem, ob es zu einer ausgeprägten Nachlaufverwirbelung kommt oder die Wirbel zum schnellen Aufplatzen neigen. Die untere Grenze wird dabei nach Abschn.10.2 bevorzugt. Bei hohen Reynoldsschen Zahlen sinken diese Werte unter Umständen durch Turbulenzeffekte noch weiter ab, was vor allem bei dem Kreisprofil gemessen worden ist und noch ausführlich behandelt wird.

Scharfkantige Profile zeigen dagegen diesen Stabilisierungseffekt meist nicht. Zur Abschätzung reicht hier

$$\frac{\left|\max c_{L,K}\right|}{\pi S} = \frac{0,80\ldots 2,10}{\pi\cdot 0,17} = 2,00\ldots 4,00\ .$$

Also ergibt sich für die anfachende Luftkraft

$$\Delta A = \frac{\rho U_\infty\, H\, \dot{v}}{2}\ (2,00\ldots 4,00)\ ,$$

und das Einsetzen in die Stabilitätsgleichungen endgültig die Stabilitätsbedingung (11.1.9), da die untere Grenze bei der instationären Strömungsausbildung bevorzugt wird [11.1.10]. In Abb.11.1.5 ist dargestellt, welche (reduzierten) Schwingungen $\bar{v}^*$ bei einer bestimmten (reduzierten) Windgeschwindigkeit $\bar{u}^*$ auftreten [11.1.3, 11.1.4, 11.1.10].

Es werden dabei nur die Schwingungen an der Stabilitätsgrenze dargestellt. Es ist deutlich - mit Ausnahme kleiner Windgeschwindigkeiten - der in (11.1.7) und (11.1.9) angegebene lineare Zusammenhang an der Stabilitätsgrenze zu erkennen. Leider ist keine Aussage über die Größe der anfachenden Luftkräfte im überkritischen Bereich möglich, die über den gutartigen oder bösartigen Charakter der Bewegungsstabilität entscheidet. Hier ist der Übergang zur nichtlinearen instationären Betrachtungsweise unter Berücksichtigung der dreidimensionalen Effekte notwendig.

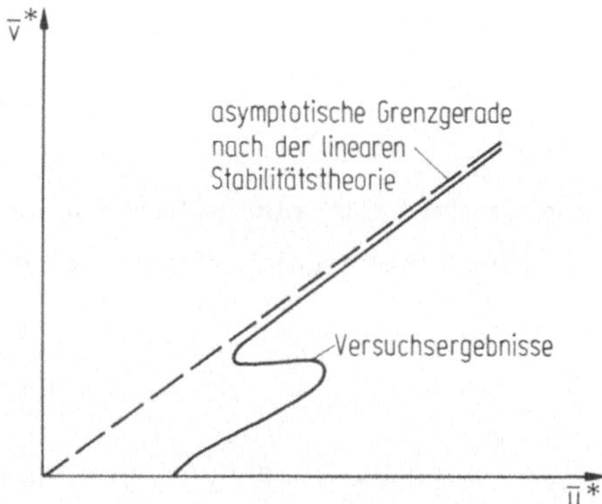

Abb.11.1.5. Reduzierte Schwingungsamplituden verschiedener Profile in Abhängigkeit von der reduzierten Windgeschwindigkeit (Prinzipskizze) [11.1.10]

Allgemein sind diese Zusammenhänge nur durch halbempirische Rechenverfahren unter Einschluß von Windkanalversuchen erfaßbar. Die Grundlagen hierzu sind von Scruton [11.1.9] geschaffen worden. In [11.1.5, 11.1.6] werden systematische Meßreihen durchgeführt, mit dem Ziel, wenigstens die linearisierten Stabilitätskriterien beliebiger gallopinggefährdeter Profile wirklichkeitsnah zu erfassen.

Das Verfahren arbeitet nach dem folgenden Schema, Abb.11.1.6. Da die einzelnen Freiheitsgrade entkoppelt angeregt werden können, reicht es für ingenieurmäßige Abschätzungen aus, den Einmassenschwinger vereinfacht zu betrachten.

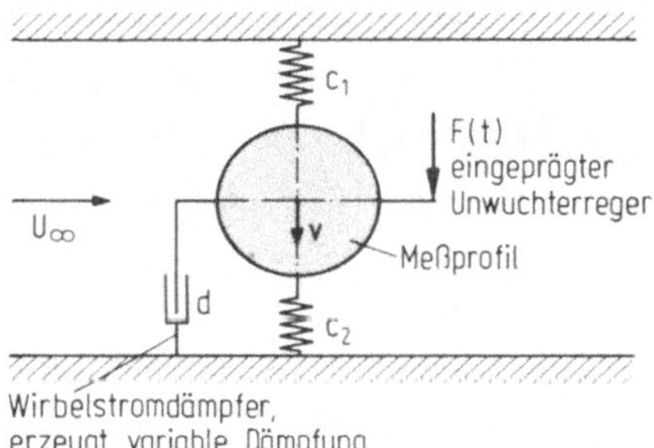

Abb.11.1.6. Idealisiertes Schwingungssystem einer experimentellen Galloping-
untersuchung [11.1.6]

Dessen Bewegungsgleichung lautet nach Abschn.2.1

$$m\,\ddot{v} + d\,\dot{v} + cv = F(t) \qquad\qquad (11.1.10)$$

mit etwas geänderten Bezeichnung gegenüber über Abschn.2.1, deren physikalischer Sinn jedoch nicht schwierig zu erkennen sein dürfte.

Nun wird nach Scruton [11.1.9] für die instationäre Luftkraft gesetzt

$$F(t) = H_a v + k_a \dot{v} \qquad (11.1.11)$$

wobei

$$v = v_0 e^{i\omega t}$$

ist. Eine solche harmonische Schwingung wird eingeprägt durch einen Sinusgenerator erzeugt (Unwuchterreger), der mit einer Kraft

$$F_e = F_{e,0}\, i e^{i\omega t} \qquad (11.1.12)$$

auf die Probe wirkt. Außerdem belasten die instationären Luftkräfte den Schwinger. Für die Anregung ist vor allem die Kenntnis des Wertes von k_a wichtig, der sich durch Einsetzen von (11.1.12) und (11.1.11) in (11.1.10) ergibt zu

$$k_a = d - \frac{F_{e,0}}{v_0\,\omega} \quad , \qquad (11.1.13)$$

$$v_0 = \text{const}, \quad \text{beliebig}, \quad \omega \approx \omega_E \;.$$

Die Dämpfung wird so gewählt, daß sich eine harmonische Schwingung ergibt. Dadurch wird k_a bei einem beliebigen, festen v_0 meßbar. Nun kann k_a aus der Differenz der Kraftamplitude des Erregers bei der Windgeschwindigkeit "Null" $F_{e,0}$ und bei der Windgeschwindigkeit U_∞ rechnerisch ermittelt werden, und zwar im Prinzip über eine Dämpfungsmessung unter Einschluß der instationären Luftkräfte [11.1.6] bei festen Schwingungsamplituden. Nach der klassischen linearen Galloping-theorie ist nach (11.1.)

$$k_a \sim - \frac{v_r}{2} \frac{\delta c_F}{\delta \alpha} \quad ,$$

wobei v_r die reduzierte Windgeschwindigkeit

$$v_r = \frac{U_\infty}{fH}$$

$$\frac{\omega}{2\pi} = f \quad \text{fest gewählte Schwingungsfrequenz}, \quad f \approx f_E$$

$$H \quad \text{Profilhöhe} \qquad\qquad\qquad (11.1.14)$$

bedeutet. Im Prinzip haben die Meßkurven k_a etwa das folgende Aussehen, Abb. 11.1.7, [11.1.5, 11.1.6].

Es ist aus diesen Meßergebnissen zu erkennen, daß auch die linearisierten aerodynamischen Störkräfte stark abhängig von der Richtung und Größe der Windgeschwindigkeit und der Schwingungsamplitude sein können. Dies läßt sich physikalisch wohl
durch theoretisch kaum faßbare Nachlaufwirbel und Ablösewirbelerscheinungen an
den Profilrändern begründen. Durch die variable Windgeschwindigkeit und Schwingungsamplituden ist das beschriebene Verfahren in der Lage, streng über die Bewegungsstabilität eines solchen Schwingers entscheiden zu können. Außerdem arbeitet

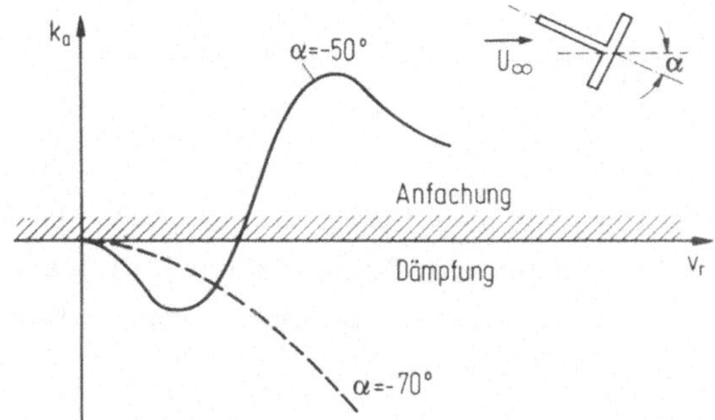

Abb.11.1.7. Beiwerte K_a als Funktion der reduzierten Windgeschwindigkeit nach
Messungen (Prinzipskizze) [11.1.6]

es recht genau, da es im Grunde die Systemdämpfung unter Einschluß der Luftkräfte
in der Nähe der Resonanz des betrachteten Schwingers mißt, und zwar bei beliebig
großen Schwingungsamplituden des Systems. Die Luftkräfte entscheiden dabei nur
über die Dämpfung oder Anregung des Schwingers, beeinflussen jedoch die Systemeigenfrequenzen nach (11.1.6) kaum. Mit Hilfe der gemessenen k_a Beiwerte ist
dann eine linearisierte Stabilitätsrechnung wie zu Anfang durchführbar, die nicht nur
für den Einmassenschwinger, sondern für beliebige räumliche Strukturen gilt.

Im allgemeinen ist die Gallopinginstabilität Teil des allgemeinen Flatterfalls nach
Abschn.13 und mit den dort angegebenen Methoden zu ermitteln.

Aufgrund des entkoppelten Charakters der Instabilität ist die Stabilitätsgrenze jedoch
auch nach Abschn.2.1 schnell zu bestimmen. Nach (2.13) gilt für den Freiheitsgrad
v_j

$$M_j \, \ddot{v}_j + 2M_j \, \delta_j \dot{v}_j + M_j \, \omega^2_{v,j} = P_j(t) \; .$$

Die Luftkräfte sollen hier nach der Streifenmethode, also für den unendlich langen
Widerstandskörper, angesetzt werden. Demnach gilt für P_j bei der Stablänge L und

der veränderlichen Profilhöhe H

$$P_j = - \frac{\rho U_\infty^2}{2} \int_0^L H(x) c_F \, \Phi_j(x) \, dx \; . \tag{11.1.14}$$

Hieraus ergibt sich nach leichter Zwischenrechnung für die kritische Windgeschwindigkeit eines gallopinggefährdeten Kontinuums [11.1.5] entsprechend (11.1.7) mit den Bezeichnungen von Abschn. 2.1

$$U_{kr} = \frac{2\omega_{v,j} \vartheta_{v,j} M_j}{\pi\rho \int_0^L H(x) \Phi_j^2 \, dx \left(- \frac{\delta c_F}{\delta \alpha} \Big|_{\alpha=0} \right)} \tag{11.1.15}$$

Bei konstanten Querschnittswerten geht (11.1.15) in (11.1.14) über. Nur bei einem negativen Werte $(- \delta c_F / \delta \alpha)$ ist ein physikalisch sinnvoller Wert für U_{kr} möglich. In jedem Fall ist (11.1.15) auch als spezielle entkoppelte Instabilität des allgemeinen Flatterfalls nach Abschn. 13 zu deuten.

Untersuchungen und experimentelle Überprüfungen in [11.1.14-11.1.20] haben gezeigt, daß die bei den im allgemeinen relativ kleinen Windgeschwindigkeiten auftretenden Gallopinginstabilitäten zu starken Nichtlinearitäten neigen können. Dieser Effekt ist durch das Verfahren von Krylov und Bogoljubov künstlich linearisiert auszugleichen.

Parkinson [11.1.14] und Novak [11.1.15] haben das Verfahren für stumpfe Profile angewendet, indem die c_F Charakteristik durch den Reihenansatz

$$c_F(\alpha) = \sum_{i=0}^{\infty} k_i \left(\frac{\dot{v}}{U_\infty} \right)^{2i+1}$$

mit gemessenen Beiwerten k_i ersetzt wird und anschließend durch das Verfahren von Krylov und Bogoljubov künstlich linearisiert wird. Etwas genauer würde das schon mehrfach erwähnte Anergiekriterium

$$\int_0^{T'} (E_L + E_D) \, dt = 0$$

arbeiten. Es besteht auch die Möglichkeit, die Grenzkurve durch schrittweise Integration der linearisierten Differentialgleichungen (step-by-step Methode) iterativ zu errechnen. Ein ähnliches Verfahren wird in [11.1.8] vorgeschlagen (Zeitschrittverfahren).

Abschließend sollen noch einige Näherungsverfahren zur ingenieurmäßigen Abschätzung kurz diskutiert werden. Bei Profilen mit einem großen $|\delta c_a/\delta\alpha|$ leistet die Stabilitätsformel (11.1.7) gute Dienste. Hier ist die instationäre Nachlaufwirbelschleppe ohne großen Einfluß. Sofern die notwendige Stabilitätsbedingung (11.1.4) erfüllt ist, folgen nach der Überschreitung der Stabilitätsgrenze bösartige, divergierende Schwingungsgrenzamplituden, die nur durch gutartige Nichtlinearitäten einen meist technisch nicht mehr zulässigen Grenzausschlag des Systems bewirken.

Bei kleinen Werten $\delta c_a/\delta\alpha$ gilt in guter Näherung (11.1.9). Danach wird der Einfluß der instationären Karmanähnlichen Nachlaufverwirbelungen maßgebend, die sich jedoch bewegungsgesteuert ausbilden und bei dem gefährdeten Profil wieder selbsterregte Schwingungen ergeben. Belastungsmäßig beanspruchen diese Luftkräfte die Konstruktion auf "Dauerresonanz", so daß sich im Prinzip eine quasistatische, instationäre Erregerkraft von

$$A = c_{a,k}\,\frac{\rho U_\infty^2}{2}\,\frac{\pi}{8}\,H, \qquad\qquad (11.1.7)$$

$$c_{a,k} \text{ nach Abschn. 10.2}$$

ergibt. In Wirklichkeit müssen die Beiwerte $c_{a,k}$ der Karman-Erregung noch im Verhältnis T_k/T_E im Sinne einer Fourier-Analyse ermäßigt werden, da die Impulse um diesen Faktor zeitlich gedehnt worden sind und damit auch die Reihenglieder der Fourier-Analyse.

Welche konstruktiven Schlüsse sind nun aus dem Gallopingeffekt zu ziehen? Entkoppelte Biegeschwingungen sind schon bei relativ kleinen Windgeschwindigkeiten zu erreichen und möglichst zu vermeiden. Es ist unter allen Umständen bei bautechnischen Konstruktionen ein Wert

$$\delta c_a/\delta\alpha > 0 \qquad\qquad (11.1.18)$$

anzustreben, da diese Querschnitte grundsätzlich bei entkoppelten Biegeschwingungen gedämpft werden. Bei Brückenquerschnitten ist dies durch eine geeignete Formgebung der Profile, Abb. 11.1.8, zu erreichen [11.1.19].

Diese Querschnitte zeigen aufgrund ihrer positiven Dämpfung auch keinen großen Einfluß bei eingeprägt kinetischen Belastungen. In den meisten Fällen ist diese Gallopinginstabilität aus den statischen Meßkatalogen und den Kriterien (11.1.4) bzw. (11.1.7) und (11.1.9) zu erkennen. Bei weitgespannten verformungsweichen und dämpfungsschwachen Konstruktionen ist in jedem Fall die Einschaltung von Windkanalversuchen im Sinne von [11.1.9, 11.1.5] zu empfehlen. Auch ist zu bedenken, daß z. B. durch

Eiszapfenbildungen im Winter plötzlich gallopinggefährdete Querschnitte, z.B. bei Freilandleitungen, Abb.11.1.9, entstehen können [11.1.1, 11.1.16].

Eine Spezialform des Gallopingeffektes ist das noch in Abschn.11.4 zu schildernde Abreißflattern. Auch die historische Biegeschwingung der Tacoma-Brücke ist im Prinzip eine gutartige Gallopingschwingung, wie im Abschn.14 noch gezeigt wird.

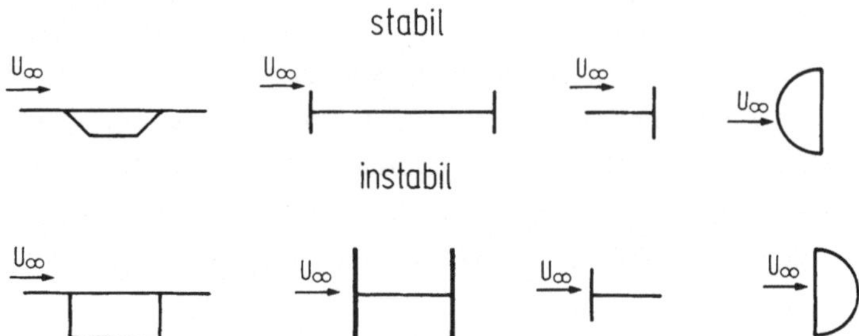

Abb.11.1.8. Aerodynamisch stabile Querschnitte bei entkoppelten Biegeschwingungen

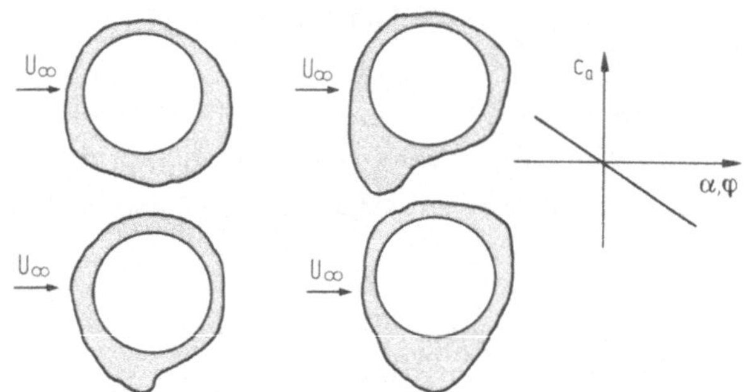

Abb.11.1.9. Eiszapfenquerschnitte von Freilandleitungen

<u>Beispiel 11.1.</u>

Für das in Beispiel 2.2. angegebene Brückensystem ist die kritische Windgeschwindigkeit U_{kr} der Gallopinganregung mit einem $\partial c_a/\partial\alpha = -3,34$ (vgl. etwa Abb.13.5), einem logarithmischen Dämpfungsdekrement $\vartheta = 0,05$ und einer Systembreite (geometrische Bezugsgröße) $H^* = 15,0$ m zu berechnen.

<u>Lösung</u>

Nach (11.1.15) gilt

$$U_{kr} = \frac{2\omega_{v,j}\,\vartheta_{v,j}\,M_j}{\pi\rho H^* \int\limits_0^L \Phi_j^2\,dx \cdot (-\partial c_F/\partial\alpha)} \;.$$

Mit $M = \mu \int\limits_0^L \Phi_j^2 \, dx$ ergibt sich

$$\omega_{v,j} = 1,76\,s^{-1} , \qquad M_j = \mu \int\limits_0^L \Phi_j^2 \, dx$$

$$\vartheta = 0,05 ,$$

$$\rho = 0,125 \cdot 10^{-3} \, Mps^2 \, m ,$$

$$H^* = 15,0 \; m ,$$

$$\delta c_a / \delta \alpha = -3,34 , \qquad c_w \approx 0,$$

$$\mu = 4 \, Mps^2 \, m^{-2} ,$$

$$U_{kr} = \frac{2 \cdot 1,76 \cdot 0,05 \cdot 4}{\pi \cdot 0,125 \cdot 10^{-3} \cdot 15 \cdot 3,34} = 35,6 \; m/s$$

Bei dieser Windgeschwindigkeit ist zu erwarten, daß die Brücke entkoppelte Biegeschwingungen ausführt.

Literatur

11.1.1   Den Hartog, J.P.: Mechanische Schwingungen. Berlin: Springer 1936.

11.1.2   Anton, L.: Ausbildung eines Wirbels an der Kante einer Platte. Ing.-Arch.
         10 (1939) 411.

11.1.3   Lung, M.: Unveröffentlichte Diplomarbeit. Lehrstuhl für Mechanik. Hanno-
         ver 1967.

11.1.4   Parkinson, G.V.; Brooks, N.P.: On the Aeroelastic Instability of Bluff
         Cylinders. J. Appl. Mech. 83 (1961) 252.

11.1.5   Försching, H.W.: Grundlagen der Aeroelastik. Berlin, Heidelberg, New
         York: Springer 1974.

11.1.6   Mahrenholtz, O.; Bardowicks, H.: Der Einfluß der Querschnittsform auf
         aeroelastische Schwingungen. Zwischenbericht Lehrstuhl für Mechanik der
         TU Hannover, Hannover 1972.

11.1.7   Försching, H.: Aeroelastisch instabile Widerstandsprofile. Ing.-Arch.
         40 (1971) 68.

11.1.8   Försching, H.; Manea, V.: Zur analytischen Behandlung des nichtlinearen,
         aeroelastischen Galloping-Problems. Ing.-Arch. 42 (1973) 178.

11.1.9   Scruton, C.: On the wind-Excited oscillations of stacks, towers and masts.
         (Wind effects on buildings and structures 1963) Band 2, S. 798.

11.1.10 Wind Effects on Buildings and Structures, London 1963, Ottawa (Canada) 1967, Tokyo 1971, London 1975 und weitere Seminarreihen.

11.1.11 Naudascher, E. (Herausgeber): Flow Induced Vibrations. IUTAM/JAHR Symposium, Karlsruhe 1972. Berlin, Heidelberg, New York: Springer 1974.

11.1.12 Sachs, P.: Wind forces in engineering. Oxford, New York, Toronto, Sidney, Braunschweig: Pergamon Press 1972.

11.1.13 Ghiocel, D.; Lungu, D.: Actiunea vintului, zapezii si varia tiilor te temperatura in constructii. Editura Technica Bucuresti.

11.1.14 Parkinson, G.V.; Smith, J.D.: The Square Prism as an Aeroelastic Non linear Oscillator. Quart. J. Mech. Appl. Math. 17 (1964) 225 und weitere Veröffentlichungen des erstgenannten Verfassers.

11.1.15 Novak, M.: Aeroelastic Galloping of Rigid and Elastic Bodies. Univ. Western Ontario, London, Kanada, Res. Rep. BWLT-3-68 (1968).

11.1.16 Leibfried, W.; Mors, H.: Versuchsanlage Hornisgrinde. Herausgeber: Badenwerke AG, Karlsruhe 1964. (Hausmitteilung)

11.1.17 Försching, H.: Aeroelastic stability investigations on prismatic beams (symposium on wind effects on buildings and structures (1968) Vol. 2, S.22.)

11.1.18 Pestel, E.; Mahrenholtz, O.: Untersuchungen zum aeroelastischen Verhalten der Flutlichtmaste im Niedersachsenstadion (Hannover). Mitt. Inst. Mech. T.H. Hannover 1965.

11.1.19 Leonhardt, F.: Zur Entwicklung aerodynamisch stabiler Hängebrücken. Die Bautechnik 45 (1968) 325.

11.1.20 Novak, M.; Tanaka, H.: Effect of turbulence on galloping Instability. Journal of the Engineering Mechanics Division, ASCE, Vol. 100 (1970), S. 27 und weitere Veröffentlichungen des gleichen Verfassers.

11.2 Torsionsschwingungen

Eine gleiche Erscheinung wie bei den entkoppelten Schlagschwingungen ist auch bei Torsionsschwingungen denkbar, die hier nur kurz erwähnt werden sollen, da sie im allgemeinen Flatterfall nach Abschn. 13 aufgehen. Die zugehörigen Querschnitte sind meist tragflügelähnlich ausgebildet, wie nachfolgend zu zeigen ist.

Zunächst ist die Kutta-Joukowski-Hypothese einzuhalten. Wenn der Abstand der Profilhinterkante vom Schubmittelpunkt (elastische Achse) des Querschnitts mit e_n bezeichnet wird, entspricht das quasistationäre Anschauungsmodell der Abb.11.1.1 anschaulich einer dynamischen Profilkrümmung, da kleine Profilwölbungen mit Ausnahme der Kutta-Joukowski-Hypothese das weitere Druckbild wenig beeinflussen. Bei dem Momentenbeiwert c_m der Abb.11.2.1 entspricht eine instationäre Profilbewegung α einer Vergrößerung des Anstellwinkels α und somit einer Vergrößerung des anfachenden Luftkraftmoments. Im weiteren Verlauf wird sich jedoch zeigen, daß der Freiheitsgrad α in praktischen Problemen nicht vom Freiheitsgrad v zu entkoppeln ist, im Gegensatz zu den in Abschn. 11.2 behandelten Beispielen. Dies sind die klassischen gekoppelten Biege- und Torsionskoppelschwingungen, nämlich die Flatterschwingungen in der klassischen Auffassung, worauf noch unter Abschn. 13 eingehend eingegangen wird. Dennoch ist im Rahmen dieses Problemkreises noch ein statischer Fall der Instabilität möglich, worauf im folgenden eingegangen wird.

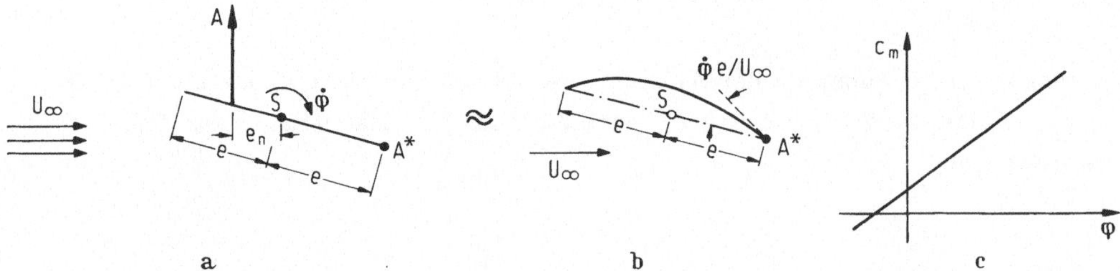

Abb. 11.2.1. Aerodynamisch instabile Querschnitte bei Torsionsschwingungen

Zusammenfassend sei die notwendige Bedingung einer entkoppelten Torsionsschwingung erwähnt, nämlich

$$\frac{\partial c_m}{\partial \alpha} > 0$$

da eine Vergrößerung des Anstellwinkels dann ein vergrößertes Luftkraftmoment und somit eine instabile Profilbewegung ergibt. Die hinreichende Bedingung der kinetischen Instabilität wird in Abschn. 13 angegeben. Es besteht jedoch auch die Möglichkeit einer statischen Instabilität im Sinne eines Kippvorgangs des Biegeträgers unter der Einwirkung der Luftkrafttorsionsmomente. Die zugehörige Stabilitätsgrenze (Divergenz) wird im Abschn. 11.3 abgeleitet.

11.3 Divergenz (statische Instabilität)

Es soll nur das einfache statische System von Abb. 11.2.1 betrachtet werden. Kompliziertere Systeme sind in [11.3.1, 11.3.2] aufgeführt.

Physikalische Grundlage der Divergenz ist die aerodynamische Instabilität des Querschnitts für Torsion nach Abschn. 11.2. Eine Vergrößerung des Anstellwinkels um den Betrag $\bar{\alpha}$ bewirkt eine Vergrößerung des elastischen, rückdrehenden Moments von

$$m_{el} = -G\,I_t\,\bar{\alpha} \qquad\qquad (11.3.1)$$

mit der Torsionssteifigkeit GI_t, so daß sich bei linearem Ansteigen des aerodynamischen Momentenbeiwerts c_m ein anfachendes Luftkraftmoment von

$$m_L = \frac{\rho U_\infty^2}{2} \frac{\delta c_m}{\delta \alpha} \bar{\alpha} \, FB^2 \qquad (11.3.2)$$

ergibt, wofür auch

$$m_L = \frac{\rho U_\infty^2}{2} \frac{\delta c_a}{\delta \alpha} e_n \bar{\alpha} \, FB \qquad (11.3.3)$$

geschrieben werden kann, da der Abstand des Neutralpunktes und der elastischen Achse näherungsweise konstant zu e_n nach Abb. 11.2.1 anzunehmen ist. Die Gleichgewichtsbedingung

$$m_{el} + m_L = 0$$

liefert sofort die Stabilitätsformel

$$U_{kr} = \sqrt{\frac{G I_t}{\dfrac{\delta c_a}{\delta \alpha} \dfrac{\rho}{2} F \cdot e_n \cdot B}} \, . \qquad (11.3.4)$$

Bei größeren Windgeschwindigkeiten erfolgt ein Kippen des Profils unter den angreifenden Luftkraftmomenten. Bei den meisten der hier in Frage kommenden Profile ist

$$\frac{\delta c_a}{\delta \alpha} = 4,0 \ldots 5,0 \leqslant 2\pi, \qquad e_n \leqslant B/4$$

wobei B die Profilbreite eines einfach symmetrischen Profils angibt, so daß zu Abschätzzwecken hier die Formel

$$U_{kr} \geqslant \sqrt{\frac{4G I_t}{\pi \rho B^2}}$$

ausreicht. Für kompliziertere Systeme wird auf die Literatur verwiesen.

Literatur

11.3.1 Bisplinghoff, R.C.; Ashley, H.; Halfman, R.C.: Aeroelasticity. Reading, Mass.: Addison-Wesley Publ. Comp., Inc., 1957.

11.3.2 Försching, H.W.: Grundlagen der Aeroelastik. Berlin, Heidelberg, New York: Springer 1972,

sowie weitere dort angegebene Literaturangaben.

11.4 Abreißflattern

Unter dem Abreißflattern im klassischen Sinn wird ein Abreißen der gesunden Potentialströmung vom Profilrand oberhalb eines kritischen Anstellwinkels α^* verstanden.
Ein typisches Beispiel hierzu ist der schon mehrfach erwähnte Tragflügel, Abb. 11.4.1.
Hier sind in erster Linie Grenzschichteffekte nichtlinearer Art maßgebend. Es besteht
große Ähnlichkeit zwischen dem Abreißvorgang und z.B. dem Bruchvorgang eines Materials. Auf den speziellen Fall des Kreisprofils wird in Abschn. 12 dabei gesondert
eingegangen. Wichtige physikalische Grundprobleme des Abreißvorgangs sind noch ungeklärt.

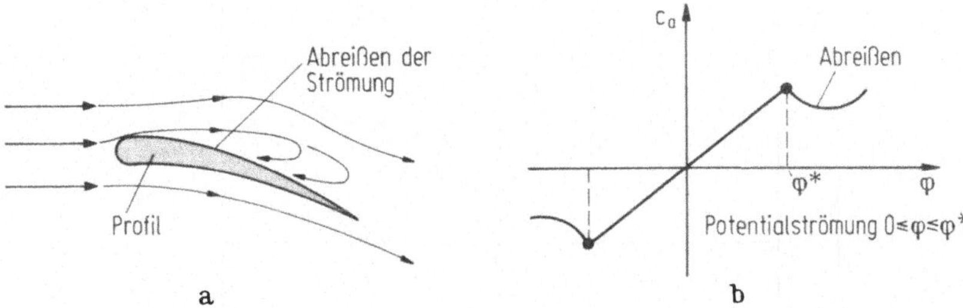

Abb. 11.4.1. Abreißen der Strömung von einem stromlinienförmigen Profil. a) Strömungsvorgang, b) Größe des Auftriebsbeiwerts als Funktion des Anstellwinkels

Für einfache ingenieurmäßige Betrachtungen reicht durchaus die quasistationäre Analogie nach Abschn. 11.1 aus, da kinetische Effekte im allgemeinen nur von unterge-
ordnetem Einfluß sind.

Charakteristisch ist die negative Neigung des stationär gemessenen Auftriebsbeiwerts nach Abb. 11.4.2 oberhalb eines kritischen Anstellwinkels α^*. Für einfache
ingenieurmäßige Abschätzungen ist

$$\partial c_a / \partial \alpha (\alpha^*) \approx -3,0 \ldots -4,0 \qquad (11.4.1)$$

anzunehmen. Dieser Wert ist in das Stabilitätskriterium (11.1.7) einzusetzen. Das
Abreißflattern bewirkt im allgemeinen merkliche, aber gutartige Biegeschwingungen
mit stark nichtlinearem Gallopingcharakter. Viele geschlossene, bautechnische Brük-
kenprofile zeigen den Abreißeffekt schon bei recht kleinen Anstellwinkeln.

In Abschn. 11.1 ist darauf hingewiesen worden, daß ein Wert

$$\partial c_a / \partial \alpha > 0$$

anzustreben ist, was ohne weiteres durch eine geeignete Profilformgebung nach Abb.
11.1.8 zu erreichen ist.

Außerdem ist stets die Stabilitätsgrenze dieser Schwingungen nach (11.1.7) bzw.
(11.1.9) unter Berücksichtigung von (11.4.1) nachzuweisen.

Ist z.B. bei fertiggestellten Konstruktionen diese Stabilitätsgrenze nicht zu überschreiten, so ist in jedem Fall eine Systemveränderung zu empfehlen, z.B. durch
zusätzliche Abspannungen, eine Profilveränderung durch Leitbleche oder durch Zusatzdämpfer. Vor allem die letzte Maßnahme sollte häufiger als bisher angewendet
werden.

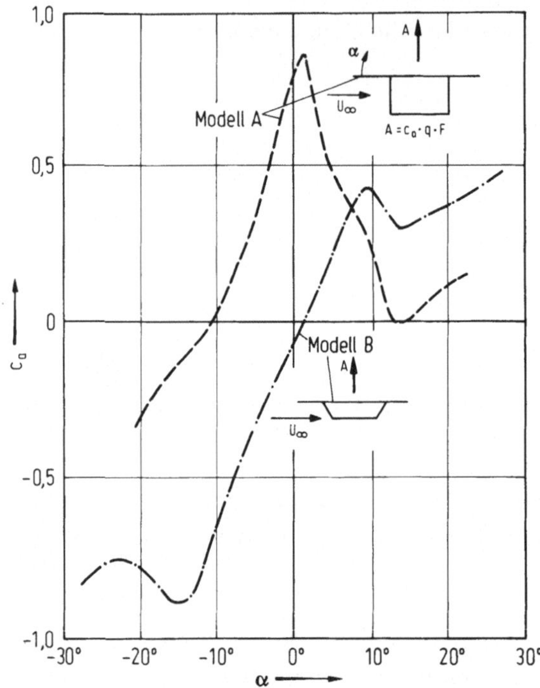

Abb.11.4.2. Auftriebsdiagramme bautechnischer Profile [13.16]

Ein besonderer Fall des Abreißflatterns liegt dann vor, wenn die bewegungsgesteuerten Ablösewirbel von entscheidendem Einfluß für die Systemstabilität sind. Dieser
Spezialfall des Abreißflatterns wird als Buffeting bezeichnet. Es bildet sich dabei
oft eine Karmanähnliche Nachlaufwirbelstraße - wie in Abschn.11.1 beschrieben -
aus. Dort ist auch dargestellt worden, wie die selbsterregte Schwingung zu beurtei-
len ist, wenn das Profil durch eigene Nachlaufwirbel angefacht wird. Es besteht jedoch auch die Möglichkeit, daß ein Profil interferenzartig durch Wirbel eines vor
ihm liegenden Profils oder Profilteils getroffen wird. Ein solches Beispiel hierzu
wird in Abschn.14 behandelt.

Ein weiterer Fall ist der Ovallingeffekt von Flächentragwerken, der in den Abschn.
16 und 17 untersucht wird.

Literatur

wie im Abschn.11.3 aufgeführt.

12. Grenzschichteffekte (Kreis- und elliptische Profile)

Im Abschn. 4.3 ist festgestellt worden, daß der statische Druckverlauf des Kreisprofils vor allem im laminaren Grenzschichtzustand nicht determiniert im klassischen Sinne der Mechanik ist und erst durch das zusätzliche Auswahlkriterium des
Anergiemaximums unter Berücksichtigung der jeweils vorhandenen Systemrandbedingungen festgelegt werden kann. Nur durch eine gezielte Aufrauhung der Profiloberfläche verliert sich der nichtdeterminierte Charakter dieser Strömung bei einer turbulenten Grenzschichtaufrauhung.

Im Gegensatz zu scharfkantigen Profilen richtet sich die Grenzschichtablösung nur
nach Grenzschichtkriterien und weist somit variable Ablösepunkte auf. Das Strömungsbild ist schon bei ruhenden Profilen hochgradig instabil und Ursache einer ausgeprägten Karmanschen Wirbelstraße, die in Abschn. 10.2 behandelt worden ist. Die eingeprägte Kraftwirkung der Karmanschen Wirbelstraße erzeugt auch bei dem Kreisprofil ausgeprägte Resonanzschwingungen.

Natürlich erhebt sich die Frage, ob der eingeprägte Wirbelmechanismus nicht bei
verformungsweichen Konstruktionen erheblich gestört werden kann, da durchaus
denkbar ist, daß die Wirbelablösung bei großen Schwingungsamplituden bewegungsgesteuert wird, so daß die ursprüngliche, resonanzerregte Bewegung in Form eines
Mitnahme- oder Zieheffektes nach dem Überschreiten eines noch aufzufindenden Stabilitätskriteriums zu einer näherungsweise selbsterregten Bewegung umgeformt wird.
Auch die selbsterregten Bewegungen können dabei entkoppelt bei jedem einzelnen Freiheitsgrad auftreten.

Diesem Anfachungseffekt sind jedoch aus physikalischen Gründen klare Grenzen gesetzt, da sich der Anfachungsmechanismus aus einem instationären Druckanteil des
Kreisprofils und einer bewegungsgesteuerten Nachlaufwirbelung zusammensetzt. Infolgedessen sind hier grundsätzlich nur gutartige, selbsterregte Schwingungen mit
einer klaren Grenzamplitude der Schwingung möglich, wenn sie überhaupt auftreten
[12.1-12.18].

Die Möglichkeit der Selbsterregung eines Kreisprofils, Abb. 12.1, ist schon oft im
Windkanal oder Wasserkanal experimentell untersucht worden [12.4, 12.9-12.12].
Es sind auch praktische Beobachtungen an Bauwerken vorhanden [12.7, 12.8, 12.10].

Leider sind die Ergebnisse nicht einheitlich, obwohl in der praktischen Auswertung sowohl bei der Resonanz- als auch bei der selbsterregten Auffassung im Grunde hier das gleiche Endergebnis herauskommt.

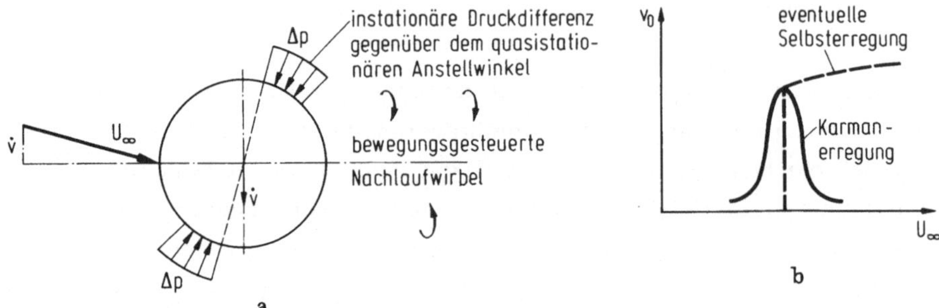

Abb. 12.1. Selbsterregte Anfachung eines Kreisprofils. a) Aerodynamischer Mechanismus (Prinzipskizze), b) Schwingungsbild (Prinzipskizze)

Einmal ist es experimentell kaum möglich, ein vollkommen abgerundetes Kreisprofil herzustellen, so daß an den nie zu vermeidenden Kantenbildungen eine Grenzschicht- ablösung determiniert stattfindet. Bei den in [12.1, 12.4] durchgeführten Messungen ist im Windkanal festgestellt worden, daß Kreisprofile resonanzerregte Bewegungen ausführen und nur in der unmittelbaren Nähe der Resonanzstelle nach (10.2.5)

$$U_{kr} = \frac{\omega_E D}{2\pi S} \tag{12.1}$$

ein kleiner praktisch zu vernachlässigender Mitnahme- oder Zieheffekt zu beobach- ten ist. Leider ist hier die grundsätzliche Schwierigkeit aller bisher durchgeführten Windkanalversuche zu erkennen, die nur verhältnismäßig kleine Profile ausmessen können und daher große Schwierigkeiten haben, die praktisch auftretenden Reynolds- Zahlen von Re $\geq 10^5$ zu erreichen. Außerdem ist hier als weiteres Ähnlichkeitskri- terium die noch zu bestimmte Stabilitätsbedingung einer eventuell möglichen Selbst- erregung zu beachten, was im allgemeinen noch größere Schwierigkeiten bereitet. Hier liegt ein typischer Fall vor, bei dem die Windkanalversuche in der bisher üb- lichen Form allein kein allgemeingültiges Bild über die Schwingungsanfachung einer Konstruktion liefern, da ihrer Größenabmessung aus wirtschaftlichen Gründen eine obere Grenze gesetzt ist. Die in [12.9] durchgeführten Versuche im Wasserkanal zeigen nun das in Abb. 12.2 dargestellte Schwingungsbild.

Hier ist der selbsterregte Mitnahme- oder Zieheffekt des Profils klar zu erkennen. Auch dem Praktiker sind diese selbsterregten Bewegungen schon oft aufgefallen [12.8, 12.10-12.12].

Der Unterschied zwischen den selbsterregten und resonanzerregten Bewegungen
ist z.B. aus dem Frequenzkriterium zu erkennen, da die selbsterregten Schwingungen bei einer Veränderung der Windgeschwindigkeit die Schwingungsfrequenz gleich
der betreffenden Konstruktionseigenfrequenz beibehalten, während sich die Frequenz
der Resonanzschwingung nach dem Strouhalschen Gesetz gemäß Abb.12.1 linear mit
der Windgeschwindigkeit ändert. Außerdem zeigen die resonanzerregten Schwingungen im Gegensatz zu den selbsterregten Bewegungen ein starkes Abfallen der Schwingungsamplitude nach dem Überschreiten der kritischen Windgeschwindigkeit.

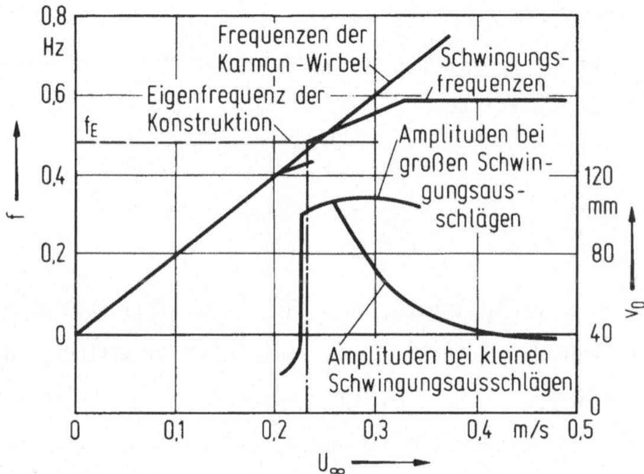

Abb.12.2. Schwingungsbild eines Kreisprofils nach Messungen im Wasserkanal [12.9]

Maßgebend für baupraktische Fälle ist jedoch oft der in Abb.12.2 dargestellte Schwin-
gungsverlauf. Es erhebt sich nun die Frage, wie diese Schwingungen ingenieurmäßig
zu bewerten sind und bei welcher Stabilitätsbedingung sie überhaupt auftreten.

Zweifelsohne ist die in [12.2] formulierte Aussage glaubhaft, daß der eingeprägte
Karman-Mechanismus i.a. so stark ist, daß der instationäre Strömungsverlauf schon
des stehenden Modells auch den Bewegungsablauf des sich bewegenden Kreisprofils
weitgehend beeinflußt. Es müssen somit kräftige Profilschwingungen etwa in der
Größe des Profildurchmessers erst möglich sein. Da außerdem der Druckverlauf
des Profilrandes eine große Rolle spielt, müssen hinreichend große Profilabmessungen vorliegen, um Kräfte zu erzeugen, die in der Größenordnung der eingeprägten
Wirbelkräfte zu liegen kommen. Außerdem zeigt die baupraktische Erfahrung, daß
im überkritischen, turbulenten Grenzschichtbereich eine näherungsweise determinierte, störungsunempfindliche Grenzschichtausbildung mit einem breiten Frequenzband vorhanden ist, die eine unbedingte Bewegungsstabilisierung bewirkt. Bei dem
Kreisprofil liegt daher die maximal mögliche kritische Windgeschwindigkeit von
vornherein fest, da

$$Re_{kr} = \frac{U_{kr} D}{\nu} \approx 300000 \dots 500000 \quad \text{oder} \quad U_{kr} \leqq \frac{Re_{kr} \nu}{D} \qquad (12.2)$$

ist. Gerade der Umschlagbereich

$$Re \approx Re_{kr}$$

ist außerordentlich stör- und damit schwingungsempfindlich, wie nachfolgend gezeigt wird.

In [12.5] ist zunächst eine vereinfachte instationäre Grenzschichtrechnung durchgeführt worden unter der Bedingung, daß keine eingeprägte Karman-Erregung vorhanden ist und der Grenzschichtablösepunkt eines praktisch unendlich schnell schwingenden Kreisprofils gesucht wird. Gegenüber der stationären Ablösung ergibt sich jetzt eine Verschiebung von [12.5]

$$\frac{\Delta x_{0,j}}{R} = C^* \, \frac{\omega \, \Phi_j(x)}{U_\infty} \, \cos(\omega t + \pi/4) \; . \tag{12.3}$$

Dabei bedeutet C^* eine hier nicht weiter interessierende, iterativ zu bestimmende Rechenkonstante, ω die Schwingungsfrequenz der Konstruktion, die näherungsweise wie im Gallopingfall gleich der Systemeigenfrequenz $\omega_{v,j}$ in Näherung anzunehmen ist. Der Ablösepunkt eilt somit der Profilbewegung zeitlich um eine Achtelperiode voraus. Auch genauere Grenzschichtrechnungen nach [12.13] zeigen diesen Effekt deutlich.

Daraus ergibt sich eine in Abb. 12.3 dargestellte anfachende Luftkraft.

Während sich bei stationären Bewegungen der Ablösepunkt entsprechend der Wanderung des ungestörten Staupunktes mit dem quasistationären Winkel verschiebt, ist bei hochfrequenten Profilbewegungen der vordere Staupunkt mit Ausnahme eines kleinen Bereichs nicht mehr in der Lage, die weitere Grenzschicht zu beeinflussen, so daß der Widerstand u.a. durch die kleine Widerstandsziffer des überkritischen Bereichs verschwindet. Die mit (12.3) errechnete Verschiebung des Ablösepunktes ist als volle Differenz zum quasistationären Verhalten der Grenzschicht aufzufassen. Der Strömungsdruck beträgt vor der Ablösestelle gemäß Abb. 12.3 in konsequenter Anwendung der Potentialtheorie

$$\Delta p \approx -3,0 \, \frac{\rho U_\infty^2}{2} \; , \tag{12.4}$$

so daß die anfachende Kraft unter Abzug des Kavitationsdruckes den Wert

$$\Delta A = 2 \, \frac{(3,0 - 0,3) \rho U_\infty^2}{2} \, \Delta x \tag{12.5}$$

erhält, woraus sich unter Berücksichtigung von (12.3, 12.4, 12.5) endgültig ergibt

$$\Delta A_j = 2{,}7\ \rho U_\infty\ \omega \Phi_j(x) R C^* \cos(\omega t + \pi/4) \qquad (12.6)$$

Mit (2.1.26) und (12.6) ergibt sich unter Berücksichtigung der Unabhängigkeit von $\Phi_j(x)$

$$\ddot{v}_j(t) + 2\delta \dot{v}_j(t) + \omega_{v,j}^2 v_j(t) = 2{,}7\ \frac{\rho U_\infty \omega R}{m}\ C^* \cos(\omega t + \pi/4). \qquad (12.7)$$

Bei der Ermittlung der Luftkräfte ist schon unter Umgehung der komplexen Schreibweise der Ausdruck

$$v_j(x,t) = \Phi_j(x) \sin \omega t \qquad (12.8)$$

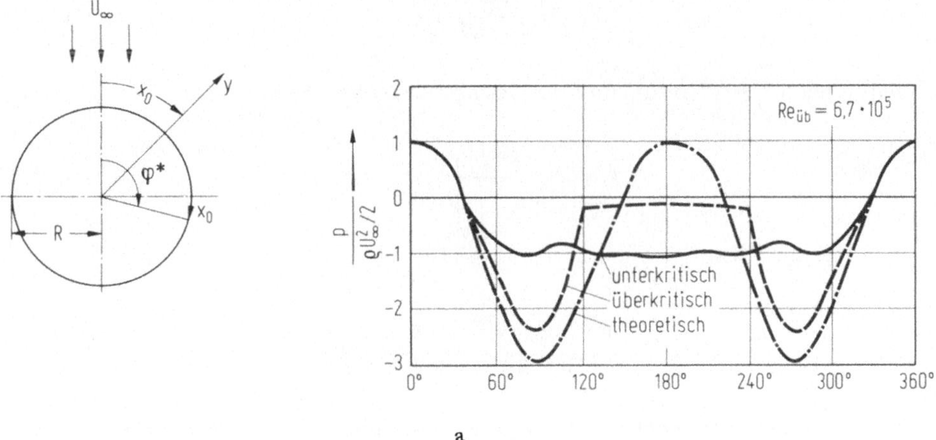

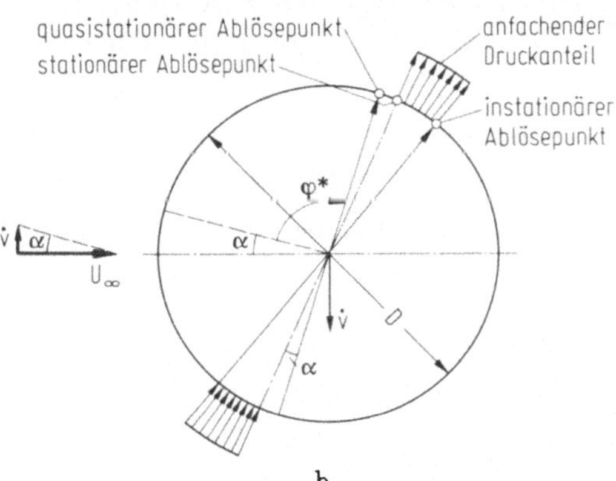

Abb.12.3. Druckverteilung des Kreiszylinders bei einer instationären Bewegung unter Vernachlässigung der Nachlaufverwirbelung. a) statisches Modell, b) instationäre Luftkräfte bei einer Profilschwingung

eingeführt worden. Einsetzen von (12.8) in (12.7) ergibt

$$\sin \omega t \left(-\omega^2 + \omega_j^2 + \frac{2,7\,\rho U_\infty\,\omega R}{m}\,\frac{C^*}{\sqrt{2}} \right) + \cos \omega t \left(2\delta\omega - 2,7\,\frac{\rho U_\infty\,\omega R}{m}\,\frac{C^*}{\sqrt{2}} \right) = 0 \ . \qquad (12.9)$$

Da die Strömungsglieder sehr klein sind im Verhältnis zur Konstruktionseigenfrequenz, folgt aus dem Koeffizientenvergleich für die Sinusglieder sofort die experimentell gesicherte Beziehung

$$\omega \approx \omega_{v,j} \ , \qquad j = 1, 2, \ldots, \qquad (12.10)$$

während der Vergleich der Cosinusglieder das in erster Linie interessierende Stabilitätskriterium

$$U_{kr} = \frac{2m\,\delta\,\sqrt{2}}{2,7\,\rho R\,C^*} \qquad (12.11)$$

liefert, wofür auch nach Einführung des logarithmischen Dekrements

$$\vartheta_j = \frac{2\pi\,\delta_j}{\omega_{v,j}} \qquad (12.12)$$

geschrieben werden kann

$$U_{kr} = \frac{m\,\vartheta_j\,\omega_{v,j}\,\sqrt{2}}{\pi\rho\,RC^*\,2,7} \approx \frac{m\,\vartheta_j\,\omega_{v,j}}{\pi\rho\,DC^*} \ . \qquad (12.13)$$

Bisher sind die Nachlaufwirbel im Sinne einer quasistationären "Gallopingtheorie" nicht berücksichtigt worden, da keine Zwangsbedingung vorliegt, die Nachlaufwirbel physikalisch erfordert und merkliche bewegungsgesteuerte Nachlaufwirbel nur bei großen Profilverformungen entstehen, die außerdem an einen Geschwindigkeitsbereich in der Nähe der Karman-Zone gebunden sind, da sie bei größeren Windgeschwindigkeiten infolge des Aufplatzens der Wirbelkerne sehr schnell ihre Zirkulationswirkung verlieren. Dies ist schon beim ruhenden Modell aus dem starken Abfall der Querabtriebsbeiwerte $c_{a,k}$ beim Übergang vom unterkritischen zum überkritischen Bereich ersichtlich.

Die Ermittlung der Nachlaufzirkulationen ist nun eine weitere bisher physikalisch ungelöste Aufgabe, da es sich um komplizierte Aufrollvorgänge der Grenzschicht handelt. Bei der senkrecht zur Strömung angestellten Platte sind wesentliche Zusammenhänge in [11.1.2] ersichtlich. Es läßt sich zunächst abschätzen, daß die Aufrollzeit solcher Wirbel bis zur maximalen Endzirkulation klein ist gegenüber der Eigenschwingungsperiode, so daß die Aufrollzeit vernachlässigbar ist. Weiter-

hin ist aus Versuchen zu entnehmen, daß der Außendurchmesser der Wirbel unge-
fähr gleich der maximalen Schwingungsamplitude v_0 anzusetzen ist. Demnach sind
die Zirkulationen der Bewegungswirbel mit denen der Karman-Wirbel schon aus geometrischen Gründen vergleichbar. Mit Hilfe des Kutta-Joukowskischen Auftriebs-
ansatzes läßt sich dann folgern, daß für die maximalen Anfachungsbeiwerte $c_{a,v}$
der Selbsterregung bzw. $c_{a,k}$ der eingeprägten Karman-Werte näherungsweise
gilt

$$\frac{\max c_{a,v}}{\max c_{a,k}} \approx \frac{v_0}{D/2} \ . \tag{12.14}$$

Weiterhin ist zu berücksichtigen, daß sich durch die tiefe Abstimmung der Karman-
Wirbel das erste zeitliche Fourier-Glied der Selbsterregung entsprechend der Vergrößerung der zeitlichen Periodenlänge umgekehrt proportional zu den zeitlichen
Intervallängen ermäßigt. Während sich die Schwingungszeit der Karman-Wirbel aus
der Strouhalschen Zahl zu

$$T_k = \frac{1}{f_k} = \frac{D}{SU_\infty} \tag{12.15}$$

errechnet, ist die entsprechende Periode der Selbsterregung zu

$$T_{E,j} = \frac{2\pi}{\omega_{v,j}} \tag{12.16}$$

anzusetzen. Aus (12.8), (12.14-16) ergibt sich nun für die zeitliche Anfachung der
Wirbelselbsterregung

$$\Delta A_w \approx \frac{D}{SU_\infty} \ \frac{\omega_{v,j}}{2\pi} \ \frac{v_0}{D/2} \ \max c_{a,k} \ D \ \frac{\rho U_\infty^2}{2} \cos \omega_{v,j} \, t \ , \tag{12.17}$$

wobei $\max c_{a,k}$ den maximalen eingeprägten Karmanschen Kraftbeiwert als Funktion
der betreffenden Reynoldsschen Zahl angibt. Das Einsetzen von (12.17) in (12.7) ergibt mit (12.14) nach kurzer Zwischenrechnung das endgültige Stabilitätskriterium

$$U_{kr} \approx \frac{m \, \vartheta_j \, \omega_{v,j}}{\pi \rho D \left[C^* + \dfrac{\max c_{a,k}}{2\pi S} \right]} \tag{12.18}$$

Die hier entwickelte Stabilitätsformel zeigt die Möglichkeit einer Selbsterregung des
Kreisprofils auf und gilt für den praktisch wichtigen Bereich hoher unterkritischer Rey-
noldsscher Zahlen. Eine experimentelle Überprüfung des Ergebnisses brachte bisher
eine zufriedenstellende Übereinstimmung mit der Theorie. In den meisten Fällen ist das
Glied der Wirbelanregung auch bei der Selbsterregung weitaus größer, als das des
oszillierenden Ablösepunktes. Da die Beiwerte $c_{a,k}$ beschränkt sind und mit stei-

genden Reynoldsschen Zahlen kontinuierlich sinken, kann aus (12.18) sofort auf
die Grenzamplitude der Schwingungen geschlossen werden. Bei einer Selbsterregung erfüllen die angreifenden Luftkräfte und die Schwingungskräfte definitionsgemäß stets die Resonanzbedingung. Da außerdem die Anregungskräfte durch (10.2.2)
eine obere Grenze besitzen, kann geschlossen werden, daß die aus (10.2.7) berechen-
bare Amplitudengrenzkurve stets die Schwingungsgrenzlinie angibt. Im Unterschied
zur Resonanzauffassung ist jedoch hier die Maximalamplitude nicht an einen bestimmten Resonanzpunkt gebunden, sondern nach dem Eintreten der Selbsterregung in einem
weiteren Geschwindigkeitsbereich möglich. Allerdings ist die Tatsache zu berücksichtigen, daß die Anfachungsbeiwerte mit steigenden Reynoldsschen Zahlen stetig sinken
und vor allem im überkritischen Bereich so klein werden, daß in der Praxis kaum
noch eine Störerregung zu befürchten ist.

Das von Novak [12.7] veröffentlichte Beispiel einer aufgeständerten Brücke mit
schwingungsempfindlichen Stahlstützen, Abb.12.4, eignet sich besonders gut zu einer wissenschaftlichen Analyse, da die wesentlichsten Daten sehr genau meßtechnisch erfaßt worden sind.

Abb.12.4. Bogenbrücke über die Moldau

Für den längsten Ständer ergeben sich [12.7]

$$f_{v,1} = 1,48 s^{-1} \qquad\qquad m = 29,9 \text{ kg/m}$$

$$D = 1,0 m \qquad\qquad v_1 = 0,13 m$$

$$\vartheta_{v,1} = 0,008\ldots0,020, \text{ je nach der Größe der Schwingungsamplitude}$$

mit der ersten Eigenfrequenz $\omega_{v,1}$, der Stützenmasse m pro Längeneinheit, dem
Außendurchmesser D des Kreisquerschnitts, einer gemessenen Schwingungsampli-
tude v_1 mit dem zugehörigen experimentell bestimmten Dämpfungsdekrement ϑ.
Bei einer gemessenen kritischen Windgeschwindigkeit

$$U_{kr} \approx 10 \text{ m/s}$$

liegt die zugehörige Reynoldssche Zahl bei

$$Re = 5,0 \cdot 10^5 \ .$$

Mit diesen Werten errechnet sich aus (12.3) unter Berücksichtigung von (12.18)

$$\Delta\left(\frac{x_{0,j}}{R}\right) = C^* \ \frac{\omega v_1}{U_\infty} \ \cos(\omega t + \pi/4)$$

mit [12.5, 12.14]

$$C^* = \frac{1,94}{18,8 - 0,80 \cos(\omega t + \pi/4)} = 0,104 \ .$$

Außerdem gilt nach Abschn. 10.2 in dem betrachteten Reynoldsschen Bereich

$$\max c_{a,k} = 0,10\ldots0,60 \qquad \text{unterkritisch}$$
$$\leqslant 0,04 \qquad \text{überkritisch}$$

Damit ergibt sich eine kritische Windgeschwindigkeit von

$$U_{kr} \approx \begin{array}{ll} 11\,\text{m/s} & \text{unterkritisch} \\ > 30\,\text{m/s} & \text{überkritisch} \end{array}$$

Der Sprung vom unterkritischen zum überkritischen Zustand bewirkt also eine Bewegungsstabilisierung. Die Strouhalsche Zahl in der Nähe der Selbsterregung beträgt

$$S = \frac{1,48 \cdot 1,00}{10} = 0,15 \ ,$$

so daß trotz des stochastischen Bereichs mit ausgeprägten Nachlaufwirbeln zu rechnen ist. Messungen haben gezeigt, daß der Wirbelmechanismus durch die Schwingungen im überkritischen Bereich zerstört wird.

Infolge des Stabilisierungsverhaltens beim Übergang vom unterkritischen zum überkritischen Bereich ist mit einer resonanzartigen Amplitudenkurve trotz der Selbsterregung zu rechnen. Interessant ist noch die Angabe der Windkräfte und der Amplitudengrenzkurve. So ergibt sich die maximale Anfachungskraft des Windes in Näherung abgeschätzt zu

$$\max A = 0,30 \ \frac{0,123 \cdot 10,0^2}{2} \cdot 1,00 = 1,85\,\text{kp/m} = 18,5\,\text{N/m} \text{ im unterkritischen}$$
$$\text{Bereich,}$$

$$\max A = \frac{0,04}{0,30} \cdot 1,85 = 0,25\,\text{kp/m} = 2,5\,\text{N/m} \text{ im überkritischen}$$
$$\text{Bereich,}$$

also ausgesprochen kleine anfachende Kräfte. Die Schwingungsgrenzamplitude ist
nur überschläglich zu bestimmen, da die übrigen statischen Daten in [12.7] fehlen.
Nach der bekannten Einmassenformel als Ersatz für die gleichförmig verteilte Masse gilt gemäß Abschn. 2.1

$$f_{v,1} = \frac{5}{\sqrt{\delta_0 \cdot 0,8}} \ , \qquad \begin{array}{l} \delta_0 \ \text{in cm} \\ f_{v,1} \ \text{in s}^{-1} \end{array} \ ,$$

wobei δ_0 hier die horizontale Auslenkung unter dem Stützengewicht angibt:

$$\delta_0 = \frac{25}{1,48^2 \cdot 0,8} = 14,2 \ \text{cm} \quad \text{für} \quad g = 2,95 \ \text{kp/m} = 2,95 \ \text{kN/m} \ .$$

Gemäß Abschn. 2.1 ergibt sich somit eine Grenzamplitude von

$$\max v_1 = 14,2 \cdot \frac{1,85}{295} \ \frac{\pi}{0,008 \ldots 0,020} = 13 \ldots 35 \ \text{cm} \ .$$

In Wirklichkeit beträgt die Schwingungsamplitude etwa 10 cm. Die Abweichung deutet
auf einen etwas geänderten Kraftbeiwert hin und ist leicht zu korrigieren. In jedem
Fall ist das Bewegungsverhalten dieser Konstruktion durch die Annahme einer Selbsterregung richtig zu beschreiben, was experimentell durch die konstante Schwingungsfrequenz und den breiten Mitnahmebereich bewiesen wird, die gleich der ersten Eigenfrequenz anzusehen ist. Die sehr kleinen Erregerkräfte bewirken große Schwingungsamplituden durch die sehr kleine Systemdämpfung und Stützenmasse. Ein teil-
weises Verfüllen der Stütze mit Sand erhöht Masse und Dämpfung erheblich, so daß
die Verformungen auf einen Bruchteil der Ausgangsverformungen sinken.

Natürlich ist die berechnete Instabilitätsgrenze als Asymptote (obere Grenze) aufzufassen. Auch könnte eine solche Rechnung auf Fernsehtürme ausgedehnt werden,
wobei jedoch das Verfahren durch die sehr kleinen Turmeigenfrequenzen infolge der
sehr hohen Schwingmasse verbessert werden müßte, da es hohe Schwingungsfrequenzen voraussetzt. Erfahrungsgemäß liegen die zugehörigen Reynoldsschen Zahlen der
Turmumströmung in einer derartigen Höhe, daß die Grenzschicht überwiegend turbulent wird. Turbulente Grenzschichten verhalten sich gegenüber Störungen weitaus unempfindlicher als laminare, so daß sich der Anregungsmechanismus schon durch die
praktisch nicht zu realisierende kritische Windgeschwindigkeit verliert. Es verbleibt
lediglich ein eingeprägter Kraftmechanismus, der hier jedoch tief abgestimmt ist und
aufgrund der hohen Turmmasse nur vernachlässigbare kleine Querschwingungsampli-
tuden ergibt, so daß nur ein Nachweis mit einem breiten stochastischen Frequenzband bleibt. Dagegen ist aufgrund der kleinen Systemeigenfrequenzen der "statische
Wind" gemäß Abschn. 3 zu überprüfen. Eine ausführliche Diskussion dieses Problems

findet sich in [12.8, 12.16, 12.20]. Die gleichen Gesichtspunkte gelten auch für massive gemauerte Schornsteine.

Abschließend soll noch die Frage geklärt werden, welche Schwingungen in dem besonders gefährdeten Bereich bei Re_{kr} zu erwarten sind, falls glatte Profile vorliegen.

Nach [12.17] ist im Druckanstiegsbereich ein schnellerer turbulenter Umschlag als im Sogbereich zu erwarten. Es tritt daher nach Abschn.4.3 im Grenzfall der in Abb. 12.5 skizzierte instationäre Differenzdruck auf, wenn die Wirkung der Profilschwingung selbst vernachlässigt wird.

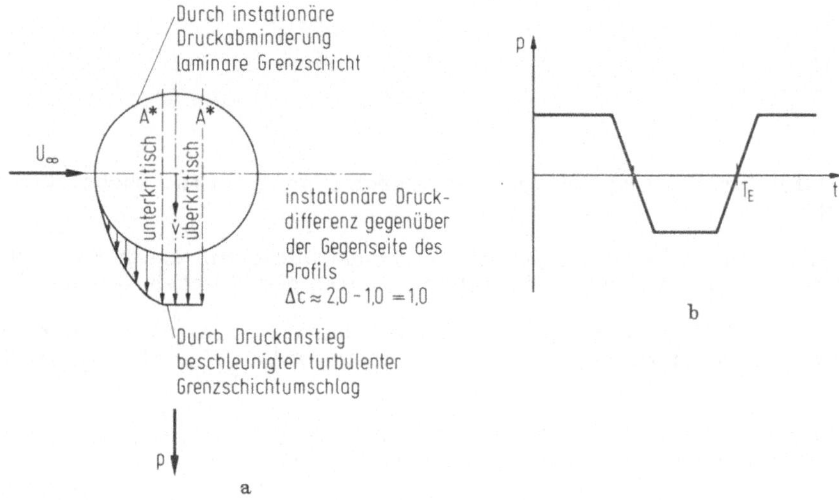

Abb.12.5. Resultierende Druckausbildung im Bereich der kritischen Reynolds-Zahl bei Profilschwingungen im Grenzfall. a) Strömungsdruck, b) Zeitgesetz

Es tritt dann in Änderung gegenüber (12.5) die Differenzkraft

$$\Delta A \approx (2,0 - 0,3) \frac{\rho U_\infty^2}{2} \frac{\pi}{10} \sin \omega_k t \approx 0,5 \frac{\rho U_\infty^2}{2} \sin \omega_k t$$

$$\text{mit } \omega_k = 2\pi f_k \quad \text{und} \quad f_k \quad \text{nach (10.2.1)},$$

auf, die praktisch im Takt der Systemeigenfrequenz wirkt. Zusammen mit dem Wirbelanteil $c_{a,k} \approx 0,6$ nach Abschn.10.2 würde sich jetzt eine quasistationäre Anfachungskraft von

$$\Delta A \approx 1,1 \frac{\rho U_{kr}^2}{2} D \pi/\vartheta ,$$

$$\text{mit} \quad U_{kr} = \frac{500000 \cdot \nu}{D} \quad \text{bei Luftkräften}$$

gegenüber (10.2.3), also eine doch merkliche Vergrößerung im Vergleich zur reinen Resonanzrechnung, ergeben.

Daher ist dieser Bereich besonders schwingungsgefährdet. Auch das in [12.7] und in weiteren Veröffentlichungen erwähnte Kreisprofil liegt in diesem Bereich.

Konstruktiv sollte versucht werden, diesen instabilen Bereich durch gezielte konstruktive Maßnahmen bei möglichst kleinen Windgeschwindigkeiten, z.B. durch eine Profilaufrauhung mit Hilfe der Scruton-Spirale zu durchlaufen oder eine Systemveränderung durch Zusatzmassen, Zusatzdämpfer oder Abspannungen zu erreichen.

Literatur

12.1   Die Literatur des eingeprägten Wirbelmechanismus ist in Abschn. 10.2 aufgeführt.

12.2   Försching, H. W.: Grundlagen der Aeroelastik. Berlin, Heidelberg, New York:
       Springer 1974, und weitere Veröffentlichungen des gleichen Verfassers.

12.3   Bublitz, P.: Übersicht über das Problem des querangeströmten Kreiszylinders
       unter besonderer Berücksichtigung der instationären Vorgänge. AVA-Ber.
       67 J09 (1967).

12.4   Bublitz, P.: Experimentelle Untersuchung der Strömung am harmonisch schwingenden querangeströmten Kreiszylinder. DLR-FB-56 (1972).

12.5   Rosemeier, G.: Aeroelastische Probleme des Bauwesens. Habil.-Schrift TU
       Hannover 1970.

12.6   Lung, M.: Diplomarbeit, Lehrstuhl für Mechanik, Hannover 1967. Vgl. auch
       die dortige Zusammenstellung der Literatur.

12.7   Novak, M.: Über winderregte Querschwingungen der Ständer der Bogenbrücke
       über die Moldau. Der Stahlbau 37 (1968) 340.

12.8   Lenk, H.: Über Windschwingungen des Stuttgarter Fernsehturms. Die Bautechnik 43 (1966).

12.9   Meyer-Windhorst, A.: Flatterschwingungen von Zylindern im gleichmäßigen
       Flüssigkeitsstrom. Mitt. d. hydr. Inst. München 1939.

12.10 Wind Effects on Buildings and Structures. London 1963, Ottawa (Canada) 1967,
       Tokyo 1971, London 1975 und weitere Seminarreihen, z.B. Loughborough 1968.

12.11 Naudascher, E. (Herausgeber): Flow-Induced Structural Vibrations, IUTAM/
       JAHR Symposium, Karlsruhe 1972. Berlin, Heidelberg, New York: Springer
       1974.

12.12 Kluwick, A.; Sockel, H.: Schwingungen kreiszylindrischer Bauwerke unter
       Windeinfluß. Der Bauingenieur 49 (1974) 58.

12.13 Teipel, J.: Calculation of unsteady laminar boundary layers by an integral method. Zeitschr. f. Flugwiss. 18 (1970) 58.

12.14 Rosemeier, G.: Zur aerodynamischen Stabilität kreisförmiger Querschnittskörper. Der Bauingenieur 47 (1972) 439.

12.15 Sachs, P.: Wind forces in engineering. Oxford, New York, Toronto, Sidney, Braunschweig: Pergamon Press 1972.

12.16 Rüping, G.: Resonanzschwingungen hoher Schornsteine im Wind. VDJ-Z. 11 (1968).

12.17 Schlichting, H.: Grenzschichttheorie. Karlsruhe: G. Braun 1965.

12.18 Van Deghen, A.; Alexandre, M.: Vibrations des grandes cheminées en acier sous l'action du vent. Abh. JVBH 29 (1969) 95.

13. Potentialflattern der Platte (windschnittige Profile)

Das bekannteste aeroelastische Stabilitätsproblem ist das Flatterproblem des Flugzeugtragflügels, der oberhalb einer bestimmten Stabilitätsgrenze U_{kr} bösartig divergierende kombinierte Biege- und Torsionsschwingungen ausführt. Die Kopplung
dieser Schwingungsformen tritt auch bei übereinstimmender Schwerpunkts- und Schub-
mittelpunktslage der Querschnitte durch die Wirkung der Luftkräfte auf. Bei den hier
angewendeten bautechnischen Profilen darf vorausgesetzt werden, daß die Lage des
Schubmittelpunktes und des Querschnittsschwerpunktes näherungsweise übereinstimmt,
so daß die Koppelschwingungen des reinen Schwingungsproblems hier meist vernachlässigt werden können.

Es soll hier nur das Wesentliche in vereinfachter Form dargestellt werden, da für
das genannte Problem Literatur in ausreichendem Maße vorliegt [13.1-13.32].

Außerdem wird nachfolgend gezeigt, daß sich auch bestimmte geschlossene Brückenquerschnitte durchaus tragflügelähnlich verhalten können. Zunächst wird die in Windrichtung angestellte Platte behandelt, die schon in Abschn. 4.2 statisch betrachtet worden ist. Diese Platte soll im Sinne der Streifentheorie unendlich lang angenommen werden, so daß eine vereinfachte zweidimensionale Betrachtungsweise des instationären
Strömungsfeldes möglich wird. Dreidimensionale Probleme werden in [13,1, 13,2]
abgehandelt. Außerdem soll die Platte jetzt Biegeschwingungen v und Torsionsschwingungen φ, (α) gleichzeitig ausführen können.

Die maximalen Störauslenkungen sollen dabei klein gegenüber der Profilbreite B bzw.
der halben Profilbreite e sein, so daß eine linearisierte Stabilitätstheorie möglich
wird und die instationäre Strömungsmechanik auf den ursprünglichen Grundzustand
bezogen werden kann.

Sorgfältige Messungen haben gezeigt, daß auch bei instationären Profilbewegungen
ein senkrechtes Umströmen der Profilhinterkante näherungsweise ausgeschlossen
wird, so daß die Kutta-Joukowski-Hypothese in guter Näherung gültig bleibt. Dadurch
entsteht ein instationäres Wirbelsystem mit einer tragenden Zirkulation $\Gamma(t)$ und einer instationären Nachlaufverwirbelung $\varepsilon(x,t)$, die insgesamt zu jedem Zeitpunkt die
Kutta-Joukowski-Bedingung an der Profilhinterkante erfüllen muß. Das vorliegende
Strömungsproblem ist von Küssner [13.3] und Theodorsen [13.4] potentialtheoretisch
gelöst worden. Das Endergebnis läßt sich für die instationären Strömungskräfte in

der Vorzeichendefinition von Abb. 13.1 in einer prägnanten Form zusammenfassen.
Es wird dabei immer der Grenzfall der harmonischen, ungedämpften Schwingung

$$\underline{v} = \underline{v}_0 \; e^{i\omega' t} \tag{13.1}$$

betrachtet, die bei der Stabilitätsgrenze U_{kr} mit der Flatterfrequenz ω' auftritt.
Die Flatterfrequenz ist jetzt stark durch die Wirkung der gegenüber den vorherigen
Abschnitten vergrößerten Luftkräfte beeinflußt und stimmt im allgemeinen nicht mehr
mit einer Konstruktionseigenfrequenz $\omega_{v,j}$, $\omega_{\varphi,j}$ überein, wenn die Schwingungsfreiheitsgrade in vertikale Schlag- oder Biegeschwingungen v und Torsionsschwingungen
φ, (α) unterteilt werden. Horizontale Schwingungen sind hier meist zu vernachlässigen, lassen sich doch bei dem jetzt zu entwickelnden Rechenmechanismus ohne weiteres zusätzlich berücksichtigen.

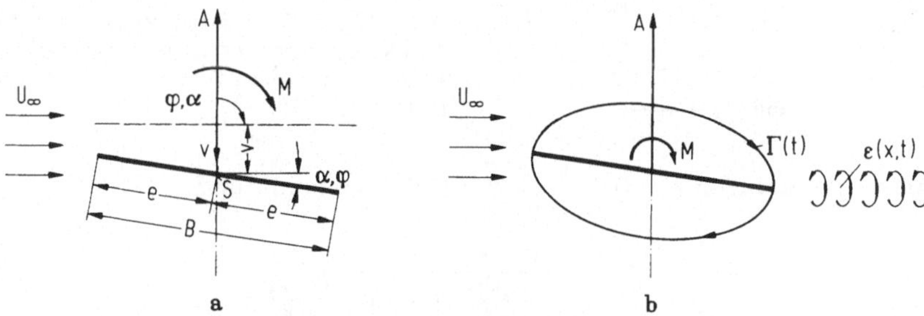

Abb. 13.1. Harmonisch schwingende Platte (Prinzipskizze). a) instationäre Strömungskräfte, b) instationäre Nachlaufverwirbelung

Sei $v(x,t)$ die harmonische Schlagschwingung und $\varphi(x,t)$ die entsprechende zugehörige Torsionsbewegung, dann lautet das Theodorsensche Endergebnis für den instationären Auftrieb A und das Torsions- oder Nickmoment m in der Vorzeichendefinition von Abb. 13.1

$$A = \pi\rho e^2[\ddot{v} + U_\infty \dot{\varphi}] + 2\pi\rho U_\infty C(k^*)e\left[\dot{v} + U_\infty\,\varphi + \frac{e}{2}\,\dot{\varphi}\right] ,$$

$$M = -\pi\rho e^2\left[U_\infty \frac{e}{2}\,\dot{\varphi} + \frac{e^2}{8}\,\ddot{\varphi}\right] + \pi\rho e^2 U_\infty C(k^*)\left[U_\infty\,\varphi + \dot{v} + \frac{e}{2}\,\dot{\varphi}\right] \tag{13.2}$$

mit der Wirbelfunktion $C(k^*)$ des Strömungsnachlaufs, wobei

$$k^* = \frac{\omega e}{U_\infty} \tag{13.3}$$

die reduzierte Flatterfrequenz ist und sich

$$C(k^*) = F(k^*) + i\,G(k^*) = \frac{H_1^{(2)}(k^*)}{H_1^{(2)}(k^*) + i\,H_0^{(2)}(k^*)} \tag{13.4}$$

aus Hankel-Funktionen zweiter Ordnung zusammensetzt. Die Wirbelfunktion $C(k^*)$
ist in Abhängigkeit der reduzierten Frequenz in Abb. 13.2 dargestellt [13.1, 13.2].

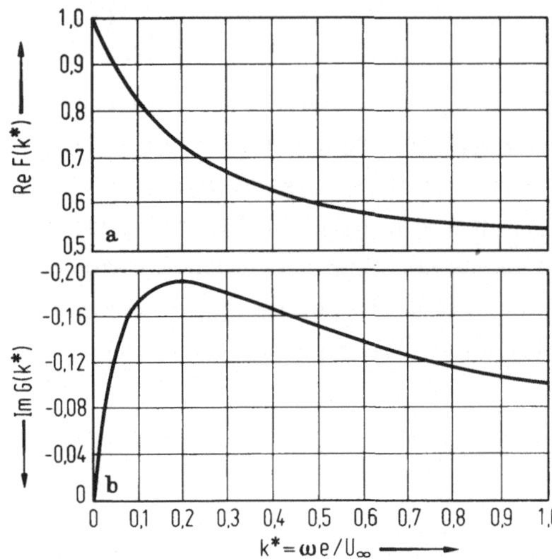

Abb. 13.2. Wirbelfunktion $C(k^*)$ als
Funktion der reduzierten Frequenz
[13.2]. a) Realteil $F(k^*)$, b) Imaginärteil $G(k^*)$

In numerischen Rechnungen erweist sich die Reihenentwicklung

$$C(k^*) = 1 - \frac{0,165}{1 - \frac{0,041}{k^*}\,i} - \frac{0,335}{1 - \frac{0,32}{k^*}\,i} \qquad (13.5)$$

bei kleinen reduzierten Frequenzen und somit auch zu ingenieurmäßigen Abschätzzwecken im Bauwesen als ausreichend genau. Die Begrenzung

$$C(k^*) \approx 1,0 \qquad (13.6)$$

wird als quasistationäre Theorie bezeichnet und ist die Grundlage der in Abschn. 11.1
entwickelten Gallopingtheorie. Hierbei folgt das instationäre Tragverhalten aus einfachen Umrechnungen der statischen Meßwerte unter Vernachlässigung der instationären Nachlaufwirbelschleppe. Im allgemeinen wird in der Luft- und Raumfahrttechnik die Grenze [13.2]

$$k^* \leqslant 0,05 \qquad (13.7)$$

der quasistationären Theorie angenommen, da hier besondere Genauigkeitsforderungen vorhanden sind. Bei bautechnischen Konstruktionen dürfen auch größere Werte
zu ingenieurmäßigen Abschätzzwecken angenommen werden, da sich die prägnanten
Nachlaufwirbelschleppen bei den stumpfen Profilen meist nicht so krass ausbilden
und dort eine schwingende Totwasserzone oft mit Karmanähnlichen Nachlaufwirbeln
durchsetzt wird.

Bei kleinen Systemeigenfrequenzen oder bei großen Totwasserzonen des Strömungsnachlaufs - bei denen die Nachlaufwirbel meist den Charakter aufplatzender Ablöseblasen ohne größere Zirkulationswirkung aufweisen - ist der Übergang zu quasistationären Theorien sinnvoll. Zunächst lassen sich die Beschleunigungsglieder aus
(13.2) als umbeschriebene Luftmassen des Profils deuten und dürften somit bei den
bautechnischen Querschnitten vernachlässigbar sein. Weiterhin strebt $C(k^*)$ gegen
"eins" bei verschwindendem k^*. Somit lauten die quasistationären Gleichungen für
die instationären Luftkräfte

$$A_{qs} = 2\pi\rho e^2 U_\infty \dot{\varphi} + 2\pi\rho U_\infty e[\dot{v} + U_\infty \varphi] \, ,$$

$$M_{qs} = \pi\rho U_\infty e^2[\dot{v} + U_\infty \varphi] \, . \qquad (13.8)$$

Die Gleichungen (13.8) sind leicht aus den quasistationären Überlegungen der Abschn.
11.1 und 11.2 mit Hilfe der Kutta-Joukowski-Hypothese und den zugehörigen quasistationären Profildrehungen und Profilkrümmungen zu erkennen. Im Brückenbau werden
sie nach Bleich [13.12] in der zusammengefaßten Form

$$A_{qs} = L_v(x,t) = H_1 \dot{v} + H_2 \dot{\varphi} + H_3 \varphi \, ,$$

$$M_{qs} = L_\varphi(x,t) = M_1 \dot{v} + M_2 \dot{\varphi} + M_3 \varphi \qquad (13.9)$$

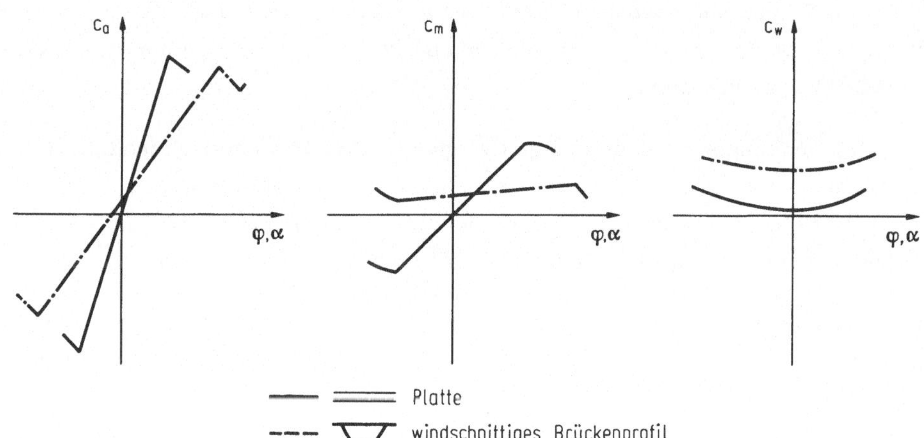

Abb. 13.3. Statische Auftriebsbeiwerte, Widerstandsbeiwerte und Momentenbeiwerte von Brückenquerschnitten (Prinzipskizze)

verwendet, in der sie für praktische Rechnungen im Bauwesen ausreichen. Eine Verbesserung der Flattertheorie bei Brücken könnte nun wie folgt aussehen. Zunächst sind
bei einem tragflügelähnlichen Brückenquerschnitt die maßgebenden aerodynamischen
Kraft- und Momentenbeiwerte zu messen. Typische statische Meßwerte sind in Abb.
13.3 zusammengefaßt [13.9-13.11, 13.15-13.19].

Mit den Bezeichnungen von Abb. 13.3 ergeben sich die verbesserten quasistationären
Luftkräfte

$$A_{qs} = \frac{\delta c_a}{\delta \varphi} \, \frac{\rho U_\infty^2}{2} \, 2e \left(\frac{\dot{v}}{U_\infty} + \varphi + \bar{\varphi}_0 + \frac{\dot{\varphi} e}{U_\infty} \right) + \frac{\rho U_\infty^2}{2} \, 2e \, c_w \left(\varphi + \frac{\dot{v}}{U_\infty} \right) = L_v(x,t) ,$$

$$M_{qs} = \frac{\delta c_m}{\delta \varphi} \, \frac{\rho U_\infty^2}{2} \, (2e)^2 \left[\frac{\dot{v}}{U_\infty} + \varphi + \bar{\varphi}_0 \right] = L_\varphi(x,t) . \qquad (13.10)$$

Dabei sind die Horizontalschwingungen vernachlässigt. Der Einfluß der Widerstands-
komponenten auf die instationären Luftmomente wird ebenfalls vernachlässigt. Durch
einfache Umordnung ist die Bleichsche Formulierung erkennbar. Die quasistationäre
Flattertheorie wird bei allen langsam schwingenden Brücken sinnvolle Ergebnisse
liefern, bei denen der Strömungsnachlauf hinter dem Profil beginnt. Einen ähnlichen
Verbesserungsvorschlag unter Berücksichtigung der Horizontalschwingungen des
Systems gibt Davenport in [13.7] an.

Die dort zusätzlich additiv überlagerten Glieder des Böeneffektes täuschen eine übertriebene Rechengenauigkeit vor und sollten fortgelassen werden. Ein überlagerter,
meist günstig wirkender Böeneffekt erfordert im jeden Fall Sonderüberlegungen.

Strömungsgleichungen sind im allgemeinen hochgradig nichtlinear. Sie sind nur wirklichkeitsnah im Windkanalversuch in ihrer Gesamtheit meßtechnisch zu ermitteln oder
idealisiert wie z. B. in (13.10) für ingenieurmäßige Zwecke im Rahmen des Bauwesens vereinfacht abzuschätzen.

Genauere Untersuchungen müssen die instationäre Luftkräfte unter Einschaltung von
Windkanalversuchen bestimmen. Es ist dabei möglich, die Beiwerte H_i, M_i aus
(13.9) mit Hilfe des in Abschn. 11.1 beschriebenen Verfahrens im Windkanal zu ermitteln, das dort auf den zusätzlichen Freiheitsgrad φ ausgedehnt werden muß.

Solche Messungen sind im Prinzip von Scanlan [13.9-13.11, 13.26, 13.31] durchgeführt worden. Ausgangspunkt ist der Gleichung (13.10) entsprechende Ansatz für die
instationären, linearisierten Luftkräfte

$$A = \frac{\rho U_\infty^2}{2} \, (2e) \left[k^* H_1^* \, \frac{\dot{v}}{U_\infty} + k^* H_2^* \, \frac{\dot{\varphi} e}{U_\infty} + k^{*2} H_3^* \, \varphi \right]$$

$$M = \frac{\rho U_\infty^2}{2} \, (2e^2) \left[k^* A_1^* \, \frac{\dot{v}}{U_\infty} + k^* A_2^* \, \frac{\dot{\varphi} e}{U_\infty} + k^{*2} A_3^* \, \varphi \right] \qquad (13.11)$$

Dabei bedeutet k^* wieder die reduzierte Frequenz nach (13.3). Die Beiwerte H_i^*,
M_i^* müssen für baupraktische Anwendungen wie in Abschn. 11.1 katalogisiert werden.

Einige Meßergebnisse sind in [13.9-13.11, 13.26, 13.31] veröffentlicht und in Abb. 13.4 dargestellt. Eine Erweiterung der Ansätze auf turbulente Windströmungen steht noch aus. Es werden sich dabei jedoch kaum wesentlich ungünstigere Aussagen ergeben.

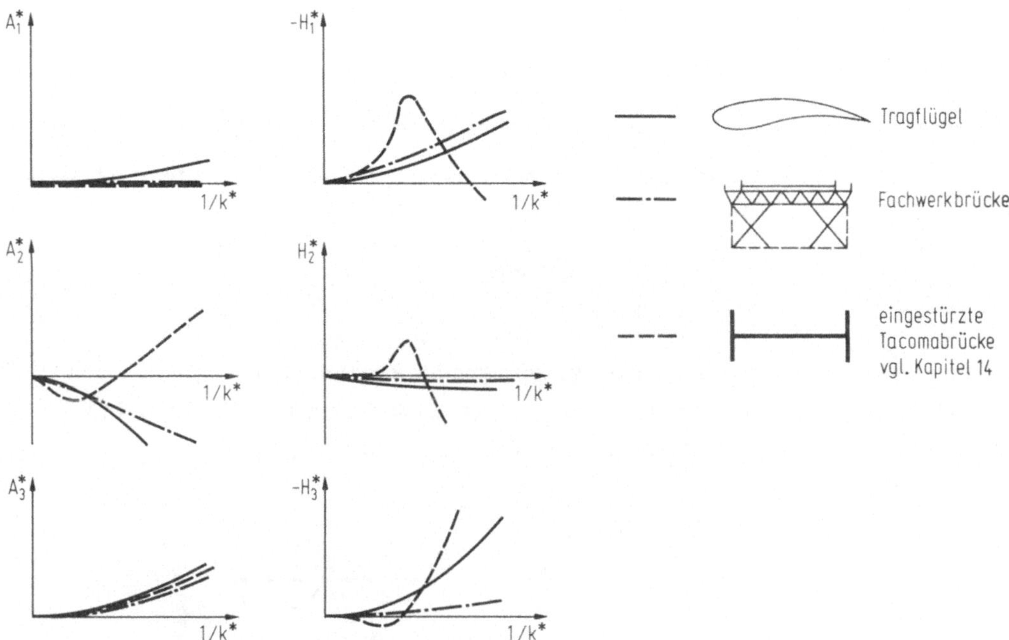

Abb. 13.4. Meßwerte H_i^*, A_i^* nach Messungen von Scanlan (Prinzipskizze)[13.9]

Natürlich sind auch hier wie bei den Gallopingproblemen wieder nichtlineare Verläufe der Kraftbeiwerte zu beobachten. Zur Erfassung der Nichtlinearitäten bietet sich wie in Abschn. 11.1 das Verfahren von Krylov und Bogoljubov, die numerische Aufintegration des Bewegungsablaufs in diskreten Zeitschriften (step-by-step-Methode) oder das Anergiekriterium (8.23) an [13.23]. Ein Rechenbeispiel hierzu wird in der nachfolgenden Übungsaufgabe behandelt.

Da die Meßbeiwerte H_i^*, A_i^* z.Zt. noch weitgehend fehlen, erhebt sich die Frage, wann der Ansatz (13.10) gute Näherungsergebnisse erwarten läßt.

Im allgemeinen ist bei stumpfen geschlossenen Profilen die Kutta-Joukowski-Hypothese durch die Ausbildung einer Totwasserzone erfüllt. Bei einem Seitenverhältnis $B/H \geqslant 4$ zeigen statische Messungen der aerodynamischen Kraftbeiwerte c_a, c_m ein durchaus tragflügelähnliches Verhalten, wie aus Abb. 13.3 zu ersehen ist. Für windschnittige geschlossene Brückenprofile darf etwa

$$\frac{\partial c_a}{\partial \varphi} \approx 4,0\ldots 5,0 = (0,7\ldots 0,8)2\pi \tag{13.12}$$

und c_m mit einer entsprechenden Abminderung (13.12) angesetzt werden.

Daraus kann geschlossen werden, daß sich auch die instationären Luftkräfte tragflügelähnlich verhalten, sofern wesentliche Abreißerscheinungen oder Interferenzeffekte (vgl. Abschn. 14) ausgeschlossen sind. In grober Näherung kann durchaus angenommen werden, daß sich alle windschnittigen, geschlossenen Profile, die der Bedingung

$$\frac{B}{H} \geqslant 4,0 \ , \qquad \frac{\partial c_a}{\partial \varphi} > 0 \ , \qquad \frac{\partial c_m}{\partial \varphi} > 0 \qquad\qquad (13.13)$$

genügen, bezüglich der Flatteruntersuchungen tragflügelähnlich verhalten. Ist dagegen

$$\frac{\partial c_a}{\partial \varphi} < 0,$$

dann sind entkoppelte Gallopingschwingungen gemäß Abschn. 11.1 möglich. Auch diese Schwingungsformen sind hier in der allgemeinen Form (13.10) bzw. (13.11) erfaßt, genau so wie mögliche entkoppelte Torsionsschwingungen.

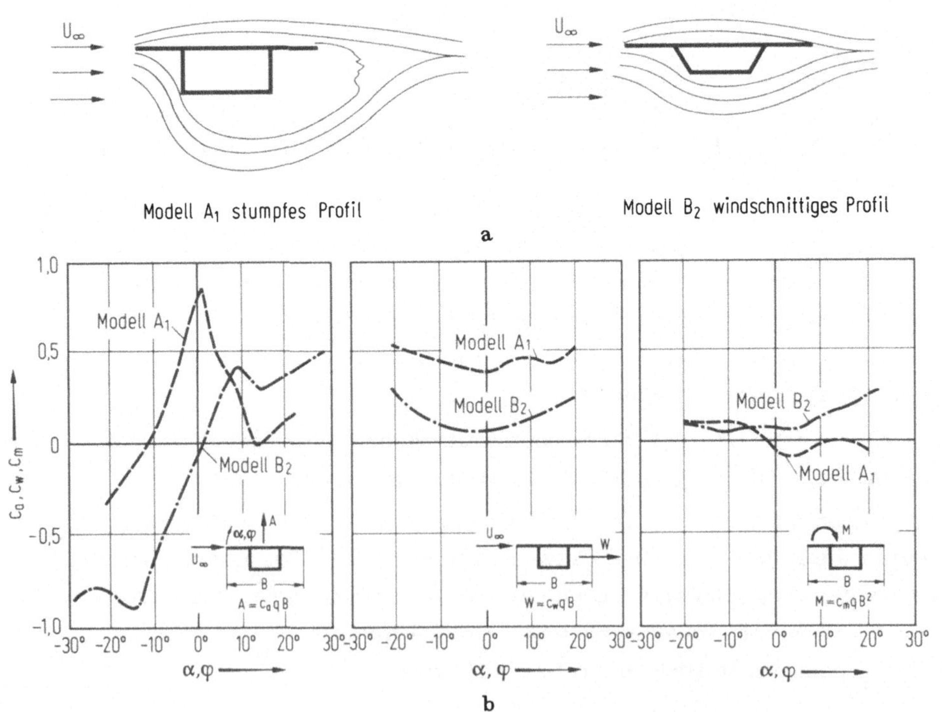

Abb. 13.5. Strömungsbilder "windschnittiger" bautechnischer Profile [13.16, 13.17]. a) Strömungsbild (Prinzipskizze), b) statische Kraftbeiwerte als Funktion des Anstellwinkels

Die Luftkraftglieder $L(v, \dot{v})$ sind nun in die allgemeine Schwingungsgleichung nach Abschn. 2.1

$$\underline{M}_g \, \underline{\ddot{v}}(t) + \underline{D}_g \, (\underline{\dot{v}}(t)) + \underline{K}_g \, \underline{v} = \underline{F}_g \, (\underline{v}, \underline{\dot{v}}) \qquad (13.14)$$

mit der generalisierten Massenmatrix $\underline{M}_g$, der generalisierten Dämpfungsmatrix $\underline{D}_g$, der generalisierten Steifigkeitsmatrix $\underline{K}_g$ und der Matrix der generalisierten Luftkräfte $\underline{F}_g$ einzuführen. Dabei ist $\underline{v}$ im Sinne der Modalanalyse durch die generalisierten Koordinaten $\underline{v}(t)$ durch

$$\underline{v} = \underline{\Phi} \, \underline{v}(t) \qquad (13.15)$$

auszudrücken, wobei $\underline{\Phi}$ die Schwingungseigenformen des verkürzten konservativen Problems bedeuten. Einige Abkürzungen seien noch aus Abschn. 2.1 wiederholt. Dort waren

$$\underline{\Phi}^T \, \underline{M} \, \underline{\Phi} = \underline{M}_g = \mathrm{diag} \, (m_{g,i}) \text{ generalisierte Masse,} \qquad (13.16)$$

$$\underline{\Phi}^T \, \underline{D} \, \underline{\Phi} = \underline{D}_g = \mathrm{diag} \, (d_{g,i}) \text{ generalisierte Dämpfung,}$$

$$\underline{\Phi}^T \, \underline{K} \, \underline{\Phi} = \underline{K}_g = \mathrm{diag} \, (K_{g,i}) \text{ generalisierte Steifigkeit,}$$

$$\underline{\Phi}^T \, \underline{F}(\underline{\Phi}_q, \underline{\dot{\Phi}}_q) = \underline{Q} \text{ generalisierte Luftkräfte}$$

als entsprechende Matrizen eingeführt worden. Für die Dämpfung kann dabei nach Abschn. 2.1

$$d_{g,i} = \frac{\vartheta}{\pi} \, m_{g,i} \, \omega_i$$

geschrieben werden, wobei $\vartheta_i \approx \vartheta$ das logarithmische Dämpfungsdekrement und ω_i die Eigenkreisfrequenz der Schwingungseigenform Φ_i bedeutet. Bei den Freiheitsgraden v, φ nach Abb. 13.1 würde sich hieraus die explizite Form nach Lagrange

$$M_j \ddot{v}_j + M_j \frac{\vartheta_{v,j}}{\pi} \, \omega_{v,j} \dot{v}_j + M_j \omega_{v,j}^2 v_j = \int_0^L L_v(x,t) \Phi_j(x) \, dx \qquad (13.17)$$

$$\Theta_j \ddot{\varphi}_j + \Theta_j \frac{\vartheta_{\varphi,j}}{\pi} \, \omega_{\varphi,j} \dot{\varphi}_j + \Theta_j \omega_{\varphi,j}^2 \varphi_j = \int_0^L L_\varphi(x,t) \Psi_j(x) \, dx$$

mit $j = 1, 2, \ldots$ und

$$M_j = \int\limits_0^L m(x)\Phi_j^2\,dx\;, \qquad \Theta_j = \int\limits_0^L \Theta(x)\Psi_j^2\,dx$$

ergeben, wobei L die Brückenlänge ist und der Separationsansatz

$$v(x,t) = \sum_{j=1}^{\infty} \Phi_j(x)v_j(t)\;, \qquad \varphi(x,t) = \sum_{j=1}^{\infty} \Psi_j(x)\varphi_j(t) \qquad (13.18)$$

mit den zu v, φ gehörigen Schwingungseigenformen Φ_j, Ψ_j und den generalisierten Koordinaten v_j, φ_j benutzt worden ist. Dabei bedeutet ω_j die Eigenkreisfrequenz der betreffenden Schwingungseigenform.

Nun können die Luftkräfte nach (13.10), (13.11) in der allgemeinen Form

$$\underline{F} = \underline{F}_1\,\dot{\underline{v}} + \underline{F}_2\,\underline{v} \qquad (13.19)$$

angeschrieben werden. Einsetzen von (13.19) in (13.14) ergibt nach Umordnung

$$\underline{M}_g\,\ddot{\underline{v}} + (\underline{D}_g - \underline{\Phi}^t\,\underline{F}_1(k^*)\underline{\Phi})\dot{\underline{v}} + (\underline{k}_g - \underline{\Phi}^t\,\underline{F}_2(k^*)\underline{\Phi})\underline{v} = \underline{0}\;, \qquad (13.20)$$

also im Prinzip die Gleichung einer gedämpften Eigenschwingung

$$\widetilde{\underline{M}}\,\ddot{\underline{v}} + \widetilde{\underline{D}}\,\dot{\underline{v}} + \widetilde{\underline{K}}\,\underline{v} = \underline{0}\;, \qquad (13.21)$$

wobei die Dämpfungs- und Steifigkeitsglieder durch die Luftkraftglieder beeinflußt werden, während die Beschleunigungsglieder der Luftkräfte (Kelvinsche Impulse) bei der Massenmatrix vernachlässigt werden.

Bei einem nichtlinearen Verlauf der Luftkräfte würde sich formal z.B. nach dem Verfahren von Krylov und Bogoljubov wieder (13.21) ergeben. Nur sind jetzt die Konstanten $\widetilde{M}, \widetilde{D}, \widetilde{K}$ amplitudenabhängig, so daß die Stabilitätsgrenze U_{kr} jetzt nur iterativ durch Schätzung der maximalen Schwingungsamplituden zu ermitteln ist. Bei der Step-by-Stepmethode werden die Matrizen $\widetilde{M}, \widetilde{D}, \widetilde{K}$ iterativ zu jedem $\underline{v}$ ermittelt und sodann die Bewegungsgleichung (13.21) in diskreten Zeitschritten aufintegriert.

Nun wird entsprechend (13.1) der Ansatz

$$\underline{v} = \underline{v}_0\,e^{\omega t} \qquad (13.22)$$

in (13.21) eingeführt, und es ergibt sich das Matrizeneigenwertproblem

$$(\omega^2\,\widetilde{\underline{M}} + \omega\,\widetilde{\underline{D}} + \widetilde{\underline{K}})\underline{v}_0\,e^{\omega t} = \underline{0}\,, \qquad \widetilde{\underline{M}} \approx \underline{M}$$

mit der Lösung

$$\det(\omega^2\,\widetilde{\underline{M}} + \omega\,\widetilde{\underline{D}} + \widetilde{\underline{K}}) = \underline{0}\,. \tag{13.23}$$

Das quadratische Eigenwertproblem (13.23) ist nicht hermitisch. Zur numerischen
Lösung dieses Problems hat die Luft- und Raumfahrttechnik eine Vielzahl von numerischen Iterationsverfahren entwickelt, z.B. unter Anwendung des Newton-Verfah-
rens [13.5]. Im Bauwesen ist nur ein kleiner Bereich von praktisch auftretenden
Windgeschwindigkeiten mit einem gewissen Sicherheitsaufschlag interessant.

Es ist hier zu empfehlen, Werte von U_∞ fest anzunehmen und dann das Eigenwertproblem (13.23) für feste Werte U_∞ numerisch zu lösen. Sodann werden die Werte
des Realteils Re ω und des Imaginärteils Im ω als Funktion von U_∞ für alle Eigenschwingungsformen graphisch aufgetragen, Abb.13.6.

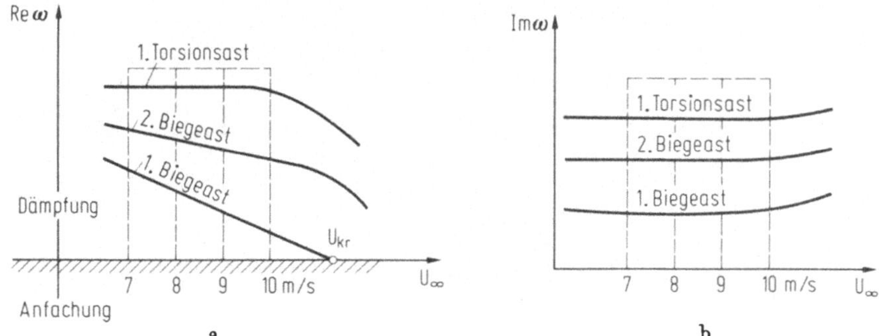

Abb.13.6. Real- und Imaginärteil von ω als Funktion der Windgeschwindigkeit
(Prinzipskizze). a) Realteil ω, b) Imaginärteil ω

Der Realteil ω kennzeichnet dabei den Dämpfungscharakter des Systems und damit die
Systemstabilität. Der Imaginärteil zeigt die Flatterfrequenzen der einzelnen Freiheitsgrade an. Ist

    Re $\omega < 0$ Dämpfung für alle Schwingungsformen,

    Re $\omega > 0$ Anfachung für mindestens eine Schwingungseigenform,   (13.24)

so liegt eine gedämpfte oder angefachte Schwingung nach (13.24) und (13.22) vor.
Bei dem Flatterfall ist stets eine Kopplungswirkung aller Schwingungsfreiheitsgrade
vorhanden. Die Anzahl der berücksichtigten Freiheitsgrade ist von entscheidender Bedeutung für die Güte einer Flatterrechnung [13.1, 13.2]. Frühere Flatteruntersuchun-

gen des Bauwesens haben die dargestellten Matrizenrechnungen vermieden und sich auf die jeweils erste Schwingungseigenform der Biege- und Torsionsschwingung beschränkt (Zweifreiheitsgradschwinger) [13.21].

Auch Modellversuche mit dynamisch ähnlichen Teilmodellen können im Prinzip nur aus wirtschaftlichen Gründen nach Abschn. 18 diesen Fall darstellen [13.15-13.17, 13.2].

Infolgedessen ist der Güte dieser Untersuchungen eine obere Grenze gesetzt. Im Grunde lassen sich durch Teilmodellversuche nur die instationären Luftkräfte nach der Streifenmethode bestimmen und es müßte dann eine Flatteruntersuchung der Brücke im Sinne dieses Abschnitts durchgeführt werden.

Für den Zweifreiheitsgradschwinger ist jedoch eine übersichtliche Deutung des Flatterfalls möglich.

Hierbei ist die Lösung des Eigenwertproblems (13.23) durch eine einfache Determinantenrechnung durchführbar. Als Ergebnis dieser Rechnung sind die Frequenz und die Dämpfung des Zweifreiheitsgradschwingers als Funktion der Windgeschwindigkeit in Abb. 13.7 dargestellt [13.1].

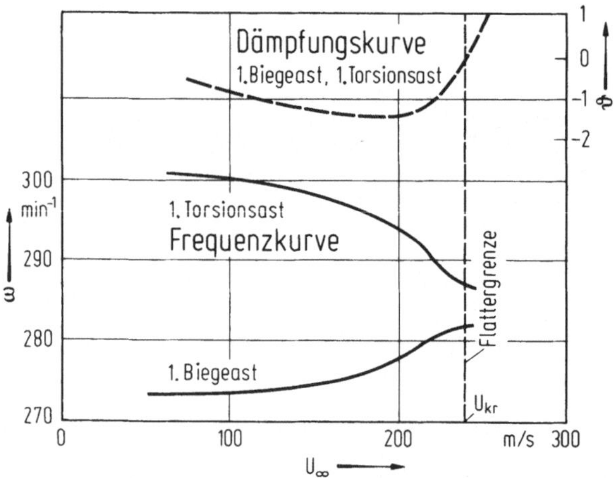

Abb. 13.7. Frequenz und Dämpfung des Zweifreiheitsgradschwingers bei einer Windbelastung (Prinzipskizze) [13.1]

Es müssen somit die Frequenzen der beiden Eigenschwingungsformen v, φ durch die Luftkraftglieder in Übereinstimmung gebracht werden, was umso schwieriger ist, je weiter beide ursprünglichen Eigenfrequenzen auseinanderliegen. Es ist daher eine Frequenznähe einzelner Eigenschwingungsformen unbedingt zu vermeiden.

Umfangreiche Messungen in [13.16, 13.17] zeigen, daß wirklichkeitsnahe Werte für die Stabilitätsgrenze U_{kr} dann erreicht werden, wenn die rechnerischen Werte des

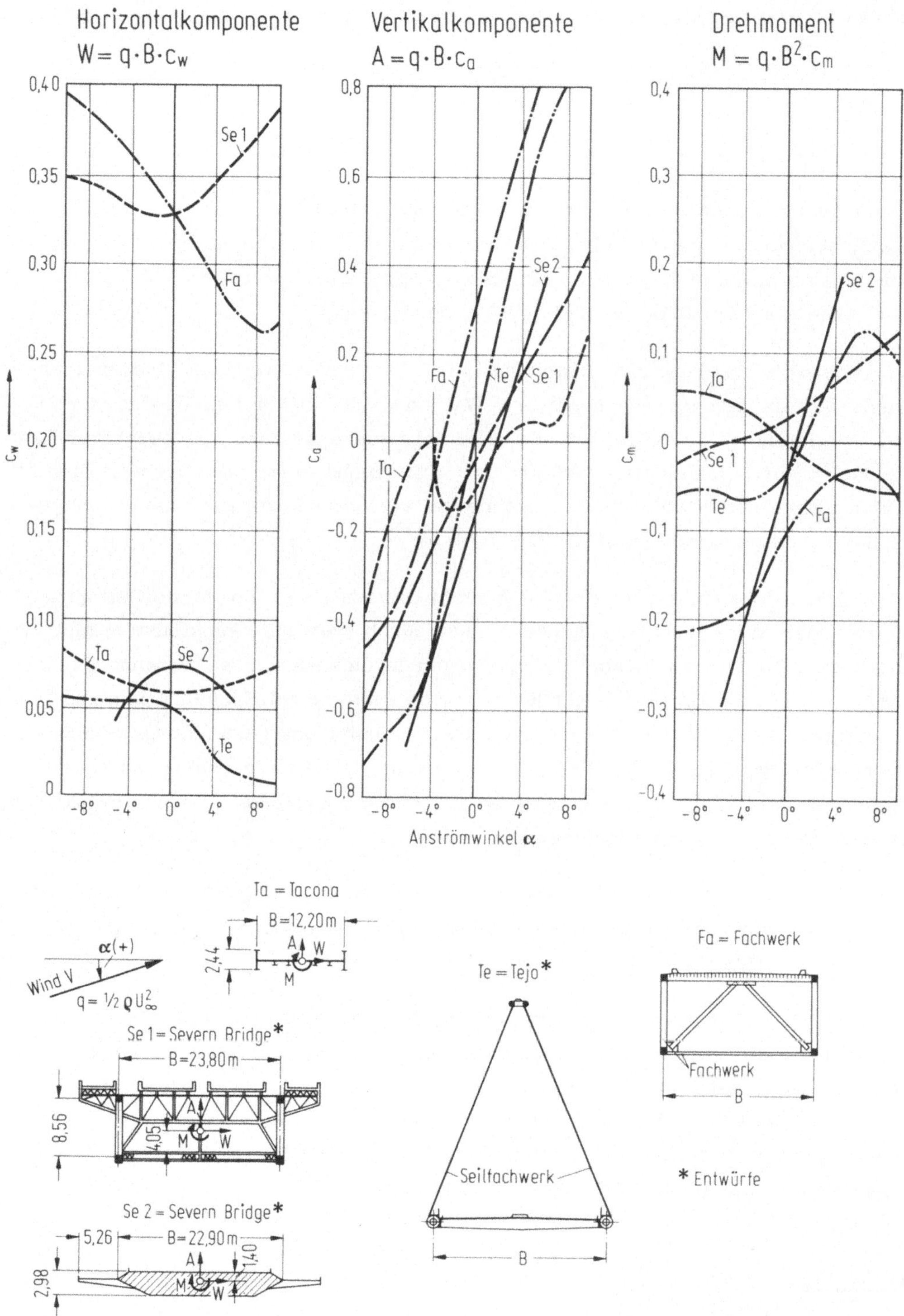

Abb. 13.8. Aerodynamische Kraftbeiwerte von Brückenquerschnitten [13.19]

Zweifreiheitsgradschwingers $\overline{U}_{kr}$ etwa um den Faktor

$$U_{kr} \approx (0,7 \ldots 0,8)\overline{U}_{kr}$$

ermäßigt werden.

Bei dem heutigen Stand der numerischen Rechentechnik unter Benutzung elektronischer Rechenmaschinen wird eine Behandlung des Flatterproblems mit dem Zweifreiheitsgradschwinger nicht mehr für notwendig gehalten, da ohne weiteres das
vollständige Flatterproblem (13.23) gelöst werden kann.

Eine weitere Erforschung der Beziehung (13.11) in systematischen Windkanalversuchen erscheint jedoch wünschenswert. Welche konstruktiven Regeln sind nun bei
flatterempfindlichen Linienträgern wie z.B. bei Brückensystemen zu beachten? Es
ist zunächst stets eine positive Neigung des Auftriebsbeiwerts anzustreben. Dies ist
bei Brückenquerschnitten, Abb.13.8, ohne weiteres durch eine geeignete Formgebung des Profils möglich [13.19, 13.20].

Sind in einem Bereich Werte $\partial c_a / \partial \varphi < 0$ nicht zu vermeiden, so ist die Galloping-
stabilität nach Abschn.11.1 nachzuweisen und durch eventuelle konstruktive Maßnah-
men Zusatzdämpfer oder Systemveränderungen durch zusätzliche Abspannungen zu
verbessern. In [13.20, 13.30] werden statische Systeme bei Hängebrücken zur Diskussion gestellt, die durch eine geeignete Systemausbildung verformungsweiche
Schwingungsmöglichkeiten durch Gegenverspannung, zusätzliche Vorspannung o.ä.
verhindern. Dies Konstruktionsprinzip ist vor allem bei leichten Flächentragwerken
in Abschn.17 von großer Bedeutung.

Bei einer positiven Neigung des Momentenbeiwerts werden eingeprägte Kraftmechanismen durch eine zusätzliche aerodynamische Dämpfung nach (13.20) stark gedämpft, so daß diese Querschnitte recht stabil wirken.

Bei kombinierten Biege- und Torsionsschwingungen ist eine Frequenznähe der entsprechenden Schwingungseigenformen unbedingt zu vermeiden. Dies ist konstruktiv
durch eine möglichst große Torsionssteifigkeit der Querschnitte zu erreichen. Vor
allem Vollwandquerschnitte sollten möglichst hohlkastenähnlich ausgebildet werden.
Fachwerkquerschnitte sind aufgrund der aufgelösten Seitenflächen relativ stabil, können jedoch ohne weiteres Flatterschwingungen zeigen.

Beispiel 13.

Für ein Brückensystem im Bauzustand nach Abb.13.9 ist die kritische Windgeschwindigkeit mit verschiedenartigen Luftkraftansätzen zu berechnen.

a) quasistationäre Luftkraftansätze nach (13.10),

b) instationäre Luftkräfte der dünnen Platte nach (13.2),

c) instationäre Luftkräfte nach Messungen von Scanlan (13.11).

Weitere Kenndaten

$$g_{w\,1,2} = 0,03 \qquad\qquad , \ \vartheta = 0,188$$
$$g_{\varphi\,1,2} = 0,05 \qquad\qquad , \ \vartheta = 0,314$$
$$e = 15,25 \text{ m}$$
$$M_{g1} = 1 \text{ Mps}^2 \text{ m}^{-1} \qquad\qquad , \ \Theta_{g1} = 1 \text{ Mps}^2$$
$$M_{g2} = 1 \text{ Mps}^2 \text{ m}^{-1} \qquad\qquad , \ \Theta_{g2} = 2 \text{ Mps}^2$$
$$\omega_{v,1} = 2,67 \text{ s}^{-1} \qquad\qquad , \ \omega_{\varphi,1} = 31,27 \text{ s}^{-1}$$
$$\omega_{v,2} = 8,10 \text{ s}^{-1} \qquad\qquad , \ \omega_{\varphi,2} = 92,35 \text{ s}^{-1}$$

a) Rechnung mit quasistationären Luftkräften. Unter Berücksichtigung von $\partial c_a / \partial \alpha = -3,34$ nach Abb.13.5 liegt kein Flattern im klassischen Sinn vor, sondern es ist eine entkoppelte Biegeschwingung (Galloping) zu erwarten.

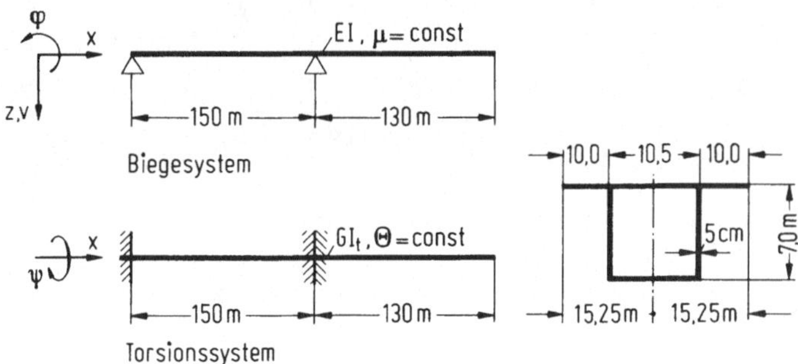

Abb.13.9. Idealisiertes Brückensystem im Bauzustand

Nach den Gleichungen von Abschn.2.1 ergeben sich folgende Einzelmatrizen mit den generalisierten Koordinaten

$$
\begin{bmatrix} q_1 \\ q_2 \\ q_3 \\ q_4 \end{bmatrix}
=
\begin{bmatrix} \text{1. Biegung} \\ \text{2. Biegung} \\ \text{1. Torsion} \\ \text{2. Torsion} \end{bmatrix}
$$

$$\underline{M} = \begin{bmatrix} 0.1\,'1 & 0 & 0 & 0 \\ 0 & 0.1\,'1 & 0 & 0 \\ 0 & 0 & 0.1\,'1 & 0 \\ 0 & 0 & 0 & 0.1\,'1 \end{bmatrix} \quad \text{Matrix der generalisierten Massen}$$

$$\underline{C}^W = \begin{bmatrix} -0.496\,'-2 & 0.285\,'-4 & -0.119\,'-1 & -0.183\,'-1 \\ 0.285\,'-4 & -0.488\,'-2 & 0.129\,'-1 & -0.115\,'-1 \\ 0.885\,'-2 & -0.957\,'-2 & 0 & 0 \\ 0.136\,'-1 & 0.855\,'-2 & 0 & 0 \end{bmatrix} \quad \begin{array}{l} \text{Matrix der Luftdämpfung} \\ \text{für } U_\infty = 1,0\,\text{m/s} \end{array}$$

$$\underline{C}^S = \begin{bmatrix} 0.160\,'0 & 0 & 0 & 0 \\ 0 & 0.486\,'0 & 0 & 0 \\ 0 & 0 & 0.308\,'1 & 0 \\ 0 & 0 & 0 & 0.923\,'1 \end{bmatrix} \quad \begin{array}{l} \text{Matrix der generalisierten} \\ \text{Strukturdämpfung} \end{array}$$

$$\underline{K}^W = \begin{bmatrix} 0 & 0 & -0.687\,'-3 & -0.106\,'-2 \\ 0 & 0 & 0.744\,'-3 & -0.665\,'-3 \\ 0 & 0 & 0.436\,'-2 & 0.580\,'-4 \\ 0 & 0 & 0.580\,'-4 & 0.426\,'-2 \end{bmatrix} \quad \begin{array}{l} \text{Matrix der generalisierten Luft-} \\ \text{steifigkeit für } U_\infty = 1,0\,\text{m/s} \end{array}$$

$$\underline{K}^S = \underline{M}\,\omega_E^2 = \begin{bmatrix} 0.711\,'1 & 0 & 0 & 0 \\ 0 & 0.655\,'2 & 0 & 0 \\ 0 & 0 & 0.978\,'3 & 0 \\ 0 & 0 & 0 & 0.853\,'4 \end{bmatrix} \quad \begin{array}{l} \text{Matrix der generalisier-} \\ \text{ten Struktursteifigkeit} \end{array}$$

Es wird dabei die bekannte Gleitkommadarstellung benutzt.

Allgemein ergibt sich für die Bewegungsgleichung in generalisierten Koordinaten

$$\underline{M}\,\ddot{\underline{q}} + (\underline{C}^S + \underline{C}^W)\,\dot{\underline{q}} + (\underline{K}^S + \underline{K}^W)\,\underline{q} = \underline{0}$$

mit $\underline{q} = \underline{q}_0\,e^{\lambda t}$, wobei λ komplex ist. Wenn λ durch K mit

$$K = \frac{\lambda e}{U_\infty}$$

ersetzt wird, wobei $\mathrm{Re}\,\lambda$ die Dämpfung und $\mathrm{Im}\,\lambda$ die Frequenz des Flattervorgangs angibt, folgt

$$\underline{M}\,K^2 + \left(\underline{C}^S\,\frac{e}{U_\infty} + \underline{C}^W e\right)K + \left(\underline{K}^S\,\frac{e^2}{U_\infty^2} + \underline{K}^W e\right) = \underline{0}\,.$$

Bei einer schrittweisen Erhöhung der Windgeschwindigkeit sind die Matrizen $\underline{C}^S$ und $\underline{K}^S$ mit $1/U_\infty$ bzw. $1/U_\infty^2$ zu erweitern und auf die konstanten Matrizen C^W bzw. K^W aufzuaddieren, so daß das allgemeine Eigenwertproblem

$$(\underline{\tilde{M}} K^2 + \underline{\tilde{C}} K + \underline{\tilde{K}})\, \underline{q}_0 = \underline{0}$$

entsteht.

Speziell für $U_\infty = 17$ m/s und $e = 15,25$ m erhält man mit den Matrizen

$$\left(\begin{bmatrix} 1 & 0 & 0 & 0 \\ 0 & 1 & 0 & 0 \\ 0 & 0 & 1 & 0 \\ 0 & 0 & 0 & 1 \end{bmatrix} K^2 + \begin{bmatrix} 0.007610 & 0.000435 & -0.1817 & -0.2792 \\ 0.000435 & 0.3864 & 0.1965 & -1.756 \\ 0.1349 & -0.1459 & 2.942 & 0 \\ 0.2073 & 0.1303 & 0 & 8.757 \end{bmatrix} K \right.$$

$$\left. + \begin{bmatrix} 5.726 & 0 & -0.1599 & -0.2457 \\ 0 & 52.74 & 0.1730 & -1.545 \\ 0 & 0 & 787.9 & 0.0135 \\ 0 & 0 & 0.01349 & 6864. \end{bmatrix} \right) \cdot \underline{q}_0 = \underline{0} .$$

Es ergeben sich folgende Eigenwerte

$$k_1 = -4,142 \;+ 82,82\, i$$
$$k_2 = -1,402 \;+ 28,06\, i$$
$$k_3 = -0,1434 + 7,261\, i$$
$$k_4 = 0,00386 + 2,393\, i$$

aus denen sich mit dem Zusammenhang $\omega = (\mathrm{Im}\, K)\,\dfrac{U_\infty}{e}$, $g = \dfrac{\mathrm{Re}(K)}{\mathrm{Im}(K)}$ die Eigenfrequenzen und Dämpfungen errechnen lassen

$$\omega_1 = 92,99\ \mathrm{s}^{-1} \qquad g_1 = 0,050$$
$$\omega_2 = 31,50\ \mathrm{s}^{-1} \qquad g_2 = 0,050$$
$$\omega_3 = 8,15\ \mathrm{s}^{-1} \qquad g_3 = 0,01976$$
$$\omega_4 = 2,68\ \mathrm{s}^{-1} \qquad g_4 = -0,00162 .$$

Da $g_4 < 0$ ist, liegt bereits eine angefachte Schwingung vor. Für den Fall, daß $\partial c_a/\partial \alpha > 0$ ist, ergibt sich sinngemäß eine positive Steigung der Dämpfungsäste

g_w, so daß keine winderregten Schwingungen auftreten. Diese Ergebnisse sind für das gleiche System mit $\partial c_a/\partial \alpha = 5,0$ in Abb. 13.10 gestrichelt dargestellt.

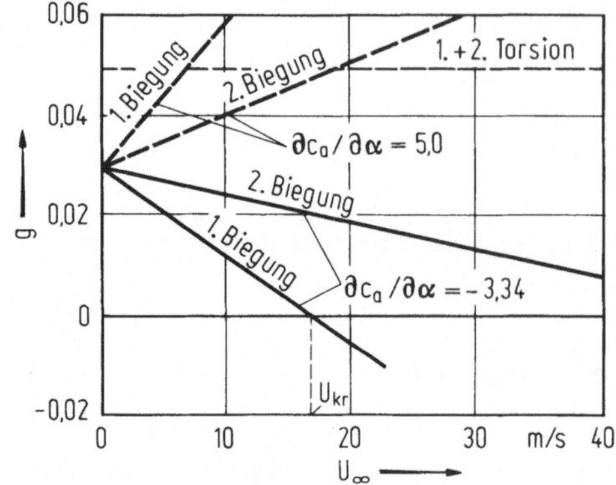

Abb. 13.10

Da für eine Gallopinganfachung die erste Eigenfrequenz der Schlagschwingung maßgebend ist, ergibt sich

$$U_{kr} = 16,8 \, \text{m/s}$$

die ohne weiteres im Bereich der natürlich auftretenden Windgeschwindigkeiten liegt.

b) Rechnung mit idealisierten instationären Luftkräften nach (Bleich/Theodorsen) für eine dünne Platte mit dem Näherungsansatz

$$C(k) = 1 - \frac{0,165}{1 - \dfrac{0,041}{k} i} - \frac{0,335}{1 - \dfrac{0,32}{k} i}$$

und den gleichen Matrixen $\underline{M}, \underline{C}^S, \underline{K}^2$ unter Berücksichtigung von $K = K(U_\infty)$ in den Matrixen $\underline{C}^W$; $\underline{K}^W$ erhält man folgende Abhängigkeit der Dämpfung g von der Windgeschwindigkeit U_∞ .

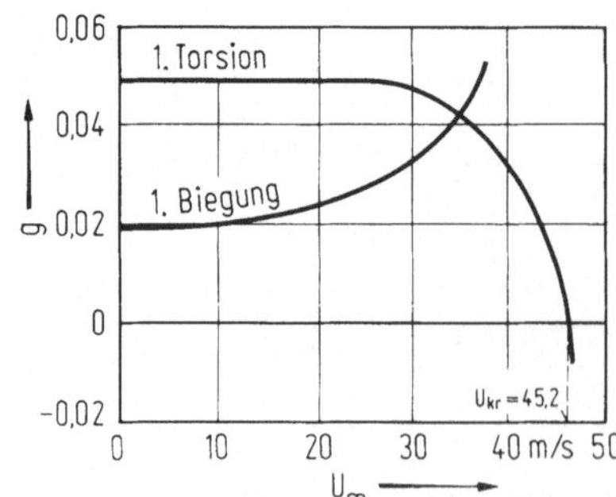

Abb. 13.11

Es ergibt sich eine kritische Windgeschwindigkeit von

$$U_{kr} = 45,2 \ m/s$$

c) Wenn die gleiche Rechnung von (b) mit gemessenen instationären Luftkräften nach Scanlan (13.11), die für ein "ähnliches" Brückenprofil durchgeführt wird, ergibt sich ein Ergebnis nach Abb. 13.12.

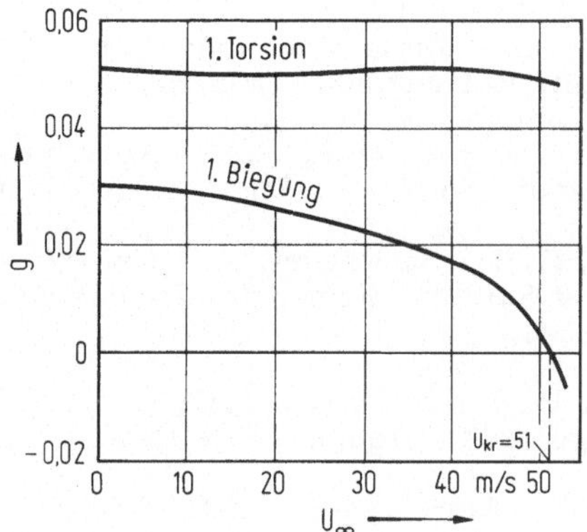

Abb. 13.12

Man erhält als kritische Windgeschwindigkeit

$$U_{kr} = 51 \ m/s$$

für eine entkoppelte Biegeschwingung, die zu keiner Gefährdung des Bauwertes führen würde.

Diese Rechnung gilt nur bei einer linearisierten Stabilitätsuntersuchung. Genauere nichtlineare Stabilitätsrechnungen nach [13.23] können ein anderes Bild ergeben, da dort die Stabilität "im großen" untersucht wird, während lineare Stabilitätsuntersuchungen nur eine Aussage über die Stabilität bei kleinen Verformungen geben können.

Literatur

13.1   Bisplinghoff, R.C.; Ashley, H.; Halfman, R.C.: Aeroelasticity. Reading, Mass.: Addison-Wesley Publ. Comp. 1957. (Vgl. auch die dort aufgeführten Literaturangaben.)

13.2   Försching, H.W.: Grundlagen der Aeroelastik. Berlin, Heidelberg, New York: Springer 1974. (Vgl. auch die dort aufgeführten Literaturangaben.)

13.3   Küssner, H.G.: Aeroelastische Probleme des Flugzeugbaus. Zeitschr. f. Flugwiss. 3 (1955) 1.

13.4   Theodorsen, T.: General theory of aerodynamic stability and the mechanism of flutter, NACA Rep. 496, (1935).

13.5 Natke, H.G.; Dellinger, E.: Funktionalanalytische Behandlung der Flatter-
      gleichungen unter Verwendung des Newtonverfahrens. Zeitschr. f. Flugwiss.
      20 (1972) 300.

13.6 Natke, H.G.: Computer methods for solving matrix eigenvalue problems
      with regard to applications to the classical flutter equation. VFW-Fokker,
      Entwicklungstechnische Berichte, Band 3.

13.7 Wind Effects on Buildings and Structures. London 1963, Ottawa (Canada) 1967,
      Tokyo 1971, London 1975 und weitere Seminarreihen, z.B. Loughborough 1968,
      Lissabon 1966, letztere speziell über Hängebrücken.

13.8 Lehrgang für Raumfahrttechnik. Stuttgart 1966, Bd. IV: Bauweisen und Aero-
      elastizität, Beitrag 302. Deutsche Gesellschaft für Flugwissenschaften e.V.

13.9 Sabzevari, A.; Scanlan, R.H.: Aerodynamic Instability of Suspension Bridges.
      Proc. Amer. Soc. Civ. Eng., Eng., J. Eng. Mech. Div. 94 (1968) 489.

13.10 Scanlan, R.H.; Sabzevari, A.: Experimental Aerodynamic Coefficients in the
      Analytical Study of Suspension Bridge Flutter, J. Mech. Eng. Science 11
      (1969) 234.

12.11 Scanlan, R.H.; Bellveau, J.G. Budlong, K.S.: Indicial aerodynamic functions
      for bridge decks. Journal Eng. Mech. Div., EM4, 100 (1974) 657.

13.12 Bleich, F.: Aerodynamic instability of truss stiffened suspension bridges unter
      wind action. Transact. ASCE 114 (1949) 1177.

13.13 Selberg, A.; Hjorth-Hansen, E.: Aerodynamic stability and related aspects of
      suspension bridges. Proc. Symp. of suspension bridges Lissabon 1966.

13.14 Ziller, F.: Über die Flatterschwingungen von Hängebrücken. VDJ-Z. 99(1957)
      405.

13.15 Scruton, C.: Schwingungen von Hängebrücken unter Windlast. Die Bautechnik
      31 (1954) 381.

13.16 Klöppel, K.; Weber, G.: Teilmodellversuche zur Beurteilung des aerodyna-
      mischen Verhaltens von Brücken. Der Stahlbau 32 (1963) 65 und 113.

13.17 Klöppel, K.; Thiele, F.: Modellversuche zur Bemessung von Brücken gegen
      winderregte Schwingungen. Der Stahlbau 36 (1967) 353.

13.18 Steinman, D.B.: Suspension Bridges. The aerodynamic problem and its solu-
      tion. Abh. der intern. Vereinigung Brückenbau und Hochbau 14 (1954) 209,
      Leemann Zürich.

13.19 Leonhardt, F.: Zur Entwicklung aerodynamisch stabiler Hängebrücken. Die
      Bautechnik 45 (1968) 325.

13.20 Leonhardt, F.; Zellner, W.: Vergleiche zwischen Hängebrücken und Schräg-
      seilbrücken für Spannweiten über 600 m. Internationale Vereinigung für Brük-
      kenbau und Hochbau, Zürich 1972.

13.21 Tschemmernegg, F.: Beitrag zur praktischen Abschätzung der aerodynami-
      schen Stabilität von Hängebrücken. Diss. Graz 1968.

13.22 Böhm, F.: Berechnung nichtlinearer aerodynamisch erregter Schwingungen.
      Der Stahlbau 30 (1969) 207.

13.23 Hennlich, H.: Aeroelastische Stabilitätsuntersuchungen von Linientragwerken. Diss. Hannover (vgl. auch die dort aufgeführten Literaturangaben) in Vorbereitung.

13.24 Esslinger, M.: Elektronische Berechnung der Eigenschwingungszahlen von Hängebrücken. Der Bauingenieur 37 (1962) 380.

13.25 Schwarz, H.; Rutishauser, H.; Stiefel, E.: Matrizennumerik, Stuttgart: Teubner 1968.

13.26 Scanlan, R.H.; Rosenbaum, R.: Aircraft vibration and flutter, Dover Publications, Inc., New York 1968.

13.27 Fung, Y.C.: Aeroelasticity, New York: Dover Publications, Inc. 1969.

13.28 Ukeguchi, M.; Sakata, H.; Nishitani, H.: An investigation of aeroelastic instability of suspension bridges. Proc. Symp. of suspension bridges, Lissabon 1966.

13.29 Lügers Lexikon der Verkehrstechnik, Bd. 12, Fahrzeugtechnik und Verkehrstechnik. Stuttgart: Deutsche Verlagsgesellschaft 1967.

13.30 Pfannmüller, F.: Projekt einer Brücke über die Meerenge von Messina, Der Stahlbau 40 (1971) 60.

13.31 Scanlan, R.H.; Tomko, J.J.: Airfoil and bridge deck flutter derivatives. Journ. of the Eng. Mech. Div., ASCE, Vol. 97, No. EM6, Dezember 1971.

13.32 Steinman, D.B.: Hängebrücken: Das aerodynamische Problem und seine Lösung. Acier, Stahl, Steel, 19 (1954) S. 495-508, S. 542-551.

14. Profileigene Anfachungsmechanismen (Nachlaufinterferenz)

Nicht zum Potentialflattern nach Abschn. 13 gehören die bautechnisch häufigen H-und U-Querschnitte, die grundsätzlich immer auch bei einem verschwindenden Anstellwinkel zur Strömungsrichtung eine abgerissene Totwasserzone aufweisen. Die wesentlichen Grundlagen der statischen Luftkräfte sind in Abschn. 4.5 zusammengefaßt worden. Von maßgebender Bedeutung auf das aerodynamische Verhalten des Profils, Abb. 14.1, ist die Abschirmwirkung der vorderen Seitenscheibe anzusehen, die

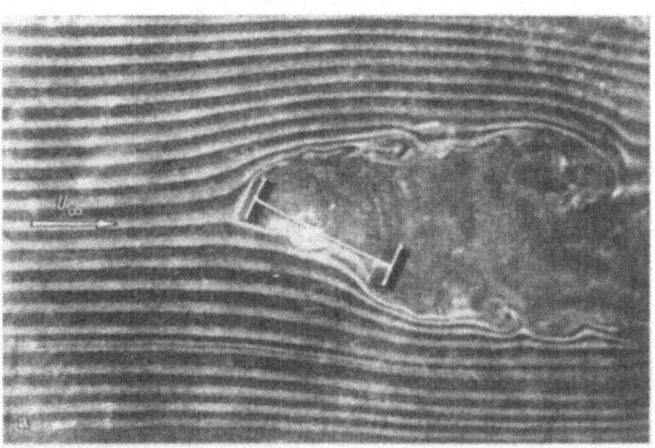

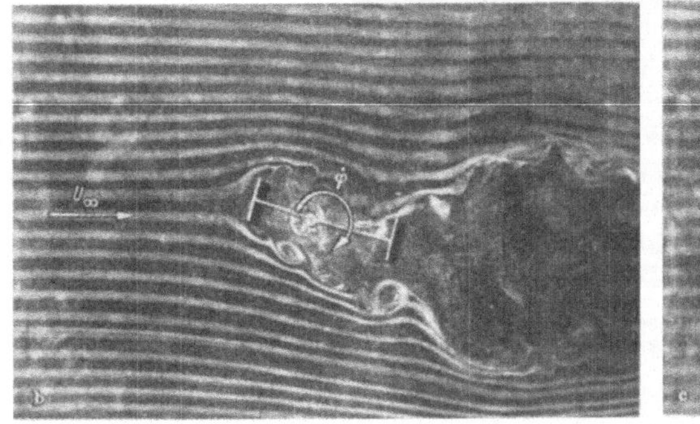

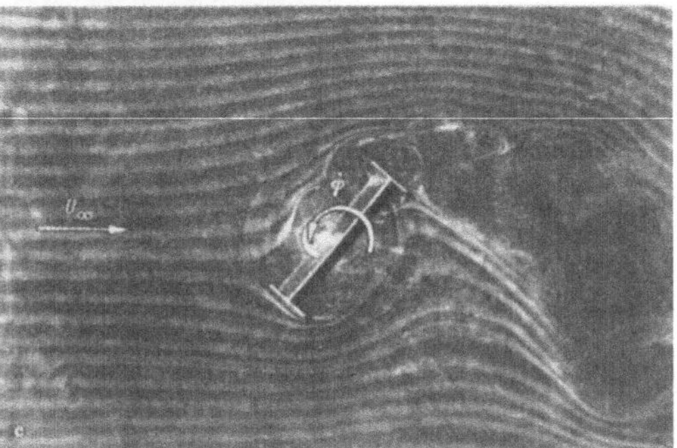

Abb. 14.1. Strömungsbilder für das H-Profil. a) stationäre Strömung, b) und c) instationäre Strömung bei Torsionsschwingungen

ein Interferenzverhalten an dem Restquerschnitt bewirkt. Der Gesamtquerschnitt liegt in einem Wechselspiel zwischen der Abtriebswirkung der vorderen senkrecht zur Strömung angestellten Seitenscheibe und der Verfangewirkung vor der hinteren Seitenscheibe. Beide Kraftwirkungen sind zueinander zeitlich phasenverschoben, da die Strömung vor allem bei kleinen Windgeschwindigkeiten eine endliche Zeit benötigt, um das ganze Profil zu bestreichen [14.1, 14.2] und sich außerdem die Nachlaufzone bei instationären Profilbewegungen wellenartig ausbildet [14.7].

Bei größeren Strömungsgeschwindigkeiten kann der Totwassernachlauf vereinfacht in Näherung geradlinig idealisiert werden [14.7]. Bei kleinen Strömungsgeschwindigkeiten wird der wellenförmige Charakter der Totwasserzone und damit der Zeitverschiebungseffekt der Profilbreite durchaus von größerem Einfluß sein. Die Grundlagen der kinetischen Instabilität dieses Querschnitts werden nun mit Näherungsüberlegungen kurz erklärt. Zuvor werden die Ergebnisse eines kleinen Modellversuchs geschildert, bei dem die Querschnittsformen veränderlich sind und die einzelnen Freiheitsgrade v der Schlagschwingung und φ, (α) der Torsionsschwingung variiert werden können.

Aus diesen Versuchen ist sehr schön die überragende Bedeutung, vor allem der hinteren Seitenscheibe, ersichtlich, deren Fehlen stark systemstabilisierend wirkt. Nun zum Versuchsverlauf. Bei möglichen Schwingungsfreiheitsgraden v, φ zeigt sich zunächst aufgrund der niedrigen Biegeeigenfrequenz eine gutartige Schlagschwingung, die dann oberhalb einer bestimmten Stabilitätsgrenze in eine ausgesprochen bösartige Torsionsschwingung umschlägt. Dies gilt nach Abb. 14.2 vor allem für den H-Quer-

Profil	Freiheitsgrad		
	v	φ	$v + \varphi$
$H/B = 0,20$ 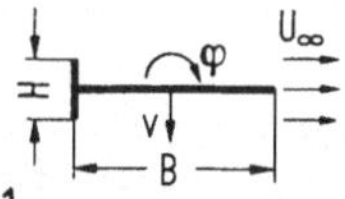 1	weiche Selbsterregung, gutartig. Grenzamplitude gleich der halben Profilhöhe	harte Selbsterregung, nur bei großer Anfangsauslenkung. Keine Grenzamplitude	wie v, φ
$H/B = 0,20$ 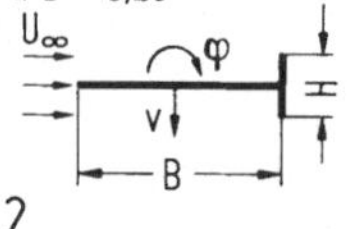 2	wie 1	harte Selbsterregung, nur bei sehr großen Anfangsauslenkung (Abreißflattern)	wie v, φ
$H/B = 0,20$ 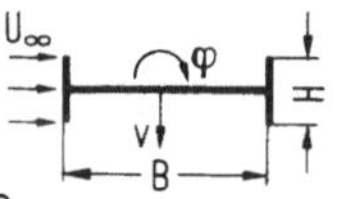 3	wie 1	weiche Selbsterregung. Keine Grenzamplitude. Ausgesprochen bösartige Instabilität	wie v, φ

Abb. 14.2. Schwingungsversuch bei verschiedenen Profilen und verschiedenen Freiheitsgraden

schnitt, während bei dem Fehlen der hinteren Seitenscheibe nur eine harte Selbsterregung erscheint, die große Störauslenkungen voraussetzt, wie sie bei Brückenquerschnitten kaum auftreten, so daß dann praktisch eine Systemstabilität vorhanden ist.

Dieses Phänomen soll nun mechanisch gedeutet werden. Bedeutende Physiker klassifizieren sowohl die Schlagschwingung, als auch die Torsionsschwingung als typische Karmansche Resonanzschwingung. Inzwischen sind sorgfältige Versuchsreihen angeordnet worden, die den Charakter einer Selbsterregung eindeutig gezeigt haben, vor allem

durch das Frequenzkriterium, da die Flatterfrequenz gleich der jeweils niedrigsten
Systemeigenfrequenz anzunehmen ist. Eingeprägte Mechanismen, wie der Böeneffekt
und der Karman-Effekt, sind durchaus von Bedeutung. Sie sind jedoch als gutartig
einzustufen. Auch der klassische Flatterfall des Flugzeugtragflügels scheidet aus
aerodynamischen Gründen aus, da die Gesetze der Potentialströmung hier nicht gelten und stets eine abgerissene Strömung vorhanden ist. Eher ist die Biegeschwingung
als Gallopingschwingung mit stark nichtlinearem Charakter einzuordnen, während
sich die Torsionsschwingung sehr merkwürdig ausnimmt, da nach den Erkenntnissen
von Abschn. 11 das Tacoma-Profil aerodynamisch stabil bei einer aerodynamischen
Torsionsbeanspruchung anzusehen ist. Hier versagt die quasistationäre Flattertheorie restlos, da der Strömungsnachlauf praktisch an der Profilvorderkante beginnt
und somit der Welleneffekt des Strömungsnachlaufs von entscheidener Bedeutung für
die aerodynamischen Kräfte ist. Im folgenden soll nun versucht werden, diesen Effekt wenigstens näherungsweise zu erfassen. Die kritische Windgeschwindigkeit der
Schlagschwingung wird erfahrungsgemäß am ehesten unterschritten und beträgt nach
Abschn. 11.1 bei einem geschlossenen Rechteckquerschnitt mit der Höhe H

$$U_{kr} \approx \frac{\omega_{v,j}\,\vartheta_{v,j}\,m}{\pi\rho\,H} \; . \tag{14.1}$$

Für die Tacoma-Brücke ergibt diese Formel [14.3, 14.4, 14.7, 14.8]

$$G = 10 \text{ Mp/m} = 100 \text{ kN/m}, \quad m = 1,1 \cdot 10^3 \text{ kg/m}$$

$$\omega_{v,1} = 0,83 \text{ s}^{-1}$$

$$\vartheta_v = 0,02$$

$$\rho \approx 1,25 \text{ kg/m}^3 \tag{14.2}$$

$$H = 2,45 \text{ m}, \quad S = \frac{0,83 \cdot 2,45}{2\pi \cdot 9,0} = 0,02 \; .$$

$$U_{kr} \text{ gemessen} = 9,0 \text{ m/s}, \quad U_{kr} \text{ gerechnet} = 18 \text{ m/s nach } (11.1.9)$$

Die Schlagschwingungen und die später noch zu besprechenden Torsionsschwingungen
der Tacoma-Brücke erfüllen die Karmansche Resonanzbedingung entgegen vielen Be-
hauptungen also nicht. Der Grund für dieses Mißverständnis ist einfach darauf zurückzuführen, daß meist die Eigenfrequenz mit der Eigenkreisfrequenz bei der Berechnung der Strouhalschen Zahl S verwechselt worden ist. Dagegen liegt die niedrigste Eigenfrequenz im Frequenzband des natürlichen Windes, was gemäß Abschn. 3
eine nicht unerhebliche Vergrößerung des statischen Auftriebsbeiwertes ergibt.

Etwas unbefriedigend bleibt die zu große Differenz der beobachteten und gemessenen Stabilitätsgrenzen (14.2) für die entkoppelten Schlagschwingungen mit Gallopingcharakter festzustellen. Dies ist eindeutig auf das Interferenzverhalten des Querschnitts innerhalb der instationären Totwasserzone zurückzuführen. Dieser Effekt
dürfte aufgrund seines stark nichtlinearen Charakters nur näherungsweise theoretisch zu erfassen sein, da er außerdem nach Abb.14.3 stark nichtlinear abhängig
von der Größe der Windgeschwindigkeit und keine reine Profileigenschaft ist.

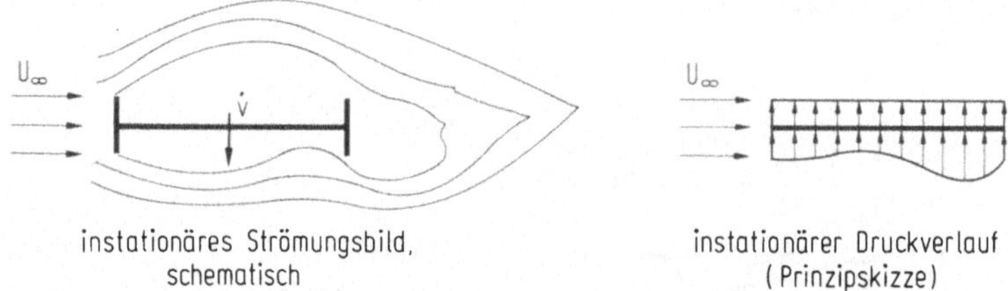

Abb.14.3. Instationärer Druckverlauf des H-Profils bei sehr kleinen Schlagschwin-
gungsamplituden und Windgeschwindigkeiten unter Vernachlässigung des Nachlauf-
welleneffektes

Dies ist bei Windkanalmessungen unbedingt zu berücksichtigen.

Bei kleinen Windgeschwindigkeiten und Schwingungsamplituden ist die Annahme nach
Steinman durchaus sinnvoll, den gemessenen oder gerechneten statischen Druck nach
Abschn.4.5 mit einem Zeitverschiebungsfaktor zu multiplizieren und dabei den Wel-
lencharakter des Strömungsnachlaufs in Näherung zu vernachlässigen [14.1, 14.2].

Insgesamt erscheint der ausgesprochen nichtlineare Strömungsverlauf vor allem bei
sehr kleinen Windgeschwindigkeiten so kompliziert, daß hier nur der Windkanalversuch mit gemessenen Kraftbeiwerten im Sinne von [14.5] einen geordneten Überblick
ergibt. Da hier eine entkoppelte Instabilität der Systemfreiheitsgrade vorliegt, ist
auch ein aeroelastischer Versuch mit der direkten Messung der kritischen Windgeschwindigkeit an einem dynamisch ähnlichen Modell ohne zusätzliche Flatterrechnung
sinnvoll [14.6].

Besser ist der Effekt der Torsionsschwingung theoretisch zu erfassen, da dann bei
wesentlich vergrößerten Windgeschwindigkeiten die Nachlaufzone näherungsweise
geradlinig zu idealisieren ist. Ein Zeitverschiebungseffekt gemäß Abb.14.3 existiert
jetzt kaum noch [14.7].

Ein versuchsweiser Flatteransatz mit gekoppelten Biege- und Torsionsschwingungen
würde nun aufgrund der Nichtlinearität des Auftriebsdiagramms gemäß Abb.4.5.5 zu
nahezu entkoppelten Torsionsschwingungen führen. Die berühmte Torsionskatastrophen-
schwingung ist somit im exakten klassischen, physikalischen Sinne als Flatterschwin-
gung aufzufassen, deren Mechanismus aber bisher noch nicht klar ist, da der Tacoma-

Querschnitt gemäß Abb. 4.5.5 und Abschn. 11.2 im Gegensatz zum Tragflügel (in Strömungsrichtung angestellte Platte) als aerodynamisch stabiler Querschnitt für Torsion anzusehen ist.

Wesentlich ist nun die im Abschn. 4.5 entwickelte Aussage, daß als Anstellwinkel des statischen Momentenbeiwerts c_m nicht der Drehwinkel des Profils zur Strömung, sondern der Eindringwinkel der Strömung in das Profilinnere anzusehen ist. Diese sind nur im stationären Fall näherungsweise gleich, nicht jedoch im instationären Fall, wie die Abb. 14.4 zeigt [14.7].

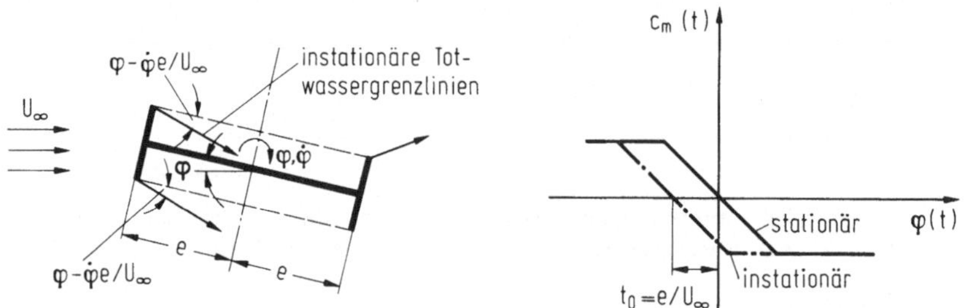

Abb. 14.4. Instationäres Strömungsfeld und instationärer Momentenbeiwert des H-Profils bei Torsionsschwingungen

Die Totwassergrenzlinien sind dabei geradlinig idealisiert, und die Torsionsbewegung wird durch eine gegenläufige Vertikalbewegung der Seitenscheiben dargestellt, was im Rahmen einer linearisierten Theorie zunächst genügen mag. Es ist schon darauf hingewiesen worden, daß diese Annahme bei hinreichend großen Strömungsgeschwindigkeiten möglich ist.

Im instationären Fall ergibt sich unter Berücksichtigung des aus den Geschwindigkeitsverhältnissen bestimmbaren quasistationären Anstellwinkels ein instationärer Winkel $\varphi_0^*(x,t)$ von

$$\varphi_0^*(x,t) = \varphi(x,t) + \frac{\dot{v}(x,t)}{U_\infty} - \frac{\dot\varphi e}{U_\infty} , \qquad (14.3)$$

wobei der Schlagschwingungsanteil meist klein ist und durch die aus aerodynamischen Gründen bedingte Schwingungsentkopplung entfällt, so daß

$$\varphi_0^*(x,t) \approx \varphi(x,t) - \frac{\dot\varphi e}{U_\infty} \qquad (14.4)$$

verbleibt. Bei harmonischen Schwingungen läßt sich jetzt leicht nachweisen, daß die Beziehung mit (14.4)

$$\varphi_0^*(x,t) = \varphi_0 \sin \omega t - \varphi_0 \frac{\omega e}{U_\infty} \cos \omega t = \varphi_0 \sin \omega(t - t_0) = \varphi(t - t_0) \qquad (14.5)$$

gleichzusetzen ist, wobei

$$t_0 = \frac{e}{U_\infty} \quad \text{bei großen Strömungsgeschwindigkeiten nach [14.7]}, \quad (14.6)$$

$$t_0 = \frac{2e}{U_\infty} \quad \text{bei kleinen Strömungsgeschwindigkeiten nach [14.1]}$$

ein kleines Zeitintervall ist. Es verbleibt die bemerkenswerte Tatsache, daß durch die Abschirmwirkung der vorderen Seitenscheibe eine Phasenverschiebung der stationären Momentenwirkung des Gesamtquerschnitts zur Profilbewegung entsteht, die in erster Linie für die Anfachung verantwortlich ist.

Die instationäre Momentenwirkung berechnet sich aus dem stationären Momentenanteil gemäß Abschn. 4.5 unter Berücksichtigung der Phasenverschiebung (14.6), dem anfachenden Anteil der gegenläufigen Seitenscheiben in Analogie zur Schlagschwingungsanfachung. Unter Berücksichtigung der Abschirmwirkung ergibt sich für den instationären Helmholtz-Anteil nach Abschn. 4.5

$$m_{He,inst} = \frac{\rho U_\infty^2}{2} \, B^2 s_2 \, \varphi(t - t_0), \quad \text{unterkritisch}, \qquad (14.7)$$

$$m_{He,inst} = \frac{\rho U_\infty^2}{2} \, B^2 c_{m,He}(t - t_0), \quad \text{überkritisch}, \qquad (14.8)$$

wobei $c_{m,He}$ den auf die Profilbreite B bezogenen konstanten Helmholtzschen Momentenbeiwert und $\text{sgn}\,\varphi$ das Vorzeichen von φ angibt. Die gegenläufige Bewegung der Seitenscheiben erzeugt in Analogie zur Schlagschwingung ein instationäres Moment

$$m_{inst} \approx \frac{1}{2} \frac{\rho U_\infty^2}{2} \, 2,0 \, H \, \frac{\dot\varphi e^2}{U_\infty} \, , \qquad (14.9)$$

wobei erfahrungsgemäß nur jeweils ein Nachlaufwirbel berücksichtigt werden muß. Insgesamt ergibt sich jetzt für die instationäre Momentenwirkung

$$m_{inst} = \frac{\rho U_\infty^2}{2} \left(B^2 s_2 \, \varphi(t - t_0) + 1,0 \, H \, \frac{\dot\varphi e^2}{U_\infty} \right), \quad \text{unterkritisch } |\varphi| < |\varphi^*|, \qquad (14.10)$$

$$m_{inst} = \frac{\rho U_\infty^2}{2} \left(B^2 c_{m,He}(t - t_0) + 1,0 \, H \, \frac{\dot\varphi e^2}{U_\infty} \right), \quad \text{überkritisch } |\varphi| > |\varphi^*|. \qquad (14.11)$$

Da hier ein offensichtlicher profileigener Anfachungsmechanismus in einer Art Nachlaufgalloping für Torsionsschwingungen vorliegt, genügt es, die Freiheitsgrade voneinander unabhängig anzusehen, so daß sich die Schwingungsgleichungen wiede-

rum im Prinzip auf die Ansätze des Einmassenschwingers vereinfachen. Mit (14.10),
(14.11) ergibt sich nun

$$\ddot{\varphi}_j(t) + 2\delta_\varphi \dot{\varphi}_j(t) + \omega_{\varphi,j}^2\, \varphi_j(t) = \frac{\rho U_\infty}{2\Theta}\, H e^2 \dot{\varphi}_j(t) + \frac{\rho U_\infty^2}{2\Theta}\, B^2 s_2\, \varphi_j(t - t_0),$$

$$\text{mit } s_2 = \frac{c_{m,He\,inst}}{\varphi^*}, \tag{14.12}$$

bei der sich ein überragender, stationärer Anteil zeigt, der jedoch gegenüber dem
eigentlichen stationären Momentenverlauf um den aus (14.6) bestimmten Zeitpunkt
phasenverschoben ist. Die instationären Anteile heben sich in Näherung gegeneinander auf und dürften nur als Korrektureffekte aufzufassen sein. Schon hier möge
erwähnt sein, daß sich, obwohl keinerlei physikalische Verwandschaft mit den Stein-
manschen Theorien vorliegt, mathematisch ein durchaus ähnliches Endergebnis
ergibt. Es genügt in guter Näherung, den stationären Momentenbeiwert des H-Profils zu bestimmen, der lediglich der Profilbewegung um den aus der Abschirmwirkung der vorderen Seitenscheibe resultierenden durch (14.6) berechneten Zeitpunkt
t_0 phasenverschoben ist.

Es sei jedoch nochmals darauf hingewiesen, daß die Übereinstimmung mit den Stein-
manschen Theorien [14.1] rein zufällig ist, die nur für die entkoppelten Schwingungen von H-Querschnitten zufällig, näherungsweise richtige Ergebnisse liefern, jedoch bei allen anderen Querschnittsformen viel zu ungünstige und physikalisch un-
richtige Ergebnisse errechnen und niemals bei den Flatterquerschnitten nach Abschn.
13 anzuwenden sind.

Wenn jetzt unter Umgehung der komplexen Schreibweise der modifizierte Flatteransatz

$$\varphi_j(t) = \varphi_j \sin \omega t$$

eingeführt und noch die bekannte Beziehung

$$\sin \omega(t - t_0) = \sin \omega t \cos \omega t_0 - \cos \omega t \sin \omega t_0$$

mit

$$\sin \omega(t - t_0) \approx \sin \omega t - \frac{\omega e}{U_\infty} \cos \omega t$$

benutzt wird, ergibt der Koeffizientenvergleich der Sinus- und Cosinusglieder bei
kleinen Dämpfungsgrößen

$$\omega \approx \omega_{\varphi,j} \tag{14.13}$$

$$2\Theta\delta_\varphi + \frac{\rho U_\infty}{2}\, 1,0\, He^2 - \frac{\rho U_{kr}}{2}\, s_2 B^2 e = 0 \,, \tag{14.14}$$

woraus sich nach Einführung des logarithmischen Dämpfungsdekrements ϑ_φ der Torsionsschwingung

$$\vartheta_\varphi \approx \frac{2\pi\delta_\varphi}{\omega_{\varphi,j}}$$

analog der Schlagschwingung als endgültige Stabilitätsformel ergibt

$$U_{kr} = \frac{2\omega_{\varphi,j}\,\Theta\,\vartheta_\varphi}{\pi\rho(He^2 - s_2 B^2 e)} \,. \tag{14.15}$$

Das Überschreiten der kritischen Windgeschwindigkeit führt zu stetig anwachsenden Schwingungsordinaten, die lediglich durch die konstante Größe des Momentenbeiwerts im überkritischen Bereich zu einem bestimmten Grenzwert anwachsen können.

Beispiel Tacoma-Brücke [14.1-14.8]

$$\Theta = 17,0\ Mps^2\, m^2/m^2 = 170\ KNs^2\, m^2/m^2$$

$$\omega_{\varphi,1} = 1,25\ s^{-1}$$

$$\vartheta_\varphi = 0,02\ldots 0,06,\ \text{je nach der Größe des Schwingungsausschlags}$$

$$\rho = 1,25\ 10^{-4}\ Mps^2/m^4 = 1,25\ kg/m^3$$

$$H = 2,45\ m$$

$$e = 6,0\ m, \quad B = 12,0\ m$$

$$s_2 = -0,43$$

$$U_{kr} = 15,0\ m/s \quad \text{für} \quad \vartheta = 0,06$$

$$S = \frac{1,25 \cdot 2,45}{2\pi \cdot 15} = 0,04 \,.$$

Auch dieser Wert stimmt gut mit dem Versuchswert nach [14.3] überein. Die Tacoma-Katastrophe erklärt sich in erster Linie durch die viel zu kleine Torsionssteifigkeit des Querschnitts, die auch bei diesen unterdimensionierten Querschnitten ohne weiteres durch die Anordnung eines ausreichend starken unteren Windverbandes zu erreichen ist, Abb. 14.5.

Zusammenfassend kann jedoch gesagt werden, daß hier das Produkt Masse oder Massenträgheitsmoment mal Dämpfungskonstante und Biegesteifigkeit oder Torsionssteifigkeit von entscheidender Bedeutung ist.

Während die Schlagschwingung aufgrund ihres gutartigen nichtlinearen Charakters
eine Karmanähnliche Schwingungsgrenzlinie besitzt, ist die Torsionsschwingung wie
beim klassischen Galloping eine eindeutig bösartige Verzweigungsform des Gleichgewichts, also eine Bewegungsform mit divergierenden Schwingungsamplituden. Der Anfachungsmechanismus ist dabei nur auf die geschlossene Ausbildung, vor allem der
hinteren Seitenscheibe, zurückzuführen.

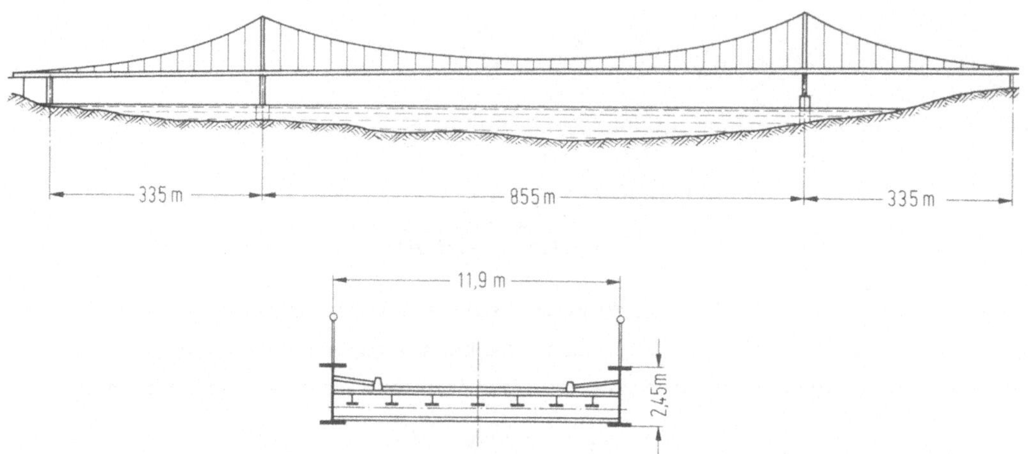

Abb. 14.5. Statisches System der eingestürzten Tacoma-Brücke

Aufgelöste Fachwerkkonstruktionen oder Schlitzkonstruktionen zeigen diesen Effekt
bei hinreichender Durchlässigkeit nicht.

Literatur

Statischer Teil in Abschn. 4.5 aufgeführt.

14.1 Steinman, D.B.: Aerodynamic theory of bridge oscillation. Transact. ASCE,
     115 (1950) 1180.

14.2 Steinman, D.B.: Hängebrücken. Das aerodynamische Problem und seine Lö-
     sung. Acier, Stahl, Steel, 19 (1954) S. 495-508, S. 542-551.

14.3 Farquharson, F.B.; Smith, F.C.; Vincent, G.S.: Aerodynamic Stability of
     suspension bridges with special reference to the Tacoma-Narrows-Bridge.
     University of Washington Engineering Experiment Station, Bulletin No. 116,
     Teil I-V, 1949-1954.

14.4 Böhm, F.: Berechnung nichtlinearer aerodynamisch erregter Schwingungen
     von Hängebrücken. Der Stahlbau 30 (1969) 207.

14.5 Scanlan, R.H.; Bellveau, J.G.; Budlong, K.S.: Indicial aerodynamic func-
     tions for bridge decks. Journ. Eng. Mech. Div., EM4, 100 (1974) 657.

14.6 Försching, H.W.: Grundlagen der Aeroelastik. Berlin, Heidelberg, New
     York: Springer 1974.

14.7 Rosemeier, G.: Zur aerodynamischen Stabilität von H-Querschnitten. Der
     Bauingenieur 48 (1973) 401.

14.8 Tschemmernegg, F.: Beitrag zur praktischen Abschätzung der aerodynami-
     schen Stabilität von Hängebrücken. Dissertation Graz 1968.

15. Richtlinien für aeroelastische Stabilitätsuntersuchungen linienförmiger Tragwerke

Weitgespannte Brücken- oder Mastkonstruktionen, auch Hochhäuser, zeigen oft durchaus merkliche Schwingungserscheinungen, so daß die wesentlichen Grundregeln aeroelastischer Schwingungsuntersuchungen nochmals kurz wiederholt werden sollen.

Zuerst ist die Wirkung der eingeprägten Kraftmechanismen nachzuweisen. Hierzu gehört die Wirkung des Böeneffektes, also der natürlichen Luftturbulenzen nach Abschn. 3, des Karmanschen Nachlaufwirbeleffektes nach Abschn. 11.2 und Schwingungen unter Verkehrslast und sonstiger eingeprägt kinetischer Kraftmechanismen. Diese Untersuchungen sind durchaus rein theoretisch möglich, sofern die statischen Kraftbeiwerte der Querschnitte bekannt sind. Bei technischen Dimensionierungen ist neben dem Einfluß des Ermüdungseffektes des Materials und eventueller bösartiger Nichtlinearitäten in dem statischen Tragverhalten vor allem das psychologische Kriterium nach Abschn. 6 zu beachten.

Bei den folgenden aeroelastischen Stabilitätsuntersuchungen ist vor allem die Möglichkeit entkoppelter Biegeschwingungen (Gallopingeffekt) zu prüfen. Es ist möglichst eine positive Neigung des Auftriebsbeiwerts als Funktion des Anstellwinkels anzustreben. In Fällen, wo dies nicht möglich ist, ist die Stabilitätsgrenze der Gallopingschwingung durch Grenzabschätzungen eventuell mit idealisierten Lastannahmen oder Windkanalversuchen nach Abschn. 11.1 nachzuweisen. Weiterhin ist zu prüfen, ob nicht verformungsweiche Schwingungsfreiheitsgrade durch konstruktive Maßnahmen auszuschließen sind. Die Windlast ist stets schnittgrößenoptimal zu wählen. Es muß also angenommen werden, daß die Windlast in allen möglichen Kombinationen verkehrslastartig auftritt.

Bei schwingungsempfindlichen Konstruktionen sollte die Anordnung von Zusatzdämpfern erwogen werden. Abschließend ist die Möglichkeit gekoppelter Biege- und Torsionsschwingungen (klassische Flatterschwingungen) zu prüfen. Es ist dabei vor allem durch eine hinreichend große Torsionssteifigkeit der Querschnitte eine Frequenznähe der entsprechenden Schwingungseigenformen zu vermeiden. Weiterhin sind Interferenzquerschnitte wie das H- oder U-Profil möglichst zu vermeiden, die ausgesprochen bösartige Torsionsschwingungen zeigen können. Bei Anordnung dieser Profile ist in jedem Fall eine Überprüfung der konzipierten Stabilitätsgrenze durch Windkanalversuche sinnvoll. Flatteruntersuchungen allgemeiner Art können mit Grenzabschätzungen für die Luft- und Dämpfungskräfte nach Abschn. 13 durchgeführt werden. Verbesserungen erscheinen durch die Messung der instationären Luftkräfte und eine anschließend durchgeführte Stabilitätsrechnung nach Abschn. 13 möglich. Windkanalversuche mit der experimentellen Bestimmung der Stabilitätsgrenze ergeben nur am physikalisch ähnlichen Vollmodell eine richtige Aussage. Bei Teilmodellen erscheint die Herstellung der dynamischen Ähnlichkeit schwierig, da der Einfluß der einzelnen Freiheitsgrade nicht leicht abzuschätzen ist.

Bei weitgespannten, verformungsweichen Konstruktionen erscheint die Beratung eines aeroelastischen Fachmanns, wie z.B. bei den Baugrunddimensionierungen, sinnvoll.

16. Aerodynamische Stabilität biegesteifer Flächentragwerke

Es soll nun der Übergang zu mehrdimensionalen Flächentragwerken vollzogen werden. Diese Tragwerke werden in biegesteife und biegeweiche Flächentragwerke unterteilt. Biegesteife Flächentragwerke sollen dabei im klassischen Sinn die Windbelastung durch eine ausreichende Biegesteifigkeit und Membranwirkung des Flächentragwerks übertragen. Wie Abschn. 17 zeigt, sind jedoch bei weitgespannten Konstruktionen vorgespannte Zugglieder unter Umständen wirtschaftlicher, und es ist durchaus denkbar, daß diese Bauwerke die klassischen Schalenkonstruktionen aus verschiedenen konstruktiven Gründen verdrängen können [16.21, 16.22]. Die zugehörigen konstruktiven Details sollen jedoch im Rahmen dieses Buches nicht weiter behandelt werden, da hier nur die Auswirkung der Windbelastung auf die Flächentragwerke interessiert.

Zunächst ist es definieren, was unter den Begriffen "biegesteif" und "biegeweich" im Sinne der Aeroelastizität zu verstehen ist. Biegesteife Tragwerke garantieren bei allen denkbaren aerodynamischen Kräften kleine Verformungen, so daß eine nichtabgerissene Potentialströmung - sofern vorher vorhanden - gewährleistet bleibt. Außerdem sind Beulwellen der Konstruktion durch den aerodynamischen Grenzschichtschub ausgeschlossen. Letztere sind bei biegeweichen Konstruktionen von großem Einfluß. Falls keine Systembiegesteifigkeit vorhanden ist, läßt sich ein solcher Stabilisierungseffekt auch durch eine Zugvorspannung erzeugen. Hierauf wird in Abschn. 17 eingegangen. Zunächst sind statische Stabilitätsprobleme der Windlast von Bedeutung, und zwar zunächst ohne Berücksichtigung der Systemverformung auf die Aerodynamik. Da es sich hier um ein reines baustatisches Problem handelt, kann in diesem Fall auf die Literatur verwiesen werden.

Die statische Windlast ist dabei dem Abschn. 4 dieses Buches zu entnehmen [16.1, 16.2, 16.4, 16.5]. Aus Forschungsergebnissen der Luft- und Raumfahrttechnik ist bekannt, daß selbsterregte Flatterschwingungen bei Schalen und Platten grundsätzlich auszuschließen sind. Lediglich im Überschallbereich ist vor allem bei Raketen ein Flattereffekt beobachtet worden, bei dem die Blechverkleidung hautähnlich wie ein Stück Papier oder eine Fahne im Wind zu schwingen beginnt (panel flutter) [16.4]. Dieser Effekt ist auf die Kopplung des schwingungsfähigen Systems mit der kompressiblen Luft zurückzuführen und im Unterschallbereich grundsätzlich auszuschließen.

Bei verformungsweichen Schalenkonstruktionen können an den Rändern bewegungsgesteuerte Abreißwirbel entstehen, die nach Abschn. 11.4 selbsterregte Schalenschwingungen im Sinne des Abreißflatterns erzeugen können.

Diese Schwingungen werden nach Scruton mit Ovalling, Abb. 16.1, bezeichnet [16.3].

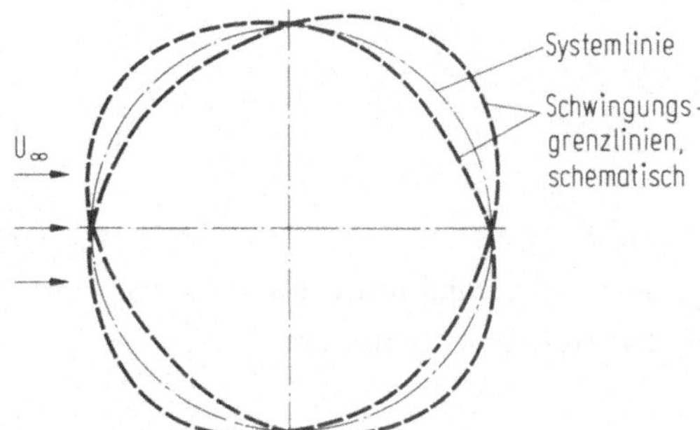

Abb. 16.1. Ovallingschwingungen eines
Flächentragwerks mit Kreisquerschnitt

Die baupraktische Erfahrung zeigt, daß solche Schwingungen mit einem konstruktiv
verstärkten Versteifungsträger am gefährdeten Schalenrand leicht auszuschalten sind.
Als einziger Stabilitätsfall verbleibt demnach ein der Divergenz nach Abschn. 11.3
entsprechendes statisches Ausbeulen druckbeanspruchter Platten, wobei die Windkräfte eine Reduzierung der Beullast bewirken.

Es wird dabei vorausgesetzt, daß nur eine Plattenseite der Windwirkung ausgesetzt
ist. Die Strömung wird dabei als eben angenommen, so daß der räumliche Einfluß
der Strömungsänderung als Funktion der Plattengeometrie vernachlässigt wird. Gemäß Abb. 16.2 lautet die Beulgleichung der Platte [16.5]

$$EI \left(\frac{\partial^4 \overline{w}}{\partial x^4} + 2 \frac{\partial^4 \overline{w}}{\partial x^2 \partial y^2} + \frac{\partial^4 \overline{w}}{\partial y^4} \right) + N_0 \frac{\partial^2 \overline{w}}{\partial x^2} = 0 \, , \tag{16.1}$$

mit der Plattenbiegesteifigkeit EI, der Stördurchbiegung $\overline{w}$ und der Beulbelastung
N_0. Durch die Beulfigur werden die Stromlinien verengt, so daß sich bekannter-
maßen eine resultierende Kraft ergibt mit der Tendenz einer Vergrößerung der Bie-
gestörung. Eine genaue Rechnung der Strömung könnte durch die Methode der konformen Abbildung oder die bei Benutzung elektronischer Rechenmaschinen sinnvol-
lere numerische Methode der Finiten Elemente erfolgen. Zu Abschätzzwecken reicht
hier durchaus eine vereinfachte Ellipsenformel nach Abschn. 2.2

$$U = U_\infty \left(1 + \frac{2\overline{w}}{b} \right) \, , \tag{16.2}$$

aus, so daß der Stördruck $\bar{p}$ nach Bernoulli unter Vernachlässigung kleiner quadratischer Glieder

$$\bar{p} = \frac{\rho U_\infty^2}{2} \, 4\,\bar{w} \cdot \frac{1}{b} \tag{16.3}$$

beträgt und die Beulgleichung (16.1) die Form

$$EI\left(\frac{\partial^4 \bar{w}}{\partial x^4} + 2\,\frac{\partial^4 \bar{w}}{\partial x^2 \partial y^2} + \frac{\partial^4 \bar{w}}{\partial y^4}\right) + N_w\,\frac{\partial^2 \bar{w}}{\partial x^2} = -\frac{2\rho U_\infty^2}{b}\,\bar{w} \tag{16.4}$$

annimmt. Wird nun die ideale kleinste, linearelastische Beulkraft ohne Windeinfluß N_{ki} genannt, dann folgt die Beulkraft mit Wind $N_{w,ki}$ aus elementaren Rechnungen für die kleinste Eigenform

$$N_{w,ki} = N_{ki} - \frac{2\rho U_\infty^2 a^2}{\pi^2 b} \; . \tag{16.5}$$

Das ist die Abminderung der Beullast durch den stationären Wind bei einer einseitigen Windbeanspruchung. Bei biegesteifen Konstruktionen und kleinen Windgeschwindigkeiten dürfte auch dieser Effekt im allgemeinen vernachlässigbar klein sein. Von

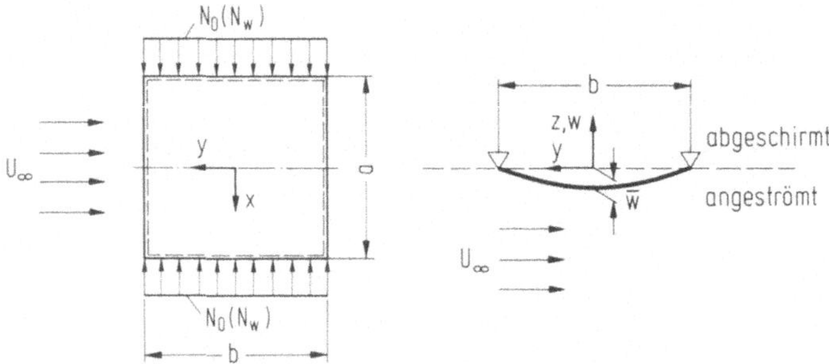

Abb. 16.2. Druckplatte bei stationärem Wind

besonderem Interesse ist nun das Problem der statischen Beurteilung von Hyperboloidschalen, die vor allem im Kraftwerksbau bei Kühltürmen große Bedeutung erlangt haben [16.6-16.9]. Die Funktion eines solchen Bauwerks und seine maßgebende Belastung ist in Abb. 16.3 dargestellt.

Außer den hier nicht weiter berücksichtigten Lastfällen Temperatur, Stützensenkung, Erdbeben besteht die maßgebende Belastung eines solchen Bauwerks in der Überlagerung von Eigengewicht plus Wind. Bei einem Katastrophenfall in Ferrybridge (England), Abb. 16.4, stürzten im Jahre 1965 drei Kühltürme ein [16.23, 16.9].

Die sofort eingesetzte Untersuchungskommission stellte fest, daß diese Kühltürme
in vieler Hinsicht nicht den internationalen Normvorschriften entsprachen. So war
die Bemessungswindlast zu gering angesetzt, die Schalenstärke im Mittel zu dünn.
Außerdem war nur eine einlagige Bewehrung angeordnet, so daß sich die Biegesteifigkeit der Schale im gerissenen Zustand des Betons auf ein nicht zuträgliches Maß
reduzierte.

Dennoch sind einige Daten der Katastrope besonders erwähnenswert. Zerstört worden sind nur die leeseitigen Kühltürme nach Abb. 16.4. Die Zerstörung erfolgte durch
horizontale Biegeschwingungen in der Turmtaille 90° zur Windrichtung gedreht, also
in der Nähe des Sogmaximums. Die Schalenschwingungen wiesen stark resonanzartigen Charakter auf und verstärkten sich zu horizontalen Faltungen, durch die Löcher
in die Schalenwand einbrachen, die das statische Schalensystem schließlich zerstör-
ten [16.9, 16.23].

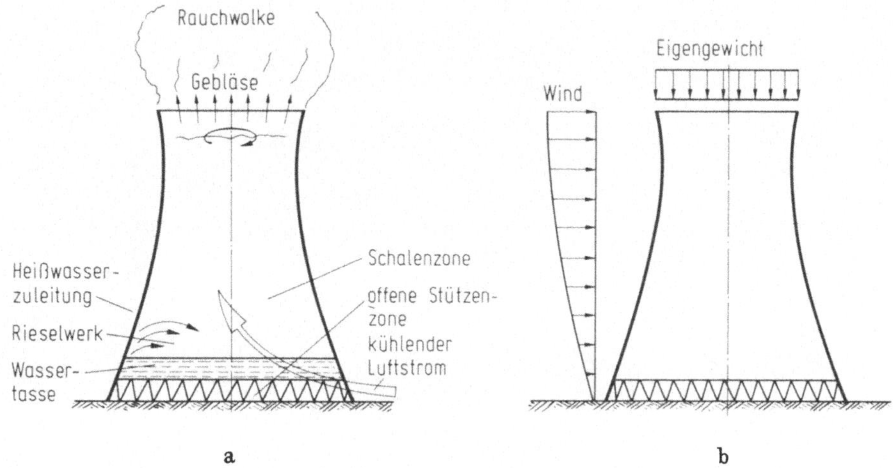

Abb. 16.3. Funktion und statische Belastung eines Kühlturms. a) Wasserkreislauf
(Prinzipskizze), b) Belastung und statisches System (Prinzipskizze)

Die Schadensfälle haben dazu geführt, das gesamte statische System des Rotationshyperboloids nochmals sorgfältig zu überprüfen einschließlich aller Lastannahmen
wie Stützensenkung, Temperatur, wobei die instationäre Windlast durch Meßuhren,
die in den neuen Bauwerken installiert worden sind, sorgfältig ausgemessen worden
ist [16.19, 16.20].

Diese Messungen sind zu einer Bemessungswindlast in [16.9, 16.24] für Naturzug-
kühltürme zusammengefaßt worden, Abb. 16.5.

In [16.6] sind die Schalenschnittgrößen unter dieser Windbelastung aufgeführt, die in
[16.14] fourieranalytisch überprüft worden sind, Abb. 16.6.

Charakteristisch ist die außerordentliche Verzerrung der Meridiankräfte des Rotationshyperboloids gegenüber der geometrisch ähnlichen Kreiszylinderschale. In [16.14] ist nachgewiesen, daß dieser Effekt auf den Einfluß der höheren Fourier-Glieder in der Breitenkreisebene zurückzuführen ist, der bei den hyperbolischen Schalen im Gegensatz zu den elliptischen Schalen und parabolischen Schalen (Zylinderschalen) aufgrund der Neigung zu dehnungslosen Verformungen grundsätzlich nicht auszugleichen ist und den gesamten Schnittgrößenverlauf der hyperbolischen Schale erheblich beeinflußt.

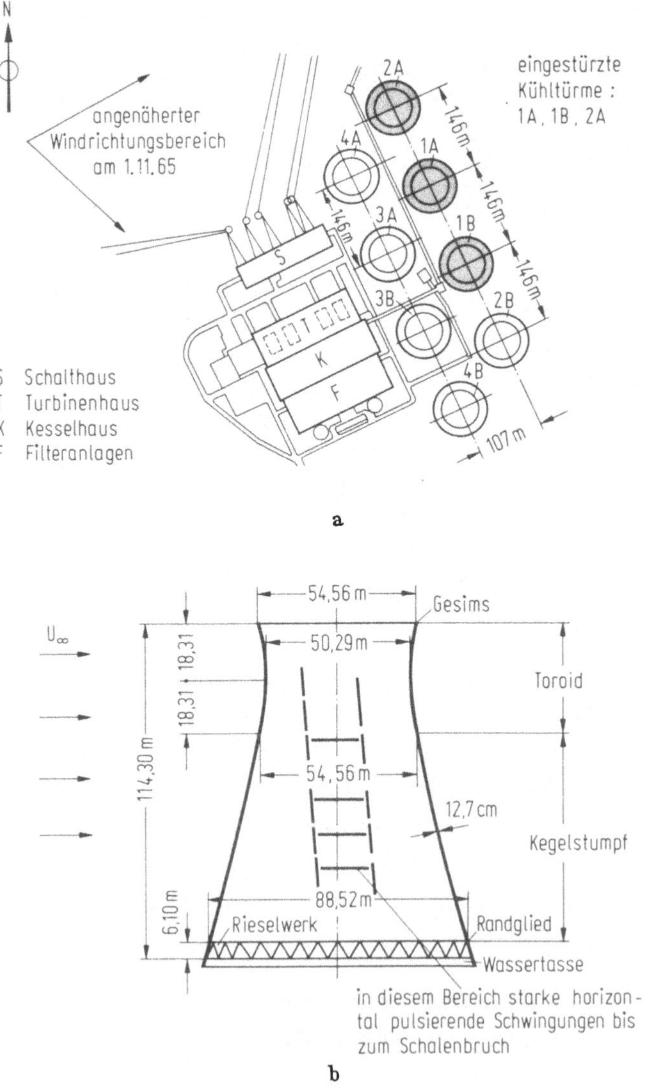

Abb. 16.4. Grundrißanordnung und maßgebende Windrichtung bei dem Unglücksfall in Ferrybridge (England) [16.9]

Aufgrund des sehr wechselhaften Charakters der Windlast nach Abschn. 3 sind somit für die Schalenschnittgrößen nur momentane Grenzabschätzungen möglich. Es liegt damit ein äußerst empfindliches statisches System vor.

Weiterhin ist natürlich das statische Beulen unter zunächst rotationssymmetrischer Axiallast von besonderem Interesse. Hier ist in [16.14] das in Abb. 16.7 geschilderte Analogiemodell entwickelt worden.

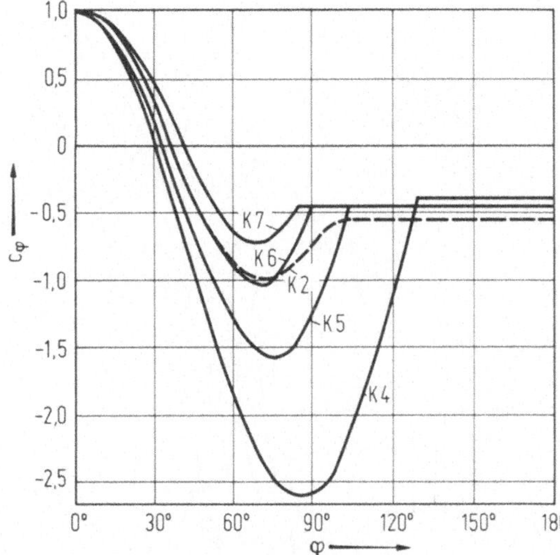

	Bezeichnung				
	K2	K4	K5	K6	K7
Druckminimum min c_φ	−1,00	−2,60	−1,57	−1,03	−0,73
rel. Rauhigkeit k/D	—	0	$3{,}5 \cdot 10^{-4}$	$1{,}2 \cdot 10^{-3}$	$3{,}9 \cdot 10^{-3}$
Reynolds-Zahl Re	—	$6 \cdot 10^{5}$	$1{,}2 \cdot 10^{6}$	$1{,}2 \cdot 10^{6}$	$7{,}3 \cdot 10^{5}$
rechn. Gesamt-widerstands-beiwert c_φ	0,685	0,306	0,411	0,586	0,716

Abb. 16.5. Druckverteilung zur Berechnung der Schalenschnittgrößen eines Rotationshyperboloids nach [16.9]

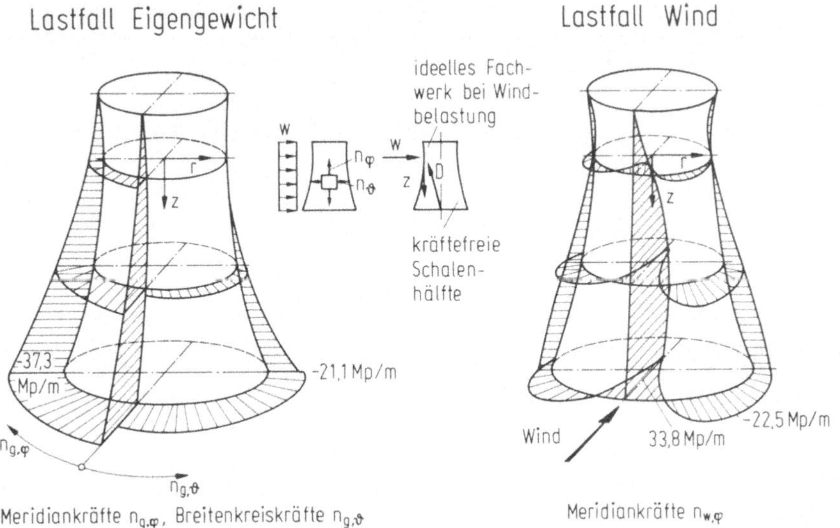

Abb. 16.6. Schalenschnittgrößen des Rotationshyperboloids bei einer Windbelastung nach [16.6]

Mit den in Abb. 16.7 angegebenen Bezeichnungen ergibt sich die Beullast N_{ki} zu [16.14]

$$N_{ki} = \frac{Et^2}{r} \; \frac{0,855\sqrt[4]{1 - \mu^2}}{1 - \mu^2} \; \sqrt{\frac{t}{r}} \; \frac{R}{L} \left[1 - \frac{\frac{0,855}{1 - \mu^2}\sqrt{\frac{t}{r}}\frac{R}{L}}{0,605} \right], \qquad (16.6)$$

mit dem Elastizitätsmodul E, der Schalendicke t und der Querdehnungszahl μ. Die übrigen Beziehungen sind der Abb. 16.7 zu entnehmen. Bei den praxisüblichen Abmessungen folgt hieraus

$$N_{ki} = (0,07 \ldots 0,10) \, \frac{Et^2}{r} \, . \qquad (16.7)$$

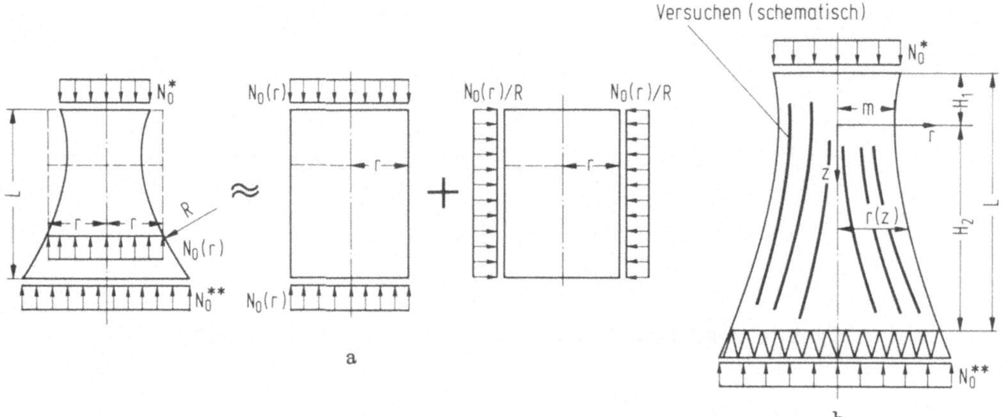

Abb. 16.7. Statisches Analogiemodell für die Beuluntersuchung eines Rotationshyperboloids unter einer Axiallast. a) Analogiemodell, b) Beulform

Dieser Wert ist durch Versuche in [16.8, 16.9] bestätigt worden. Gegenüber dem bekannten Wert der Zylinderschale

$$N_{ki,z} = 0,605 \, \frac{Et^2}{r} \qquad (16.8)$$

ist somit eine erhebliche Abminderung festzustellen. Allerdings ist bei der Zylinderschale nach dem Durchschlagen in den überkritischen Bereich eine ähnliche Abminderung von (16.8) auf (16.7) festzustellen.

Falls zur rotationssymmetrischen Eigengewichtslast noch die unsymmetrische Windlast überlagert wird, ist aufgrund des mangelnden Ausgleichscharakters der Hyperboloidschalen die Bemessungsvorschrift

$$5,0(N_{0,g} + N_{0,w}) \leqslant N_{ki} \qquad (16.9)$$

mit dem Sicherheitsfaktor 5,0 zu empfehlen, wobei $N_{0,g}$, $N_{0,w}$ die maximalen Meridiankräfte aus der Windlast und dem Eigengewicht bezeichnen. Genauere Beuluntersuchungen von allgemeinen Rotationsschalen unter beliebiger Belastung bei großen Verformungen werden in [16.9, 16.17, 16.26, 16.27] durchgeführt.

Dort ist vor allem das Zusammenwirken von Membrankräften unter der Eigengewichts- und Windbelastung untersucht. Die dort gefundenen halbempirischen Beulformeln sind in Abb. 16.8 zusammengestellt.

Auch die dort vorgeschlagenen Bemessungsformeln sind erwähnenswert, die einen Gebrauchszustand aus Eigengewicht g, Windlast w, Temperatur T

$$1,0\ g + 1,0\ w + 1,0\ T\ldots, \quad \text{zulässige Spannungen:} \quad \beta_S/\nu_S \quad (\text{Stahl})\ ,$$
$$\beta_R/\nu_R \quad (\text{Beton})$$

mit den zulässigen Werkstoffspannungen β_S, β_R und einen kritischen Bruchzustand

$$1,0\ g + 1,5\ w + 1,0\ T\ldots, \quad \text{zulässige Spannungen:} \quad \beta_S \quad (\text{Stahl})\ ,$$
$$\beta_R \quad (\text{Beton})$$

unterscheiden, der die Bruchgrenze des Materials erreicht. Die niedrigste Schaleneigenfrequenz sollte nach [16.8, 16.15] bei

$$\omega_{j,II} \geq 1,2\ s^{-1} \qquad (\text{Beton im Zustand II})$$

für reine statische Untersuchungen liegen, wobei der gerissene Zustand des Betons zu berücksichtigen ist, Erfahrungsgemäß ist die Konstruktion hier dem Einfluß des Frequenzbandes des natürlichen Windes enthoben.

Aus den statischen Beuluntersuchungen der hyperbolischen Schalen ist zu erkennen, daß es sich bei Ferrybridge um keinen statischen Beulvorgang handelt. Bei dem statischen Beulen liegt nach (16.6), (16.7) ein nahezu entkoppelter Zusammenbruch des Breitenkreissystems vor, so daß die Beullinien nahezu senkrecht von oben nach unten durchlaufen müssen und nicht das Rautenmuster der Zylinderschalen aufweisen [16.5, 16.8, 16.9]. Dies ist aus Versuchen gut zu erkennen.

Demnach sind Schwingungserscheinungen bei Kühltürmen von besonderem Interesse. Die zugehörigen Eigenkreisfrequenzen sind in Abb. 16.9 zusammengestellt [16.9]. Die membranen Eigenkreisfrequenzen in der Schalenfläche sind praktisch tief abgestimmt und hier nicht von Interesse. Wichtig ist vor allem die Kenntnis der Transversalschwingungen, die als praktisch reine Biegeschwingungen nahezu dehnungslos

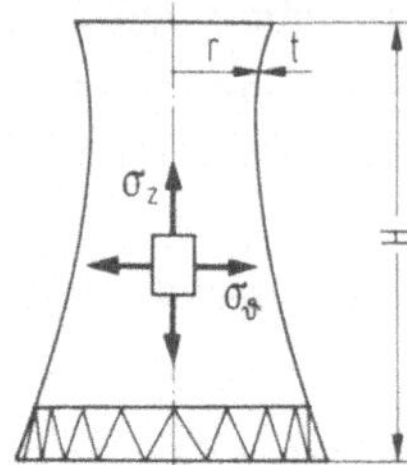

Näherungsgleichung :

$$\sigma_{z,kr} = k_1 E \frac{t}{r} \qquad k_1 = 0{,}079 \pm 0{,}009$$

Abschätzung nach Dunkerley :

$$v \left[\frac{\sigma_z}{\sigma_{z,kr}} + \frac{\sigma_\vartheta}{\sigma_{\vartheta,kr}} \right] \leq 1$$

$$v \left[\left(\frac{\sigma_z}{\sigma_{z,kr}}\right)^2 + \frac{\sigma_\vartheta}{\sigma_{\vartheta,kr}} \right] \leq 1$$

$\sigma_z , \sigma_\vartheta$ wirkende Meridian- bzw. Ringdruckspannung unter Eigengewicht

$\sigma_{z,kr} , \sigma_{\vartheta,kr}$ „exakte" Meridian- bzw. Ringbeulspannung einer axial bzw. radial belasteten Kreiszylinderschale

$\sigma_{z,kr}$ angenäherte Meridianbeulspannung

v Beulsicherheit

E Elastizitätsmodul

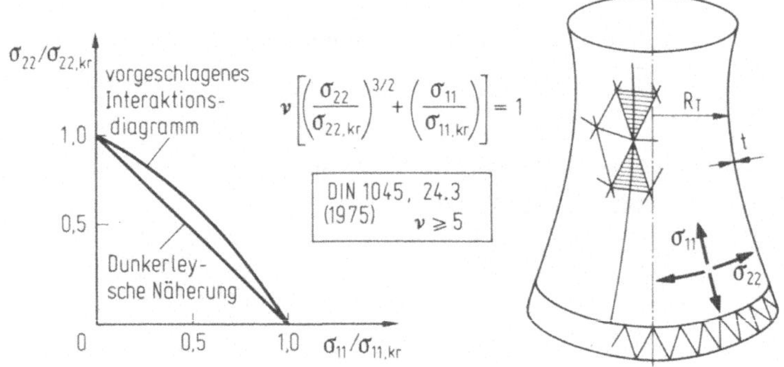

kritische Meridianspannung :

$$\sigma_{11,kr} = \frac{0{,}985}{\sqrt[4]{(1-\mu^2)^3}} \, E \left(\frac{t}{R_T}\right)^{4/3} k_{G,11}$$

kritische Breitenkreisspannung :

$$\sigma_{22,kr} = \frac{0{,}612}{\sqrt[4]{(1-\mu^2)^3}} \, E \left(\frac{t}{R_T}\right)^{3/4} k_{G,22}$$

$k_{G,11} , k_{G,22}$: Parameter der Schalengeometrie

$\sigma_{11} , \sigma_{22}$: Membranspannungen aus Eigengewicht, Wind, Innensog

a

Abb. 16.8. Stabilität der Kühlturmschale [16.8]. a) Allgemeine Stabilitätsformeln und Interaktionsdiagramm

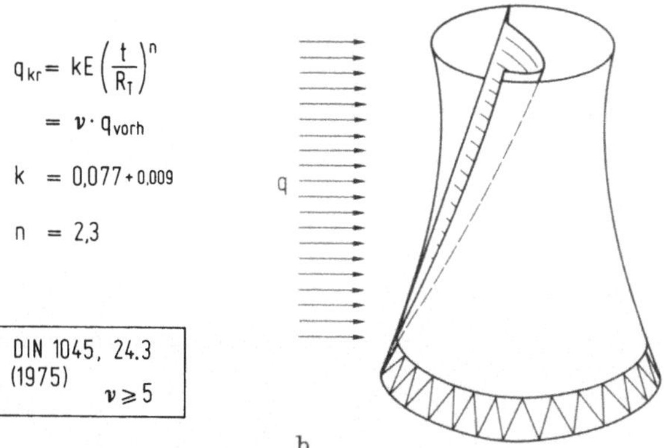

Abb. 16.8. Stabilität der Kühlturmschale [16.8]. b) Örtliches Beulen unter Wind-druck

verlaufen. Für Ferrybridge ergibt Abb. 16.9

$$\omega_{v,\,min} = 0,50\ s^{-1}$$

so daß die niedrigste Transversalschwingung im Frequenzband des natürlichen Win-des liegt. Natürlich sind bei solch empfindlichen Systemen die Schwingungsgrenz-amplituden unter den eingeprägt kinetischen Kräften nach Abschn. 10.1 und 10.2 nach-zuweisen. Diese Aufgabe ist z.B. unter Benutzung der Finite-Elemente-Methode nach Abschn. 2.1 durchzuführen. Die Windbelastung ist dabei stochastisch gemäß den Daven-

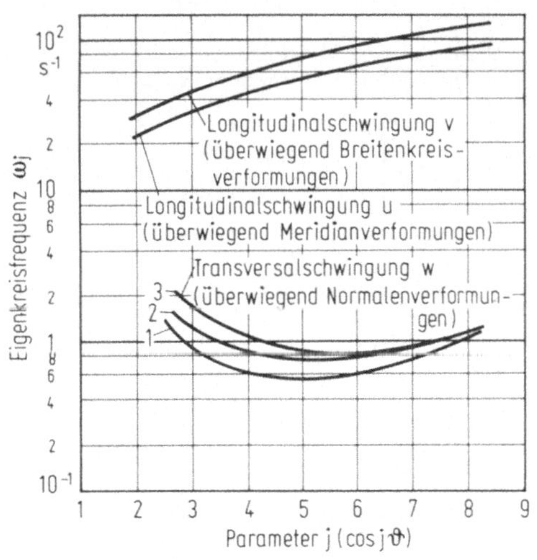

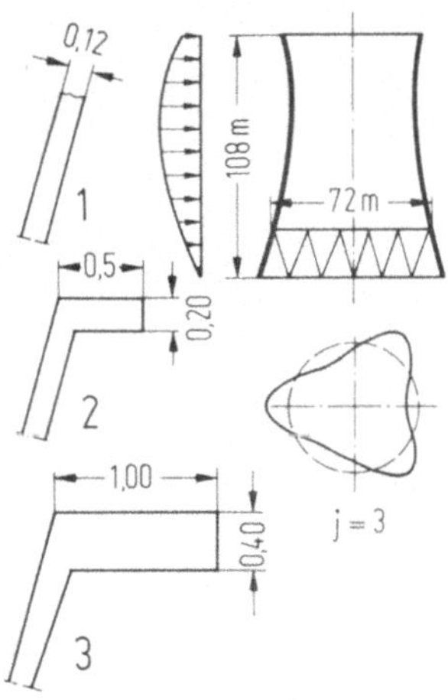

Korrektur für schwach bewehrte Querschnitte im Zustand II :

$$\omega_{j,II} = \omega_{j,I} \cdot \sqrt{1 - \frac{P'}{P_E}} \cdot \sqrt{\frac{I_{II}}{I_I}} \quad ; \quad \omega_{j,II} = 0,5\,\omega_{j,I}$$

Abb. 16.9. Eigenfrequenzen von hyperbolischen Kühltürmen (Prinzipskizze) [16.9]

portschen Ansätzen nach Abschn. 3 anzunehmen, die für ein räumliches System mit Kreisquerschnitt neue Korrelationsfunktionen gegenüber dem rechteckigen Hochhausquerschnitt ergeben dürften. Auch eine vereinfachte, idealisierte (schnittgrößenoptimale) Annahme nach Abschn. 2.1 erscheint sinnvoll. Weiterhin ist die Möglichkeit einer determinierten Karmanschen Wirbelresonanz zu prüfen.

Die Schalenbiegesteifigkeit sollte stets den gerissenen Zustand des Betons berücksichtigen, der vor allem durch die Zusatzlastfälle Temperatur und Stützensenkung sinnvoll erscheint.

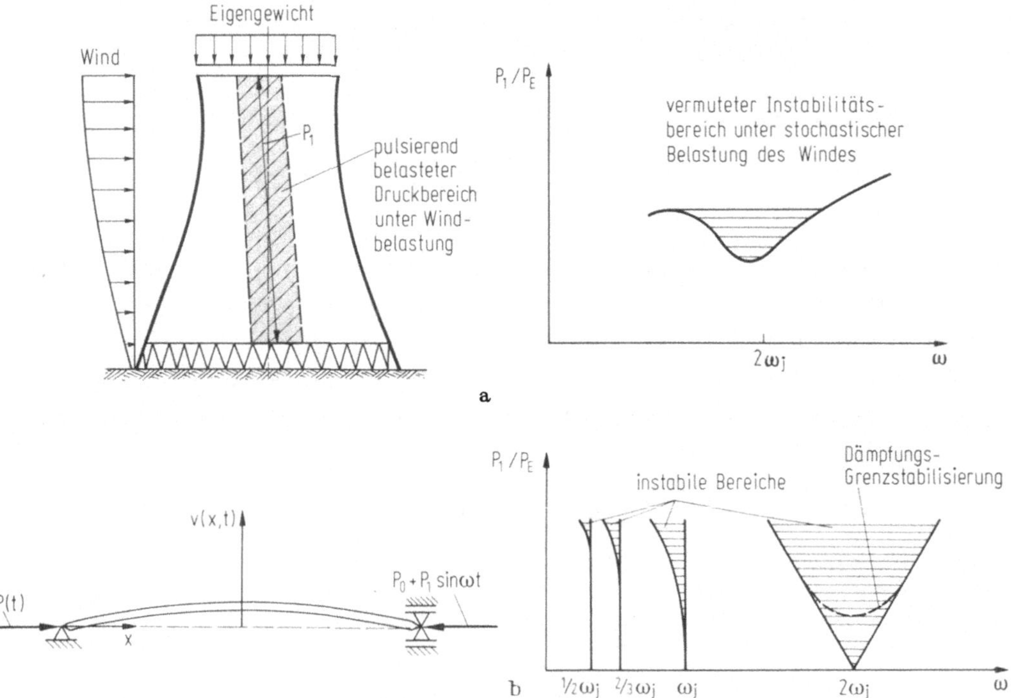

Abb. 16.10. Statisches Analogiemodell eines Rotationshyperboloids unter den Lastfällen Eigengewicht und Wind. a) Schale und zugehörige Stabilitätskarte (Prinzipskizze), b) Druckstab und zugehörige Stabilitätskarte (Prinzipskizze)

In [16.15] ist darauf hingewiesen worden, daß vor allem im Bereich der Turmflanken parametererregte Schwingungen möglich sind, die aufgrund ihrer Bereichsresonanzen bei breiten Frequenzbändern gefährliche Resonanzschwingungen erzeugen können.

Das besonders gefährliche Stabilitätskriterium [16.10-16.12]

$$\omega = 2\omega_E = 2\omega_j$$

mit der Erregerkreisfrequenz ω und einer Systemeigenkreisfrequenz $\omega_E = \omega_j$ ist bei Ferrybridge offensichlich erfüllt, da

$$0,785 \approx 2 \cdot 0,50 = 1,00 \text{ s}^{-1} \quad \text{Zustand I}$$

$$0,785 \approx 2 \cdot 0,30 = 0,60 \text{ s}^{-1} \quad \text{Zustand II}$$

in dem jeweiligen Zustand (gerissen oder ungerissen) des Betons ist. Zur endgültigen Lösung des Problems müssen die Stabilitätskarten beliebiger Schalensysteme unter stochastischer Belastung berechnet werden, was vor allem bei den sehr empfindlichen hyperbolischen Schalen wichtig ist. Die Beschränkung der Schwingungsgrenzamplituden der Schalen auf ein technisch zulässiges Maß ist bei Flächentragwerken besonders sinnvoll, da sie sehr oft zu bösartigen statischen Nichtlinearitäten (Durchschlageffekte) neigen.

Die Tatsache, daß nur die leeseitgen Türme bei Ferrybridge eingestürzt sind, ist darauf zurückzuführen, daß dort durch eine geringfügige Änderung der Windlast ungünstigere Schalenschnittgrößen als bei den luvseitigen Türmen hervorgerufen werden [16.9].

Literatur

16.1   Bisplinghoff, R.C.; Ashley, H.; Halfman, R.C.: Aeroelasticity. Reading Mass.: Addison-Wesley Publ. Comp., 1957, 2. Aufl.

16.2   Försching, H.W.: Grundlagen der Aeroelastik. Berlin, Heidelberg, New York: Springer 1974.

16.3   Sachs, P.: Wind forces in engineering. Oxford, New York, Toronto, Sidney, Braunschweig: Pergamon Press 1972. (Vgl. u.a. die dortigen Literaturangaben.)

16.4   Küssner, H.G.: Aeroelastische Probleme des Flugzeugbaus. Zeitschr. f. Flugwiss. 3 (1955) 1.

16.5   Pflüger, A.: Stabilitätsprobleme der Elastostatik. 3. Auflg., Berlin, Göttingen, Heidelberg, New York: Springer 1974.

16.6   Krätzig, W.: Schnittgrößen und Verformungen windbeanspruchter Kühltürme. Beton und Stahlbetonbau 61 (1966) 247.

16.7   Krätzig, W.; Peters, L.: Naturzugkühlturm Schmehausen. Beton- und Stahlbetonbau 64 (1969) 105.

16.8   Krätzig, W.: Große Naturzugkühltürme aus Stahlbeton. VGB Kraftwerkstechnik 55 (1975) 191.

16.9   Berichte aus dem Institut für konstruktiven Ingenieurbau der Ruhr-Universität Bochum. Heft 1, Vorträge der Tagung Naturzug-Kühltürme, Bochum 1968. (Vgl. auch die dortigen Literaturangaben.)

16.10 Mettler, E.: Über die Stabilität erzwungener Schwingungen elastischer Kör-
      per. Ing.-Arch. 13 (1942) 97.

16.11 Weidenhammer, M.: Das Stabilitätsverhalten der nichtlinearen Biegeschwin-
      gungen. Ing.-Arch. 24 (1956) 53.

16.12 Grundmann, H.: Dynamische Stabilität des schwachgekrümmten Schalenfeldes.
      Ing.-Arch. 39 (1970) 261.

16.13 Flügge, W.: Statik und Dynamik der Schalen. Berlin, Göttingen, Heidelberg:
      Springer, 3. Auflg., 1962.

16.14 Rosemeier, G.: Zur Stabilität von Hypar- und Hyperboloidschalen. Der Bau-
      ingenieur 48 (1973) 437.

16.15 Rosemeier, G.: Aerodynamische Stabilität druckbeanspruchter Flächentrag-
      werke. Die Bautechnik 49 (1972) 8.

16.16 Maderspach, V.; Gaunt, J.T., Sword, J.H.: Buckling of Cylindrical Shells
      to Wind Loading. Der Stahlbau 42 (1973) 269.

16.17 Köpper, H.D.: Theorie und numerische Lösung des Stabilitätsproblems all-
      gemeiner Rotationsschalen. Mitt. 74-2 Institut für konstruktiven Ingenieurbau.
      Ruhruniversität Bochum 1974. (Vgl. auch die dortigen Literaturangaben.)

16.18 Herzog, M.: Realistische Näherungsberechnung hyperbolischer Kühltürme.
      Die Bautechnik 52 (1975) 48. (Vgl. u.a. die dortigen Literaturangaben.)

16.19 Niemann, H.J.: Zur stationären Windbelastung rotationssymmetrischer Bau-
      werke im Bereich transkritischer Reynoldszahlen. Mitteilung Nr. 71-2, In-
      stitut für konstruktiven Ingenieurbau, Ruhruniversität Bochum 1971.

16.20 Niemann, H.J.; Peters, H.C.; Zerna, W.: Naturzug-Kühltürme im Wind.
      Beton- und Stahlbetonbau 67 (1972) 121.

16.21 Schlaich, J.; Mayr, G.: Naturzug-Kühlturm mit vorgespanntem Membran-
      mantel. Der Bauingenieur 49 (1974 41.

16.22 Jasch, E.: Die Anwendung von Seilnetzkonstruktionen zum Bau von Kühltür-
      men. Der Bauingenieur 49 (1974) 421.

16.23 The Institution of Civil Engineers. Natural Draught Cooling Towers, Ferry-
      bridge and After. Proceedings of the Conference, London 1967.

16.24 Peters, C.: Der vollständige Spannungs- und Verformungszustand großer
      Naturzug-Kühltürme in Schalenbauweise. Beton- und Stahlbetonbau 67 (1972)
      175.

16.25 Gould, P.C.; Lee, S.C.: Hyperbolic Cooling Towers under Wind Load. Ab-
      handlungen JVBH 31 (1971) 48.

16.26 Fritz, H.; Wittek, U.: Zur Stabilität der Flächentragwerke. Mitteilung
      Nr.74-6, Institut für konstruktiven Ingenieurbau, Ruhruniversität Bochum
      1974.

16.27 Wittek, U.: Lineares und nichtlineares Stabilitätsverhalten der Flächentrag-
      werke aus der Sicht dehnungsloser Binlzustände. Vortrag Mechanik-Statik-
      Seminar, Hannover 1976 (mit den dort aufgeführten Literaturangaben).

17. Aerodynamische Stabilität biegeweicher Konstruktionen (leichte Flächentragwerke)

Im Rahmen dieses Buches soll der Vollständigkeit halber noch ein kurzer Einblick in die aerodynamische Problematik der leichten Flächentragwerke, vor allem der vorgespannten Seilnetzkonstruktionen, gegeben werden, obwohl hier viele Probleme noch zu erforschen sind, so daß dieser Abschnitt mangels "Masse" zur Zeit nur eine grobe Übersicht dieses Problemkreises geben kann.

Das bekannteste klassische Problem dieses Aufgabengebietes ist das Fahnenflattern, Abb. 17.1.

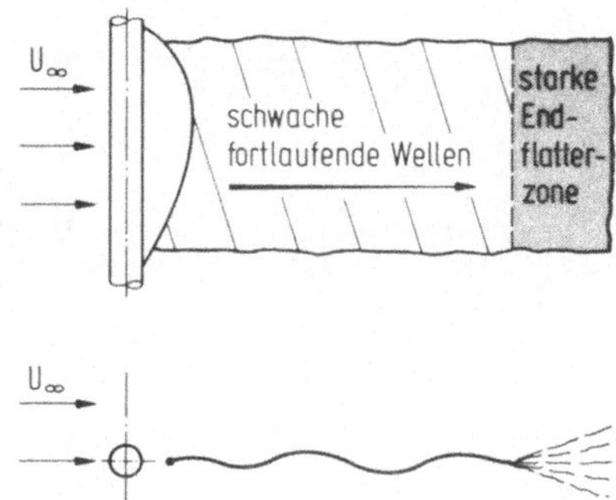

Abb. 17.1. Fahnenflattern bei einer Windbelastung

Die ursprünglich schlaff hängende Fahne richtet sich unter einer stationären Windbelastung durch eine Zugvorspannung auf. Auf der Fahnenfläche entstehen stetige,
fortlaufende Wellenzüge ähnlich den Beulwellen eines biegesteifen Flächentragwerks,
die sich jedoch hier bei der fehlenden Biegesteifigkeit mit einer gleichförmigen Geschwindigkeit über das gesamte Fahnengebiet ausbreiten. Lediglich das Fahnenende
führt große Schwingungsbewegungen aus und ist praktisch für die Zugkraft der Fahnenfläche in erster Linie verantwortlich.

Der aerodynamische Mechanismus eines solchen Problems ist zur Zeit noch weitgehend ungeklärt. In jedem Fall liegt eine merkliche Beeinflussung der Aerodynamik durch große Systemverformungen vor, was sich vor allem auf Abreißerscheinungen der Strömung und Wirbelbildungen mit erheblichen alternierenden Sogkräf-
ten bemerkbar macht. Auch Wechselwirkungen von luvseitigen Potential- und leeseitigen Totwassergebieten dürften einschließlich der sich daraus ergebenden statischen Konsequenzen hier von großem Einfluß sein.

Bei bautechnischen Konstruktionen sind auch bei reinen Zuggliedern Verformungen
in einer derartigen Größenordnung unerwünscht. Dennoch ist zunächst das Studium
möglicher aerodynamischer Anfachungsmechanismen interessant, denen durch geeignete konstruktive Gegenmaßnahmen zu begegnen ist. Beginnen wir zunächst mit
Naturbeobachtungen. In Abb. 17.2 ist dargestellt, welche eingeprägten Kraftmechanismen bei der Entstehung von Meereswellen unter der Windbelastung von Bedeutung
sein können. Bei kleinen Windgeschwindigkeiten erzeugt der Grenzschichtschub der
Luftströmung Beulwellen auf der Meeresoberfläche, die sich bei größeren Windgeschwindigkeiten zu solchen Verformungen vergrößern, daß eine eingeprägte Kraftwirkung nach Abb. 17.2b eine fortlaufende Welle erzeugt. Ein ähnlicher Effekt ist
beim Fahnenflattern nach Abb. 17.1 zu beobachten.

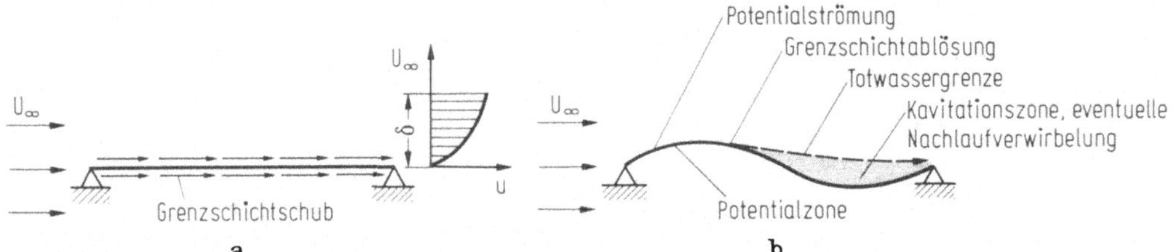

Abb. 17.2. Entstehungsursache von Beulwellen bei einer Windbelastung. a) Grenzschichtschub, b) statische Kraftwirkung bei großen Verformungen

Es ist jedoch festzustellen, daß sich diese Verformungsempfindlichkeit mit steigen-
der Zugvorspannung der biegeweichen Elemente verliert. Auf diesen technisch nutz-
baren Effekt ist noch ausführlich hinzuweisen. Zunächst sollen nur schlaffe, biegeweiche Konstruktionen betrachtet werden.

Es soll zuerst eine schlaffe, nicht vorgespannte Seilfläche mit festen Auflagerrändern nach Abb. 17.3 untersucht werden [17.3-17.8].

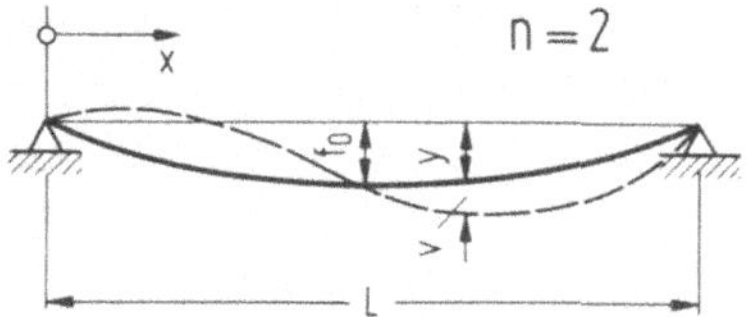

Abb. 17.3. Freihängende, nicht vorgespannte, schwingende Seilfläche

Es ist die Reaktion des Seils auf eingeprägt kinetische Belastungseffekte nachzuweisen. Die Grundlagen der Seilstatik sollen hier als bekannt vorausgesetzt werden
[17.1-17.31]. Die Wirkung der Biegesteifigkeit der Seile wird vernachlässigt. Be-
kanntermaßen ist die Seilfläche eine Minimalfläche, die eine Last momentenfrei zwischen Festpunkten mit einer bestimmten gesamten Seillänge überträgt. Die Seillänge
ist dabei durch die nicht mehr zu vernachlässigende elastische Dehnung abhängig von

der Belastung, so daß die Gleichgewichtslage des Seilsystems nur iterativ mit Hilfe
einer Theorie höherer Ordnung ermittelt werden kann. An Stelle der exakten Seilglei-
chungen genügt es im allgemeinen, eine Parabel zweiter Ordnung einzusetzen. Auch
hier ist die Methode der Finiten Elemente gemäß Abschn.2.1 besonders geeignet, da
die zugehörige Maschendiskretisierung des Kontinuums von vornherein festliegt [17.13,
17.21, 17.22, 17.26]. Bei den Schwingungsuntersuchungen nach Abb.17.3 sind die dehnungslosen antimetrischen Eigenformen vor allem durch die weitaus geringere Dämpfung gegenüber den symmetrischen Eigenformen bevorzugt. Demnach ist die Seilzug-
kraft H_0 dann konstant.

Die Gleichung für die ungedämpfte Eigenschwingung des Seils lautet [17.3-17.8, 17.13]
bei antimetrischen Schwingungsformen

$$- m\ddot{v}(x,t) + H_0 v''(x,t) = 0 \qquad (17.1)$$

mit der konstanten Schwingungsmasse m, der Schwingungsamplitude v und der konstanten Horizontalkraft H_0 des Seils. Die Schwingungsmasse m wird durch die nicht
mehr zu vernachlässigenden Luftmassen (Kelvinsche Impulse) merklich vergrößert
und entspricht gemäß Abb.17.3 in Näherung etwa einem der Schwingungsmasse um-
beschriebenen Luftzylinder mit den dort angegebenen Abmessungen.

Der übliche Separationsansatz stehender Wellen

$$v(x,t) = v_0 \sin n \frac{\pi}{L} x \, e^{i\omega t} \qquad (17.2)$$

ergibt mit (17.1) für die Eigenschwingzeit des Seils [17.3-17.8]

$$T_E = \frac{2}{n} \sqrt{\frac{8f}{g}} \qquad n = 2,4,6,\dots , \qquad \omega_E = 2\pi/T_E \qquad (17.3)$$

mit dem Seilstich f und der Erdbeschleunigung g. Die Berücksichtigung der Seil-
biegesteifigkeit EI ergibt nach [17.3] die Korrektur

$$T_E = \frac{2}{n} \sqrt{\frac{8f}{g}} \sqrt{\frac{1}{1 + \left(\frac{n\pi}{L}\right)^2 \frac{EI}{H_0}}} \quad , \qquad n = 2,4,6,\dots \qquad (17.4)$$

Falls nun auf ein schwingungsfreies Seilsystem eine Gleichlast

$$m\ddot{v} + 2m \,\delta\dot{v} + cv = P_0 \cos \omega t \qquad (17.5)$$

mit der Federkonstanten c des Seils

$$c = H_0 \frac{\pi^2}{l^2} n^2 \qquad (17.6)$$

trifft, ergibt sich nach Abschn. 2.1 eine Grenzamplitude im Resonanzfall von

$$v_{max} = \frac{P_0}{c} \frac{\pi}{\vartheta} \qquad (17.7)$$

mit dem logarithmischen Dämpfungsdekrement ϑ und der Federsteifigkeit c nach
(17.6). Hieraus ist klar zu erkennen, daß die Schwingungsamplitude umso kleiner
ausfällt, je größer die eingeprägte Horizontalkraft H_0 anzusetzen ist. Weiterhin ist
die große Bedeutung der Vorspannung für ein solches Seilsystem zu erkennen, weil
einmal die Systemeigenfrequenz nach (17.3), (17.4) und die maximale Schwingungsgrenzamplitude (17.7) durch die Wahl des entsprechenden Vorspanngrades beliebig
variiert werden kann. Ein solches Seilsystem ist somit in der Lage, eine beliebige
geometrische Formgebung und eine beliebige Systemsteifigkeit durch den freien Parameter der Systemvorspannung zu erzeugen.

Bevor diese Leitidee weiter verfolgt wird, soll zunächst weiterhin das schlaffe Seil
betrachtet werden. Mit den entwickelten Grunddaten des elastomechanischen Systems
sind zunächst die eingeprägten Kräfte der natürlichen Luftturbulenzen nach Abschn. 3
und die Karmanschen Nachlaufwirbelresonanzen nach Abschn. 10.2 nachzuweisen. Bei
sehr kleinen Schwingungsamplituden kann die Untersuchung linearisiert mit der Ma-
trizenverschiebungsmethode nach Abschn. 2.1 erfolgen. Bei größeren Verformungen
hat sich gezeigt, daß vor allem die geometrische Nichtlinearität des Seilsystems
doch von solchem Einfluß ist, daß besser die schrittweise zeitliche Aufintegration
der Bewegungsgleichungen (Step-by-Stepmethode) angewendet werden sollte [17.23,
17.24, 17.29].

In Abschn. 16 ist schon darauf hingewiesen worden, daß selbsterregte Schwingungseffekte in Form von Wellenerscheinungen im Unterschallbereich - also bei kleinen
Strömungsgeschwindigkeiten der Luft - ausgeschlossen sind. Weiterhin darf angenommen werden, daß die Vorspannung des Systems auch bei nicht vorgespannten
Konstruktionen stark genug ist, um Beulwellen aus dem im allgemeinen geringen Grenzschichtschub auszuschließen. Demnach bleibt der in Abb. 17.2 dargestellte Einfluß
großer Verformungen bestehen, der zu Durchschlageffekten verschiedenster Art
Anlaß gibt, Abb. 17.4.

Bei verformungsweichen Konstruktionen besteht die Möglichkeit des Aufwölbens
der Dachoberfläche mit dem entsprechenden Strömungsunterdruck aus der Poten-
tialwirkung oder aus Abreißeffekten der Strömung, die ein Heben der gesamten Dach-

oberfläche und ein Durchschlagen nach oben bewirken können, bis das Dach dann wieder in sich zusammenfällt, wenn sich die Windgeschwindigkeit wieder verkleinert.

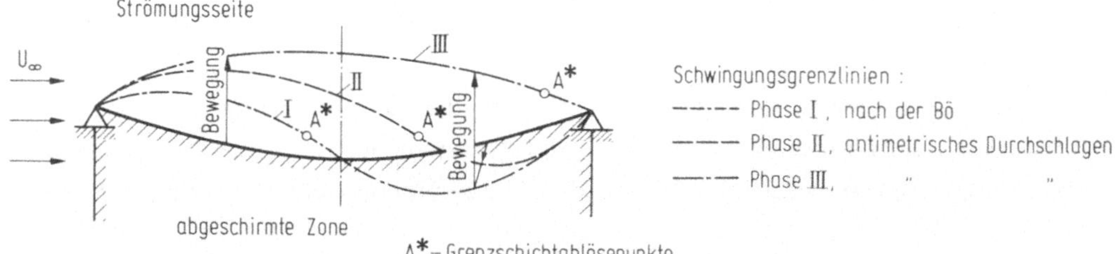

Abb. 17.4. Durchschlageffekte seilähnlicher Konstruktionen

Vor allem an den freien Rändern der Seilfläche, die z.B. durch vorgespannte Haupttragseile vorhanden sein kann, können Abreißflattergeschwindigkeiten, Abb. 17.5, hervorgerufen werden, die mit den Ovallingschwingungen der biegesteifen Flächentragwerke nach Abschn. 16 verglichen werden können. Die erregenden Kräfte sind jedoch klein und können mit den Ansätzen des Abschn. 11 abgeschätzt werden.

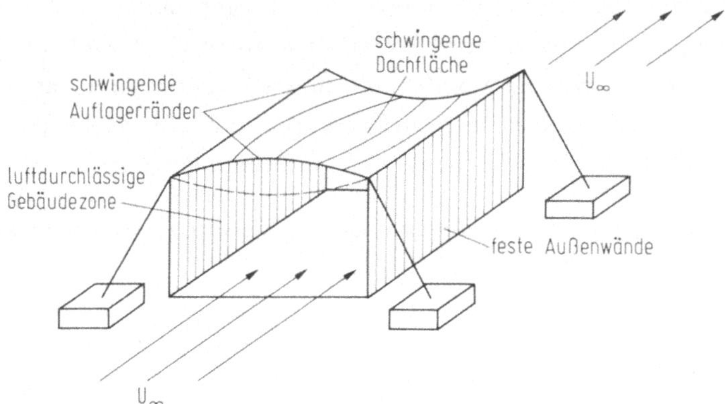

Abb. 17.5. Abreißflatterschwingungen der Seilfläche bei nicht fester Lagerung der Auflagerränder (Prinzipskizze)

In [17.5] ist darauf hingewiesen worden, daß durch die großen Dachflächen zusätzliche Resonanzerscheinungen möglich sind, weil die Luft eine endliche Zeit braucht, um von dem einen Schwingungsbauch nach Abb. 17.3 zum nächsten Schwingungsbauch zu gelangen. (Steinman-Effekt).

Es ist möglich, daß dadurch eine interferenzartige Resonanzwirkung auftritt, wenn der Windimpuls gerade dann den nächsten Schwingungsbauch trifft, wenn dieser die Schwingungsform des vor ihm liegenden Schwingungsmaximums angenommen hat.

Die zugehörige kritische Windgeschwindigkeit als Stabilitätsgrenze beträgt nach
Abb. 17.6 offensichtlich [17.5]

$$U_{kr} \approx \frac{L/2}{T_E/2} = \frac{L}{T_E} \ . \tag{17.8}$$

Die in Abschn. 16 erwähnte Möglichkeit parametererregter Schwingungen ist auch
hier existent, wobei es hier durch die Wahl der Vorspannung oder Veränderung an-
derer Systemparameter relativ leicht ist, dem gefährlichen Instabilitätsbereich auszuweichen.

Abb. 17.6. Resonanzaufschauklung großer Seilflächen

Damit sind einige wichtige Anfachungsmechanismen besprochen. Es ist durchaus
möglich, daß durch die architektonische Vielfalt weitere überraschende Effekte möglich sind. Vor allem ist auch die Möglichkeit zu prüfen, inwieweit die Idealisierung
des Kontinuums aufrecht erhalten werden kann und nicht Einzelteile der Konstruktion
selbst einen eigenen Anfachungsmechanismus aufweisen können.

Die technischen Konstruktionen versuchen natürlich jegliche Anfachungsmechanismen
von vornherein auszuschließen.

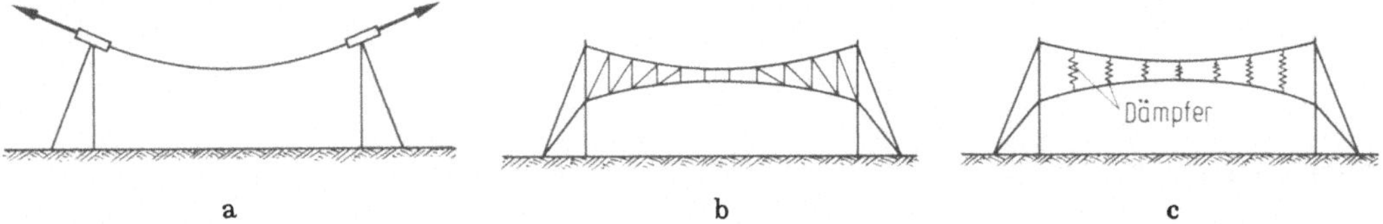

Abb. 17.7. Konstruktive Maßnahmen zur Stabilisierung biegeweicher Flächentragwerke. a) Wahl des Vorspanngrades, b) Gegenverspannung, c) Zusatzdämpfer

Dabei stehen die Möglichkeiten der im Grunde völlig freien Wahl des statischen
Systems, der Wahl des Vorspanngrades und der Gegenverspannung zur Verfügung,
so daß diese Konstruktionen relativ unempfindlich gegenüber aerodynamischen An-
fachungen anzusehen sind. Außerdem besteht noch die Möglichkeit zur Anordnung von
Zusatzdämpfern zur natürlichen Systemstabilisierung, obwohl die letzte Möglichkeit
wohl kaum noch nötig ist, da das Dach meist eine außerordentlich starke System-

dämpfung durch die Überlagerung verschiedenster Schwingungseigenformen von vornherein aufweist [17.5].

Es ist nicht die Aufgabe dieses Buches, die statischen Grundlagen der Seilnetzkonstruktionen darzustellen, da hier sowohl bei den statischen, als auch bei beliebigen
dynamischen idealisierten Lastfällen (meist pulsartig angenommen) fundierte Literatur vorliegt [17.1-17.31].

Hier hat sich hervorragend das iterativ linearisiert arbeitende Verfahren der Finiten
Elemente (step-by-step-Methode) bewährt, da die Diskretisierung des Systems von
vornherein architektonisch festliegt.

Es sollen noch einige ausgeführte statische Systeme besonders aufgeführt werden.
Die klassischen Bauweisen bevorzugen starre Auflagerränder, zwischen denen Seilnetzkonstruktionen mit beliebiger geometrischer Formgebung gespannt sind, Abb. 17.8.

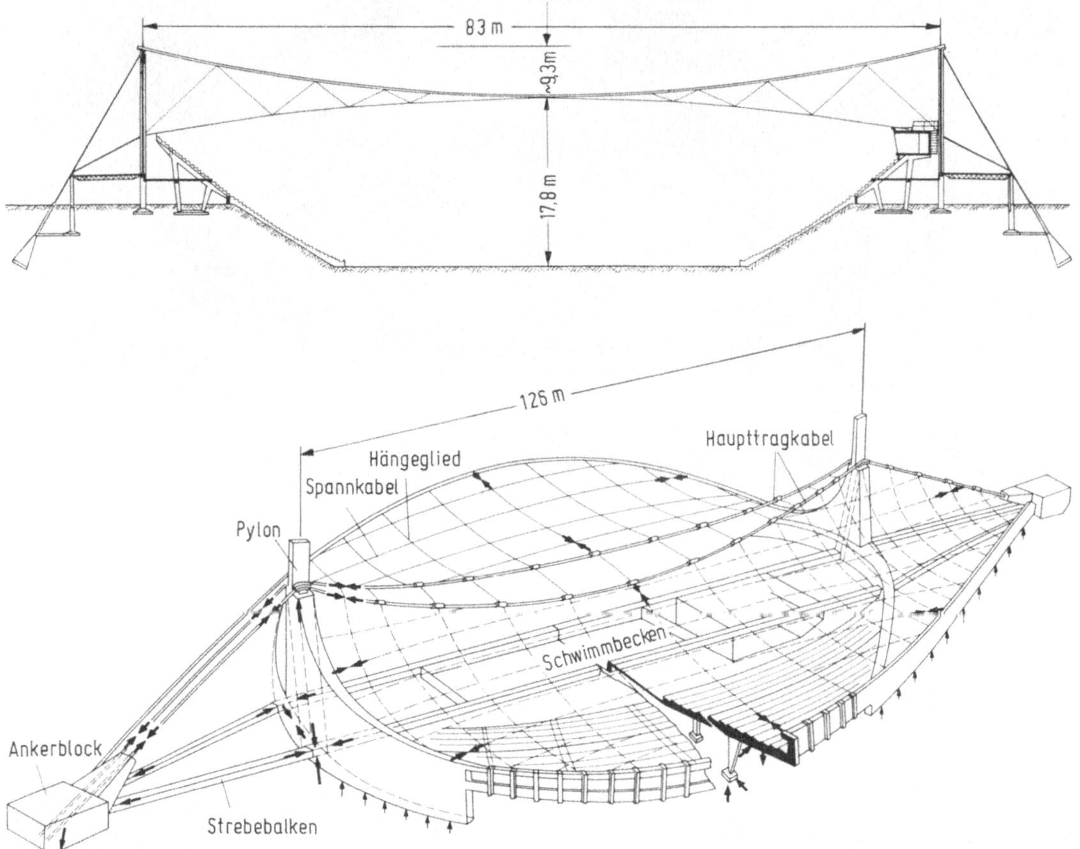

Abb. 17.8. Ausgeführte Hängedachkonstruktionen mit starren Auflagerrändern.
a) Eisstadion Stockholm – Johanneshov [17.6], b) Schwimmhalle Tokio [17.5]

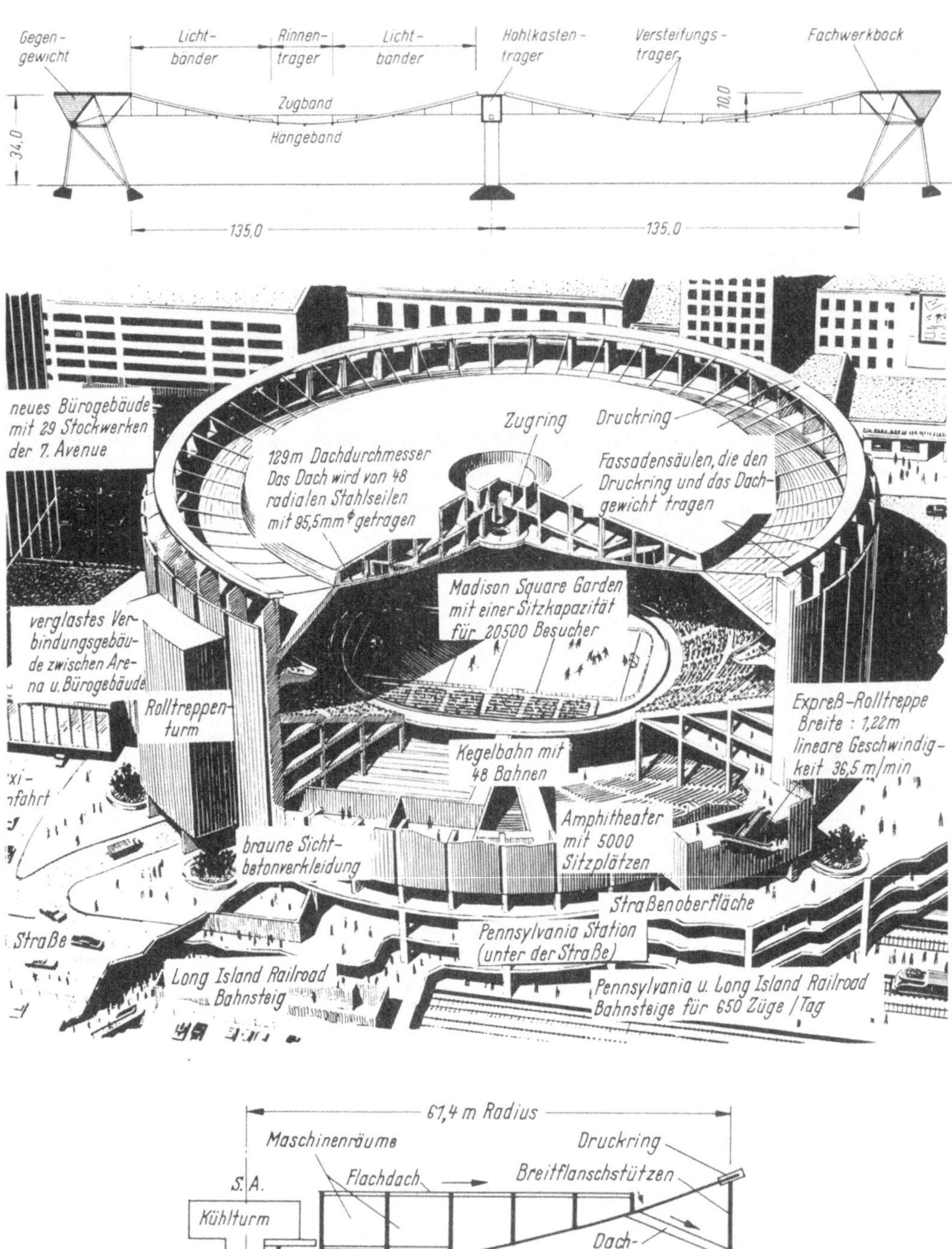

Abb. 17.8. Ausgeführte Hängedachkonstruktionen mit starren Auflagerrändern.
c) Wartungshalle V Flughafen Frankfurt/Main [17.1], d) Madison Square Garden
Arena [17.10]

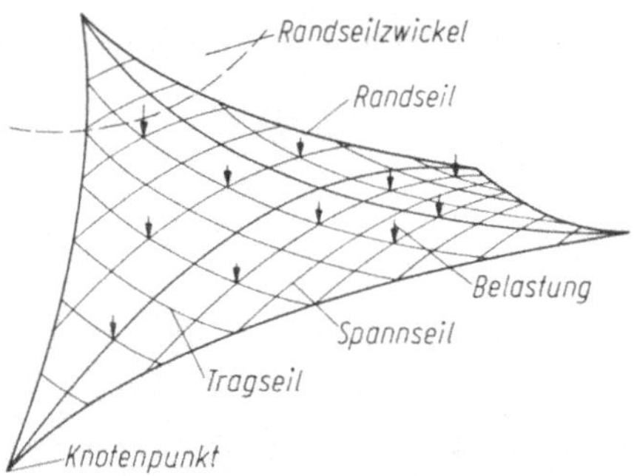

Abb. 17.9. Statisches System der Zeltdach-konstruktionen [17.13]. a) Prinzipskizze, b) Olympiadach München

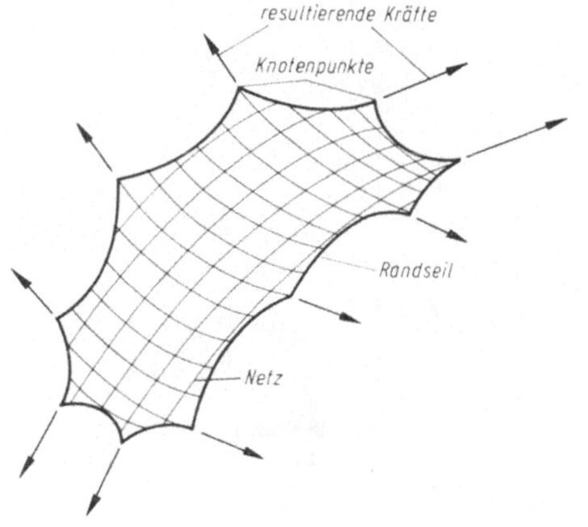

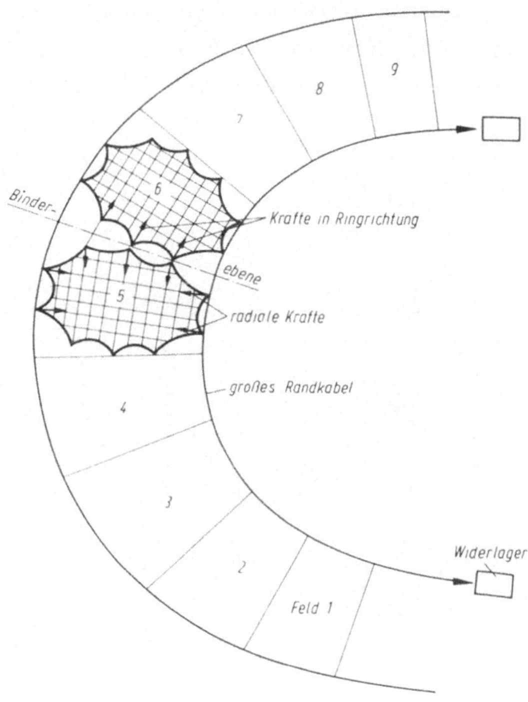

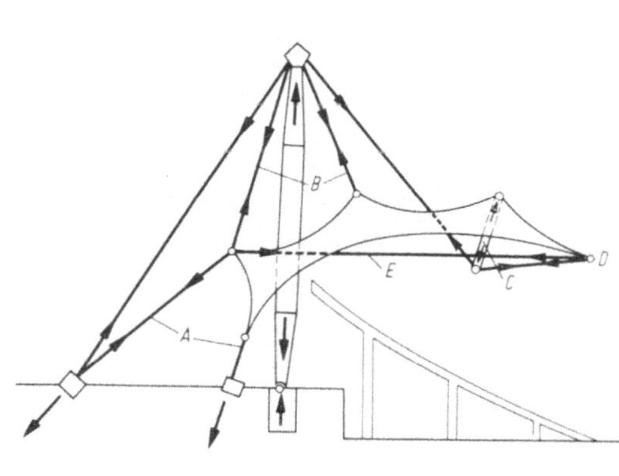

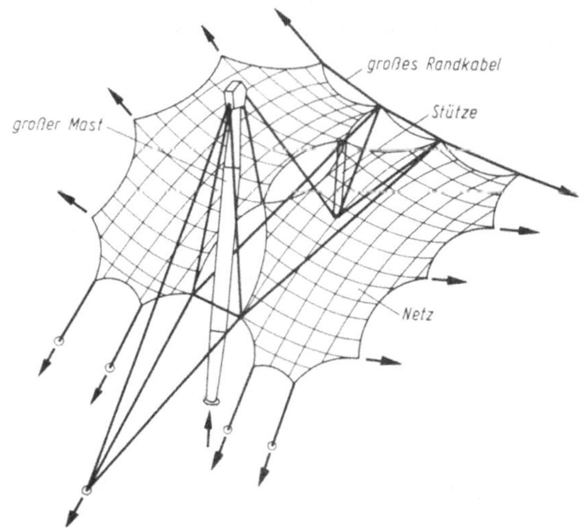

Durch die starre Auflagerung liegt die Ausbildung des statischen Systems determiniert fest.

Noch freizügiger vom architektonischen Standpunkt sind die Zeltdachkonstruktionen anzusehen, die in Abb. 17.9 dargestellt sind [17.13].

Hier liegen nur einige Fixpunkte fest. Das restliche statische System unterteilt sich in vorgespannte Randseile als Haupttragelemente des Grobnetzes, zwischen denen das Feinnetz hängedachartig gespannt ist. Hier ist das zusätzliche Problem der geometrischen Formgebung zu lösen, eine Aufgabe, die durch die Modelltechnik und mathematisch numerisch durch die Methode der Finiten Elemente zu lösen ist [17.9, 17.13, 17.22].

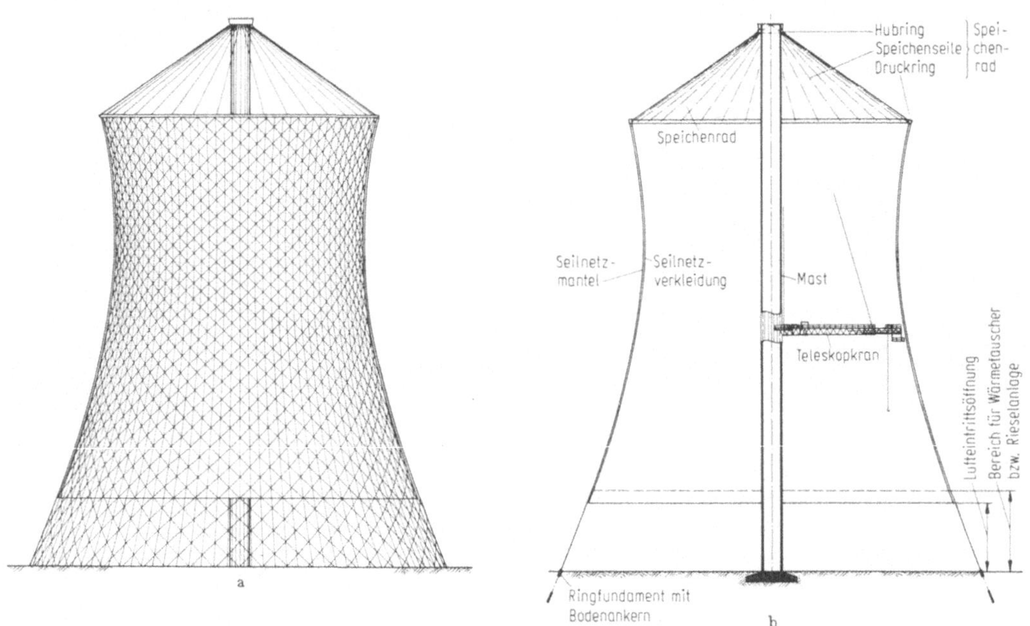

Abb. 17.10. Naturzugkühlturm mit einer Seilnetzkonstruktion als vorgespanntem Membranmantel (Prinzipskizze) [17.16]

Ein schwieriges Problem ist dabei das Problem der Systemverformung, das hier den Verlauf der gesamten Schnittgrößen des Seilnetzsystems äußerst empfindlich beeinflußt.

Hier ist sogar ein zusätzliches geodätisches Ausmessen des statischen Endsystems zur Überprüfung der Schnittgrößen des Netzwerks erforderlich [17.14].

Auch die Wirtschaftlichkeit eines solchen Systems scheint bei der völligen Freizügigkeit des architektonischen Systems nur schwer abschätzbar.

Es werden auch Versuche unternommen, die Seilnetzkonstruktionen in einem Gebiet
anzuwenden, das bisher dem Schalenbau vorbehalten war [17.16, 17.17].

Zusammenfassend bleibt festzustellen, daß Seilnetzkonstruktionen aufgrund der architektonischen Freizügigkeit und der freien Parameter Vorspannung und Gegenverspannung ungewöhnlich stabile und flexible Systeme darstellen, die aerodynamisch leicht
zu stabilisieren sind und denen eine große konstruktive Zukunft auch im Betonbau
sicher ist, da sie eine optimale Materialausnutzung gewährleisten [17.1-17.31].

<u>Literatur</u>

17.1   VI. Internationaler Spannbetonkongreß. Teil Hochbau. Vortrag Beck, H.;
       Thul, H.: Beton- und Stahlbetonbau 65 (1970) 97.

17.2   Batsch, W.; Nehse, H.: Spannbandbrücke als Fußgängersteg in Freiburg
       im Breisgau. Beton- und Stahlbetonbau 67 (1972) 49.

17.3   Hanging Roofs, Proc. of the JASS, Colloquium Amsterdam: North Holland
       Publishing Co. 1963.

17.4   Jawerth, D.; Schulz, H.: Ein Beitrag zur Frage der Eigenschwingungen,
       windangefachten Kräfte und aerodynamischen Stabilität bei hängenden Dä-
       chern. Der Stahlbau 35 (1966) 1.

17.5   Tsuboi, Y.; Kawaguchi, M.: Probleme beim Entwurf einer Hängedachkon-
       struktion anhand des Beispiels der Schwimmhalle für die Olympischen Som-
       merspiele 1964 in Tokio. Der Stahlbau 35 (1966) 65. (Vgl. u.a. die dortigen
       Literaturangaben.)

17.6   Jawerth, D.: Das Eisstadion Stockholm-Johanneshov. Technologie, Statik,
       Dynamik und Bauausführung. Der Stahlbau 35 (1966) 86.

17.7   Jawerth, D.: Ein Entwurf für das Olympiastadion München. Der Stahlbau
       36 (1967) 268.

17.8   Jawerth, D.: Die Dachkonstruktion der Sporthalle Victor Hugo in Bordeaux.
       Der Stahlbau 36 (1967) 321.

17.9   Leonhardt, F.; Egger, H.; Haug, E.: Der deutsche Pavillon auf der Expo 67
       Montreal - eine vorgespannte Seilnetzkonstruktion. Der Stahlbau 37 (1968)
       97, 138.

17.10 Schneider, H.: Die neue Madison Square Garden Arena. Der Stahlbau 37
       (1968) 155.

17.11 Schröter, H.J.: Fußballstadion für die Fußballweltmeisterschaft 1974 in
       Deutschland. Der Stahlbau 39 (1970) 213, 381; 40 (1971) 91; 41 (1972),
       223, 249, 316.

17.12 Cichocki, F.: Überdachung der olympischen Sportstätten. Der Stahlbau 40
       (1971) 1973.

17.13 Leonhardt, F.; Schlaich, J.: Vorgespannte Seilnetzkonstuktionen - Das Olym-
       piadach München. Der Stahlbau 41 (1972) 257, 298, 367; 43 (1973) 51, 80,
       107, 176 (vgl. u.a. die dortigen Literaturangaben).

17.14 Hangleiter, U.: Gründig, L.; Schek, H.J.: Beitrag zu Genauigkeitsanforderungen bei Seilnetzen. Der Stahlbau 43 (1974) 1 (vgl. u.a. die dortigen Literaturangaben).

17.15 Thon, R.; Bomhard, H.: Konstruktion und Bau der Wartungshalle V auf dem Flughafen Frankfurt/Main. Beton- und Stahlbetonbau 65 (1970) 121.

17.16 Schlaich, J.; Mayr, G.: Naturzugkühltürme mit vorgespanntem Membranmantel. Der Bauingenieur 49 (1974) 41.

17.17 Jasch, E.: Die Anwendung von Seilnetzkonstruktionen zum Bau von Kühltürmen. Der Bauingenieur 49 (1974) 421.

17.18 Rabinovic, I.M.: Hängedächer. Wiesbaden, Berlin: Bauverlag 1966.

17.19 Leonhardt, F.: Spannbeton für die Praxis, Berlin: Ernst & Sohn, 3. Auflg. 1973.

17.20 Roller, B.: Berechnung doppelt gekrümmter, gespannter hängender Dächer aufgrund der Theorie II. Ordnung. Die Bautechnik 40 (1963) 48.

17.21 Sayar, K.: On the statical analysis of a hanging roof as a prestressed cable network. Proc. Jass on Tension Structures and Space Frames: Tokyo 1971. Pacific Symposium of International Association for Shell Structures (Jass) Tokyo 1971, Part II.

17.22 Kleinhansz, K.: Beitrag zur Berechnung von Seilen und Seilnetzen. Weitgespannte Flächentragwerke. Mitteilung 12 (1973) SFB 64 Universität Stuttgart, und weitere Veröffentlichungen unter der gleichen Schriftenreihe: Berichtshefte des Sonderforschungsbereichs 64 der Universität Stuttgart.

17.23 Stein, E.: Zur nichtlinearen Dynamik von Membranen. Theorie und numerische Berechnung, Seminar lineare und nichtlineare Schwingungen. Lehrstuhl für Baumechanik, Hannover 1973 und Wegner-Festschrift (vgl. Literaturangabe 17.24).

17.24 Böhm, F.: Nichtlineare Schwingungen von Seilnetzen. Wegner-Festschrift: Beiträge zur Mechanik, Stuttgart: Institut für Mechanik (Bauwesen) 1972.

17.25 Otto, F.; Schleyer, F.K.: Zugbeanspruchte Konstruktionen. Berlin: Ullstein 1966.

17.26 Argyris, J.H.; Scharpf, D.W.: Berechnung vorgespannter Netzwerke. Bayrische Akademie der Wissenschaften, Math.-naturwiss. Klasse, Sonderdruck 4 aus den Sitzungsheften 1970, und weitere Veröffentlichungen vor allem des erstgenannten Verfassers.

17.27 9. Kongreß der Internationalen Vereinigung für Brücken und Hochbau (IVBH), Amsterdam 1972. Herausgegeben vom Sekretariat der IVGH, Zürich 1972.

17.28 Trinkl, E.; Schnabel, E.: Olympiadächer im Windkanal. Die Bautechnik 49 (1972) 11.

17.29 Argyris, J.H.; Dunne, P.C.; Angelopoulos, T.: Non linear oscillations using the finite element technique. Mitt. SFB 64 Stuttgart 14 (1973).

17.30 Eibl, J.; Pelle, K.; Nehse, H.: Zur Berechnung von Spannbandbrücken. Düsseldorf: Werner 1973.

17.31 Sayar, K.: Die Statik einer zugbeanspruchten Dachkonstruktion. Die Bautechnik 52 (1975) 253.

17.32 Hanenkamp, W.: Zur dynamischen Berechnung von vorgespannten Seilnetzen. Berichte Konstruktiver Ingenieurbau Ruhruniversität Bochum 24 (1975).

18. Einblick in die Modellversuchstechnik

Versuche am Originalmodell (Bauwerk) sind wegen der großen Systemabmessungen und der daraus folgenden großen zu bewegenden Bauwerksmassen wenig sinnvoll. Sie eignen sich jedoch vor allem zur Bestimmung der niedrigsten Systemeigenfrequenzen und der Dämpfungskenngrößen durch den Ausschwingversuch oder den in Abschn. 11.1 beschriebenen Resonanzversuch.

Im allgemeinen, vor allem zur Bestimmung der stationären und instationären Luftkräfte, werden jedoch Windkanalversuche durchgeführt. Wegen der geringen Windgeschwindigkeiten reicht für die Bedürfnisse des Bauwesents im allgemeinen der in [18.13] beschriebene Normalwindkanal Göttinger Bauart aus. Schwierigkeiten ergeben sich nur dann, wenn die Messungen stark abhängig von der Reynolds-Zahl sind, da dann durch die Bauwerksabmessungen Strömungsgeschwindigkeiten künstlich erzeugt werden müssen, wie sie nur in Hochgeschwindigkeitskanälen auftreten. Zum Teil müssen sogar Sondermaßnahmen ergriffen werden (Hochdruckwindkanäle, gekühlte Gase), um Reynolds-Zahlen in einer derartigen Höhe im Experiment wirtschaftlich zu erreichen.

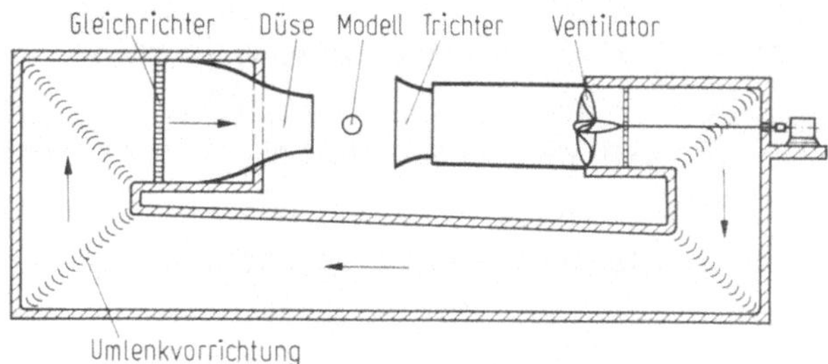

Abb. 18.1. Schema einer Windkanalanordnung (Prinzipskizze)

Zunächst soll nur der normale Windkanal Göttinger Bauart kurz beschrieben werden. Dem besonders interessierten Leser sei als weitere Literatur [18.1-18.32] empfohlen. Abb. 18.1 zeigt die generelle Darstellung eines derartigen Kanals, in dem das ruhend aufgehängte Modell M einem Luftstrom von bekannter Geschwindigkeit ausgesetzt ist.

Durch die Schraube S (Ventilator) wird die Luft in Bewegung gesetzt und strömt in der dargestellten Richtung durch den Kanal, an dessen Ecken besondere Umlenkvorrichtungen L angeordnet sind. Um den Druck längs der Kanalachse konstant zu hal-

ten, besitzt der Kanal in Strömungsrichtung eine allmähliche Erweiterung. Vor dem
Eintritt in die Düse D, welche die Luft dem Modell zuführt, befindet sich ein Gleich-
richter G', dessen Aufgabe es ist, die dem Luftstrom anhaftenden Drehgeschwin-
digkeiten (Drall) auszuschalten. Dann wird die Luft hinter dem Modell durch den
Auffangtrichter T wieder in den Kanal geleitet, und der Kreislauf beginnt von neuem.
Der Turbulenzgrad in Windkanälen sollte im Normalfall weniger als 1 %, in besonders
turbulenzarmen Kanälen weniger als 0,1 % betragen. Vor allem bei Messungen, die
stark von der Reynolds-Zahl abhängen, wie z.B. der Druckverlauf des Kreisprofils,
sind turbulenzarme Kanäle zu bevorzugen.

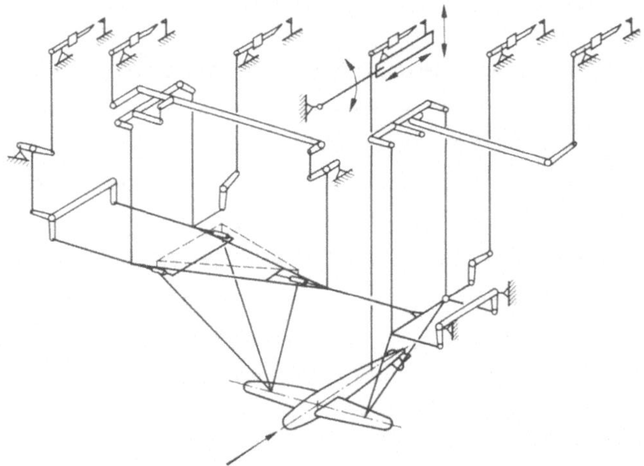

Abb.18.2. Schema der Sechskomponentenwaage

Einige technische Daten sind auch für den Nichtfachmann interessant. Bei normalen
Windkanälen beträgt die Spitzenleistung etwa 750 kW bei einer maximalen Strömungsgeschwindigkeit von 55 m/s. Die Größe des Versuchsraums beträgt etwa $3,0 \times 3,0\ m^2$,
von dem etwa 1/6 dem Versuchsmodell als Nutzquerschnitt zur Verfügung steht. Die
Länge der Meßstrecke ist etwa 10 m lang. Der Restquerschnitt ist durch Randeffekte
schon stark verzerrt. Die technischen Werte der Windkanäle können jedoch stark un-
terschiedlich sein. Hier wird auf die Literatur verwiesen [18.1-18.32]. Außerdem
werden diese Daten auch dem Nichtfachmann bei der Inanspruchnahme von Windkanalmessungen zur Verfügung gestellt. Zwecks Messungen der auf ein Modell ausge-
übten Luftkräfte wird das Modell mittels Drähten an Waagen aufgehängt. Üblich ist
heute die entsprechend der Anzahl der möglichen Freiheitsgrade in Abb.18.2 dargestellte Sechskomponentenwaage.

Damit können praktisch die statischen Kräfte bei beliebigen Neigungen des Modells
zur Windrichtung ausgemessen werden. Sowohl die Modellverstellungen, als auch
die Windmessungen werden heute vollautomatisch digitalgesteuert, zum Teil durch

Prozeßrechner [18.1-18.32]. Aeroelastische Messungen werden mit Hilfe des in
Abschn. 11.1 beschriebenen Resonanzverfahrens praktisch über eine Dämpfungsmessung durchgeführt. Speziell für die Bedürfnisse der bodennahen Luftströmungen werden zunehmend Turbulenz- und Grenzschichtwindkanäle, Abb. 18.3, verwendet, bei denen der Versuchsraum durch eingebaute Hindernisse künstlich aufgerauht worden ist.

Abb. 18.3. Versuchsraum des Grenzschichtwindkanals (Prinzipskizze)

Von maßgebender Bedeutung ist hierbei die Größe der Anlaufstrecke L zur Erzeugung eines äquivalenten Grenzschicht- und Turbulenzeffektes gegenüber dem Originalmodell.

Die Strecke L ist dabei im allgemeinen wesentlich größer als 10 m und kann bis zu
etwa 30 m betragen. Man bemüht sich natürlich mit verschiedenen konstruktiven
Details, die Länge der Meßstrecke aus wirtschaftlichen Gründen so gering wie möglich zu halten.

Von maßgebener Bedeutung ist nun die Frage, welche Modellgesetze bei der Anordnung von Windkanalversuchen zu beachten sind. Betrachten wir zunächst das Starrsystem nicht schwingungsfähiger Modelle. Es darf vorausgesetzt werden, daß nur
geometrisch ähnliche Modelle gegenüber dem Originalmodell verwendet werden.
Falls der Einfluß der räumlichen Strömungsausbildung nachweislich gering ist,
genügt die Anordnung eines Teilmodells im Sinne der Streifentheorie bei einer zweidimensionalen Strömungsausbildung. Charakteristisch sind beim Teilmodell die gros-
sen Endscheiben zur Verhinderung von Randwirbeln, Abb. 18.4.

Die wichtigste Vergleichszahl der Strömungsmechanik ist bei Luftströmungen im Unterschallbereich die in Abschn. 2.2 definierte Reynolds-Zahl, deren Kenntnis bei statischen Messungen jedoch wohl nur bei elliptischen Grenzschichtprofilen von großer
Bedeutung ist. Bei thermischen Ausbreitvorgängen ist auch die aus der Hydromechanik bekannte Froude-Zahl oder auch die ähnlich definierte Richardson-Zahl von
Bedeutung.

Bei turbulenten Grenzschichtuntersuchungen sind weitere Vergleichszahlen gebräuchlich, die hier nicht weiter betrachtet werden.

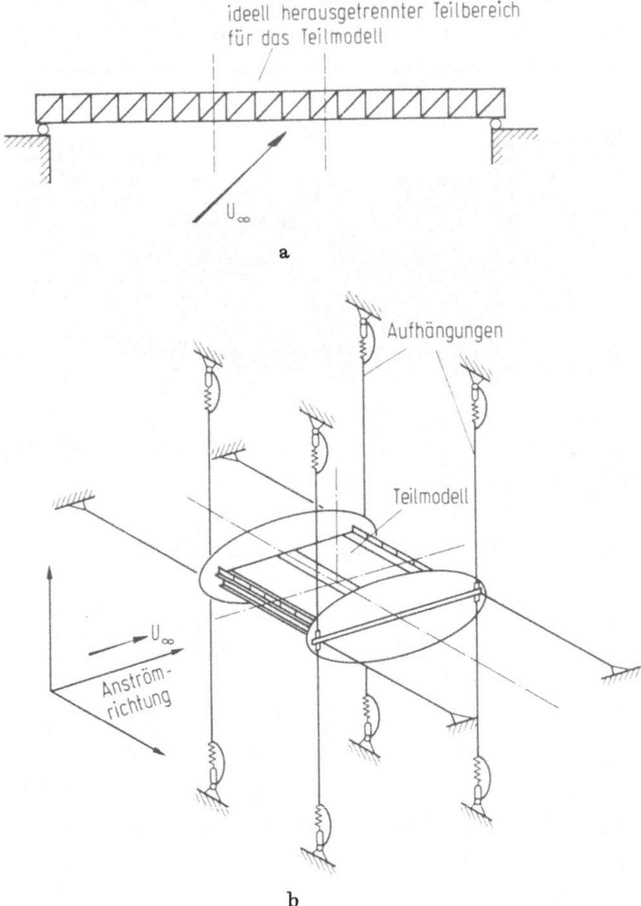

Abb. 18.4. Originalmodell und Teilmodell bei einem Windkanalversuch (Prinzipskizze). a) Originalmodell, b) Teilmodell

Interessant sind nun die Modellgesetze, die bei Schwingungsuntersuchungen eines
Systems anzuwenden sind. Bei turbulenten Strömungen ist der gleiche Turbulenzgrad wie bei den natürlichen Windströmungen anzustreben. Außerdem ist das Verhältnis der Wellenlänge der Turbulenz (Makrosystem) zur Bauwerksabmessung gleich
dem Verhältnis des Originalmodells zu wählen, Abb. 18.5, [18.7].

Bei Grenzschichtströmungen ist weiterhin zu beachten, daß auch das Verhältnis der
Modellhöhe zur Grenzschichtdicke gleich dem Verhältnis der Höhe des Originalmodells zur Grenzschichtdicke der Erdoberfläche zu wählen ist.

Beim eingeprägten Karmanschen Nachlaufwirbeleffekt ist die in Abschn. 10.2 definierte Strouhal-Zahl von Bedeutung. Sofern Flatteruntersuchungen am geometrisch

und dynamisch (physikalisch) ähnlichen Modell durchgeführt werden, ist eine wahrheits-
getreue Ermittlung der kritischen Windgeschwindigkeit möglich. Es muß dabei vorausgesetzt werden, daß der Einfluß der Reynolds-Zahl zu vernachlässigen ist. Ähnlichkeits-
gesetze können bei diesen Problemen nur schwerpunktartig wenige Ähnlichkeitskriterien, jedoch nicht alle Ähnlichkeitskriterien erfüllen. In Abschn. 13 ist deshalb darauf hingewiesen worden, daß sich die Modellversuchstechnik auf das Ausmessen der
Dämpfungseigenschaften und der instationären aerodynamischen Kräfte einer Konstruktion beschränken sollte und daß dann die Flatteruntersuchung rechnerisch, also im
Grunde halbempirisch durchgeführt wird. Auch die sonstigen elastomechanischen Eigenschaften können z.B. durch den in Abschn. 9 beschriebenen Standschwingungsversuch ermittelt werden. Im Gegensatz zur Luft- und Raumfahrttechnik, wo diese Versuche am Originalmodell wirklichkeitsnah durchgeführt werden, liegen im Bauwesen
Schwierigkeiten in den ungewöhnlichen Bauwerksabmessungen begründet. In Anbe-
tracht der vielen Idealisierungen sollten daher auch an Modellversuche keine überhöhten Erwartungen gestellt werden.

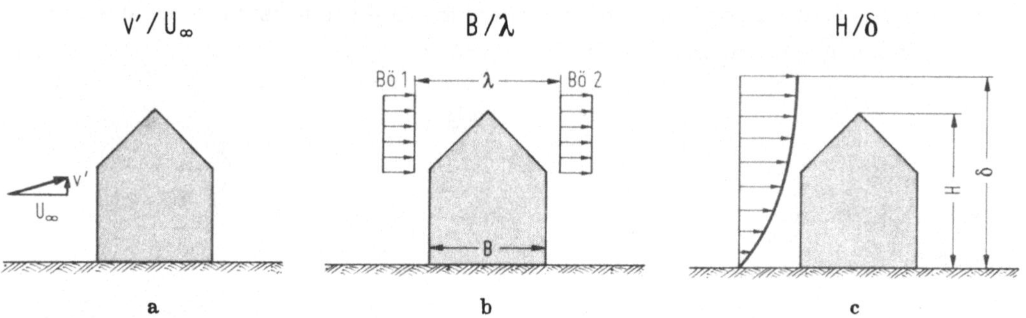

Abb. 18.5. Ähnlichkeitswerte bei einer turbulenten Grenzschichtmessung bei "statischen" Windlastproblemen. a) Turbulenzgrad (Mikrosystem), b) Verhältnis der
turbulenten Wellenlänge zur Bauwerksabmessung (Makrosystem), c) Verhältnis
der Bauwerksabmessung zur turbulenten Grenzschichtdicke (Makrosystem)

Modellmessungen werden nun am dynamisch ähnlichen Vollmodell und an Teilmodellen
durchgeführt. Zunächst sollen nur die Vollmodelle behandelt werden. Ein Nachteil der
Vollmodellanordnung ist die Größe der benötigten Windkanäle und die Größe der Modelle, deren Konstruktion einen erheblichen Kostenfaktor darstellt. Solche Modellversuche sind in [18.1-18.32] beschrieben und scheinen sich jetzt wieder neben den Teil-
modellversuchen besser zu behaupten. Zunächst sind alle dynamischen Kennwerte einer Flatteruntersuchung aufzulisten. Folgende Kennwerte sind nun z.B. bei Brücken
von Interesse [18.29, 18.30]:

	Brücke	Modell
Masse pro Längeneinheit	m_A	m_M
polarer Trägheitsradius	r_A	r_M
polares Massenträgheitsmoment je Längeneinheit	θ_A	θ_M
Biegeeigenkreisfrequenz	ω_{vA}	ω_{vM}
Torsionseigenkreisfrequenz	$\omega_{\varphi A}$	$\omega_{\varphi M}$
Luftdichte	ρ_A	ρ_M
Steifigkeitsparameter	E_A	E_M
Brückenbreite	B_A	B_M
Brückenhöhe	H_A	H_M
logarithmisches Dämpfungsdekrement für jeden Schwingungsfreiheitsgrad	ϑ_A	ϑ_M
Windgeschwindigkeit	U_A	U_M

Durch das Einsetzen der entsprechenden Kenngrößen in der Flatterrechnung des
Originalmodells und des Modellversuchs sind sofort die maßgebenden Ähnlichkeits-
beziehungen des Schwingungsversuchs zu erkennen. Die wichtigsten Kennzahlen sind
in [18.1, 18.29] zusammengefaßt. Die Kenngrößen

$$\frac{m}{\rho B^2} \; , \quad \frac{\theta}{\rho B^4} \; , \quad \frac{\omega B}{U} \; , \quad \vartheta \tag{18.1}$$

müssen im Originalmodell und im Modellversuch übereinstimmen. Die frei wählba-
ren Maßstabsfaktoren

$$n = b_A / b_M \quad \text{für die Längen,}$$

$$p = U_A / U_M \quad \text{für die Windgeschwindigkeiten} \tag{18.2}$$

ergeben aus den fixen Kenngrößen (18.1) die folgenden Ähnlichkeitsbedingungen für
den Modellversuch [18.29]

$$m_M = \frac{1}{n^2} \, m_A \; , \qquad \omega_M = \frac{n}{p} \, \omega_A \; ,$$

$$\theta_M = \frac{1}{n^4} \, \theta_A \; , \qquad \vartheta_M = \vartheta_A \; .$$

Bei Beachtung dieser Ähnlichkeitskriterien ergibt sich die gleiche kritische Windgeschwindigkeit als Stabilitätsgrenze oder reduzierte Frequenz nach (18.1) wie beim
Originalmodell. Falls noch weitere Parameter verändert werden, sind diese Änderungen durch einfache Umrechnungen aus den Flattergleichungen zu bestimmen unter
der Bedingung, daß der Modellversuch die richtige reduzierte Flatterfrequenz ergibt.

Bei Vollmodellversuchen ist diese Ähnlichkeit einigermaßen sicher zu erreichen.
Aus wirtschaftlichen Gründen ist von Scruton der Teilmodellversuch eingeführt worden, der in Abb. 18. 4 dargestellt worden ist. Der Teilmodellversuch gestattet nur
die Darstellung je eines Freiheitsgrades für die Biegungs- und eines Freiheitsgrades für die Torsionsschwingung. Im allgemeinen Flatterfall ist somit die zu erreichende Genauigkeit gegenüber dem Originalmodell nur mäßig, da gemäß Abschn. 13
alle Freiheitsgrade des Systems fourieranalytisch zur Schwingungsanregung beitragen. Versuchsreihen der Darmstädter Schule weisen die mittlere Abweichung der
kritischen Windgeschwindigkeit von

$$\frac{U_A}{U_M} = 0,5\ldots0,7$$

auf. Teilmodellversuche sind somit nur bei entkoppelten Schwingungserscheinungen
sinnvoll. Bei allgemeinen Flatteruntersuchungen von Brücken können sie nach Abschn.
11. 1 und 13 zur Bestimmung der instationären aerodynamischen Luftkräfte benutzt
werden, und es sollte sich dann eine Flatterrechnung nach Abschn. 13 an diese Messungen anschließen, da hier viele Ähnlichkeitsparameter schon in dem Schwingungssystem nicht einzuhalten sind. Sorgfältig zu prüfen ist die Frage, ob selbsterregte
Schwingungen in dem Leistungsbereich eines Windkanals überhaupt zu erzeugen sind.

Abschließend soll noch die Frage der Wirtschaftlichkeit der Modellversuche kurz an-
geschnitten werden. Statische Messungen kosten zwischen 20000 und 60000 DM. Die
Kosten für aeroelastische Schwingungsmessungen können noch beträchtlich höher liegen. Die Anordnung von Windkanalversuchen stellt somit einen erheblichen Kostenfaktor dar. Dies ist auch wohl der hauptsächliche Grund, warum die Baupraxis die
Anordnung dieser Versuche scheut, obwohl dadurch viele Schadensfälle vermieden
werden können. Es ist ein ernstzunehmendes Problem, inwieweit die Wirtschaftlichkeit der Modellversuche zu steigern ist. Vielleicht ist nach einem Vorschlag von
Scruton eine internationale Standardisierung der Modellversuche eine Abhilfe, im
Hinblick auf möglichst umfassende Profilkataloge.

Es ist nicht anzunehmen, daß die bautechnischen Profile auf lange Sicht so stark
wechseln, daß nicht doch mit der Zeit eine gute Übersicht über alle möglichen stationären und instationären Luftkräfte zu erreichen ist.

<u>Literatur</u>

18.1   Wind effects on Buildings and Structures. London 1963, Ottawa (Canada) 1967,
       Tokyo 1971, London 1975 und weitere Seminarreihen, vgl. auch die dortigen
       Literaturangaben.

18.2   Bisplinghoff, R. ; Ashley, H. ; Halfman, R. : Aeroelasticity. Reading Mass:
       Addison Wesley Inc. : 2. Aufl. 1957, vgl. auch die dortigen Literaturangaben.

18.3 Försching, H.W.: Grundlagen der Aeroelastik. Berlin, Heidelberg, New York:
      Springer 1974, vgl. auch die dortigen Literaturangaben.

18.4 Sachs, P.: Wind forces in engineering. Oxford, New York, Toronto, Sidney,
      Braunschweig: Pergamon Press 1972, vgl. auch die dortigen Literaturan-
      gaben.

18.5 Das Verzeichnis der zugelassenen Institute für Windkanalversuche ist in Deutsch-
      land in der DIN 1055 Blatt 4 aufgeführt. In anderen Ländern sind ähnliche Vor-
      schriften vorhanden.

18.6 Kaufmann, W.: Technische Hydro- und Aeromechanik. 3. Aufl. Berlin, Göttin-
      gen, Heidelberg: Springer 1965.

18.7 Krönke, J.: Untersuchungen im Windkanal über Gebäudeaerodynamik und Vor-
      gänge in der atmosphärischen Grenzschicht. Der Bauingenieur 48 (1973) 90.

18.8 Elbing, G.: Windströmung im Bereich der Schießstandanlagen für die XX. Olym-
      piade 1972 in München. Die Bautechnik 52 (1975) 76.

18.9 Tschemmernegg, F.: Modellversuche zum Studium der Wirkung gleichmäßiger
      und turbulenter Windströmungen auf die neue Narrows-Hängebrücke in Halifax,
      Canada. Der Bauingenieur 45 (1970) 263.

18.10 Blendermann, W.: Winddruckmessungen an den Portalen des Hamburger-Wall-
      ring-Tunnels im Modell 1:250. Der Bauingenieur 45 (1970) 89.

18.11 Trinkl, E.; Schnabel, P.: Olympiadächer im Windkanal. Die Bautechnik 49
      (1972) 11.

18.12 Mahrenholtz, O.; Bardowicks, H.: Der Einfluß der Querschnittsform auf aero-
      elastische Schwingungen. Zwischenbericht Lehrstuhl Mechanik der TU Hannover,
      Hannover 1972.

18.13 Riegels, W.; Wuest, W.: Der 3 m-Windkanal der AVA Göttingen. Zeitschr. f.
      Flugwiss. 9 (1961) 222.

18.14 Wortmann, F.X.; Althaus, D.: Der Laminarwindkanal des Instituts für Aero-
      und Gasdynamik der TH Stuttgart. Zeitschr. f. Flugwiss. 12 (1964) 129.

18.15 Trienes, H.: Der Normalwindkanal der DFL in Braunschweig. Zeitschr. f.
      Flugwiss. 12 (1964) 135.

18.16 Gersten, K.; Kausche, G.: Die Hyperschall-Versuchsanlage der DFL. Zeit-
      schr. f. Flugwiss. 14 (1966).

18.17 Mörchen, W.: Probleme des Anschlusses von Windkanälen an digitale Prozeß-
      leitsysteme. Zeitschr. f. Flugwiss. 16 (1968) 213.

18.18 Meier, H.U.: Messungen von turbulenten Grenzschichten an einer wärmeiso-
      lierten Wand im kleinen Überschallwindkanal der AVA. Zeitschr. f. Flugwiss.
      17 (1969) 1.

18.19 Das, A.; Köster, H.: Der Überschallwindkanal des Forschungszentrums
      Braunschweig der DVFLR. Zeitschr. f. Flugwiss. 17 (1969) 231.

18.20 Mackrodt, A.: Windkanalkorrekturen an zweidimensionalen Modellen im
      Transonischen Windkanal der AVA Göttingen. Zeitschr. f. Flugwiss. 19
      (1971) 449.

18.21 Bippes, H.; Colak-Antic, P.: Der Wasserschleppkanal der DVLR in Freiburg i.Br., Zeitschr. f. Flugwiss. 21 (1973) 113. Eine weitere Bemerkung zu Windkanalanlagen der Universität Karlsruhe findet sich im Bauingenieur 50 (1975) 74.

18.22 Weise, A.; Schwarz, G.: Der Stoßwindkanal des Instituts für Aerodynamik und Gasdynamik der Universität Stuttgart. Zeitschr. f. Flugwiss. 21 (1973) 121.

18.23 Hoyden, A.: Experimentelle Untersuchung der aerodynamischen Stabilität von Hängebrücken. Der Bauingenieur 28 (1953) 92.

18.24 Barth, R.: Windkanalmessungen über den Luftwiderstand.... Der Stahlbau 29 (1960) 187

18.25 Scruton, C.: Schwingungen von Hängebrücken unter Windlast. Die Bautechnik 31 (1954) 381, und weitere Veröffentlichungen des gleichen Verfassers.

18.26 Barbré, R.; Ibing, R.: Windkanalversuche über die Sicherheit gegen winderregte Schwingungen bei der Hängebrücke Köln-Rodenkirchen. Der Stahlbau 27 (1958) 169, vgl. auch die dortigen Literaturangaben.

18.27 Barth, R.: Windkanalmessungen über den Luftwiderstand eines Zylindertandems als Brückenträger. Der Stahlbau 29 (1960) 186.

18.28 Freudenberg, G.: Bericht über Modelluntersuchungen im Zusammenhang mit dem Neubau der Tacoma-Narrows-Bridge. Der Stahlbau 24 (1955) 67.

18.29 Klöppel, K.; Weber, G.: Teilmodellversuche zur Beurteilung des aerodynamischen Verhaltens von Brücken. Der Stahlbau 32 (1963) 65, 113, vgl. auch die dortigen Literaturangaben.

18.30 Klöppel, K.; Thiele, F.: Modellversuche im Windkanal zur Bemessung von Brücken gegen die Gefahr winderregter Schwingungen. Der Stahlbau 36 (1967) 353.

18.31 Naudascher, E. (Herausgeber): Flow-Induced Structural Vibrations. IUTAM/JAHR Symposium, Karlsruhe 1972. Berlin, Heidelberg, New York: Springer 1974.

18.32 Plate, E.: Der Wind als Faktor der Bauwerks- und Städteplanung. Der Bauingenieur 49 (1974) 457.

18.33 Bauwerke unter aerodynamischer Belastung. 1. Berichtskolloquium des DFG-Schwerpunktprogrammes. München 1976.

18.34 Journal of industrial aerodynamics. Elsevier Scientific Publishing Company, Amsterdam.

19. Zusammenfassende konstruktive Empfehlungen

Sinn und Zweck dieses Buches ist die Darstellung der Problematik der Windbelastung
bei Bauwerken und deren näherungsweise rechnerische Erfassung. Jede theoretische
Rechnung trägt nur den Charakter einer Grenzabschätzung. Aber auch bei Modellversuchen bleiben gewisse Unsicherheiten bestehen, da nicht alle Systemparameter, vor
allem bei Schwingungsuntersuchungen, aus wirtschaftlichen Gründen dargestellt werden können. Bei weitgespannten Konstruktionen ist wie bei den Baugrundnormen die
Beratung eines Fachmanns dieses Gebiets stets zu empfehlen.

Die maximale Windlast ist unter Berücksichtung der örtlichen Gegebenheiten in der
Umgebung des Bauwerks festzulegen. Weiterhin ist die Annahme einer quasistatischen
Windlast sorgfältig zu prüfen, da eingeprägt kinetische Effekte der Luftströmungen
wie der Einfluß der natürlichen Luftturbulenzen und der Karmanschen Nachlaufwirbel
zur Schwingungserregung der Systeme beitragen. Es ist - wenn möglich - der Bereich
der Luftturbulenzen durch hinreichend große Systemeigenkreisfrequenzen zu meiden.
Außerdem ist die Karmansche Resonanz zu überprüfen. Trotz des erhöhten Luftwiderstandes ist eine gezielte Aufrauhung der Systemoberfläche empfehlenswert, da
dadurch determinierte Resonanzen meist durch breite, stochastische Frequenzbänder
vermieden werden können. Die Bemessungswindlast sollte stets in einen Gebrauchszustand unter Benutzung der zulässigen Materialspannungen und einen Katastrophen-
oder Bruchzustand unterteilt werden.

Zu vermeiden sind vor allem Systeme, bei denen die Windlast nach dem Überschreiten einer bestimmten Bemessungsgröße kein Gleichgewicht an dem System mehr findet. Generell sollte die Windlast aufgrund ihrer variablen Struktur verkehrslastartig,
schnittgrößenoptimal angesetzt werden.

Jeder einzelne Schwingungsfreiheitsgrad ist auf seine Systemstabilität zu überprüfen.
Bei Linientragwerken sind torsionsweiche Systeme grundsätzlich zu meiden, nicht nur
bei Brücken, sondern auch bei Hochhausquerschnitten.

Weiterhin ist die Möglichkeit selbsterregter oder parametererregter Schwingungen
zu prüfen. Die zugehörigen Stabilitätsgrenzen können bei eventueller Kenntnis der instationären Luftkräfte z.B. durch Profilkataloge durchaus rechnerisch abgeschätzt
werden. Im Zweifelsfall ist auch hier die Anordnung von Modellversuchen empfehlenswert. Zu meiden sind hier vor allem entkoppelte Anfachungsmöglichkeiten einzelner

Freiheitsgrade, besonders bei Biegeschwingungen von Linienträgern als auch eine Frequenznähe zwischen den entsprechenden Biegeschwingungs- und Torsionsschwingungseigenformen, die bei den gekoppelten Flatterschwingungen auftreten. Letztere sind vor allem durch hinreichend große Torsionssteifigkeiten der Systeme zu umgehen.

Flächentragwerke sollten generell den Bereich kleiner Systemeigenkreisfrequenzen umgehen. Außerdem sollten bei beliebigen Belastungen kleine Verformungen gewährleistet sein. Bei Windkanalversuchen ist die Leistungsbreite des Kanals und die Darstellung der dynamischen Ähnlichkeit der Modelle sorgfältig zu prüfen. Auch sollten die Argumente Wirtschaftlichkeit und Sicherheit sorgfältig gegeneinander abgewogen werden.

Einzelteile von Konstruktionen sollten dabei in erster Linien "sicher" bemessen werden, da sie am empfindlichsten von den Windlaständerungen betroffen sind. Bei der Beurteilung der Sicherheit eines schwingungsfähigen Systems sollten psychologische Kriterien beachtet werden. Bei allen verwendeten Materialien ist das Auftreten von von Sprödbrüchen sorgfältig zu prüfen.

Sachverzeichnis